地源热泵设计图集

中国建筑科学研究院　袁东立　主编

中国建筑工业出版社

图书在版编目（CIP）数据

地源热泵设计图集/袁东立主编．—北京：中国建筑工业出版社，2010
ISBN 978-7-112-11868-7

Ⅰ．地…　Ⅱ．袁…　Ⅲ．热泵-空气调节器-设计-图集　Ⅳ．TU831.3-64

中国版本图书馆 CIP 数据核字（2010）第 035399 号

地源热泵设计图集收录的全部是近年来的实际工程实例，其中包括地下水热泵系统、地表水热泵系统、土壤源热泵系统、热泵复合能源系统。该图集不仅是对各种热泵系统实际应用中经验和教训的总结，也同时丰富了热泵技术应用的方式。该图集中最为可贵之处在于书中所有的工程图纸都是在工程实践中得到应用和检验的，因此，这也是最贴近工程实际的一本图集。

本书没有从理论的角度对热泵技术进行系统的描述，只是对《水源热泵设计图集》的扩展和补充，工程实例完全没有重复，反而增加了许多新型的热泵系统以及复合能源系统形式，是一本独立的设计指导图集。

责任编辑：姚荣华　张文胜
责任设计：董建平
责任校对：刘　钰　陈晶晶

地源热泵设计图集
中国建筑科学研究院　袁东立　主编
*
中国建筑工业出版社出版、发行（北京西郊百万庄）
各地新华书店、建筑书店经销
霸州市顺浩图文科技发展有限公司制版
北京密东印刷有限公司印刷
*
开本：787×1092毫米　横 1/8　印张：33½　插页：1　字数：818千字
2010年7月第一版　2010年7月第一次印刷
定价：**78.00**元
ISBN 978-7-112-11868-7
(19116)

编写人员名单

袁东立　齐月松　黄　涛　岳玉亮　王永红　张　钦
李　娜　胡建新　张昕宇　茅伟东　沈　健　伍小亭
王　砚　芦　岩　宋　晨　苏存堂　郭建基　胡于川
杨前红　冯婷婷　姜　睿　赵　斌　杨　生　付家轩
隋　英　王付立　郑晓亮　金永宁　王　波　张建忠
陈燕民　王吉标　张文秀　张伟平　段凤华　王士宾
王彩云　于明丽　王立发　孟　杉　江　剑　刘　谏
曹瑞堂　刘　军　郁云涛　郁松涛　胡志高　郭庆沅
牛贺兰　王逸凯　洪永廷　马宏权　李文伟　韩敏霞
陈丽娟

序

众所周知，"节能减排"是21世纪全球性的最重大课题。在开发太阳能、风能、核能等非化石能源的同时，人们越来越清楚地认识到，在大气、土壤、地下水、地表水、城市或工业污水中还蕴含有大量的热能可供开发。这类热能可被总称为"环境热能"，其特点是储量大，但品位（即温度）低。

针对品位低的问题，人类拥有热泵技术，其是具有近160年历史的可用技术。利用热泵技术提高品位后，这类性质的热能恰好适合于建筑用热。我国的建筑能耗增速很快，目前已占社会总能耗的1/3左右。从储量、开发技术、热用户几个角度看，环境热能的实际开发价值均不亚于其他类型的可再生能源。大力开发环境热能，从地下水、地表水、土壤、工业尾水、生产冷却水、海水、城市原生污水中获取废热为建筑物供暖，将为节能减排做出极大的贡献。

近年来，我国在"节能减排"总战略的激励下，开发环境热能为建筑供热已成风起云涌之势，乃至最困难的城市原生污水的利用，其关键技术也都获得了解决。但也不可轻视，在许多工程实践中的许多技术环节还存在大量问题，导致一些工程达不到理想的降低能耗的水平。

中国建筑科学研究院袁东立教授在该领域属于行家里手，他不仅亲自领导或参与了众多地源热泵项目的设计、实施及调试、运行，积累了丰富的经验，还注重联系众多业内专家学者，关注国内他人大量的研究与实践。其主编的这本图集精选了近年来该领域的典型案例，涉及办公、住宅、展馆、宾馆、学校、车站等众多建筑类型，以及地下水源、土壤源、城市污水源、煤矿尾水源等不同的热能载体。此图集能够给予热衷于从事此项事业的人们以丰富的实际资料与有益的启示。

2010.1.8

前　言

《水源热泵设计图集》于2006年7月出版以来，受到了业内人士的广泛关注，并提出了很多宝贵的意见及建议。应广大读者的要求，我们又编著了《地源热泵设计图集》。此图集收录了更多的建筑类型，以及更为全面的地源热泵系统设计，包括地下水源、土壤源、工业尾水源及城市生活污水源等。

经过近几年的实验研究及工程实践，地源热泵系统在国内有了更全面的发展，出现了一些新的系统形式。首先是土壤源热泵系统被更为广泛地采用。虽然其工程投资相比其他系统较高，但因其不受水源条件等的限制，应用更为灵活。其次，工业尾水、城市生活污水源热泵系统的出现，为热泵系统的应用开拓了更为广泛的空间。特别是城市生活污水，由于其热源丰富、分布广泛、使用便捷、水温适宜、无污染、无排放等特点，大大推进了污水源热泵系统的应用研究，使得污水源热泵系统得以更为广泛的使用。

由于土壤源热泵系统需要较大的埋管面积，最初主要应用于小型建筑物。随着对土壤换热技术的深入研究，以及实际工程的测试实验，越来越多的大型项目采用了土壤源热泵系统。上海、无锡、南京等城市，大型建筑土壤源热泵系统的成功应用，奠定了土壤源热泵系统的坚实基础。

工业尾水源热泵系统近年来受到了广泛的关注，并在一些项目上成功使用。本图集收录了唐山开滦精煤股份有限公司的范各庄矿业分公司和吕家坨矿业分公司利用煤坑尾水的项目设计，该项目目前运行良好，效果显著。

由于城市生活污水杂质较多，在使用时必须要设置污水换热器、阻污机等设备。哈尔滨工业大学孙德兴教授经过多年潜心研究，通过大量的实验研究与工程案例的运行实践检验，解决了城市污水源热泵系统应用过程中存在的问题，开创性地发现和利用了城市原生污水能源，实现了真正意义上的城市原生污水源热泵系统。目前，城市污水源热泵系统已经在天津、河北、沈阳、哈尔滨等省市进行了应用，运行效果良好。

目前，我国已在热泵理论、系统创新、实验研究、产品研发、工程应用等各方面取得了长足的进展，显示出热泵技术在我国的发展潜力。我们也充分认识到，热泵技术是科学配置能源、使用能源的最有效的技术，它为解决暖通空调的能源与环境问题提供了技术基础，也为实现暖通空调事业的可持续发展开辟出了有效途径。

本图集通过介绍可再生能源的地源热泵技术，使读者能够因地制宜地规模化应用，以切实推动我国建筑节能工作的开展。本图集突出地源热泵技术的系统性与实用性，着意反映此项技术的最新应用。希望本图集的出版，能为地源热泵的实验研究、工程设计、实施运行贡献微薄的力量。

本图集在编写过程中，得到了许多专家、学者的支持与帮助，孙德兴教授在百忙之中为本图集作序，各参编学者工作精益求精。在此，谨向他们致以最诚挚的感谢。

限于编者水平和经验有限，不妥和不足之处在所难免，恳请广大读者批评指正。

目 录

第一章　杭州朗诗国际街区 …… 1

第二章　常州朗诗国际街区 …… 20

第三章　上海世博轴及地下综合体 …… 36

第四章　开滦精煤股份有限公司范各庄矿业分公司、吕家坨矿业分公司 …… 38

第五章　河北师范大学新校区 …… 75

第六章　北京中关村国际商城一期建筑 …… 84

第七章　西安“都市之门”A座及千人会堂 …… 92

第八章　苏州火车站车站建筑（站房北区） …… 97

第九章　天津公馆 …… 105

第十章　扬州帝景蓝湾花园 …… 117

第十一章　河北省消防总队消防通讯指挥中心大楼 …… 131

第十二章　南京工程学院图书信息中心大楼 …… 142

第十三章　甘肃徽县金源广场 …… 150

第十四章　中共中央党史研究室科研档案图书资料楼 …… 155

第十五章　武警辽宁省总队指挥中心大楼 …… 163

第十六章　北京市地下水动态监测办公试验楼 …… 172

第十七章　宋庆龄故居文物库及附属用房 …… 183

第十八章　北京八达岭高速路昌平服务区（集宿地） …… 187

第十九章　北京市农林科学院蔬菜研究中心 …… 197

第二十章　北京市朝教培训中心（客房楼） …… 207

第二十一章　湖北省政府神农架接待中心 …… 216

第二十二章　天津塘沽区农村城市化西部新城社区服务中心 …… 221

第二十三章　杭州市能源与环境产业园绿色建筑科技馆 …… 227

第二十四章　首义园十八星旗花坛 …… 234

第二十五章　大石湖生态会所 …… 246

第二十六章　北京阿凯迪亚别墅 …… 256

第一章　杭州朗诗国际街区

中国建筑科学研究院　王永红　袁东立

工程概况

杭州朗诗国际街区节能住宅小区位于浙江省杭州市下沙区，总建筑面积约 22 万 m^2，地上建筑面积约 18 万 m^2。该工程末端为“天棚辐射＋置换新风”系统，其中 X 户型为风机盘管＋地板采暖系统，利用地埋管作为冷热源，系统分高、低区，各采用 4 台地源热泵机组为末端天棚系统和新风系统提供冷热量。

新风系统夏季由热泵系统提供 7/12℃的冷冻水，冬季提供 35/30℃的热水；天棚辐射系统，夏季由热泵系统提供 18/20℃的冷冻水，冬季提供 28/26℃的热水。不同季节运行工况的转换靠阀门的切换实现。同时，高、低区各采用 2 台封闭式冷却塔，夏季系统运行时提供地埋管与冷却塔的冷源切换。两者的转换靠阀门的切换实现。地埋管系统提供全部的冬季采暖和生活热水负荷，夏季提供 50％左右的峰值负荷，其余由冷却塔承担。在初夏及夏末，开启冷却塔运行。生活热水分低、中、高三区，各采用 2 台地源热泵机组为末端生活热水系统提供生活热水。

杭州朗诗国际街区外观图

一、总则

1. 设计内容

本工程地处浙江省杭州市，为杭州朗诗国际街区1、2、5～9号住宅楼，空调面积约13.9万m^2，为节能住宅。本设计主要内容为：地源热泵机房系统设计、地下埋管系统设计。

2. 设计依据

(1) 从《采暖通风与空气调节设计规范》GB 50019—2003；

(2) 从《地源热泵系统工程技术规范》GB 50366—2005；

(3) 从《高层民用建筑设计防火规范》GB 50045—95；

(4) 从《建筑给排水及采暖工程施工质量验收规范》GB 50242—2002；

(5) 从《建筑设计防火规范》GBJ 16—87；

(6) 从《民用建筑节能设计标准》JBJ 26—95；

(7) 从《人民防空地下室设计规范》GB 50038—94；

(8) 甲方提供的建筑设计图纸。

3. 在设计图纸中，除特殊指示外，长度单位为毫米，标高为米。

4. 除特殊说明外，水管的标高指管中心，方形风管的标高指管底标高。

5. 材料表仅供编制预算时作参考用。

6. 穿越建筑物的各种管道，在安装完毕并检验合格后须按照有关要求，将空隙部分填完并装修表面。

7. 图中所注的相对标高均是以所在层地面的±0.000而定。

二、室内外设计参数

1. 室外设计参数

(1) 夏季：空调干球温度35.7℃，空调湿球温度28.5℃，室外风速2.2m/s。

(2) 冬季：空调干球温度－4℃，相对湿度77%，室外风速3.6m/s。

2. 室内设计参数

夏季室内温度26℃，相对湿度60%；冬季室内温度20℃，相对湿度40%。

三、空调冷热源

该工程末端为“天棚辐射＋置换新风”系统，其中X户型为风机盘管＋地板采暖系统，利用地埋管作为冷热源，系统分高、低区各采用4台地源热泵机组为末端天棚系统和新风系统提供冷热量。新风系统夏季由热泵系统提供7/12℃的冷冻水，冬季提供35/30℃的热水；天棚辐射系统夏季由热泵系统提供18/20℃的冷冻水，冬季提供28/26℃的热水。不同季节运行工况的转换靠阀门的切换实现。同时，高、低区各采用2台封闭式冷却塔，夏季系统运行时提供地埋管与冷却塔的冷源切换。两者的转换靠阀门的切换实现。地埋管系统提供全部的冬季采暖和生活热水负荷，夏季提供50%左右的峰值负荷，其余由冷却塔承担，在初夏及夏末，开启冷却塔运行。生活热水分低、中、高三区各采用2台地源热泵机组为末端生活热水系统提供生活热水。

具体负荷如下：

(1) 低区夏季天棚负荷为1416kW，新风负荷为3335kW，总冷负荷为4751kW；冬季总热负荷为2030kW。

(2) 高区夏季天棚负荷为1069kW，新风负荷为2907kW，总冷负荷为3976kW；冬季总热负荷为1679kW。

(3) 低、中区生活热水负荷均为350kW；高区生活热水负荷为307kW。

四、空调水系统

空调水系统采用一次泵定流量双管制水系统。

空调水系统采用定压补水装置，由定压罐定压，根据定压信号补水和定压。根据工程所在地的水质化验报告决定是否加装软化水系统。

住宅内采用天棚辐射采暖制冷系统，使用的盘管为*D*20×2.0mm（外径×壁厚）的耐热聚乙烯管（PE-RT），阻氧密度（DIN4726）在70℃时达到0.8MPa。

管间距参见详图。

五、空调风系统

新风机组置于每栋楼屋顶空调机房内。通过竖井送入各层，新风通过地板送至各房间风口。

六、施工安装说明

1. 所有设备基础均应在设备到货且校核其尺寸无误后方可施工。基础施工时，应按设备的要求预留地脚螺栓孔（二次浇筑）。

2. 尺寸较大的设备应在其机房墙未砌之前先放入机房内。

3. 所有设备的减振隔噪措施由厂家提供计算、详图、规格及型号。设备加设减振器，具体施工参见朗诗一期机房做法。

4. 消声器采用阻抗复合消声器。消声器的接口尺寸与所接风管尺寸相同。

5. 凝结水管安装时，应按排水方向做不小于0.005的下行坡度。机房内的新风机凝结水管排至该机房地漏处。其管径按到货机组所带的实际管径配管，凝结水出口处应做存水弯，其水封高度不小于80mm。

6. 生活热水、空调低区所有水路设备和附件的工作压力应不小于0.8MPa，生活热水中区、高区及空调高区不小于1.4MPa。

7. 空调凝结水管采用镀锌钢管，其他水管当管径＜*DN*100时采用焊接钢管，当管径≥*DN*100水管采用无缝钢管，无缝钢管的规格尺寸如下：

*DN*100—*D*109×4.5，*DN*125—*D*133×4.5，*DN*150—*D*159×5.0，*DN*200—*D*219×6.0，*DN*250—*D*273×7，*DN*300—*D*325×8，*DN*350—*D*377×9，*DN*400—*D*426×9。

8. 冷冻水管、空调、生活热水管、冷凝水管均做保温，保温材料均采用橡塑海绵。保温层厚

图　名	设计与施工说明	图　号	1-1

度：当 $DN \leqslant 50$mm 时，$\delta=30$mm；当 50mm<$DN \leqslant 100$mm 时，$\delta=40$mm；$DN>100$mm 时，$\delta=50$mm；生活热水管，$\delta=30$mm。天棚及新风供水管道从机房至楼入口处温降<0.5℃，新风送风管道温降<2℃。软接头处不得保温。

9. 空调水管上的阀门：当 $DN \leqslant 50$mm 时，采用铜截止阀；当 $DN>50$mm 时，采用蝶阀。每个立管供回水管上装截止阀；系统最高点装放气阀，系统最低点装 DN25 泄水阀。

10. 管道吊装采用减振弹簧吊杆，管道活动支、托架的具体形式和设置位置，由安装单位根据现场情况确定，做法参见国标图 03SR417-1。管道的支、吊、托架必须设置于保温层的外部，在穿过支、吊、托架处，应镶以垫木。

11. 管道穿过墙壁和楼板处应设置钢制套管。安装在楼板内的套管应高出地面 20mm，底部与楼板底相平。安装在墙壁内的套管其两端应与饰面相平，穿过厕所、厨房等潮湿房间的管道，套管与管道之间应填实油麻。所有管道穿墙时应留洞，施工时设备工种应与土建工种密切配合。

12. 站内管道、设备均应进行水压试验。在管道和设备内部达到试验压力并趋于稳定后，10min 内压力降不超过 50kPa 即为合格。

试验压力：冷、热水管道低区 1.0MPa，高区 1.6MPa。试压合格后应对系统进行冲洗，并在设备入口的除污器内衬 40 目的不锈钢网。地埋管系统试验压力为 0.6MPa。

13. 水路管道、设备等，在表面除锈后，刷防锈底漆两遍，金属支、吊、托架等，在表面除锈后，刷防锈底漆和色漆各两遍，水路管道均应做色环标志。

14. 地埋管施工要求：

（1）该工程地下埋管换热器采用垂直埋管，孔间距大于 4.5m；孔内采用 SDR11 系列 $\phi25\times2.3$（双 U 连接采用 $\phi32\times3$）mmHDPE 管，承压 1.6MPa。共设计钻孔 2169 个，单 U 连接，孔深距离±0.00 为 83m；楼下利用桩孔 228 个，双 U 连接，深度 60m。

（2）所有地下埋管换热器环路的水平管根据不同阻力接至窗井内不同的分集水器，每个集水器母管上加平衡阀。且每个环路供、回水上均加装截止阀。

（3）垂直 U 型管安装完毕后，应立即用回填材料封孔。回填材料由业主与施工方根据当地地质情况确定。

（4）挖沟时为防止地基不均匀下沉，应保持原土地基。如果土质不好，应在管道周围 30cm 范围内换土夯实，并要求各段硬度相同。清除各种尖硬杂物，沟底要平整。

（5）地埋管的水平接管铺设在楼板下，距离楼板底部和地梁底部均不能低于 30cm。沟槽采用毛石混凝土回填。

（6）地埋管换热器需进行埋管前、埋管后、连接至分集水器后三次水压试验，具体操作应遵循规范 GB 50366—2005。安装前后应对管道进行冲洗。

15. 平衡阀安装位置需满足前 5D 后 2D（D 为安装管路的管径）的安装要求。

16. 主机房中压力表精度用 1.0 级，量程 1.6MPa，新风机房中压力表精度用 1.0 级，量程 1.0MPa，表盘均为 ϕ150mm。

17. 水管路高点处和门字弯等处一律加大口径浮球式自动排气阀。主要管路可采用集气筒排气方式。

18. 凡以上未说明之处，如管道吊、支架间距，管道焊接，管道穿楼板的防水做法，风管所用钢板厚度及法兰配用等，均按照国家标准《通风与空调工程施工质量验收规范》GB 50243—2002，《建筑给水排水及采暖工程施工质量验收规范》。

七、天棚施工说明

1. 天棚盘管需要软材料如塑料环扣绑缚在楼板钢筋之上、铁之下，严禁使用金属丝绑缚。

2. 严格施工现场管理，杜绝野蛮踩踏，严禁重物、硬物压刮绑缚在钢筋上的 PE-RT 管道，当对钢筋进行焊接、高温等作业时，须采取措施避免烫坏 PE-RT 管道。

3. 在浇筑混凝土前，天棚盘管需进行气压试验，试验压力为 0.8MPa，浇筑混凝土时系统需带有 0.8MPa 的压力，混凝土凝固后方可泄压。

4. 天棚 PE-RT 盘管进出混凝土楼板、墙以及穿梁等处均加塑料波纹套管保护，埋设在混凝土楼板内的天棚盘管引出管管口在施工过程中须用胶带封堵严实，避免异物掉入管道内堵塞管道

5. 管道穿墙及楼板处须加套管，套管内严禁有接口，套管两侧缝隙用石棉绳填充。

6. 各种管道穿越楼板预留洞大小应比相应管道外边径大 100mm，预留洞施工应与结构施工紧密配合，以免遗漏。

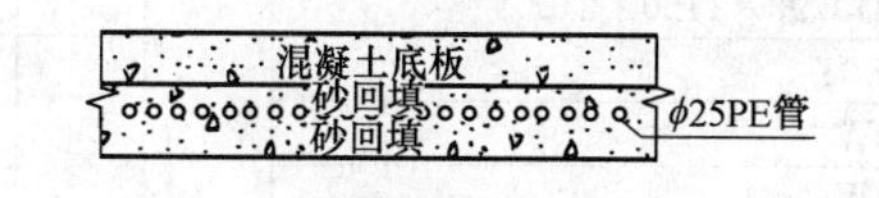

地埋管敷设图

图　名	设计与施工说明	图　号	1-1

主要设备材料表

序号	设备编号	名称	规格与型号	单位	数量	备注
1	①	地源热泵机组	型号:PSRHH 2702 制热量:1142.8kW 制冷量:1070.3kW 输入功率:228.5kW(夏),276.0kW(冬) 制冷剂:R22,98kg 冷凝器水阻力:80kPa(夏),75kPa(冬) 蒸发器水阻力:70kPa(夏),52kPa(冬) 重量:4890kg 尺寸:(L×B×H)4350×1150×2100	台	2 2用	低层天棚系统用 机组承压1.0MPa
2	②	地源热泵机组	型号:PSRHH 2002 制热量:829.7kW 制冷量:769.1kW 输入功率:154.9kW(夏),186.8kW(冬) 制冷剂:R22,74kg 冷凝器水阻力:64kPa(夏),53kPa(冬) 蒸发器水阻力:55kPa(夏),55kPa(冬) 重量:3910kg 尺寸:(L×B×H)3790×1150×2100	台	2 2用	高层天棚系统用 机组承压1.6MPa
3	③	地源热泵机组	型号:PSRHH 3903 制热量:1634.9kW 制冷量:1525.1kW 输入功率:292.6kW(夏),354.2kW(冬) 制冷剂:R22,197kg 冷凝器水阻力:67kPa(夏),56kPa(冬) 蒸发器水阻力:73kPa(夏),74kPa(冬) 重量:6890kg 尺寸:(L×B×H)4420×1700×2300	台	22用	低层新风系统用 机组承压1.0MPa
4	④	地源热泵机组	型号:PSRHH 3302 制热量:1377.3kW 制冷量:1275.2kW 输入功率:254.5kW(夏),307.3kW(冬) 制冷剂:R22,134kg 冷凝器水阻力:80kPa(夏),78kPa(冬) 蒸发器水阻力:80kPa(夏),61kPa(冬) 重量:5150kg 尺寸:(L×B×H)4350×1500×2100	台	2 2用	高层新风系统用 机组承压1.6MPa
5	⑤	地源热泵机组	型号:FOCSWH 0651 制热量:174.7kW 耗电量:38.6kW 制冷剂:R134a,30kg 冷凝器水阻力:30.0kPa 蒸发器水阻力:23.8kPa 重量:1180kg 尺寸:(L×B×H)2500×1000×1500	台	6 6用	生活热水系统用 高中低区各2台 设备承压 1.6MPa
6	⑥	天棚系统循环水泵	型号:NK 150—320/4—332 Q=380m³/h H=34m N=45kW 尺寸:(L×B×H)1800×730×746	台	3 2用 1备	机械密封泵 手动变频 低区 设备承压 1.0MPa
7	⑦	天棚系统循环水泵	型号:NK 150—320/4—317 Q=280m³/h H=32m N=30kW 尺寸:(L×B×H)1800×730×707	台	3 2用 1备	机械密封泵 手动变频 高区设备承压 1.6MPa
8	⑧	新风系统循环水泵	型号 NK 150—320/4—332 Q=322m³/h H=35m N=37kW 尺寸:(L×B×H)1800×730×746	台	3 2用 1备	机械密封泵 低区 设备承压 1.0MPa
9	⑨	新风系统循环水泵	型号:NK 125—400/4—370 Q=290m³/h H=37m N=37kW 尺寸:(L×B×H)1600×660×781	台	3 2用 1备	机械密封泵 高区 设备承压1.6MPa
10	⑩	生活热水一次循环泵	型号:NK 50—200/4—219 Q=32m³/h H=16m N=3.0kW 尺寸:(L×B×H)900×390×345	台	9 6用 3备	机械密封泵 低、中、高区各3台均为2用1备 低区设备承压1.0MPa 中区设备承压1.6MPa 高区设备承压1.6MPa
11	⑪	地源循环泵	型号:NK 150—320/4—332 Q=400m³/h H=33m N=45kW 尺寸:(L×B×H)1800×730×746	台	3 2用 1备	机械密封泵 手动变频 低区
12	⑫	地源循环泵	型号 NK 150—320/4—317 Q=340m³/h H=30m N=37kW 尺寸:(L×B×H)1800×730×746	台	3 2用 1备	机械密封泵 手动变频高区
13	⑬	过渡季节地源循环泵	型号 NK 100—315/4—312 Q=200m³/h H=29m N=22kW 尺寸:(L×B×H)1400×610×616	台	1	机械密封泵 手动变频 中、低区 生活热水用
14	⑭	过渡季节地源循环泵	型号 NK 80—250/4—270 Q=100m³/h H=25m N=11kW 尺寸:(L×B×H)1250×540×524	台	1	机械密封泵 手动变频 高区生活热水用

图名	主要设备材料表及图例	图号	1-2

序号	设备编号	名称	规格与型号	单位	数量	备注
15	⑮	冷却塔	型号：KMB—400R 循环水量：Q=208m³/h 压力损失：H=84.4kPa 运行重量：13200kg N=5.5×4kW 尺寸：(L×B×H)3630×7360×2630	台	2 2用	闭式冷却塔 低区
16	⑯	冷却塔	型号：KMB—300R 循环水量：Q=156m³/h 压力损失：H=84.4kPa 运行重量：9900kg N=5.5×3kW 尺寸：(L×B×H)3630×5530×2630	台	2 2用	闭式冷却塔 高区
17	⑰	冷却塔循环泵	型号：NK 125—315/4—311 Q=210m³/h H=28m N=22kW 尺寸：(L×B×H)1600×660×646	台	3 2用 1备	机械密封泵 低区
18	⑱	冷却塔循环泵	型号：NK 100—315/4—312 Q=170m³/h H=31m N=22kW 尺寸：(L×B×H)1400×610×616	台	3 2用 1备	机械密封泵 高区
19	⑲	定压补水设备	型号：QPGL 0.65/7—0.8/1 Q=7m³/h H=65m N=3kW 尺寸：(L×B×H)1557×850×2300	套	1	低区
20	⑳	定压补水设备	型号：QPGL 1.10/6—0.8/1 Q=6m³/h H=110m N=5.5kW 尺寸：(L×B×H)1557×850×2300	套	1	高区
21	㉑	冷却塔定压补水设备	型号：QPGL 0.77/4—0.8/1 Q=4m³/h H=77m N=2.2kW 尺寸：(L×B×H)1344×650×1900	套	2	高、低区各1套
22	㉒	真空喷射式排气装置	型号：S6A 最小工作压力：1.0bar 最大工作压力：6.0bar 流量：1.0m³/h，系统水量：150m³/h 功率：800W 电压：230V 尺寸：(H×W×D)590×350×880	台	2 2用	地源系统用
23	㉓	真空喷射式排气装置	型号：S10—C 最小工作压力：5.0bar 最大工作压力：10.0bar 流量：1.0m³/h，系统水量：100m³/h 功率：1600W 电压：3×400V 尺寸：(H×W×D)1460×550×460	台	2 2用	天棚、新风系统用 低区
24	㉔	真空喷射式排气装置	型号：S15—H 最小工作压力：9.0bar 最大工作压力：15.0bar 流量：1.0m³/h，系统水量：100m³/h 功率：2300W 电压：3×380V 尺寸：(H×W×D)1460×550×460	台	2 2用	天棚、新风系统用 高区
25	㉕	立式贮水罐	型号：SGL—9.0 容积：9.0m³ 尺寸：(H×ϕ)3900×2000 设计质量：2260kg(不锈钢) 运行重量：12t	台	6 6用	生活热水系统用 高、中、低区各2台 设备承压1.6MPa

图例

名称	图例	名称	图例	名称	图例	名称	图例	名称	图例
顶棚供水管	低区 —LLG— 高区 —HLG—	地埋管(进机组)	-----DY-----	蝶阀		橡胶软接头		防爆阀	
顶棚回水管	低区 ---LLH--- 高区 ---HLH---	地埋管(出机组)	——DY——	平衡阀		防回流污染止回阀			
新风供水管	低区 —LCG— 高区 —HCG—	冷却塔供水管	——LQ——	止回阀		除污器			
新风回水管	低区 ---LCH--- 高区 ---HCH---	冷却塔回水管	-----LQ-----	安全阀		温度计			
生活热水供水管	低—LRG—中—MRG—高—MRG—	补水管	——B——	电磁阀		压力表			
生活热水回水管	低---LRH--中---MRH--高--MRH--	水泵	(备用)	压差控制阀		压力传感报警器			

图名	主要设备材料表及图例	图号	1-2

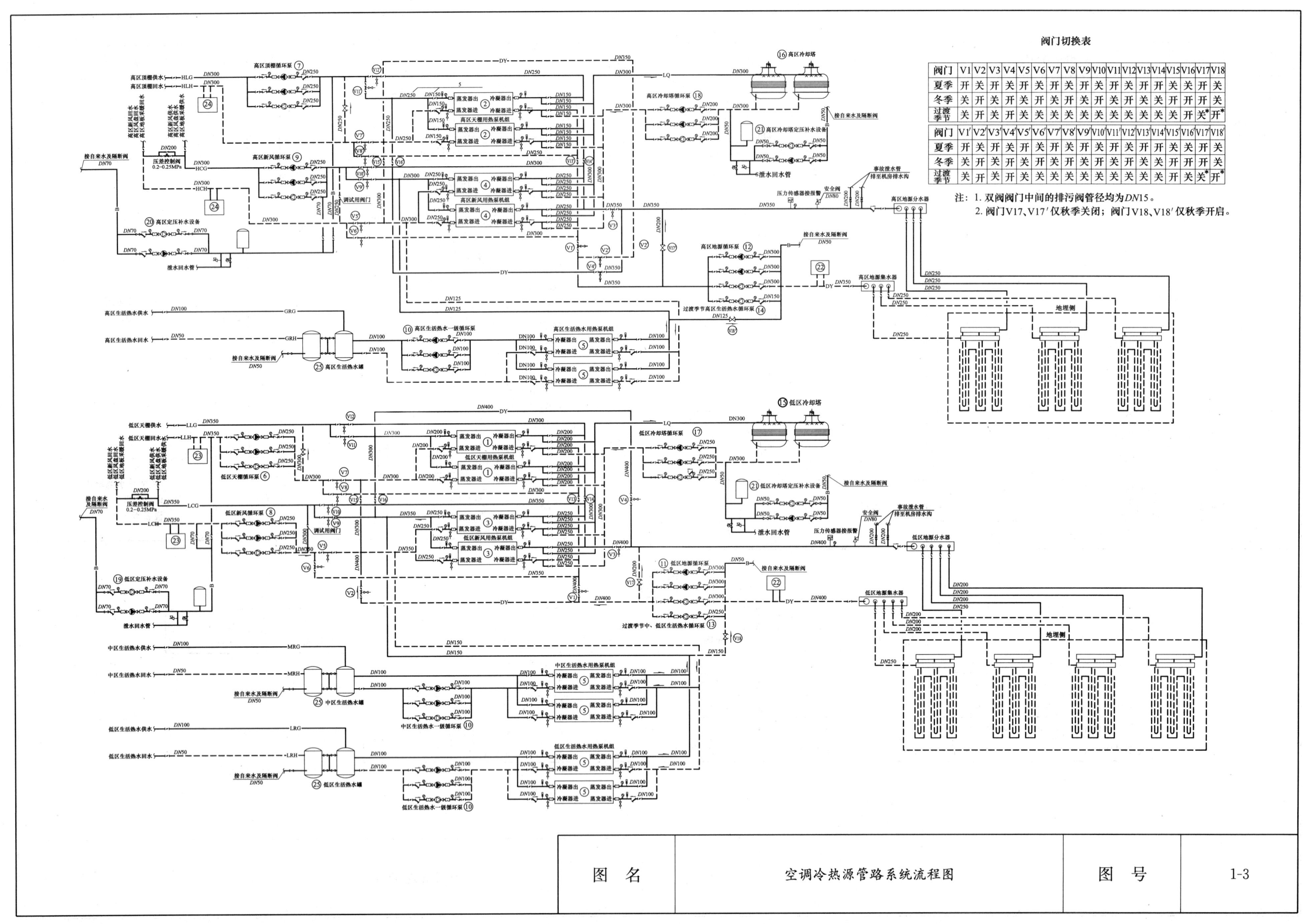

阀门切换表

阀门	V1	V2	V3	V4	V5	V6	V7	V8	V9	V10	V11	V12	V13	V14	V15	V16	V17	V18
夏季	开	关	开	关	开	关	开	关	开	关	开	关	开	开	关	关	开	关
冬季	关	开	关	开	关	开	关	开	关	开	关	开	关	关	开	开	开	关
过渡季节	关	开	关	开	关	关	关	关	关	关	关	关	关	关	关	开	关*	开*

阀门	V1′	V2′	V3′	V4′	V5′	V6′	V7′	V8′	V9′	V10′	V11′	V12′	V13′	V14′	V15′	V16′	V17′	V18′
夏季	开	关	开	关	开	关	开	关	开	关	开	关	开	开	关	关	开	关
冬季	关	开	关	开	关	开	关	开	关	开	关	开	关	关	开	开	开	关
过渡季节	关	开	关	开	关	关	关	关	关	关	关	关	关	关	开	关	关*	开*

注：1. 双阀阀门中间的排污阀管径均为*DN*15。

2. 阀门V17、V17′仅秋季关闭；阀门V18、V18′仅秋季开启。

图　名	空调冷热源管路系统流程图	图　号	1-3

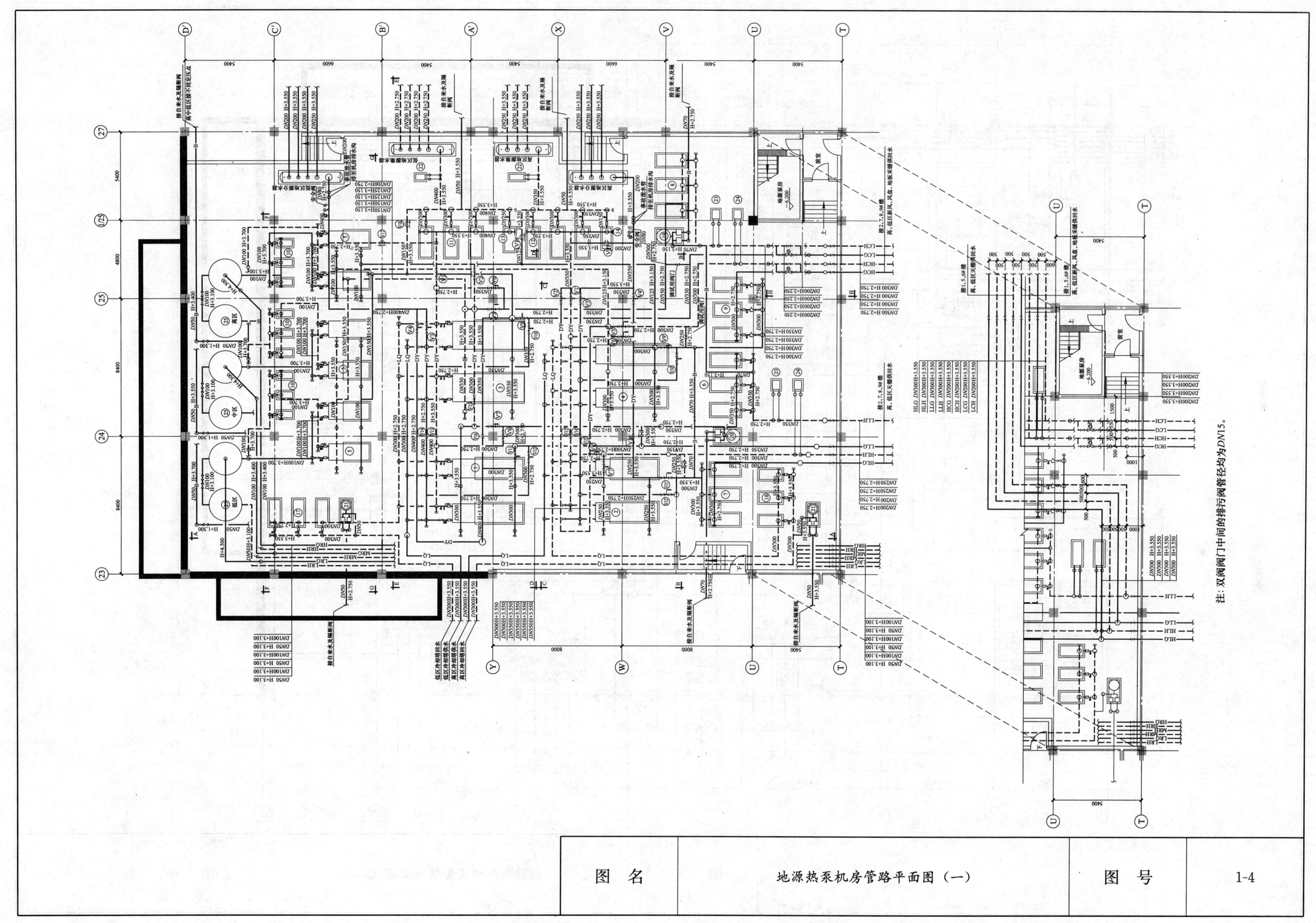

图　名	地源热泵机房管路平面图（一）	图　号	1-4

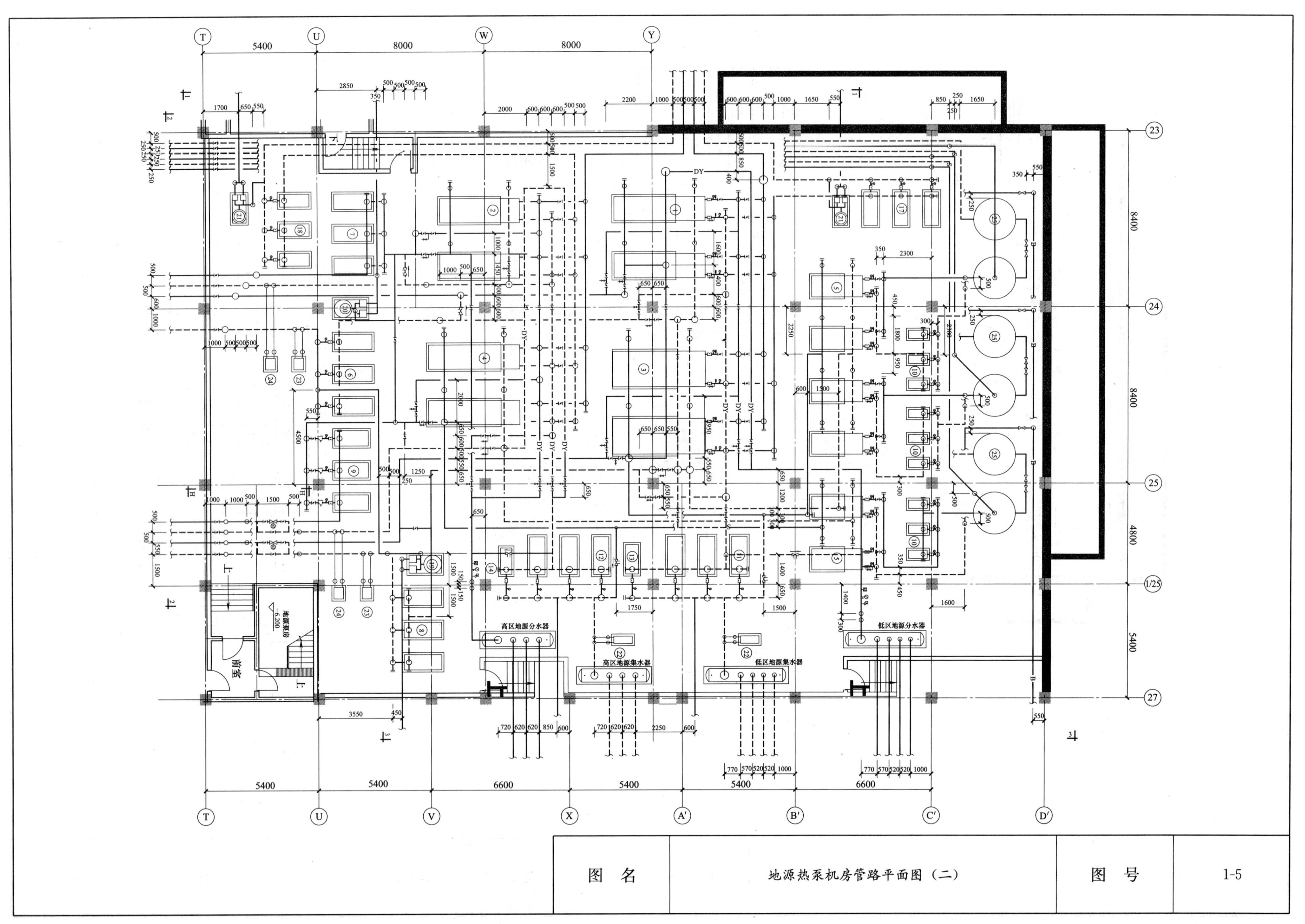

图　名	地源热泵机房管路平面图（二）	图　号	1-5

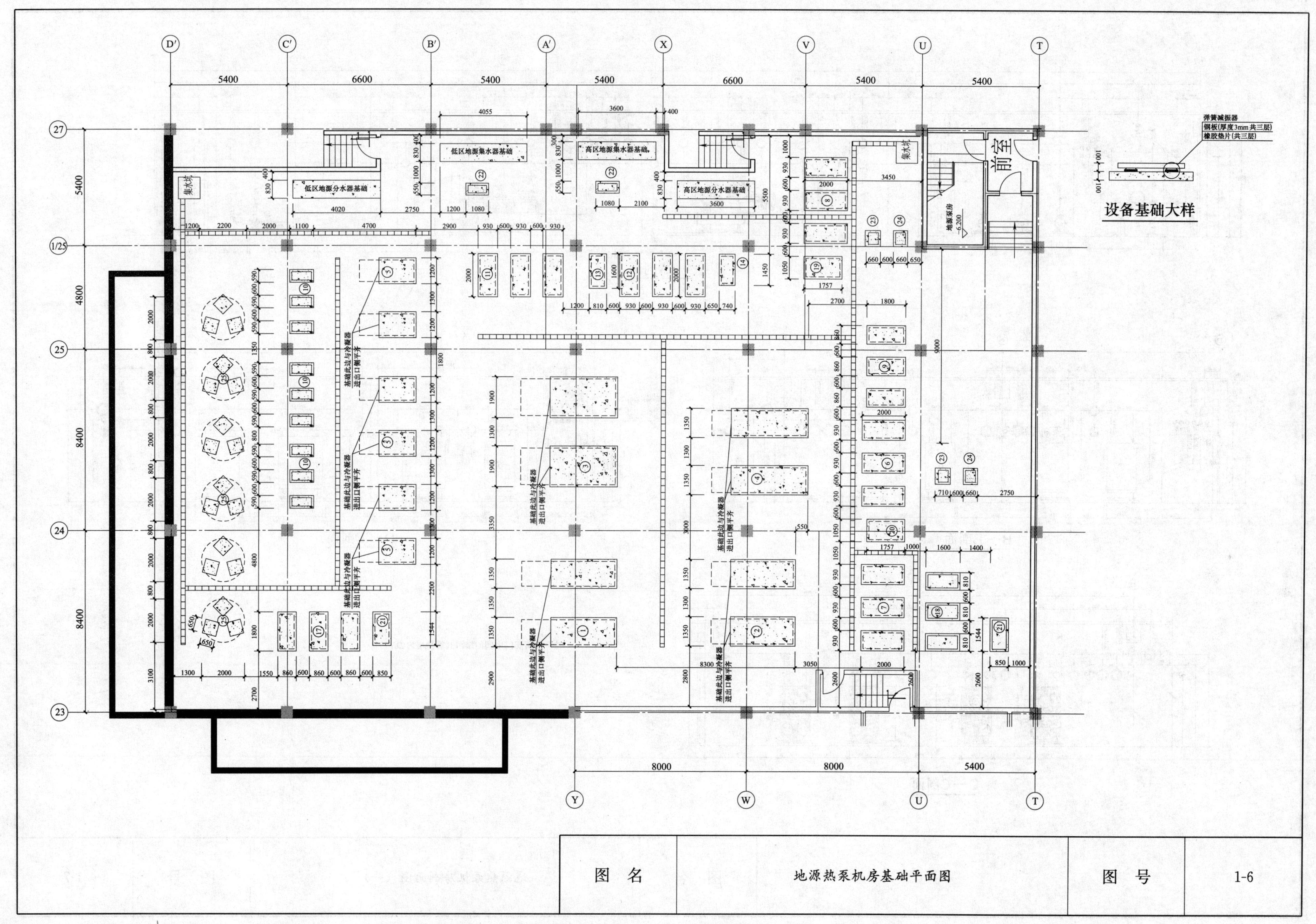

图　名	地源热泵机房基础平面图	图　号	1-6

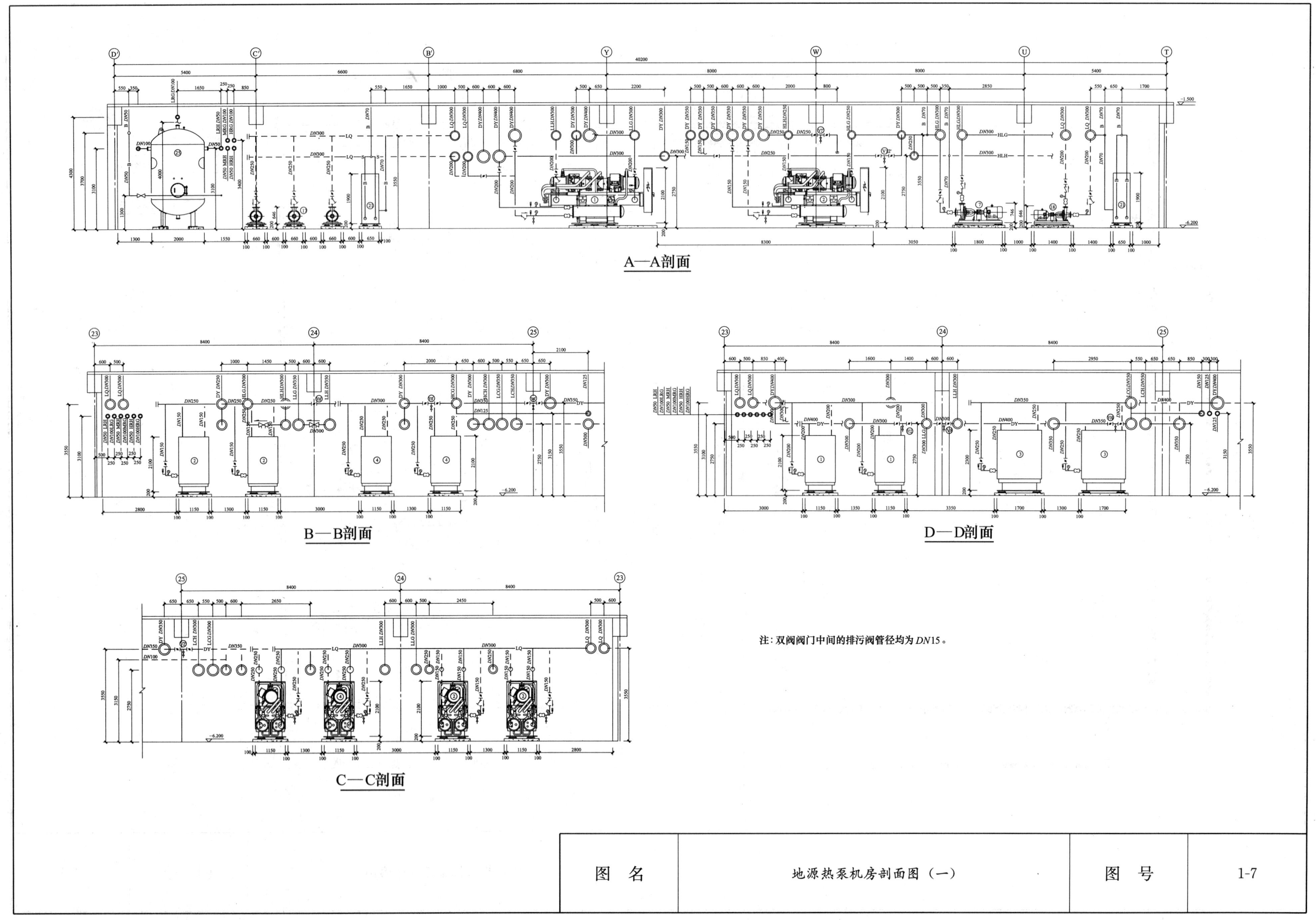
A—A剖面
B—B剖面
D—D剖面
C—C剖面
注：双阀阀门中间的排污阀管径均为DN15。
图 名
地源热泵机房剖面图（一）
图 号
1-7

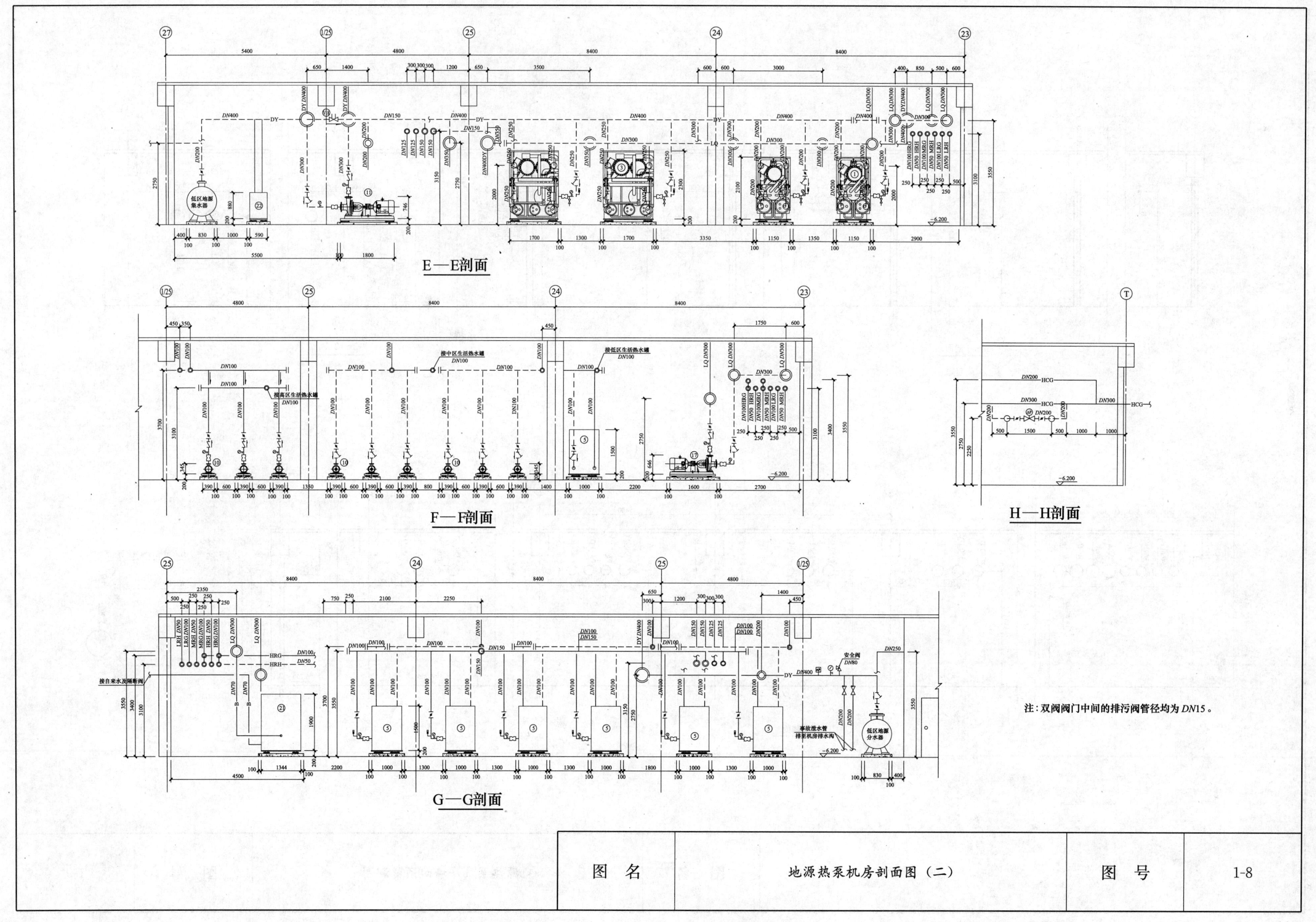
E—E剖面
F—F剖面
H—H剖面
G—G剖面
低区地源集水器
接中区生活热水罐
接高区生活热水罐
接低区生活热水罐
接自来水及隔断阀
安全阀
事故泄水管
排至机房排水沟
低区地源分水器
注：双阀阀门中间的排污阀管径均为DN15。
图　名
地源热泵机房剖面图（二）
图　号
1-8

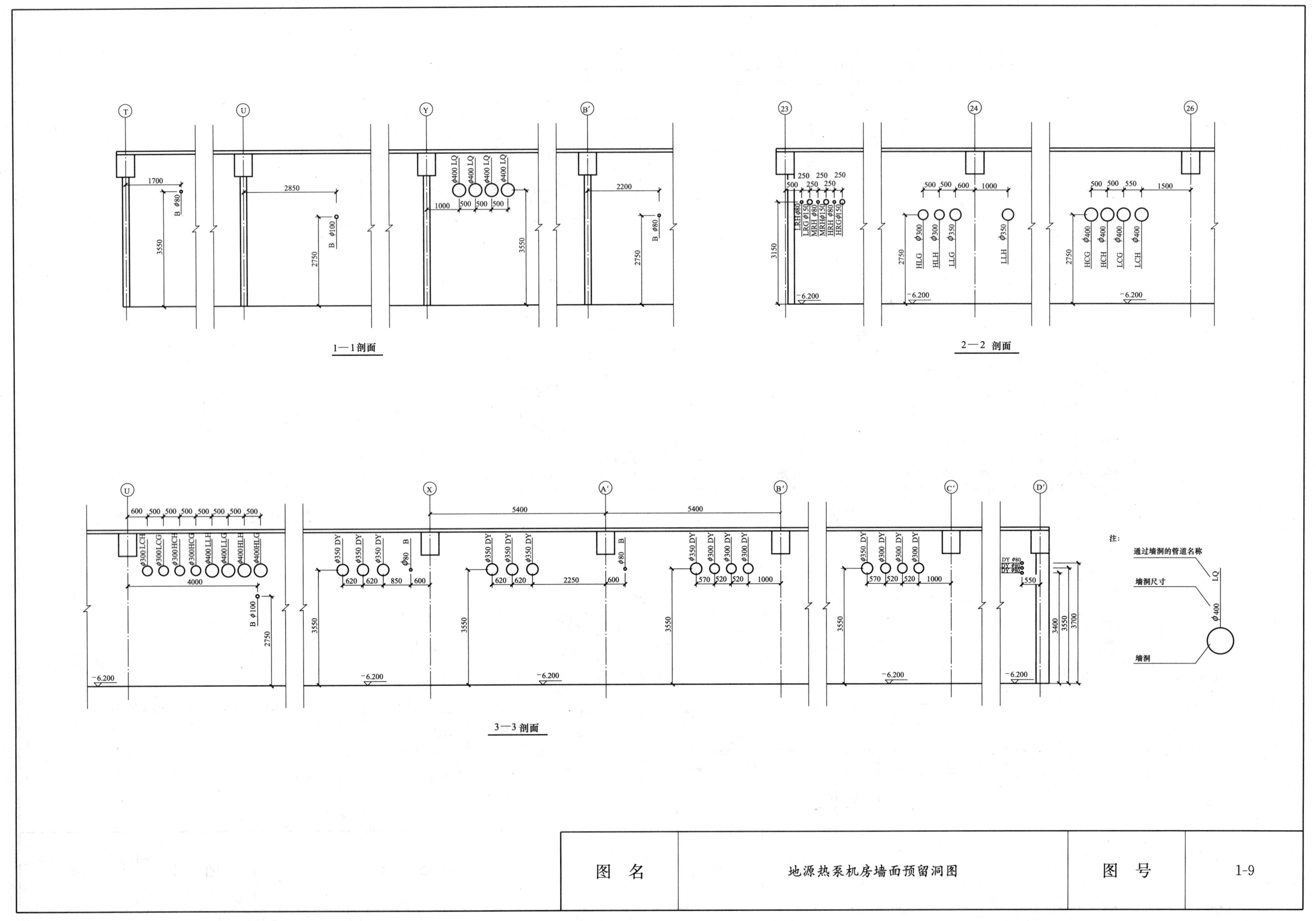

图　名	地源热泵机房墙面预留洞图	图　号	1-9

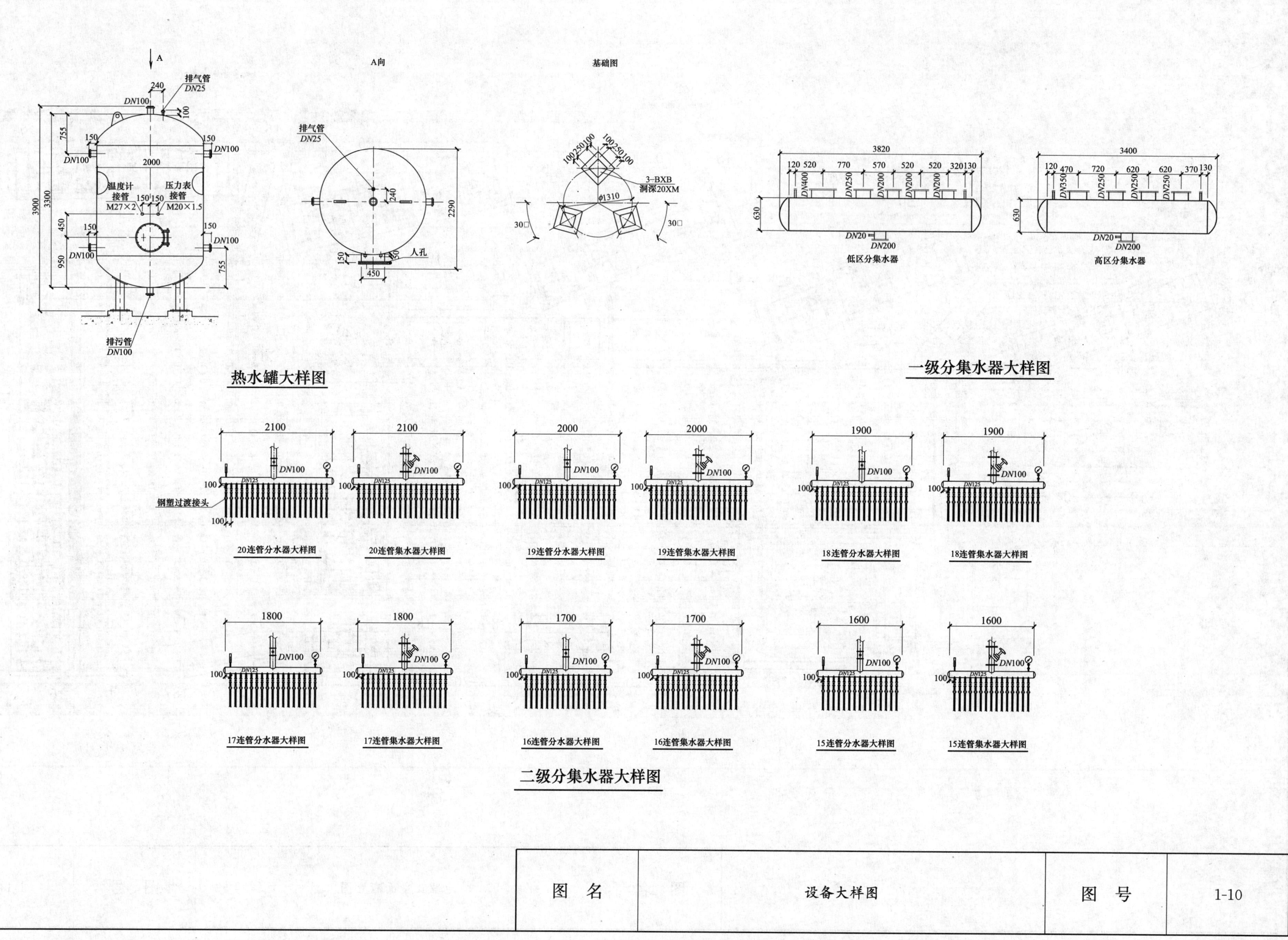
A
A向
基础图
排气管
DN25
DN100
240
100
755
150
DN100
2000
温度计
接管
M27×2
压力表
接管
M20×1.5
3900
3300
450
950
人孔
2290
450
排污管
DN100
3-BXB
洞深20XM
Φ1310
3820
3400
低区分集水器
高区分集水器
DN20
DN200
热水罐大样图
一级分集水器大样图
20连管分水器大样图
20连管集水器大样图
19连管分水器大样图
19连管集水器大样图
18连管分水器大样图
18连管集水器大样图
17连管分水器大样图
17连管集水器大样图
16连管分水器大样图
16连管集水器大样图
15连管分水器大样图
15连管集水器大样图
钢塑过渡接头
二级分集水器大样图
图 名
设备大样图
图 号
1-10

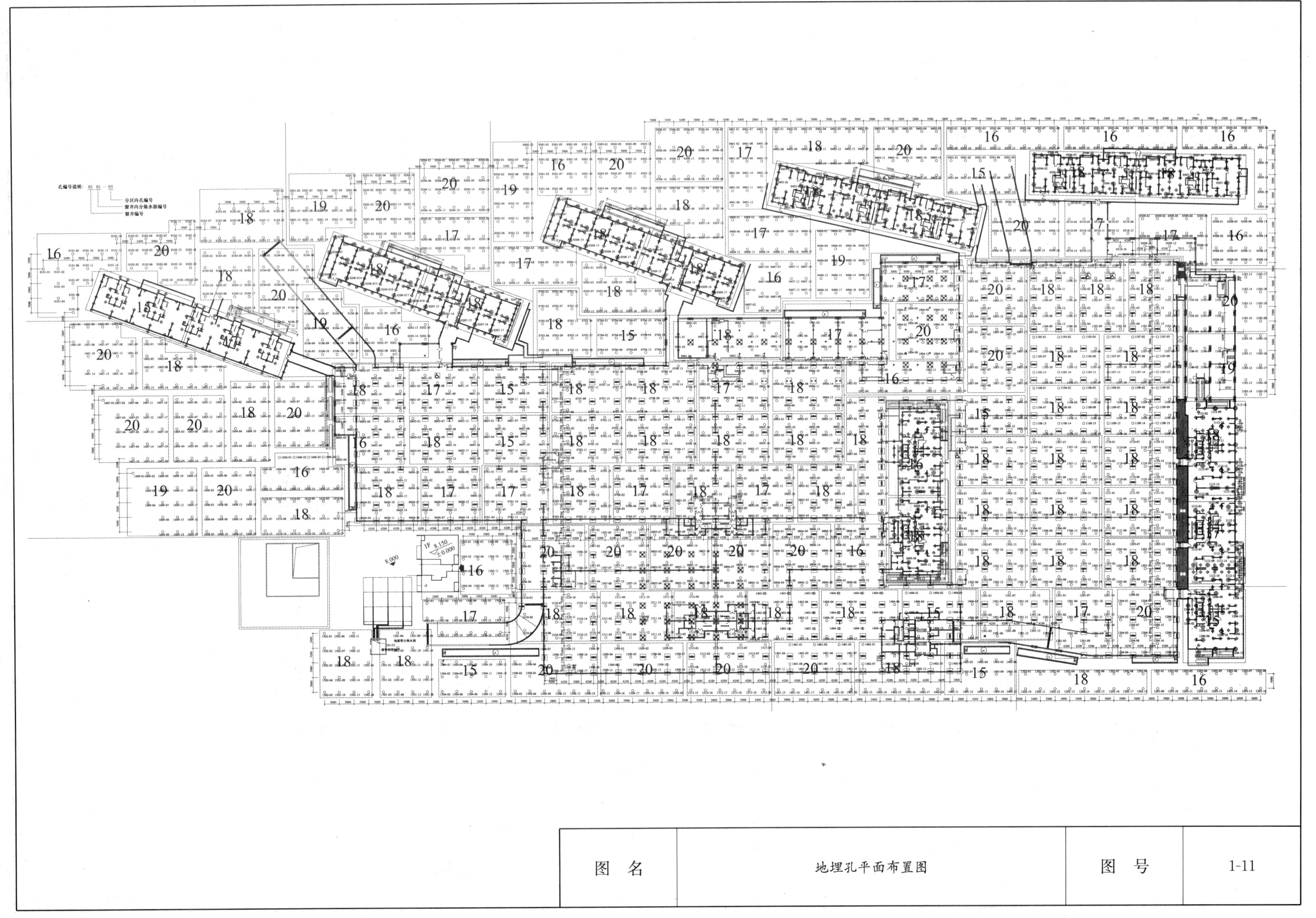
孔编号说明：01 01 — 05
分区内孔编号
窗井内分集水器编号
窗井编号
图 名
地埋孔平面布置图
图 号
1-11

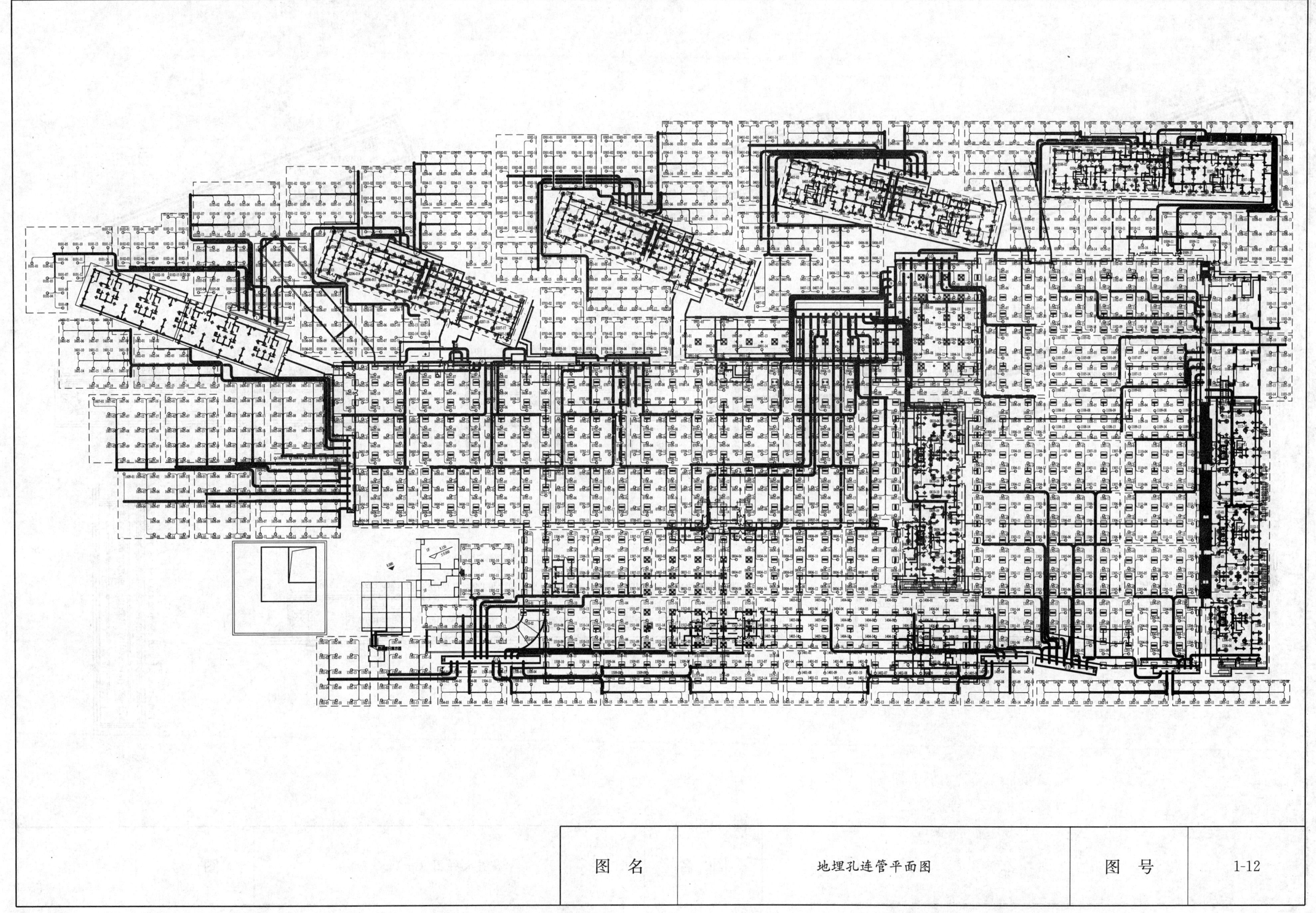

图　名	地埋孔连管平面图	图　号	1-12

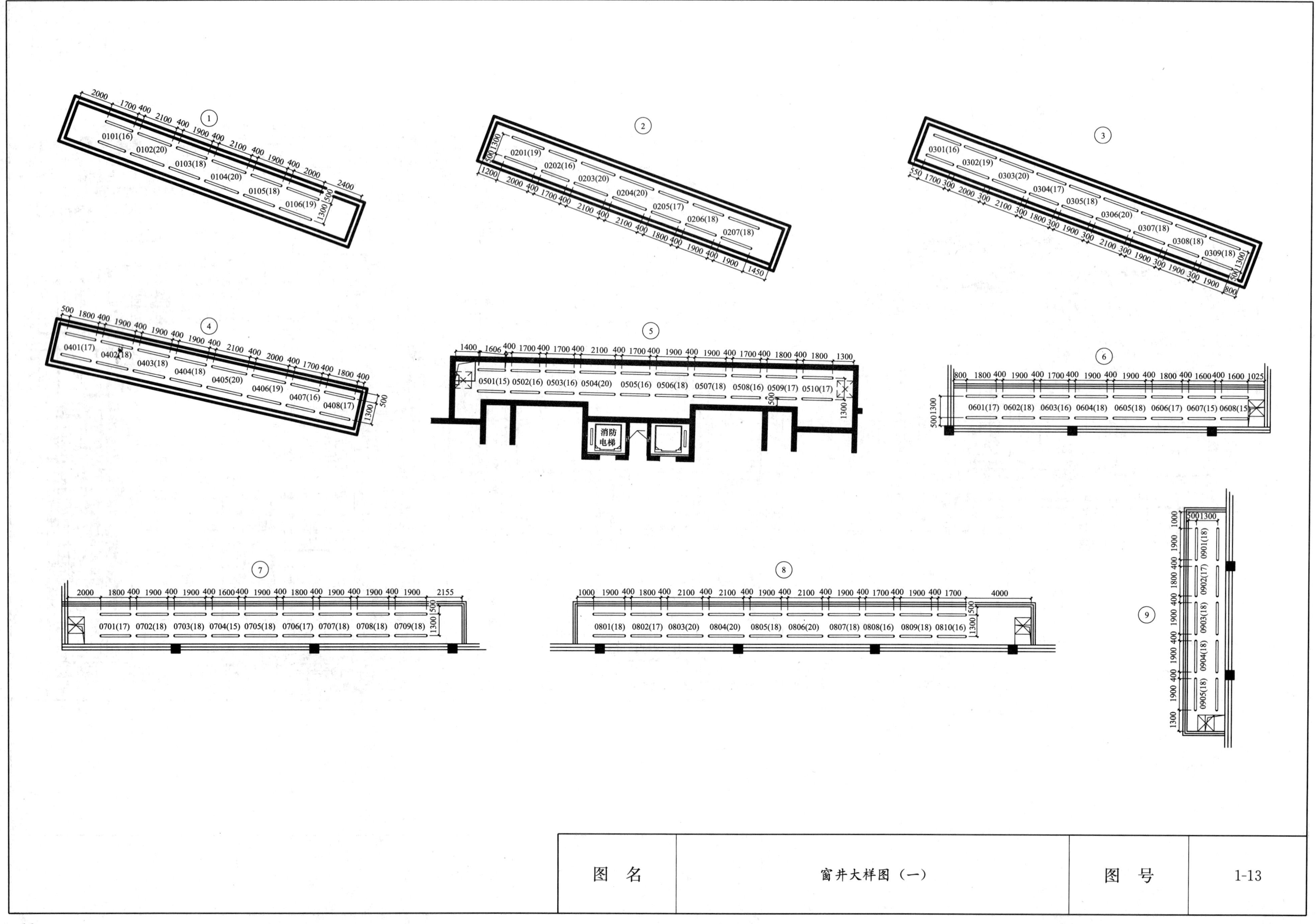

图 名	窗井大样图（一）	图 号	1-13

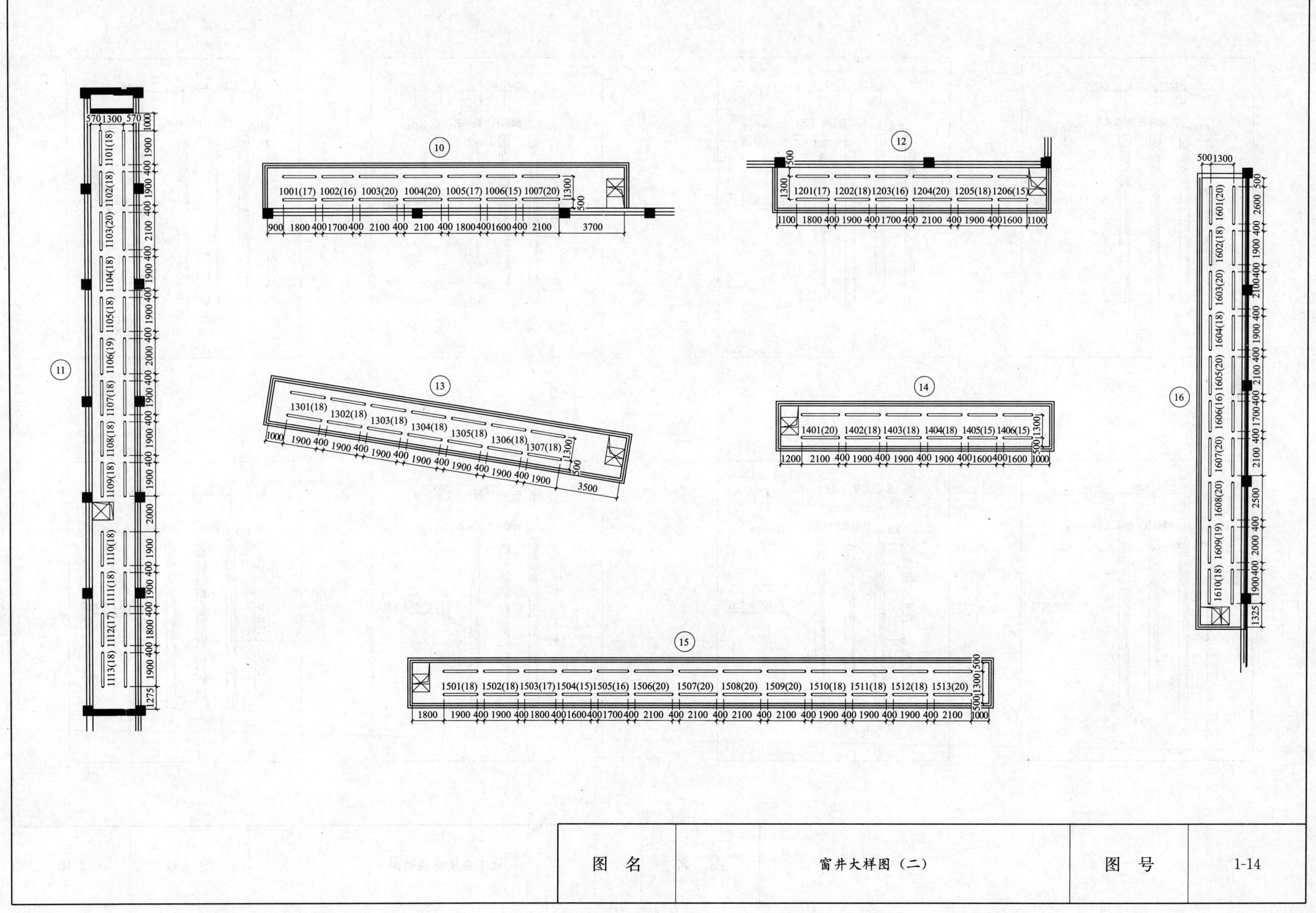

图　名	窗井大样图（二）	图　号	1-14

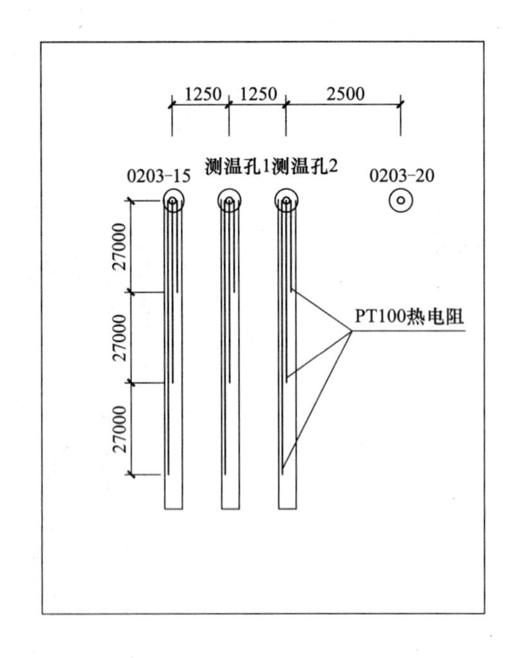

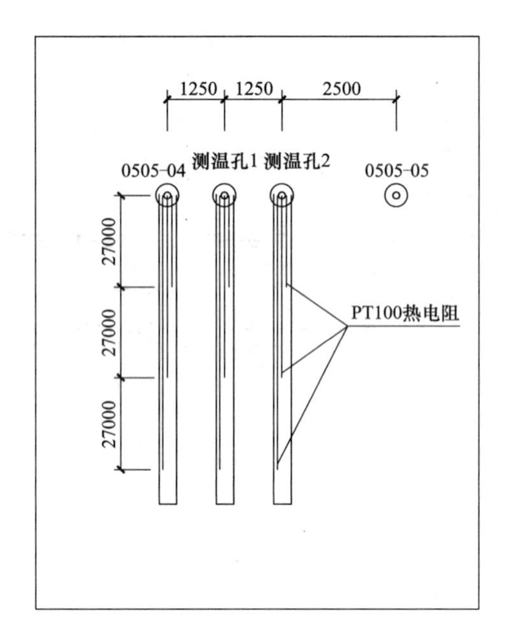

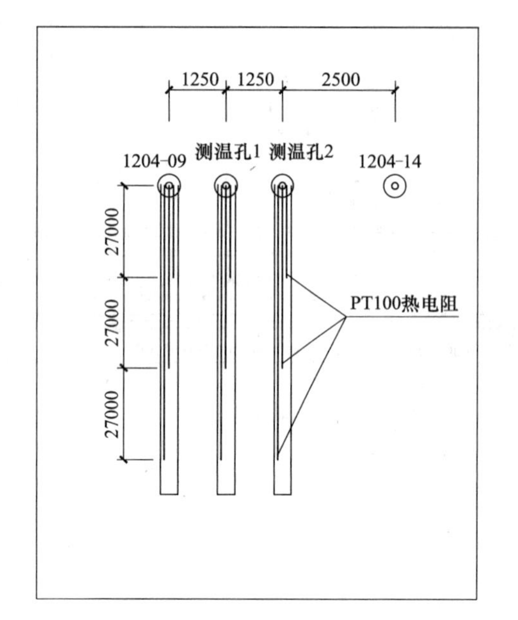

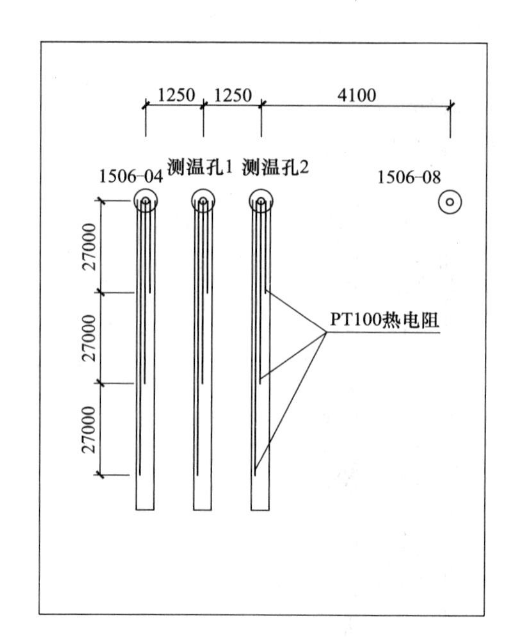

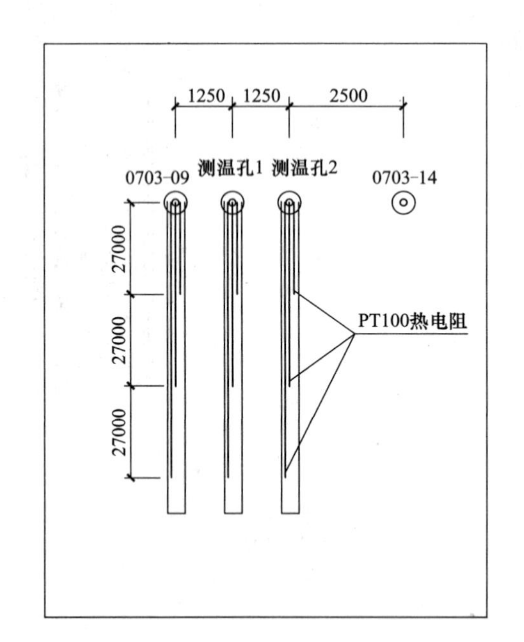

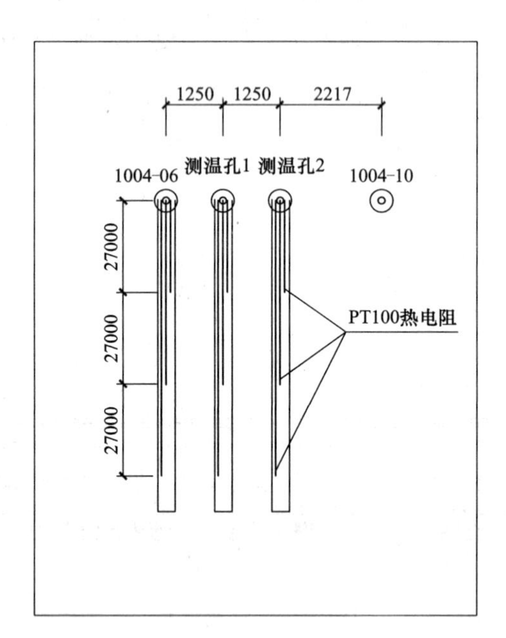

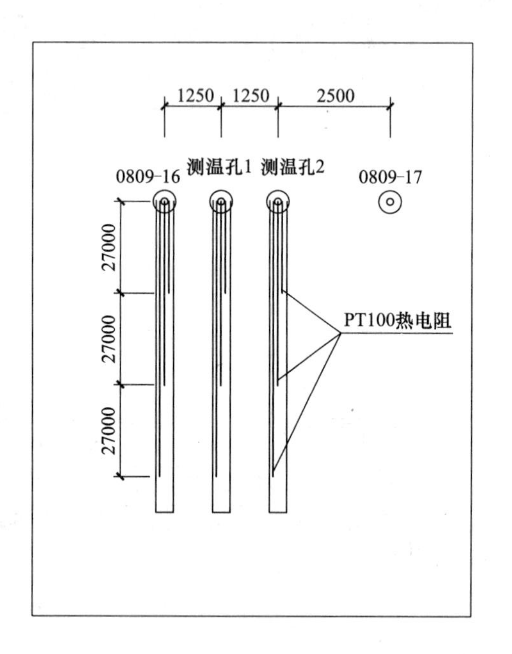

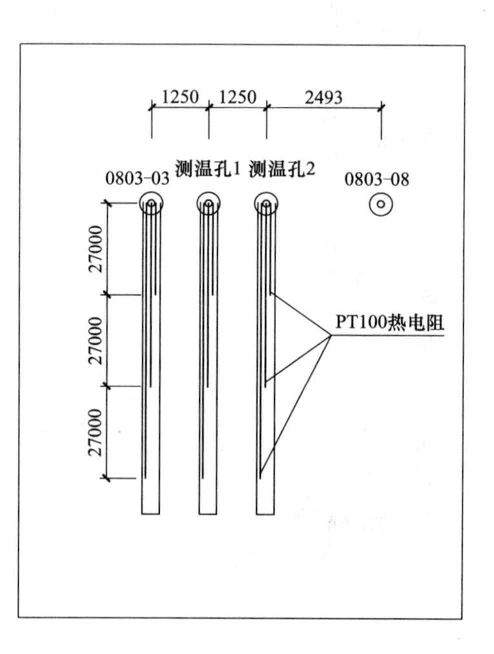

图　名	地下温度场监测图	图　号	1-15

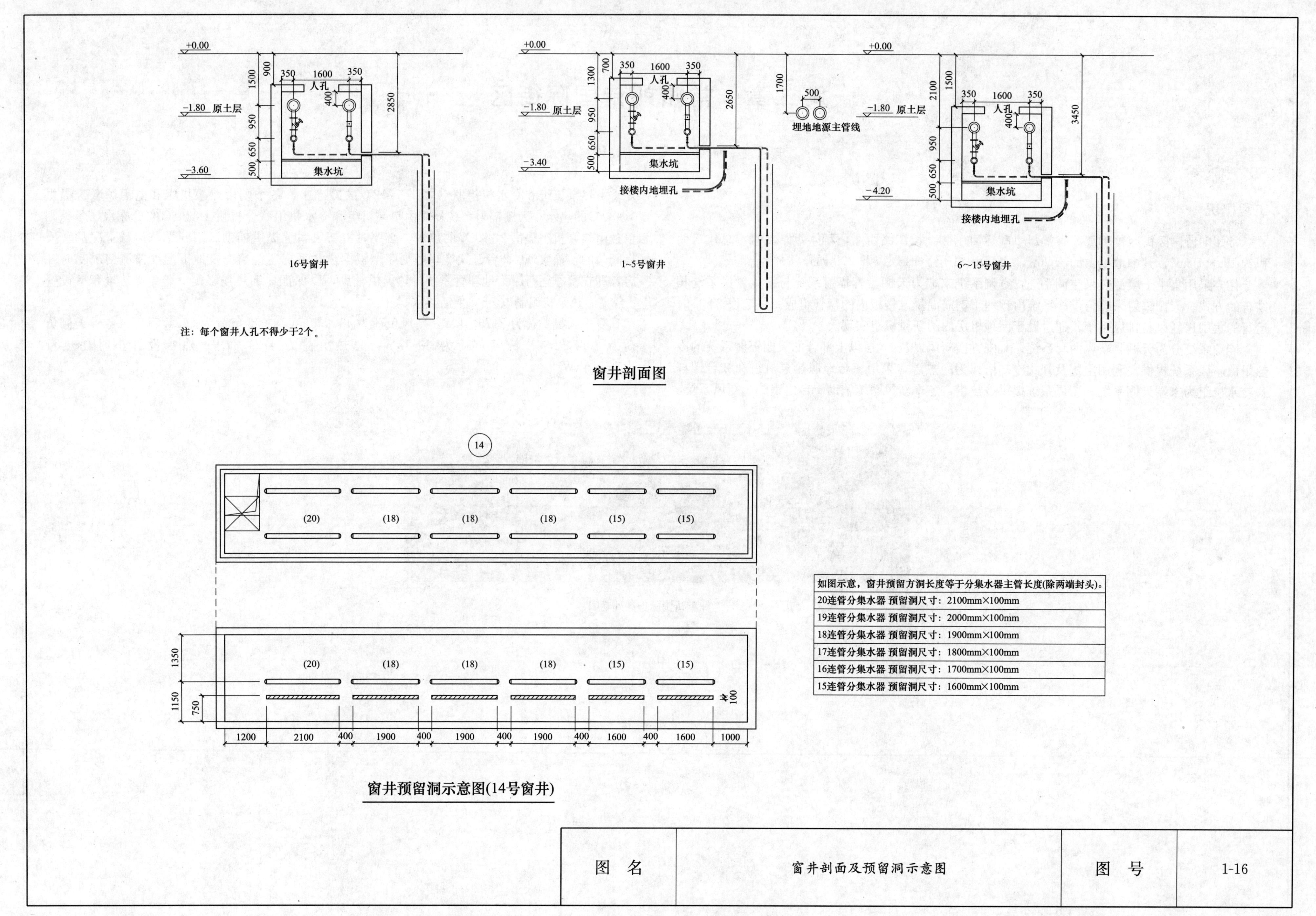
±0.00
-1.80 原土层
-3.60
-3.40
-4.20
人孔
集水坑
接楼内地埋孔
埋地地源主管线
16号窗井
1~5号窗井
6~15号窗井
注：每个窗井人孔不得少于2个。
窗井剖面图
(20) (18) (18) (18) (15) (15)
1200 2100 400 1900 400 1900 400 1900 400 1600 400 1600 1000
窗井预留洞示意图(14号窗井)
如图示意，窗井预留方洞长度等于分集水器主管长度(除两端封头)。
20连管分集水器 预留洞尺寸：2100mm×100mm
19连管分集水器 预留洞尺寸：2000mm×100mm
18连管分集水器 预留洞尺寸：1900mm×100mm
17连管分集水器 预留洞尺寸：1800mm×100mm
16连管分集水器 预留洞尺寸：1700mm×100mm
15连管分集水器 预留洞尺寸：1600mm×100mm
图名 窗井剖面及预留洞示意图
图号 1-16

第二章　常州朗诗国际街区

中国建筑科学研究院　黄涛　袁东立

工程概况

常州朗诗国际街区位于江苏省常州市南运河东侧，长江路西侧，新体西路北侧，总建筑面积约 17.8 万 m^2，其中地上 13.5 万 m^2，主要由 11 层、18 层以及 26 层的高层住宅组成。

住宅采用集中土壤源热泵空调系统，空调系统末端为天棚盘管辐射系统与新风置换系统相结合的方式。天棚辐射采暖与供冷系统由预埋于钢筋混凝土楼板内的盘管组成。住宅设 24 小时运行的集中送新风与排风系统，通过设于屋顶机房内的新风机组实现。

能源系统分为天棚和新风两套系统，其中置换新风以及 18 层以上部分的天棚辐射系统的冷热量由新风系统提供。利用土壤及开式冷却塔作为冷热源，采用 4 台地源热泵机组和 2 台螺杆式冷水机组为末端天棚系统和新风系统提供冷热量，冬季新风系统辅助 1 台电锅炉。新风系统夏季由热泵机组和冷水机组联合提供 7/12℃的冷冻水，冬季则由热泵机组和电锅炉联合提供 35/30℃的热水；天棚辐射系统夏季由热泵机组和冷水机组联合提供 18/20℃的冷冻水，冬季则单独由热泵机组提供 28/26℃的热水，必要时由新风系统提供辅助。不同季节运行工况的转换靠阀门的切换实现。2 台开式冷却塔则完全根据热泵系统运行情况及地下温度监测情况实时开启，即在夏季运行时为地埋管系统排热提供辅助，以保证地下热场平衡，避免冷热堆积。设置 2 台高温热泵机组制取 55℃生活热水。

夏季天棚负荷为 2175.4kW，新风负荷为 4509.3kW，总冷负荷为 6684.7kW；冬季天棚负荷为 1657.3kW，新风负荷为 3067kW，总热负荷为 4724.3kW。热水设计小时耗热量为 956.6kW。

常州朗诗国际街区外观图

一、总则

1. 设计内容

该工程地处江苏省常州市内，为常州朗诗国际街区1～13号住宅楼，建筑面积约13.5万m^2，为节能住宅。本设计主要内容为：地源热泵机房系统设计、地下埋管系统设计。

2. 设计依据

(1)《采暖通风与空气调节设计规范》GB 50019—2003；

(2)《地源热泵系统工程技术规范》GB 50366—2005；

(3)《高层民用建筑设计防火规范》GB 50045—95；

(4)《建筑给排水及采暖工程施工质量验收规范》GB 50242—2002；

(5)《建筑设计防火规范》GBJ 16—87；

(6)《民用建筑节能设计标准》JBJ 26—95；

(7)《人民防空地下室设计规范》GB 50038—94；

(8) 甲方提供的建筑设计图纸。

3. 在设计图纸中，除特殊指示外，长度单位为毫米，标高为米。

4. 除特殊说明外，水管的标高指管中心，方形风管的标高指管底标高。

5. 材料表仅供编制预算时作参考用。

6. 穿越建筑物的各种管道，在安装完毕并检验合格后须按照有关要求，将空隙部分填完并装修表面。

7. 图中所注的相对标高均是以所在层地面的±0.000而定。

二、室内外设计参数

1. 室外设计参数

(1) 夏季：空调干球温度34.6℃，空调湿球温度28.6℃，室外风速3.1m/s。

(2) 冬季：空调干球温度−5℃，相对湿度75%，室外风速3.2m/s。

2. 室内设计参数

夏季室内温度26℃，冬季室内温度20℃。

三、空调冷热源

该工程末端为“天棚辐射十置换新风”系统，其中置换新风以及18层以上部分的天棚辐射系统的冷热量由新风机组提供。利用土壤及开式冷却塔作为冷热源，采用4台地源热泵机组和2台螺杆式冷水机组为末端天棚系统和新风系统提供冷热量，冬季新风系统辅助1台电锅炉。新风系统夏季由热泵机组和冷水机组联合提供7/12℃的冷冻水，冬季则由热泵机组和电锅炉联合提供35/30℃的热水；天棚辐射系统夏季由热泵机组和冷水机组联合提供18/20℃的冷冻水，冬季则单独由热泵机组提供28/26℃的热水。不同季节运行工况的转换靠阀门的切换实现。2台开式冷却塔则完全根据热泵系统运行情况及地下温度监测情况实时开启，即在夏季运行时为地埋管系统放热提供补充，以保证地下热场平衡，避免冷热堆积。设置2台高温热泵机组制取55℃生活热水。

夏季天棚负荷为2175.4kW，新风负荷为4509.3kW，总冷负荷为6684.7kW；冬季天棚负荷为1657.3kW，新风负荷为3067kW，总热负荷为4724.3kW。热水设计小时耗热量为956.6kW。

四、空调水系统

空调水系统采用一次泵定流量双管制水系统。

空调水系统采用定压补水装置，由定压罐定压，根据定压信号补水和定压。根据工程所在地的水质化验报告决定是否加装软化水系统。

五、空调风系统

新风机组置于每栋楼屋顶空调机房内。通过竖井送入各层，新风通过地板送至各房间风口。

六、施工安装说明

1. 所有设备基础均应在设备到货且校核其尺寸无误后方可施工。基础施工时，应按设备的要求预留地脚螺栓孔（二次浇筑）。

2. 尺寸较大的设备应在其机房墙未砌之前先放入机房内。

3. 所有设备的减振隔噪措施由厂家提供计算、详图、规格及型号。设备加设减振器，具体施工参见朗诗一期机房做法。

4. 消声器采用阻抗复合消声器。消声器的接口尺寸与所接风管尺寸相同。

5. 凝结水管安装时，应按排水方向做不小于0.005的下行坡度。机房内的新风机凝结水管排至该机房地漏处。其管径按到货机组所带的实际管径配管，凝结水出口处应做存水弯，其水封高度不小于80mm。

6. 所有水路设备和附件的工作压力应不小于1.5MPa。

7. 空调凝结水管采用镀锌钢管，其他水管当管径＜*DN*100时采用焊接钢管，当管径≥*DN*100水管采用无缝钢管，无缝钢管的规格尺寸如下：

*DN*100—*D*109×4.5，*DN*125—*D*133×4.5，*DN*150—*D*159×5.0，*DN*200—*D*219×6，*DN*250—*D*273×7，*DN*300—*D*325×8，*DN*350—*D*377×9，*DN*400—*D*426×9，*DN*450—*D*480×9。

8. 冷冻水管、空调、冷凝水管均做保温，保温材料均采用橡塑海绵。保温层厚度：当*DN*≤50mm时，δ=30mm；当50mm＜*DN*≤100mm时，δ=40mm；*DN*＞100mm时，δ=50mm。保温材料选用开开、阿姆斯壮及弗罗斯等品牌。天棚及新风供水管道从机房至楼入口处温降＜0.5℃，新风送风管道温降＜2℃。软接头处不得保温。

9. 空调水管上的阀门：当*DN*≤50mm时，采用铜截止阀；当*DN*＞50mm时，采用蝶阀。每个立管供回水管上装截止阀；系统最高点装放气阀，系统最低点装*DN*25泄水阀。

10. 管道吊架采用减振弹簧吊杆，管道活动支、托架的具体形式和设置位置，由安装单位根据现场情况确定，做法参见国标图03SR417-1。管道的支、吊、托架必须设置于保温层的外部，在穿过支、吊、托架处，应镶以垫木。

图　名	设计与施工说明	图　号	2-1

11. 管道穿过墙壁和楼板处应设置钢制套管。安装在楼板内的套管应高出地面 20mm，底部与楼板底相平。安装在墙壁内的套管其两端应与饰面相平，穿过厕所、厨房等潮湿房间的管道，套管与管道之间应填实油麻。所有管道穿墙时应留洞，施工时设备工种应与土建工种密切配合。

12. 站内管道、设备均应进行水压试验。在管道和设备内部达到试验压力并趋于稳定后，10min 内压力降不超过 50kPa 即为合格。

试验压力：冷、热水管道不小于 1.6MPa。试压合格后应对系统进行冲洗，并在设备入口的除污器内衬 40 目的不锈钢网。地埋管系统试验压力为 0.6MPa。

13. 水路管道、设备等，在表面除锈后，刷防锈底漆两遍，金属支、吊、托架等，在表面除锈后，刷防锈底漆和色漆各两遍，水路管道均应做色环标志。

14. 地埋管施工要求：

（1）该工程地下埋管换热器采用钻孔垂直埋管，钻孔间距大于 4.0m；孔内采用 SDR11 系列 ϕ25×2.3mmHDPE 管，承压 1.6MPa。单 U 连接，共设计钻孔 1386 个，钻孔深度为 80m。

（2）所有地下埋管换热器环路的水平管根据不同阻力接至空调设备用房内不同的分集水器，每个集水器母管上加平衡阀。且每个环路供、回水上均加装截止阀。

（3）垂直 U 型管安装完毕后，应立即用回填材料封孔。回填材料由业主与施工方根据当地地质情况确定。

（4）挖沟时为防止地基不均匀下沉，应保持原土地基。如果土质不好，应在管道周围 30cm 范围内换土夯实，并要求各段硬度相同。清除各种尖硬杂物，沟底要平整。

（5）地埋管的水平接管铺设在楼板下，距离楼板底部距离不能小于 30cm。水平埋管周围用沙回填。

（6）地埋管换热器安装前、中、后应进行水压试验，具体操作应遵循规范 GB 50366—2005。安装前后应对管道进行冲洗。

（7）埋入土壤中或有可能浸水的地源用钢管要刷防腐漆。

15. 主机房中压力表精度用 1.0 级，量程 1.6MPa，新风机房中压力表精度用 1.0 级，量程 1.0MPa，表盘均为 ϕ150mm。

16. 水管路高点处和门字弯等处一律加大口径浮球式自动排气阀。主要管路可采用集气筒排气方式。

17. 凡以上未说明之处，如管道吊、支架间距，管道焊接，管道穿楼板的防水做法，风管所用钢板厚度及法兰配用等，均按照国家标准《通风与空调工程施工质量验收规范》GB 50243—2002，《建筑给水排水及采暖工程施工质量验收规范》。

图　名	设计与施工说明	图　号	2-1

主要设备材料表

序号	设备编号	名称	规格与型号	单位	数量	备注
1	①	地源热泵机组	型号:TWSF0260.2BG2 制热量:947kW 制冷量:874kW 输入功率:153kW(夏),198kW(冬) 制冷剂:R22 冷凝器水阻力:55kPa(夏),62kPa(冬) 蒸发器水阻力:52kPa(夏),50kPa(冬) 重量:4850kg 尺寸:(L×B×H)4470×1340×1780	台	2 2用	天棚系统用 设备承压1.6MPa
2	②	地源热泵机组	型号:TWSF0375.2BG2 制热量:1354kW 制冷量:1248kW 输入功率:220kW(夏),282kW(冬) 制冷剂:R22 冷凝器水阻力:56Pa(夏),39kPa(冬) 蒸发器水阻力:64kPa(夏),72kPa(冬) 重量:5710kg 尺寸:(L×B×H)4500×1460×1820	台	2 2用	新风系统用 设备承压1.6MPa
3	③	螺杆冷水机组	型号:TWSF0250.2BC2 制冷量:900kW 输入功率:154kW 制冷剂:R22 蒸发器水阻力:56kPa 冷凝器水阻力:55kPa 重量:4900kg 尺寸:(A×B×H)4470×1340×1780	台	1 1用	天棚系统用 设备承压1.6MPa
4	④	螺杆冷水机组	型号:TWSF0625.3BC2 制冷量:2194kW 输入功率:414kW 制冷剂:R22 蒸发器水阻力:60kPa 冷凝器水阻力:63kPa 重量:9000kg 尺寸:(A×B×H)4780×2200×2027	台	1 1用	新风系统用 设备承压1.6MPa
5	⑤	地源热泵机组	型号:TWSF0110.1BG1 制热量:375kW 耗电量:103kW 制冷剂:R134a 冷凝器水阻力:52kPa 蒸发器水阻力:34kPa 重量:3280kg 尺寸:(A×B×H)3285×1180×1620	台	2 2用	生活热水系统用 设备承压1.6MPa
6	⑥	常压电热水锅炉	型号:CWDR0.6—85/65—D 规格:600kW 运输重量:1550kg 水容量:1000L 尺寸:(A×B×H)2266×1152×1473	台	1 1用	冬季新风系统用
7	⑦	天棚系统循环水泵	型号:200×150FS4KA555H Q=325m^3/h H=31m N=55kW 尺寸:(L×B×H)1769×570×835	台	4 夏季 3用1备 冬季 2用2备	机械密封泵 手动变频
8	⑧	高区天棚系统循环水泵	型号:100×80FS2GA515H Q=85m^3/h H=33m N=15kW 尺寸:(L×B×H)1073×380×460	台	2 1用1备	机械密封泵 手动变频
9	⑨	新风系统循环水泵	型号:150×125FS4LA545H Q=300m^3/h H=36m N=45kW 尺寸:(L×B×H)1524×520×835	台	4 夏季 3用1备 冬季 2用2备	机械密封泵
10	⑩	地源循环泵	型号:NK200—400/4—340 Q=450m^3/h H=34m N=55kW 尺寸:(L×B×H)1771×570×885	台	3 2用1备	机械密封泵 手动变频
11	⑪	过渡季节地源循环泵	型号:150×125FS4KA530H Q=150m^3/h H=32m N=30kW 尺寸:(L×B×H)1400×610×665	台	1 1用	机械密封泵
12	⑫	冷却塔	型号:SKB—500R 循环水量 Q=325m^3/h 压力损失 H=35.6kPa 运行重量 6080kg 马达 7.5×2kW 尺寸:(L×W×H)3630×4500×2630	台	2 2用	开式冷却塔
13	⑬	冷却塔循环泵	型号:200×150FS4KA545H Q=350m^3/h H=30m N=45kW 尺寸:(L×B×H)1684×570×835	台	3 2用1备	机械密封泵

图名	主要设备材料表及图例	图号	2-2

序号	设备编号	名称	规格与型号	单位	数量	备注
14	⑭	生活热水一次循环泵	型号：3S65—125/5.5 Q=70m^3/h H=17m N=5.5kW 尺寸：(L×B×H)635×300×340	台	3 2用1备	机械密封泵 高、低区 生活热水用
15	⑮	低区热水一次循环泵	型号：3S40—125/2.2 Q=36m^3/h H=14m N=2.2kW 尺寸：(L×B×H)477×213×252	台	2 1用1备	机械密封泵 低区 生活热水用
16	⑯	低区热水二次循环泵	型号：2540—12.5/2.2 Q=20m^3/h H=22m N=2.2kW 尺寸：(L×B×H)477×213×252	台	2 1用1备	机械密封泵
17	⑰	中区热水二次循环泵	型号：3S40—160/3.0 Q=30m^3/h H=23m N=3kW 尺寸：(L×B×H)528×294×252	台	2 1用1备	机械密封泵
18	⑱	高区热水一次循环泵	型号：3S32—125/1.1 Q=8.5m^3/h H=15m N=1.1kW 尺寸：(L×B×H)430×213×252	台	2 1用1备	机械密封泵
19	⑲	高区热水二次循环泵	型号：3S32—125/1.1 Q=6m^3/h H=16m N=1.1kW 尺寸：(L×B×H)430×213×252	台	2 1用1备	机械密封泵

序号	设备编号	名称	规格与型号	单位	数量	备注
20	⑳	电锅炉循环泵	型号：3S50—125/2.2 Q=30m^3/h H=11m N=2.2kW 尺寸：(L×B×H)497×254×292	台	2 1用1备	机械密封泵
21	㉑	立式贮水罐	型号：SGL—5.0 容积：5.0m^3 尺寸：(H×ϕ)3460×1600 设计质量：1210kg(不锈钢) 运行重量：6.21t	台	1 1用	生活热水系统 用高区1台 设备承压1.6MPa
22	㉒	立式贮水罐	型号：SGL—9.0 容积：9.0m^3 尺寸：(H×ϕ)3850×2000 设计质量：2150kg(不锈钢) 运行重量：11.15t	台	3 3用	生活热水系统用 中区3台 设备承压1.6MPa
23	㉓	立式贮水罐	型号：SGL—7.0 容积：7.0m^3 尺寸：(H×ϕ)3660×1800 设计质量：1700kg(不锈钢) 运行重量：8.7t	台	2 2用	生活热水系统用 低区2台 设备承压1.0MPa
24	㉔	定压补水设备	型号：QPGL0.9/12—1.2/1 Q=12m^3/h H=90m N=5.5kW 尺寸：(L×B×H)1979×1250×3000	套	1 1用	天棚高区 新风系统用
25	㉕	定压补水设备	型号：QPGL0.75/12—1.2/1 Q=12m^3/h H=75m N=5.5kW 尺寸：(L×B×H)1979×1250×3000	套	1 1用	天棚系统用

图名	主要设备材料表及图例	图号	2-2

序号	设备编号	名称	规格与型号	单位	数量	备注
26	㉖	真空喷射式排气装置	型号:S6A 最小工作压力:1.0bar 最大工作压力:6.0bar 流量:1.0m³/h,系统水量:150m³/h 功率:800W 电压:230V 尺寸:(L×W×H)590×350×880	台	1 1用	地源系统用
27	㉗	真空喷射式排气装置	型号:S10—C 最小工作压力:5.0bar 最大工作压力:10.0bar 流量:1.0m³/h,系统水量:100m³/h 功率:1600W 电压:3×400V 尺寸:(L×W×H)550×460×1460	台	3 3用	天棚、新风系统用
28	㉘	板式换热器	型号:GC—16M×90 换热量:200kW 一次侧进出口温度:55/50℃ 二次侧进出口温度:48/53℃ 尺寸:(L×W×H)590×320×832	台	1 1用	低区热水用
29	㉙	板式换热器	型号:GC—16M×26 换热量:50kW 一次侧进出口温度:55/50℃ 二次侧进出口温度:48/53℃ 尺寸:(L×W×H)590×320×832	台	1 1用	高区热水用
30	㉚	板式换热器	型号:GC—51M×44 换热量:500kW 一次侧进出口温度:35/30℃ 二次侧进出口温度:26/28℃ 尺寸:(L×W×H)656×630×1730	台	1 1用	冬季天棚辅助
31	㉛	板式换热器	型号:GC—26M×34 换热量:250kW 一次侧进出口温度:夏 7/12℃;冬 35/30℃ 二次侧进出口温度:夏 20/18℃;冬 26/28℃ 尺寸:(L×W×H)641×450×1265	台	1 1用	高区天棚用
32	㉜	板式换热器	型号:GC—26M×28 换热量:650kW 一次侧进出口温度:85/65℃ 二次侧进出口温度:30/35℃ 尺寸:(L×W×H)641×450×1265	台	1 1用	电热水锅炉用
33	㉝	循环水旁流处理器	型号:SCII—0800F 水头损失:500kPa 功率:800W 电压:380V 尺寸:(L×W×H)1475×740×1260	台	1 1用	开式冷却水系统用
34	㉞	常压电锅炉补水箱	尺寸:(L×W×H)900×900×600	台	1用	常压电锅炉系统用

图例

名称	图例	名称	图例	名称	图例	名称	图例	名称	图例
天棚供水管	—CG—	生活热水回水管	低—LRH— 中—MRH— 高—HRH—	补水管	—B—	安全阀		除污器	
天棚回水管	- -CH- -	地埋管(进机组)	- - -DY- - -	水泵		电动调节阀		温度计	
新风供水管	—LG—	地埋管(出机组)	—DY—	蝶阀		压差控制阀		压力表	
新风回水管	- -LH- -	冷却塔供水管	—LQ—	平衡阀		波纹不锈钢接头		电接点压力表	
生活热水供水管	低—LRG— 中—MRG— 高—HRG—	冷却塔回水管	- -LQ- -	止回阀		防回流污染止回阀			

图名	主要设备材料表及图例	图号	2-2

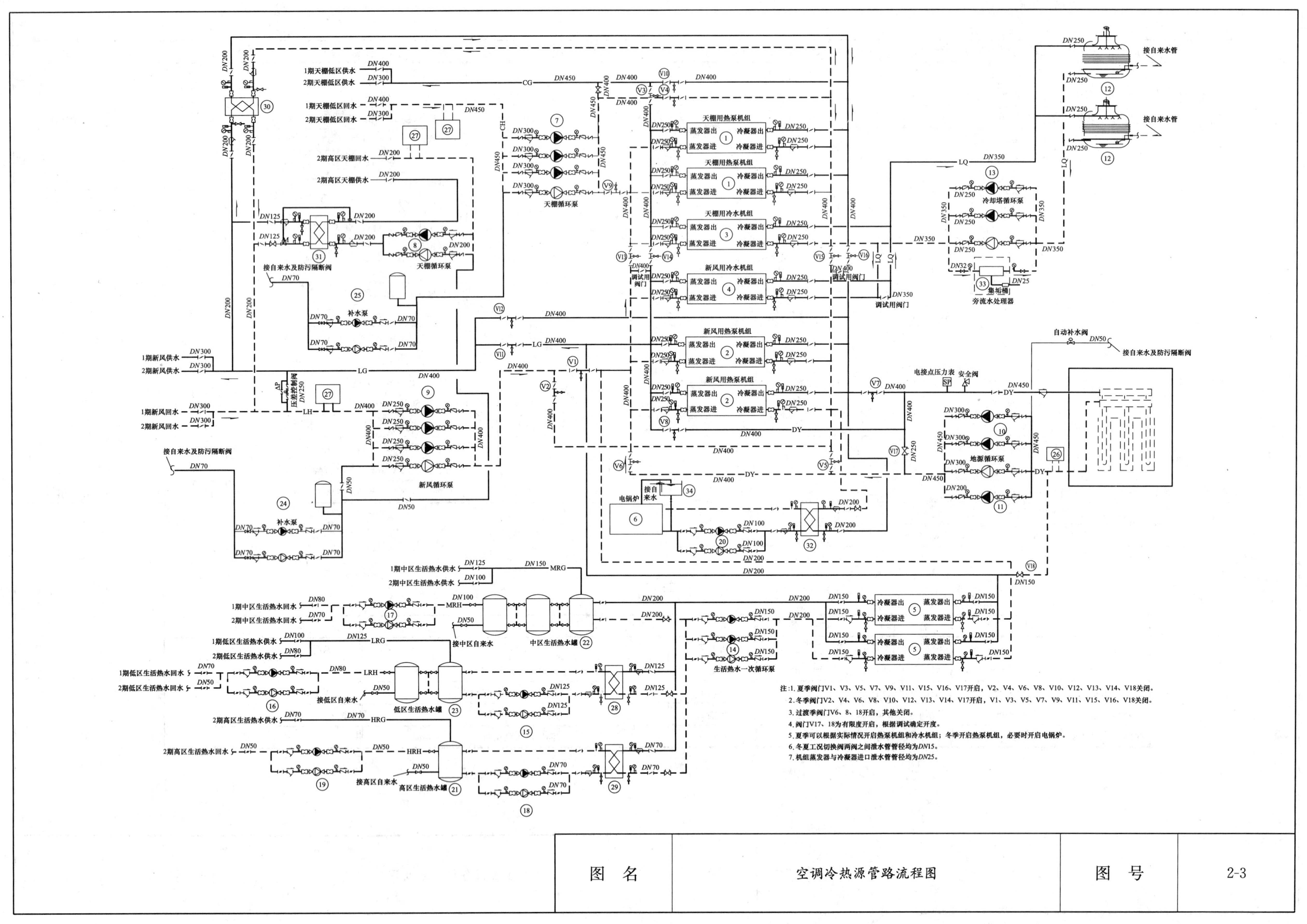

注：1. 夏季阀门V1、V3、V5、V7、V9、V11、V15、V16、V17开启，V2、V4、V6、V8、V10、V12、V13、V14、V18关闭。
2. 冬季阀门V2、V4、V6、V8、V10、V12、V13、V14、V17开启，V1、V3、V5、V7、V9、V11、V15、V16、V18关闭。
3. 过渡季阀门V6、8、18开启，其他关闭。
4. 阀门V17、18为有限度开启，根据调试确定开度。
5. 夏季可以根据实际情况开启热泵机组和冷水机组；冬季开启热泵机组，必要时开启电锅炉。
6. 冬夏工况切换阀两阀之间泄水管管径均为DN15。
7. 机组蒸发器与冷凝器进口泄水管管径均为DN25。
图名
空调冷热源管路流程图
图号
2-3

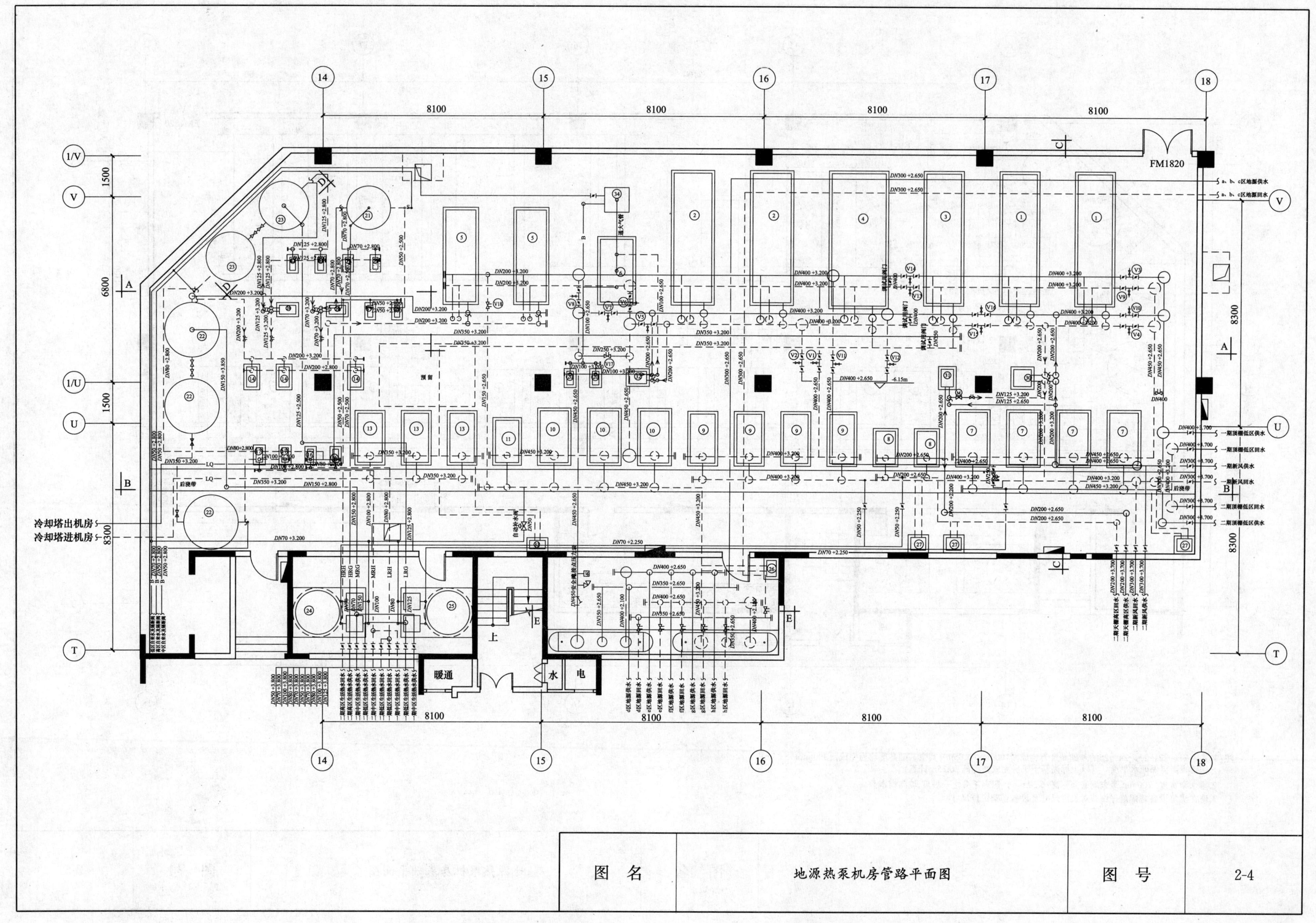

图　名	地源热泵机房管路平面图	图　号	2-4

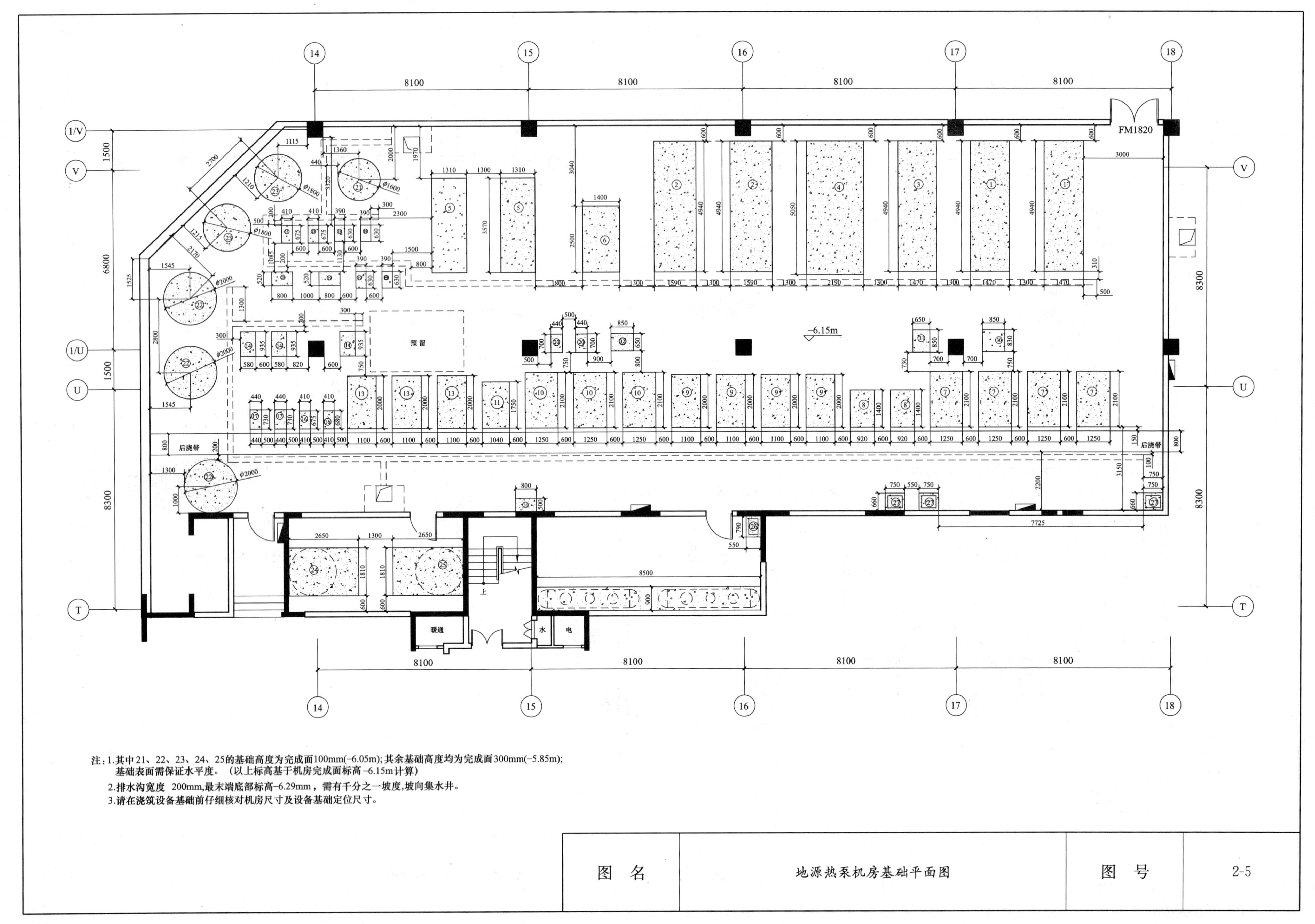
FM1820
预留
-6.15m
后浇带
后浇带
暖通
水
电
上
注：1.其中21、22、23、24、25的基础高度为完成面100mm(-6.05m)；其余基础高度均为完成面300mm(-5.85m)；
基础表面需保证水平度。（以上标高基于机房完成面标高-6.15m计算）
2.排水沟宽度 200mm,最末端底部标高-6.29mm，需有千分之一坡度,坡向集水井。
3.请在浇筑设备基础前仔细核对机房尺寸及设备基础定位尺寸。
图 名
地源热泵机房基础平面图
图 号
2-5

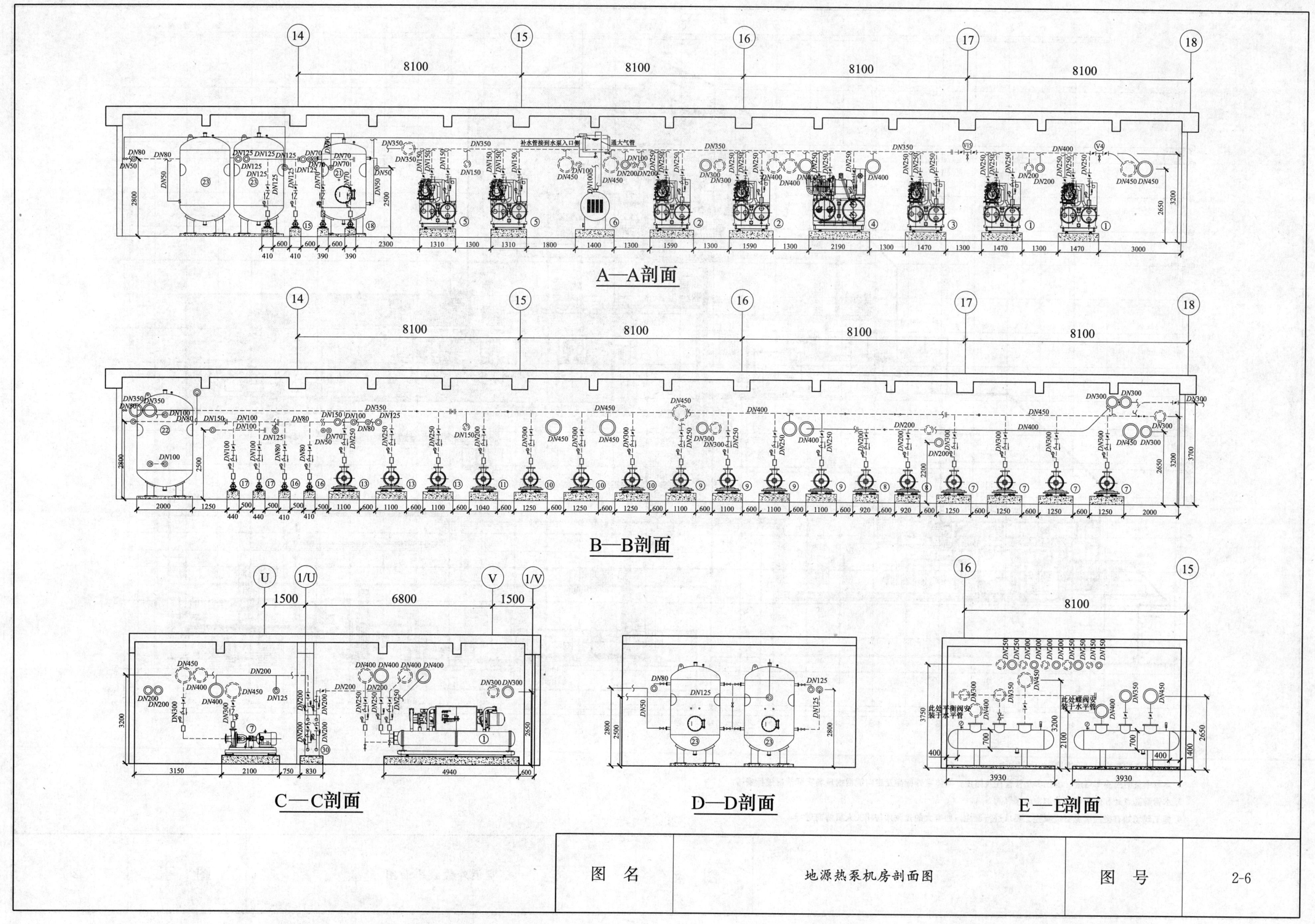

A—A剖面
B—B剖面
C—C剖面
D—D剖面
E—E剖面
14
15
16
17
18
8100
U
1/U
V
1/V
1500
6800
补水管接到水泵入口前
通大气管
此处平衡阀安装于水平管
此处蝶阀安装于水平管
图 名
地源热泵机房剖面图
图 号
2-6

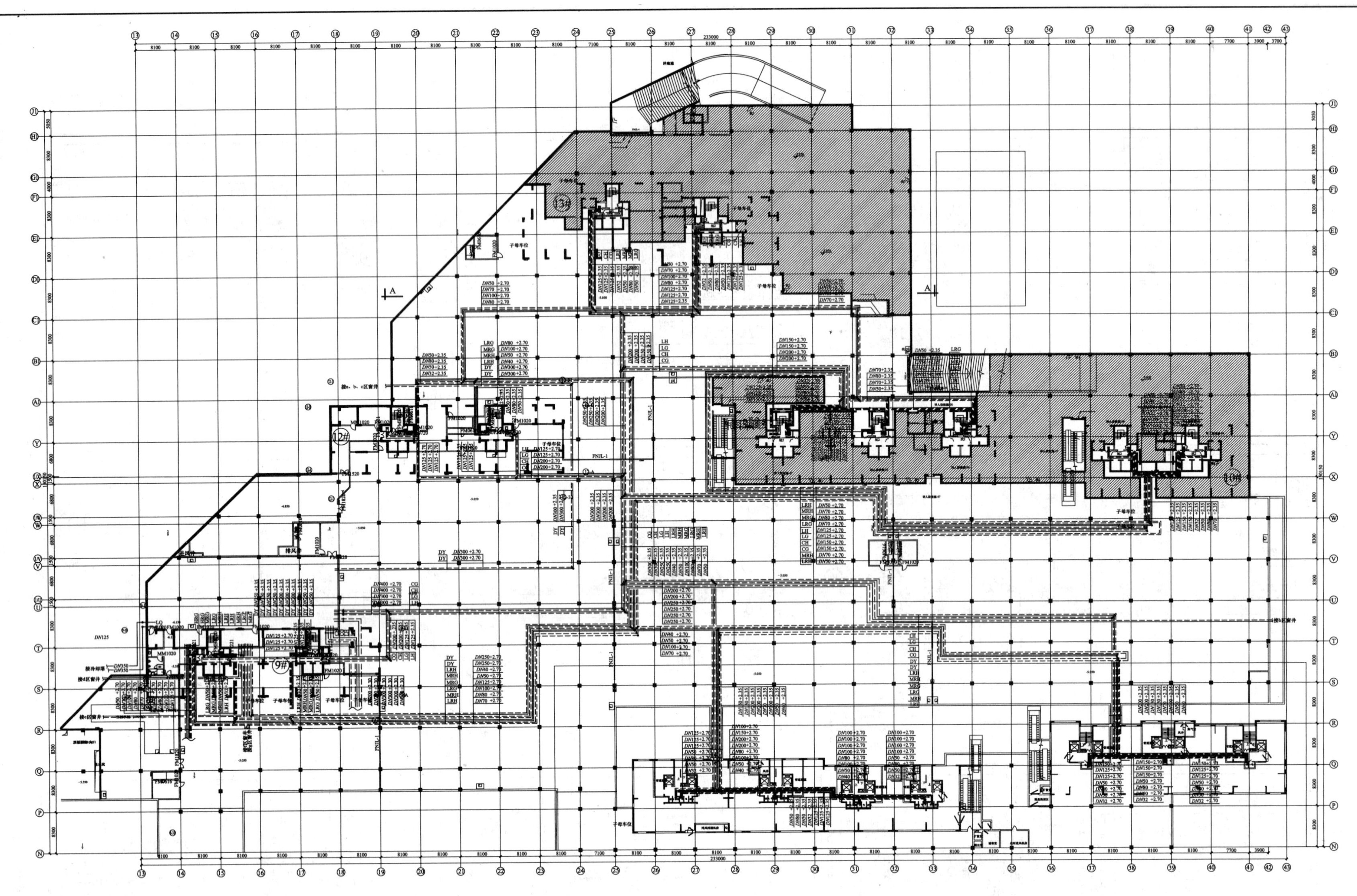

注：

1. 图中管道标高均相对于本层(地下一层)地面。
2. 本图中只给出冷却塔进、出机房总管管径及路由，具体室外标高及走向需根据现场实际情况进行安排。
3. 水管路高点处和门字弯等处加自动排气阀。
4. 施工现场如有碰撞情况则按照施工要求进行避让，如有大的修改须与相关人员协商进行。

图　名	空调外管线平面图	图　号	2-7

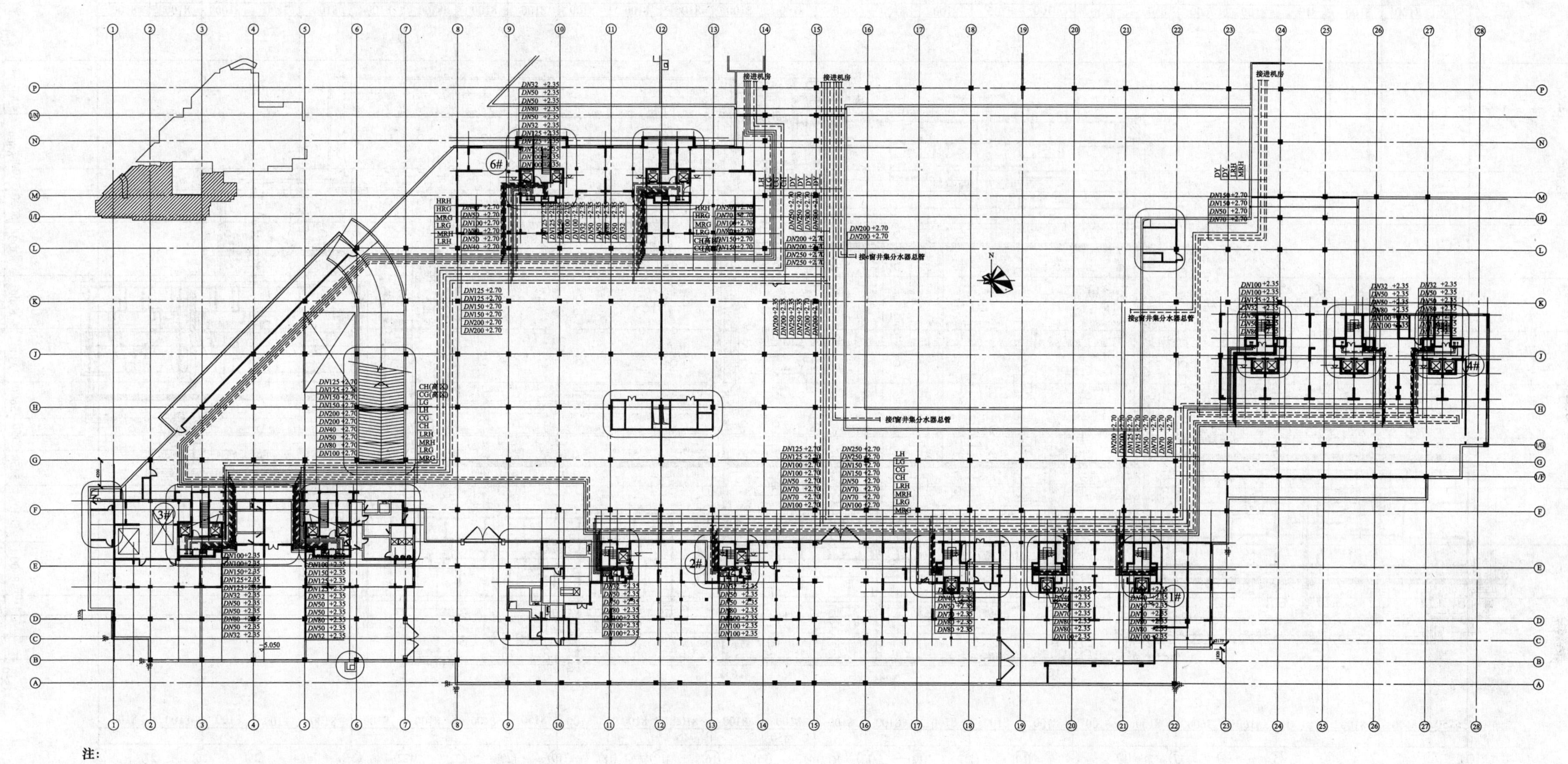

注:

1. 图中管道标高均相对于本层（地下一层）地面。
2. 水管路高点处和门字弯等处加自动排气阀。
3. 施工现场如有碰撞情况，则按照施工要求进行避让，如有大的修改须与相关人员协商进行。

图 名	地埋孔平面布置图	图 号	2-8

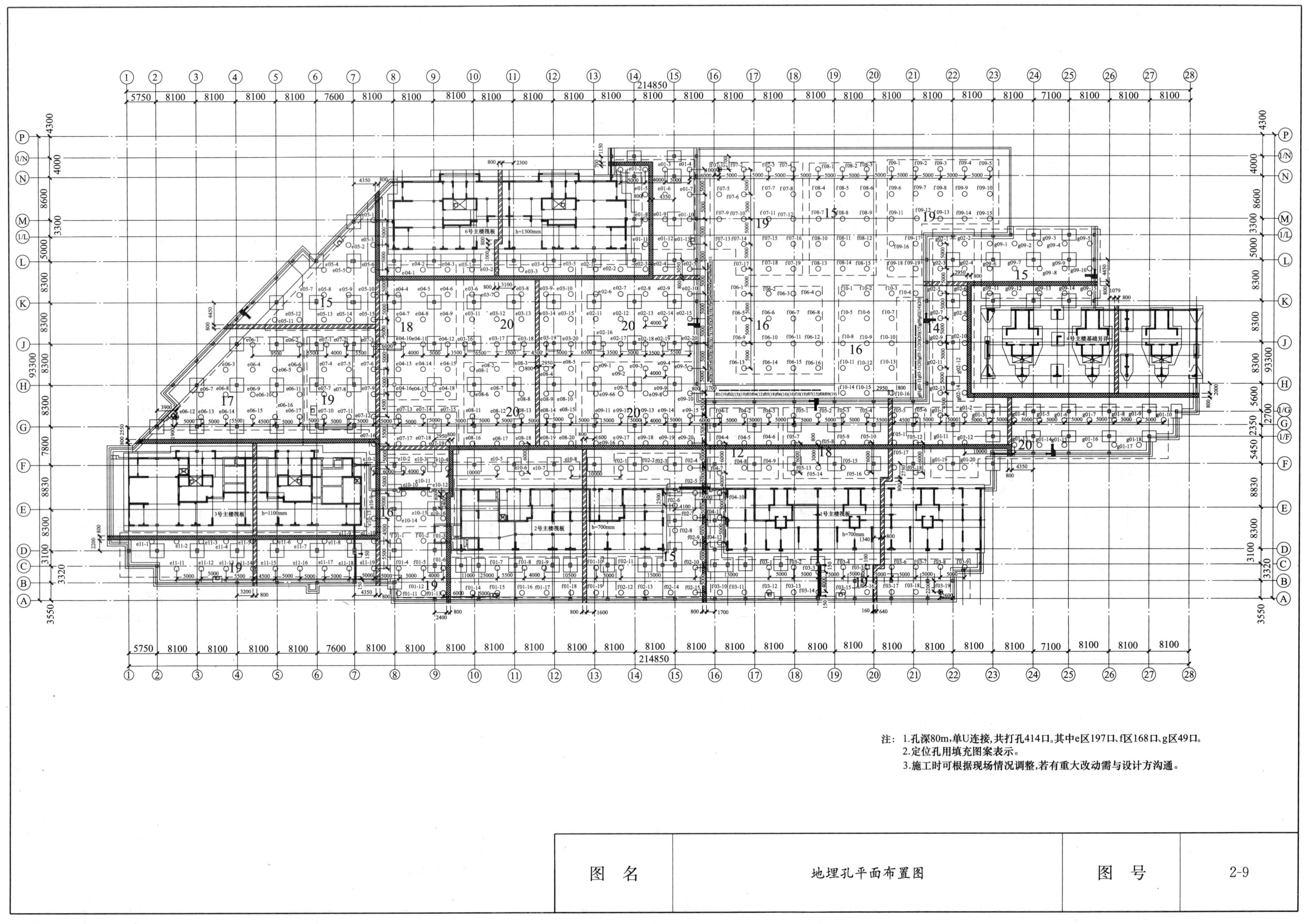

注：1.孔深80m，单U连接，共打孔414口。其中e区197口、f区168口、g区49口。
2.定位孔用填充图案表示。
3.施工时可根据现场情况调整，若有重大改动需与设计方沟通。

图　名	地埋孔平面布置图	图　号	2-9

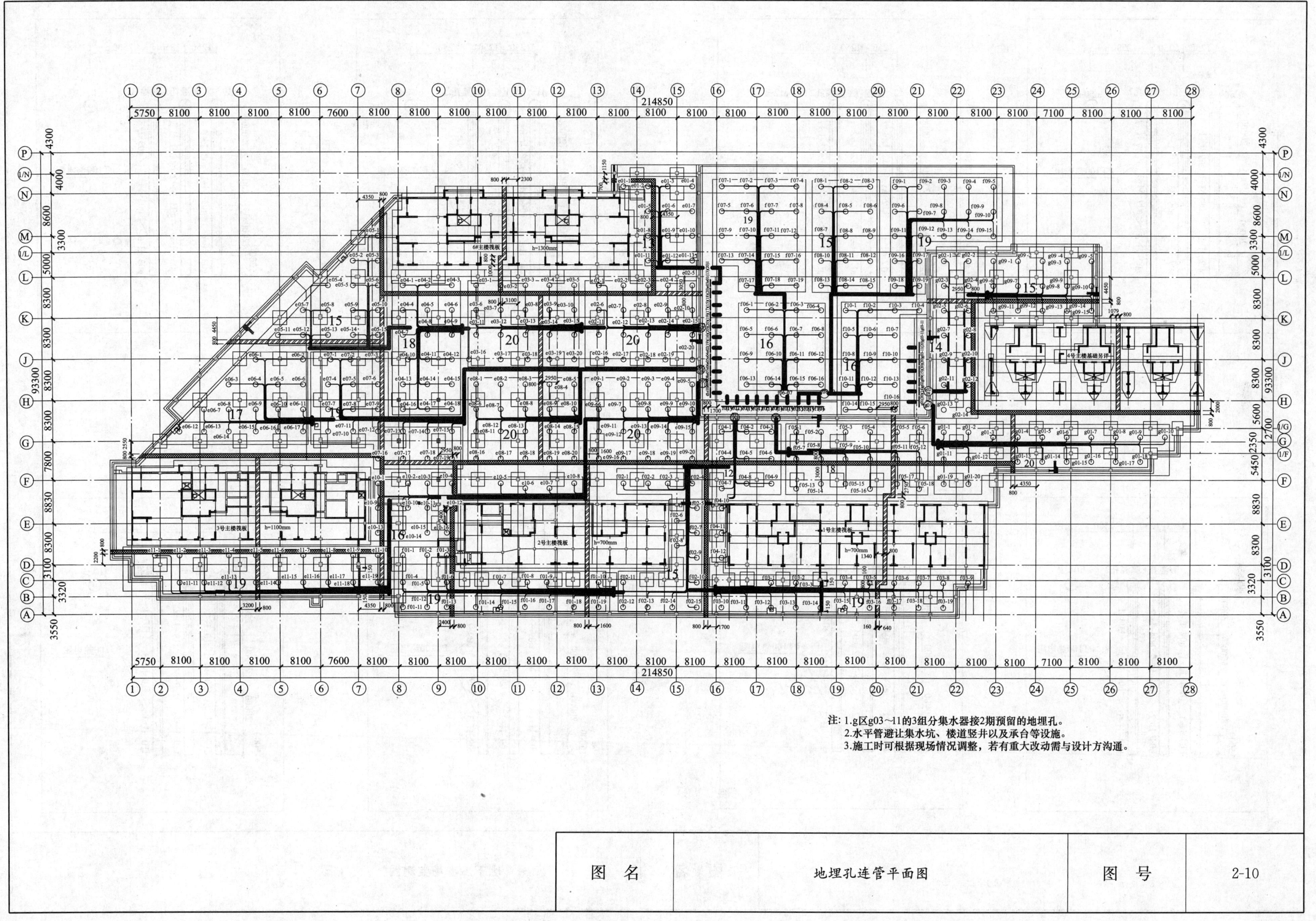

214850
93300
6#主楼筏板
3号主楼筏板
2号主楼筏板
1号主楼筏板
4号主楼基础另详
注：1.g区g03～11的3组分集水器接2期预留的地埋孔。
2.水平管避让集水坑、楼道竖井以及承台等设施。
3.施工时可根据现场情况调整，若有重大改动需与设计方沟通。
图 名
地埋孔连管平面图
图 号
2-10

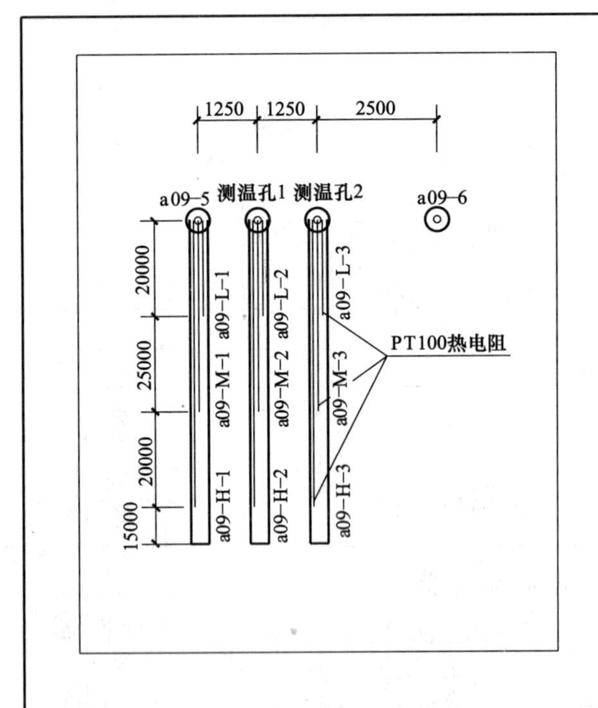

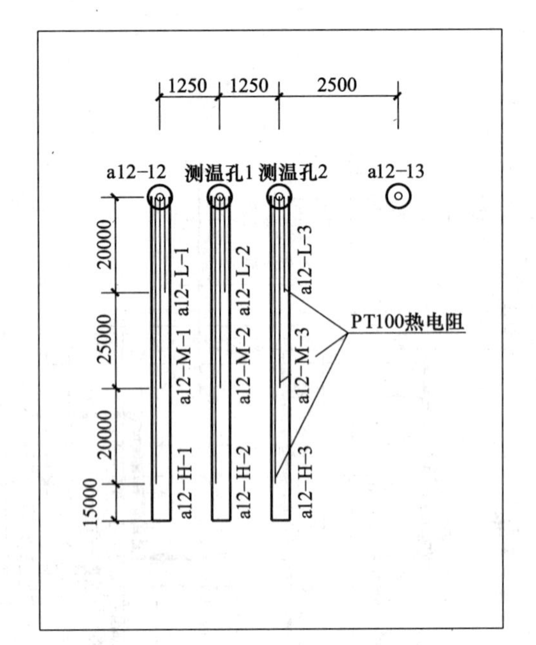

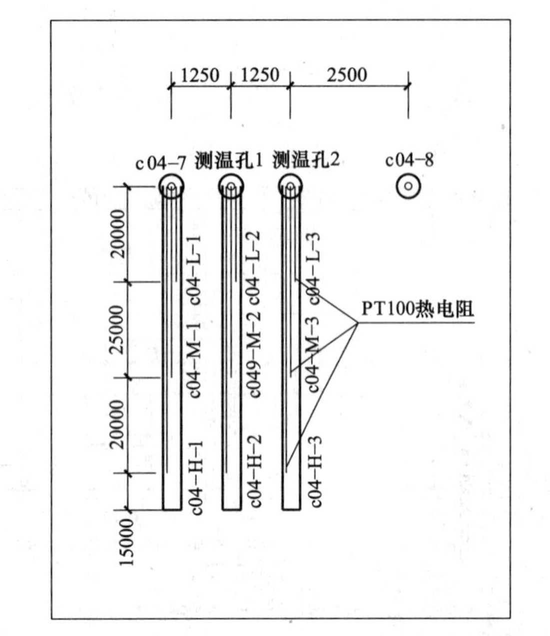

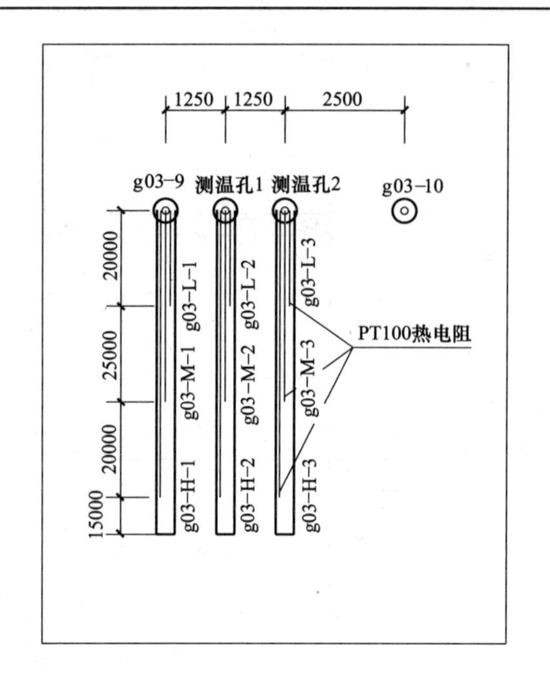

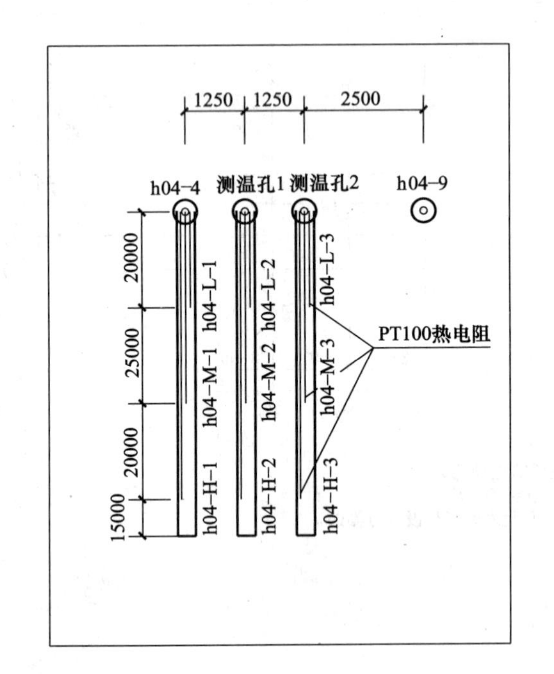

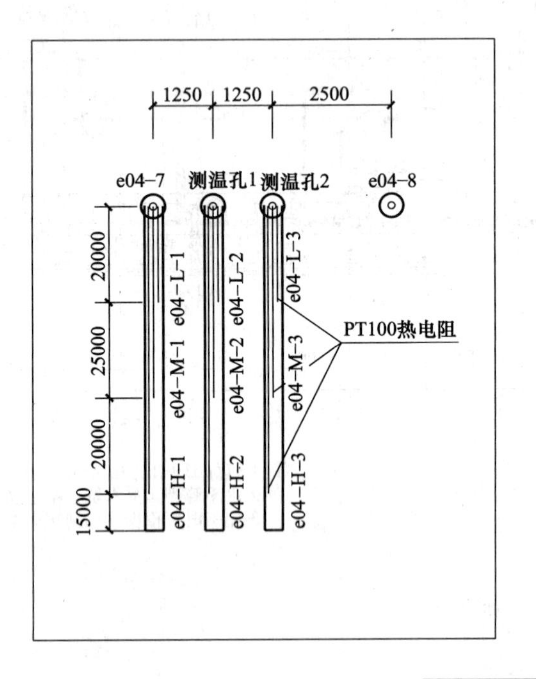

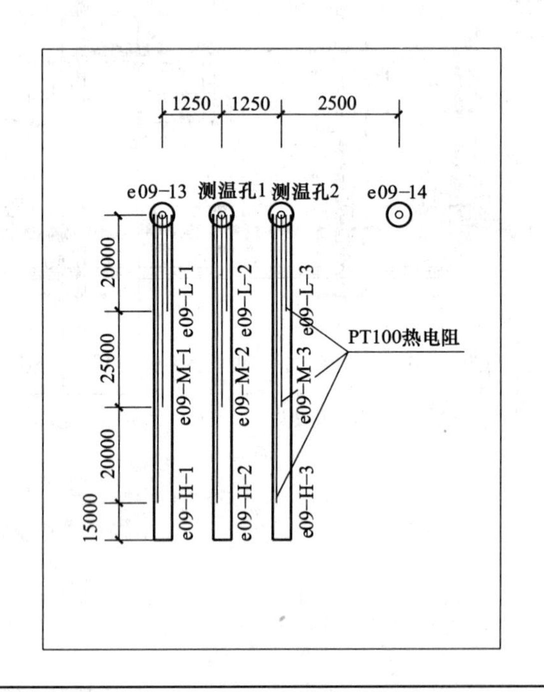

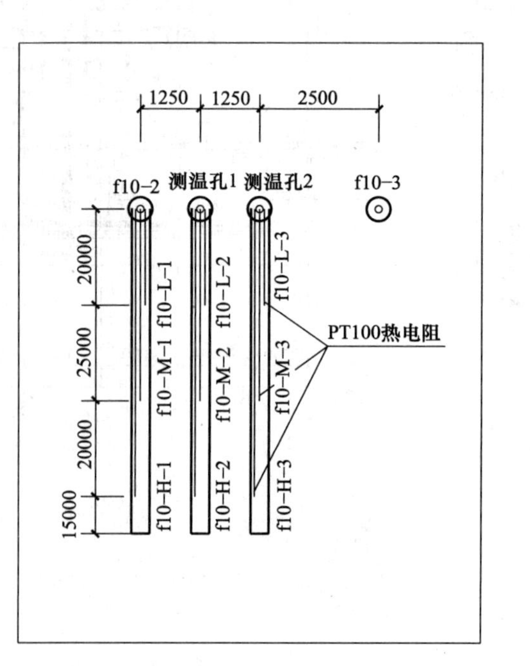

图　名	地下温度场监测图	图　号	2-11

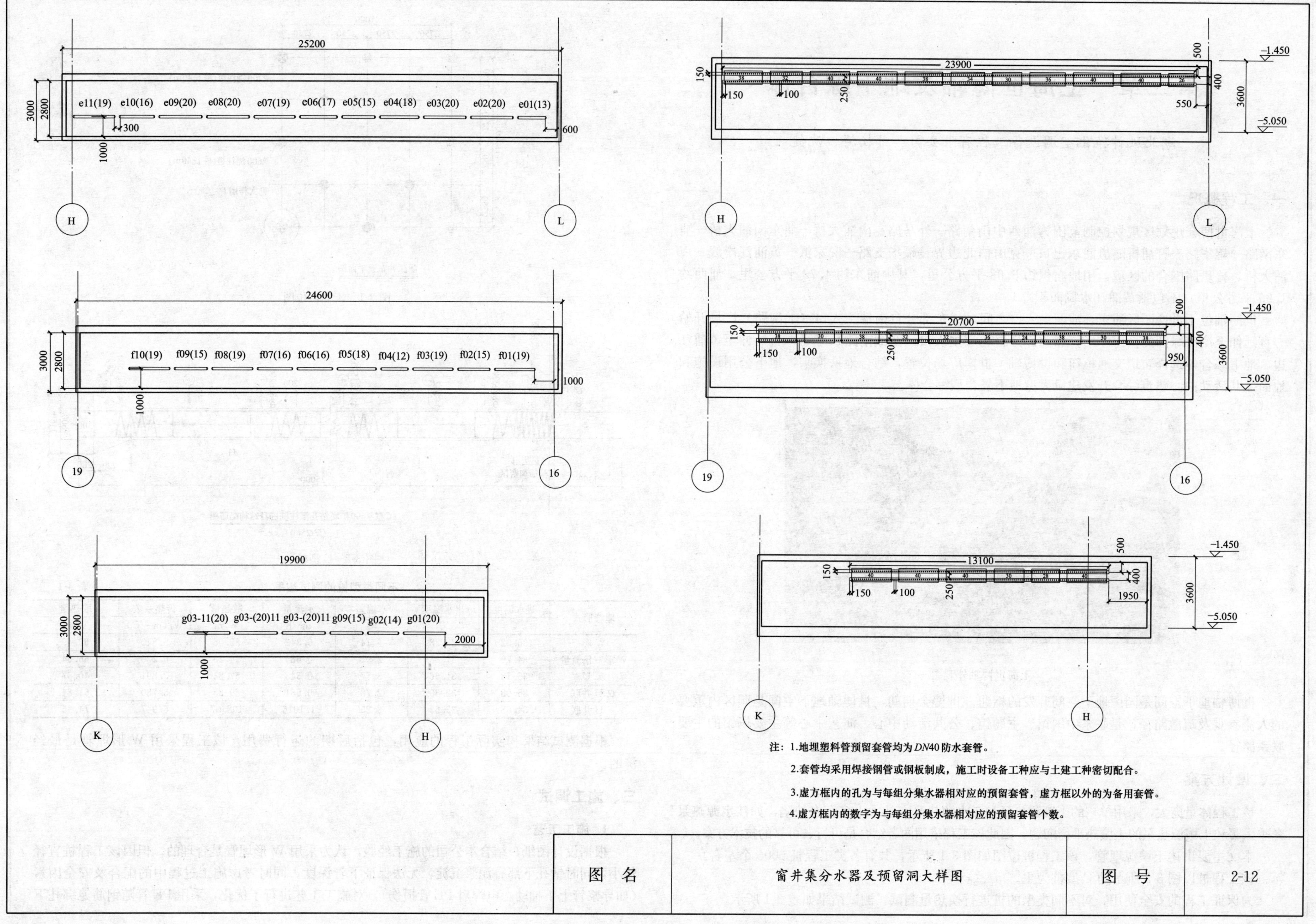

注：1.地埋塑料管预留套管均为*DN*40防水套管。

2.套管均采用焊接钢管或钢板制成，施工时设备工种应与土建工种密切配合。

3.虚方框内的孔为与每组分集水器相对应的预留套管，虚方框以外的为备用套管。

4.虚方框内的数字为与每组分集水器相对应的预留套管个数。

图名	窗井集分水器及预留洞大样图	图号	2-12

第三章　上海世博轴及地下综合体

湖北风神净化空调设备工程有限公司　郁松涛、沈健

一、工程概况

上海世博会规划区规划控制范围为浦西中山南路—外马路、南浦大桥—浦东南浦大桥—浦东南路—耀华路—打浦桥隧道浦东出口—克虏伯北边界—耀华支路—倪家浜—黄浦江岸线—卢浦大桥、鲁班路围合的区域，用地面积约 6.68 平方公里，其中浦东约 4.72 平方公里，浦西约 1.96 平方公里（不包括黄浦江水域面积）。

世博轴位于世博园区浦东、浦西主入口之间，浦东部分自南端主入口（上南路）广场开始一直延伸至滨江绿洲的世博广场，浦西部分自北端主入口（西藏南路）广场一直延伸至黄浦江边。地下综合体选择轨道交通枢纽和世博轴—世博广场位置，结合地铁换乘，地下公用设施和地面公共活动中心建筑综合开发建设大型地下复合型综合体。

上海世博轴外观图

世博轴地下空间是园区地下空间开发的枢纽。世博会期间，世博轴地下空间是园区内重要的人流参观及疏散路径，是联系中国馆、主题馆、公共活动中心、演艺中心等主要场馆的主要联系路径。

二、设计方案

该工程体量庞大，采用单一的土壤源热泵和江水源热泵在技术上多存在缺陷，如江水源热泵冬季采暖和土壤源热泵的土壤热平衡问题。因此该工程采用两者结合是可行、可靠的技术方案。

本文主要讲述土壤源埋管，该工程桩位图如图 3-1 所示，共有各类工程桩 6000 个左右。

该工程桩以图 3-2 所示的 C 型桩为主。

为保证工程的安全使用，对不同类型的桩进行换热量测试，测试结果如表 3-1 所示。

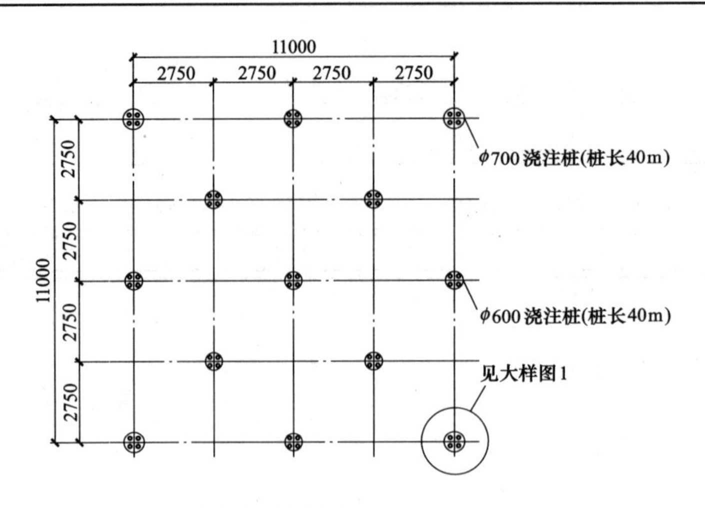

图 3-1　工程桩位图

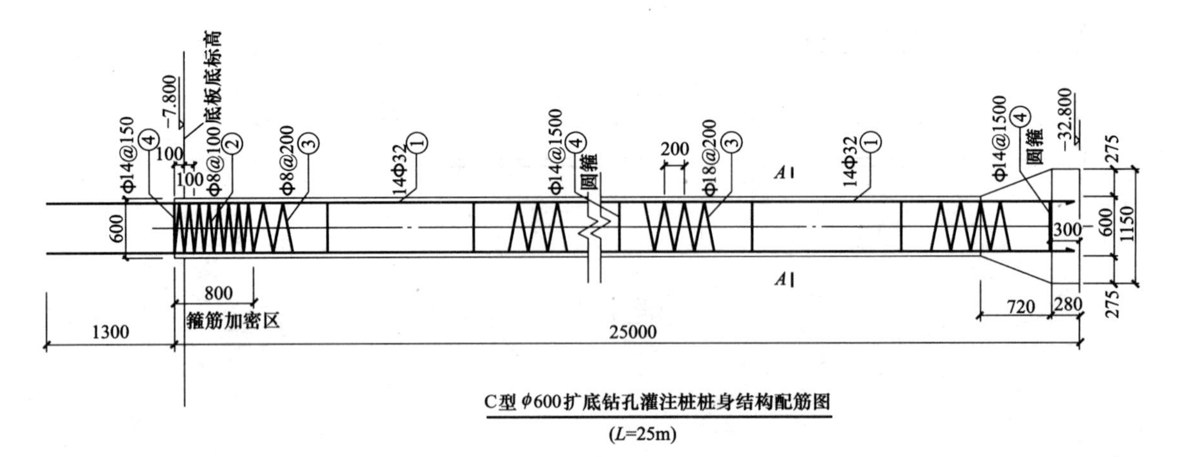

图 3-2　C 型桩

不同类型桩的测试结果　　表 3-1

埋管形式	进水温度 ℃	出水温度 ℃	水温差 ℃	水流量 m^3/h	散热量 W/m	传热系数 W/(m·℃)	取热量 W/m
W 形	35.02	29.88	5.14	0.342	83.05	5.840	62.49
W 形双倍流量	34.79	31.88	2.91	0.684	94.25	6.230	66.64
单 U	35.13	31.56	3.57	0.343	57.84	3.891	40.87
双 U 并联	35.08	32.30	2.78	0.681	89.53	5.780	61.84
三 U 并联	34.88	32.63	2.25	1.1016	108.07	6.947	74.33

根据测试结果和实际工程的应用，包括后期的运行费用，该工程采用 W 形埋管是最经济的。

三、施工调试

1. 施工工艺

根据设计图纸，结合本公司的施工经验，认为采用 W 形埋管是合理的。但因该工程桩直径较小，同时钻孔下部有泥浆沉淀，无法保证下管深度。同时考虑施工过程中的配合及安全因素（如导浆管上下抽动、电焊对 PE 管损伤），对施工工艺进行了优化，采用 PE 管随钢筋笼绑扎下

井施工工艺，如图 3-3 所示。

2. 导浆管和 PE 管位置模拟

根据桩设计图纸和施工现场情况，为确保整个桩基埋管在灌注桩施工过程中的安全性，对导浆管和 PE 管位置采用电脑进行模拟，模拟结果如图 3-4 所示。

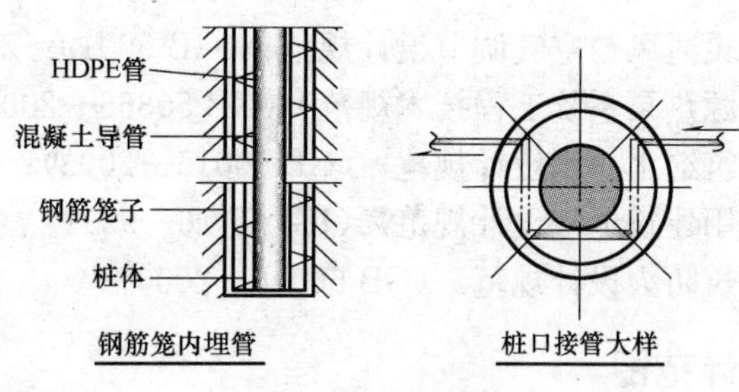

图 3-3 施工工艺

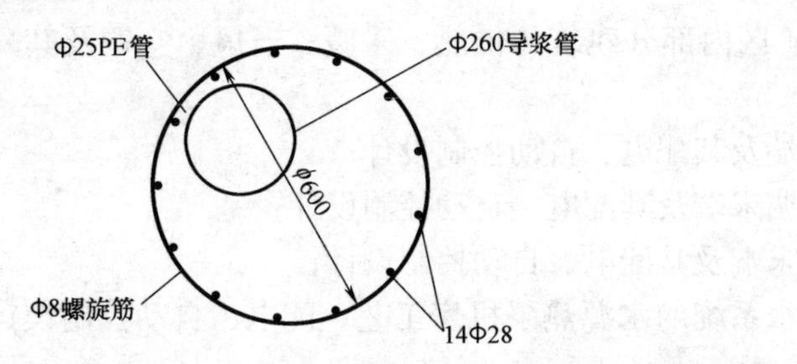

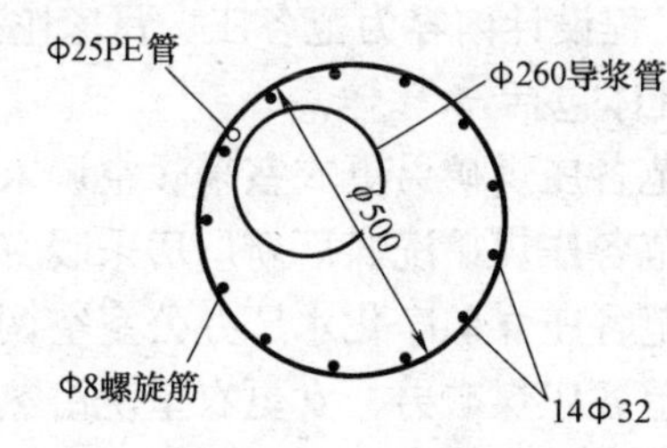

图 3-4 模拟结果

根据模拟结果，导浆管在上下抽动过程中不会碰到 PE 管。实际施工时，钢筋间距是不均匀布置，因此 PE 管绑扎在钢筋旁是绝对安全的。

3. PE 管绑扎

土建钢筋笼子施工完毕，下井前因穿插施工，将 PE 管绑扎在钢筋笼子上（见图 3-5）。绑扎时应注意如下事项：

（1）PE 管应紧贴钢筋绑扎；

（2）绑扎材料采用 20cm 长塑料绑带，绑扎间距应不大于 30cm。

（3）第一节下井钢筋笼子上部应预留 1mPE 管，中间钢筋笼子两端各留 1mPE 管不进行绑扎，待两截笼子就位，PE 管连接完毕再进行绑扎。

（4）绑扎完的 PE 管两端应采取封口处理，防止杂物进入管道。

4. PE 管的连接

当第一截钢筋笼下井完毕，第二截钢筋笼就位焊接之前，为防止电焊施工飞溅火花或电焊高温烫伤 PE 管，应对 PE 管采取保护措施，根据以往施工经验，采用橡塑保温套管保护，原因如下：

（1）橡塑保温具有隔热特点，可防止焊接高温对 PE 管材质的影响；

（2）橡塑保温材料一般为难燃 B1 级，可防止电焊飞溅火花引起的燃烧；

（3）橡塑保温套管在电焊施工完毕无其他影响时（如焊接高温），可将其方便拆除，并可多次利用，成本相对较低。

根据对施工现场钻孔观察，井内均有大量积水，一般同地面标高持平。因此橡塑保护套管的保护位置一般为焊接点向上 80cm 至水面下 10cm。

当钢筋笼焊接完毕（焊接时间约 40min 左右），待焊接点冷却 15min 后方可进行 PE 管连接，PE 管施工时间约为 15min，施工应严格按照热熔标准操作，热熔完 PE 管应按照要求绑扎。

5. 顶部套管设置及对 PE 管的保护措施

在最后一节 PE 管下井至地面标高 1m 时，应对整组连接完毕的 PE 管进行强度试验（一般 10min 压降小于 0.05MPa 即为合格），试验合格后两端应用管帽封闭（见图 3-6）：

（1）防止水泥浆进入 PE 管；

（2）管道内存水可在混凝土浇灌时保证 PE 管不变形，同时防止混凝土凝固放热对 PE 管影响。

图 3-6 对 PE 管的保护措施

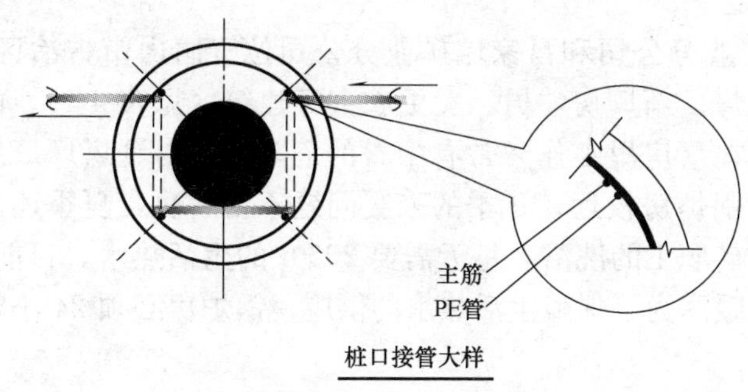

图 3-5 PE 管绑扎示意图

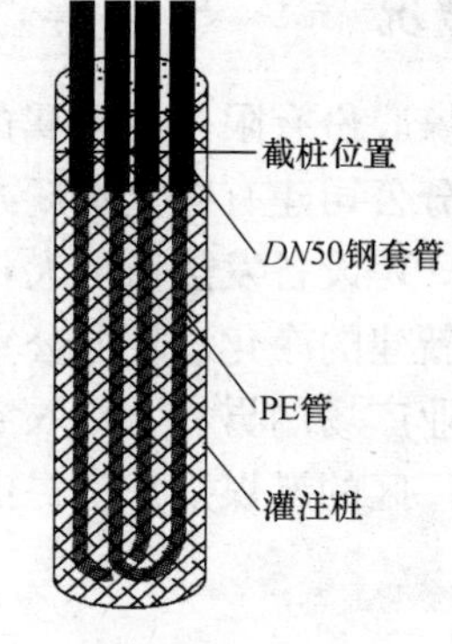

图 3-7 截桩位置

根据灌注桩施工规范规定及相关工程施工经验，一般截桩高度为 0.6m～1.2m 之间。为防止截桩时对 PE 管的破坏，在承台底部标高上下各 1.5m 设置 *DN*50 钢保护套管（长度为 3m），同时该工程灌注桩埋管 PE 管穿越建筑地板，因此保护套管可兼防水套管使用。

钢套管应和钢筋笼用铁丝固定，为防止移位，应在下端焊接固定环同螺旋筋固定。

6. 灌注桩截桩

待灌注桩强度达到规定强度时候可进行截桩（见图 3-7），截桩方式有水平截桩和垂直截桩两种。

当截桩高度较小时，一般采用机械或人工垂直截桩。施工时应注意避免将 PE 管损坏。

如果灌注桩浇注过程中截桩高度过高时，可采用水平截桩先截去部分，再采用垂直截桩。但需注意水平截桩时必须先将 PE 管凿出截断，否则会在截桩过程中将 PE 管拉断，造成废桩（图 3-8 和图 3-9）。

7. 管道冲洗和连接

在截桩的过程中无法避免有部分废渣进入 PE 管，因此必须在截完桩后就用高压水对管道进行冲洗，达到要求后再将管道组对连接。

图 3-8 机械垂直截桩

图 3-9 水平截桩

第四章　开滦精煤股份有限公司范各庄矿业分公司、吕家坨矿业分公司

中国建筑科学研究院　张昕宇

一、工程概况

开滦精煤股份有限公司下属的范各庄矿业分公司和吕家坨矿业分公司位于唐山市古冶区。范各庄矿业分公司建有净化水厂办公楼，洗煤厂新厂房，男、女更衣室等建筑（见表4-1）。由于洗煤厂新厂房设备发热量巨大，夏季工人在厂房里工作常常有中暑的危险，需对洗煤厂厂房进行降温；新建的净化水厂办公室距厂区的锅炉房较远，冬季的采暖问题不易解决，夏季还需要降温；工业广场的男、女更衣室负担着全矿职工的洗浴，每天需要2000t的生活热水。目前，生活热水由厂区的燃煤锅炉房提供，在非采暖季为了保障生活热水的供应，锅炉房必须24小时运行。

建筑概况表　　**表4-1**

序号	名　　称		面积(m²)	层　数	备　　注
1	范各庄	更衣室	8564	2	冷、热负荷需求
2		洗煤厂新厂房	5667.5	4	冷负荷需求
3		净化水厂办公楼	241.7	1	冷、热负荷需求
4		机房	300	1	热负荷需求
5	吕家坨	巷道	78000	1	热负荷需求
6		机房	300	1	热负荷需求
合计			15973.2	—	—

吕家坨矿业分公司为保证矿井室和巷道防冻及井下的通风，需要每天24小时不间断地向井内输送不低于2℃的全新风。目前，冬季加热新风采用燃煤蒸汽锅炉为热源，末端采用翅片散热设备。由于设备陈旧，部分已到更换时期。

范各庄矿业分公司和吕家坨矿业分公司的煤矿所处的煤系地层共有3层主要含水层，分别为12～14煤层间砂岩裂隙含水组、5煤层顶板砂岩裂隙含水组和5～12煤层间砂岩裂隙含水组。水随着开采过程涌出，由矿井直接排出。经过处理后的坑道水水温常年保持在15～18℃之间，为利用水源热泵供暖和供冷提供了条件。本设计拟采用水源热泵系统为厂区内供应生活热水、采暖和空调功能。以经过处理后的坑道水为水源热泵的冷热源，净化后的坑道水经过热泵机组换热后，直接进入自来水管网作为生活用水使用。

二、设计依据

本工程采暖通风空调初步设计根据双方签订的设计合同及甲方提供的各单体建筑的相关图纸，并依照现行国家颁发的有关规范、标准进行设计，具体为：

《采暖通风与空气调节设计规范》（GB 50019—2003）；

《地源热泵系统工程技术规范》（GB 50366—2005）；

《建筑给水排水设计规范》（GB 50015—2003）；

《民用建筑电气设计规范》（JGJ/T 16—92）；

《建筑防火设计规范》（GB 50016—2006）。

三、设计范围

本工程设计内容为范各庄、吕家坨矿区内部分建筑的供热、采暖、通风、空调及其配电的设计。具体包括：

1. 范各庄煤矿男更衣室采暖空调末端及其配电、自动控制设计；
2. 范各庄煤矿洗煤厂新厂房采暖空调末端及其配电、自动控制设计；
3. 范各庄煤矿净化水厂办公室空调末端及其配电、自动控制设计；
4. 范各庄煤矿男、女更衣室洗浴热水系统的水源热泵机房工艺、配电、自动控制设计，不包括室内热水供应系统；
5. 范各庄煤矿男、女更衣室、洗煤厂新厂房、净化水厂办公室采暖空调系统水源热泵机房工艺、配电、自动控制设计；
6. 吕家坨煤矿井口送风加热系统及其配电、自动控制设计；
7. 吕家坨煤矿男、女更衣室洗浴热水系统的水源热泵机房、工艺系统及其配电、自动控制设计，不包括室内热水供应系统；
8. 吕家坨煤矿井口送风系统水源热泵机房工艺、配电、自动控制设计；
9. 范各庄、吕家坨煤矿上述热水、采暖、空调室外管线设计。

四、设计计算参数

1. 唐山地区暖通设计室外空气计算参数（见表4-2）

室外空气计算参数　　**表4-2**

序　号	项　　目			参　　数
1	地名			唐山
2	年平均温度(℃)			11.1
3	室外计算干球温度(℃)	冬季	采暖	−10
			空调	−12
			通风	−5
		夏季	通风	29
			空调	32.7
			空调日平均	28.6
			平均日较差	9.0
4	夏季空调室外计算湿球温度(℃)			26.2
5	最热月平均温度(℃)			25.5
6	室外计算相对湿度(%)	冬季空调		52
		最热月月平均		79
		夏季通风		64
7	室外风速(m/s)	冬季平均		2.6
		夏季平均		2.3
8	最大冻土深度(cm)			73
9	采暖期时间(d)			127

2. 范各庄矿空调室内空气设计参数（见表 4-3）

范各庄矿空调室内空气设计参数　　表 4-3

房间名称	夏季		冬季		新风量 [m³/(h·人)]	噪声 dB(A)
	温度(℃)	相对湿度(%)	温度(℃)	相对湿度(%)		
办公室	24~26	<65	18	—	30	40~50
厂房	26~28	—	15	—	30	≤65
更衣室	26~28	<65	25	—	30	40~50

3. 吕家坨矿空调设计计算参数

根据吕家坨矿业分公司提供的数据，矿井口和巷道送风的冬季室外计算温度为－21℃，井口处的送风温度不得小于 2℃。采暖时间为本年的 11 月 7 日至翌年的 3 月 15 日，采暖期 127 天，与民用建筑采暖期相同。

4. 范各庄、吕家坨矿洗浴热水设计计算参数

(1) 冷水计算温度：16℃，甲方提供。

(2) 热水计算温度：50℃，甲方提供。

(3) 最高日用水量：2000m³/天。

(4) 最大小时用水量：100m³/h。

五、供热空调系统设计

1. 范各庄矿空调冷热负荷（见表 4-4）

范各庄矿空调冷热负荷　　表 4-4

指标 / 性质	建筑面积 (m²)	冷负荷 (kW)	冷指标 (W/m²)	热负荷 (kW)	热指标 (W/m²)
净化水厂办公楼	241.7	24.17	100	19.34	80
更衣室	8564	1113.12	130	1284.6	150
洗煤厂新厂房	5667.5	736.78	130	/	/

注：洗煤厂新厂房中还有设备发热的冷负荷 800kW，洗煤厂新厂房的总冷负荷为 1536.78kW。

2. 吕家坨矿空调冷、热负荷

根据甲方提供的资料，冬季矿井室和巷道送风的室外计算温度为－21℃，矿井室和巷道送风温度为 2℃，送风量为 160m³/s。设计热负荷为 4908.8kW。

吕家坨矿夏季不需要空调，无冷负荷。

3. 范各庄、吕家坨矿洗浴热水负荷

根据甲方提供的资料，范各庄、吕家坨矿用水量相同，设计小时耗热量相同，均为 4070.7kW。设计流量为 0.028m³/s。范各庄矿机房内，设 1 台 150m³ 的水箱，与范各庄矿更衣室的屋顶水箱联合供应洗浴用水，机组小时供热量为 1790kW；吕家坨矿机房内，设 1 台 150m³ 的水箱，与吕家坨矿更衣室的屋顶水箱联合供应洗浴用水，机组供热量为 1790kW。

4. 供热空调系统设计

(1) 冷热源

1) 范各庄矿业分公司

范各庄矿业分公司冷热源选择 4 台水源热泵机组，机组制冷、制热水源采用经过净化达到饮用水标准的坑道水。热泵机组包括：

1 台 1800 型螺杆式机组，机组的制冷量为 1591kW，制热量为 1851kW。

1 台 1500 型螺杆式机组，机组的制冷量为 1297kW，制热量为 1485kW。

2 台 1200 型高温螺杆式机组，机组的单台制冷量为 992kW，单台制热量为 1111kW。

冷热源机房设在原金工车间内一隅。

在夏季，范各庄矿 1800 型和 1500 型机组供冷，总制冷量为 2888kW，冷冻水温度为 7/12℃，坑道水直接进入水源热泵机组吸热，坑道水温度为 18/29℃。

在冬季，范各庄矿 1800 型机组制热，用于提供空调热水，总制热量为 1851kW，热水供回水温度为 45/40℃，坑道水直接进入水源热泵机组放热，坑道水供回水温度为 15/7℃。

2 台 1200 型高温螺杆式机组全年用于制备洗浴用生活热水，总制热量为 2222kW，热水供回水温度为 55/50℃，坑道水直接进入水源热泵机组放热，坑道水供回水温度全年平均为 15/7℃。

2) 吕家坨矿业分公司

吕家坨矿业分公司冷热源选择 4 台水源热泵机组，包括：

1 台 1800 型螺杆式机组，机组的制冷量为 1591kW，制热量为 1851kW。

1 台 1500 型螺杆式机组，机组的制冷量为 1297kW，制热量为 1485kW。

2 台 1200 型高温螺杆式机组，机组的单台制冷量为 992kW，单台制热量为 1111kW。

冷热源机房拟在净化水厂清水池旁新建。

在冬季，吕家坨矿全部 4 台机组制热，用于提供空调热水，总制热量为 5558kW，热水供回水温度为 45/40℃，坑道水直接进入水源热泵机组放热，坑道水供回水温度为 15/7℃。

在非采暖季，2 台 1200 型高温螺杆式机组用于制备洗浴用生活热水，总制热量为 2222kW，热水供回水温度为 55/50℃，坑道水直接进入水源热泵机组放热，坑道水供回水温度平均为 15/7℃。

(2) 供热、空调水系统

空调水系统采用双管式系统，同程、异程布置相结合，系统采用闭式膨胀水箱定压方式（冬、夏季共用）。

范各庄矿业分公司的生活热水供至男、女更衣室的原有淋浴供水水箱，水箱容积为 120m³，水箱内热水经原有热水输配系统供给。

吕家坨矿业分公司的生活热水一路供至男女更衣室的原有淋浴供水水箱，水箱容积为 120m³，水箱内热水经原有热水输配系统供给；另一路热水直接供至洗浴池。

范各庄矿机房内设 150m³ 的水箱 1 台，吕家坨矿机房内设 150m³ 的水箱 1 台，水箱内的水由高温螺杆式水源热泵机组经板式热交换器加热至设定温度。

机房内设增压供水装置向更衣室供水。

水系统所有管道设备工作压力按照 0.8MPa 考虑。

(3) 空调风系统

空调风系统以风机盘管加新风系统为主，结合部分全空气系统。本工程为改造工程，范各庄矿更衣室建筑防火分区每层按照更衣区设置 4 个，共 8 个。具体如下：

1）范各庄矿更衣室为风机盘管加新风系统，共设8个系统。系统新风气流组织为散流器顶部送风，采用吊顶式新风处理机组。更衣室墙面设轴流排风机。更衣室采用立式落地明装风机盘管沿墙安装，上送风。

2）范各庄矿洗煤厂新厂房设备用房部分为全空气系统，共设17个系统。系统气流组织为空调处理机组就地岗位送风，采用吊顶式空调处理机组。洗煤厂新厂房屋顶设排风系统。

3）范各庄洗煤厂新厂房辅助房部分为风机盘管空气处理系统，共设5个系统。系统采用吊顶式风机盘管。

4）范各庄净化水厂办公楼为风机盘管加新风系统，共设1个系统。系统采用吊顶式新风处理机组，新风气流组织为散流器顶部送风。办公楼采用立式落地明装风机盘管，沿墙安装，上送风。

5）吕家坨井口加热采用全空气系统，在暖风机房内设3台组合式新风处理机组经地下土建风道送至井口。在井口房内设4台组合式新风处理机组，8台吊顶式空调机组。

六、自控设计

本工程采用直接数字式监控系统（DDC系统），它由中央电脑及终端设备加上若干个DDC控制盘组成。在空调控制中心能显示打印出空调、通风、制冷等各系统设备的运行状态及主要运行参数，并进行集中远距离控制和程序控制，且能将给排水和电气设备等一并控制。具体控制内容为：

空调水路采用变流量系统，在供回水总干管上设差压调节器，控制供、回水干管上的旁通阀开启程度，以恒定通过热泵机组的流量，保证冷负荷侧压差维持在一定范围。

空调机组和新风机组冷水回水管上设电动两通阀，通过调节表冷器的过水量以控制室温。

风机盘管设三速开关，且由室温控制器控制冷水回水管上的两通阀启闭。

热泵机组、空调机组、风机盘管上两通阀均与风机作连锁控制，同时冬季空调机组、新风机组停机时，两通阀保留5%的开度，以防加热器冻裂。

用于吕家坨矿井口采暖的新风机组，当井口温度低于5℃时，开启新风空调系统；当井口温度高于15℃时，停止新风空调系统。

冷热源、空调系统、通风系统采用集散式直接数字控制系统（DDC系统）。计算机控制中心设在制冷机房控制室内。具体控制要求如下：

1. 冷热源控制

（1）冷热源机房内所有设备启停控制（启停顺序为：先开启冷冻水电动阀和冷冻水泵，再开启冷却电动阀和坑道水泵，然后开启水源热泵机组。停机顺序反之）及状态显示、故障报警。

（2）冷冻水、热水、坑道水温度、压力、流量、冷量、热量等参数记录、显示。

（3）热泵机组程序启停及分台数控制。

（4）差压旁通控制、变流量。

2. 空调机组、新风机组控制

（1）风机启停控制及状态显示、故障报警。

（2）温度、湿度参数显示及控制及防冻保护控制。

（3）过滤器堵塞报警显示。

（4）风管穿越空调机房的隔墙、楼板及防火分区的隔墙处，均设置与风机连锁的防火阀（70℃熔断），当发生火灾时，温度超过70℃而熔断关闭防火阀，并将防火阀的关闭信号送至控制室。

七、主要设备表（见表4-5）

主要设备表　　表4-5

设备编号	设备名称	型号及规格	单位	数量	服务对象
RB-1	水源热泵机组	制冷量1591kW，输入功率300kW，冷冻水温度12/7℃，冷却水温度18/29℃；制热量1851kW，输入功率421kW，热水温度45/40℃，冷水温度15/7℃；能自动进行能量调节	台	1	范矿空调系统
RB-2	水源热泵机组	制冷量1297kW，输入功率235kW，冷冻水温度12/7℃，冷却水温度18/29℃；制热量1485kW，输入功率343kW，热水温度45/40℃，冷水温度15/7℃；能自动进行能量调节	台	1	范矿空调系统
RB-3～4	水源热泵机组	制冷量992kW，输入功率187kW，冷冻水温度12/7℃，冷却水温度18/29℃；制热量1111kW，输入功率254kW，热水温度55/50℃，冷水温度15/7℃；机组采用R134a绿色环保制冷剂，能自动进行能量调节	台	2	范矿生活热水
RB-5	水源热泵机组	制冷量1591kW，输入功率300kW，冷冻水温度12/7℃，冷却水温度18/29℃；制热量1851kW，输入功率421kW，热水温度45/40℃，冷水温度15/7℃；能自动进行能量调节	台	1	吕矿井口采暖系统
RB-6	水源热泵机组	制冷量1297kW，输入功率235kW，冷冻水温度12/7℃，冷却水温度18/29℃；制热量1485kW，输入功率343kW，热水温度45/40℃，冷水温度15/7℃；能自动进行能量调节	台	1	吕矿井口采暖系统
RB-7～8	水源热泵机组	制冷量992kW，输入功率187kW，冷冻水温度12/7℃，冷却水温度18/29℃；制热量1111kW，输入功率254kW，热水温度55/50℃，冷水温度15/7℃；机组采用R134a绿色环保制冷剂，能自动进行能量调节	台	2	吕矿井口采暖系统、吕矿生活热水供应系统
SX-1	储热水箱	长×宽×高：6.0m×6.5m×4.0m，不锈钢，聚氨酯保温，保温厚度50mm	个	1	范矿生活热水供应系统
SX-2	储热水箱	长×宽×高：6.0m×6.3m×4.0m，不锈钢，聚氨酯保温，保温厚度50mm	个	1	吕矿生活热水供应系统
BH-1～3	板式换热器	换热量1125kW，一次热水55/50℃，二次热水50/45℃，工作压力0.6MPa	台	3	范矿生活热水供应系统
BH-4～6	板式换热器	换热量1125kW，一次热水55/50℃，次热水50/45℃，工作压力0.6MPa	台	3	吕矿生活热水供应系统
SBF-1～3	水泵	流量300m³/h，扬程38mH₂O，N=45kW	台	3	范矿空调系统
SBF-4～6	水泵	流量160m³/h，扬程35mH₂O，N=22kW	台	3	范矿空调系统
SBF-7～9	水泵	流量110m³/h，扬程40mH₂O，N=18.5kW	台	3	范矿生活热水供应系统
SBF-10～15	水泵	流量200m³/h，扬程16mH₂O，N=15kW	台	6	范矿生活热水供应系统
SBF-16～18	水泵	流量60m³/h，扬程29mH₂O，N=7.5kW	台	3	范矿生活热水供应系统
SBL-1～3	水泵	流量160m³/h，扬程35mH₂O，N=22kW	台	3	吕矿井口采暖系统
SBL-4～6	水泵	流量110m³/h，扬程40mH₂O，N=18.5kW	台	3	吕矿生活热水供应系统
SBL-7～11	水泵	流量300m³/h，扬程38mH₂O，N=45kW	台	5	吕矿井口采暖系统
SBL-12～17	水泵	流量200m³/h，扬程16mH₂O，N=15kW	台	6	吕矿生活热水供应系统
SBL-18～20	水泵	流量60m³/h，扬程29mH₂O，N=7.5kW	台	3	吕矿生活热水供应系统
RSXF	软化水箱	2000×1200×2500(高)	套	1	范矿空调系统
RDZZF	全自动软水器	产水量10m³/h	套	1	范矿空调系统
BSBF	补水泵	流量11.7m³/h，扬程44mH₂O，N=4.0kW	台	2	范矿空调系统
RSXL	软化水箱	2000×1200×2500(高)	套	1	吕矿空调系统
RDZZL	全自动软水器	产水量10m³/h	套	1	吕矿空调系统
BSBL	补水泵	流量11.7m³/h，扬程44mH₂O，N=4.0kW	台	2	吕矿空调系统

一、总则

1. 工程概况

本工程为改造工程，采用水源热泵系统为范各庄矿业分公司厂区内男、女更衣室浴室供应洗浴用生活热水，并冬季采暖，夏季空调；为洗煤厂新厂房进行夏季降温；为新建的净化水厂办公室提供冬天采暖和夏季降温。水源热泵系统以经过处理后的坑道水为冷热源，净化后的坑道水经过热泵机组换热后，直接进入自来水管网作为生活用水。该设计包括水源热泵机房设计，以上建筑的空调采暖和生活热水系统设计以及相应的室外管网设计。

2. 设计依据

(1)《采暖通风与空气调节设计规范》GB 50019—2003；

(2)《地源热泵系统工程技术规范》GB 50366—2005；

(3)《建筑给水排水设计规范》GB 50015—2003；

(4)《建筑防火设计规范》GB 50016—2006；

(5) 甲方提供的其他专业图纸。

3. 施工及验收时，应遵守下列规范和标准的有关规定：

(1)《建筑给水排水及采暖工程施工质量验收规范》GB 50242—2002；

(2)《通风与空调工程施工验收规范》GB 50243—2002；

(3) 全国通用通风管道配件图表。

4. 国家建筑标准设计图集和建筑设备施工安装通用图集由施工单位自行购买。

5. 在设计图纸中，长度单位为毫米，标高为米。

6. 除特殊说明外，图中水管标高均指中心标高，风管标高均指管底标高。

7. 材料表仅供编制预算时作参考用。

8. 设备的支架和基础，要待设备运到施工现场，并经核实无误后方可施工。

9. 穿越建筑物的各种管道，在安装完毕，并经检验合格后，须按照有关要求，将空隙部分填实并装修表面。

二、设计参数

1. 空调设计主要室外气象参数

年平均温度 11.1℃；

冬季空调室外计算干球温度 −12℃；

冬季采暖室外计算干球温度 −10℃；

冬季通风室外计算干球温度 −5℃；

冬季空调室外计算相对湿度 52%；

夏季空调室外计算干球温度 32.7℃；

夏季通风室外计算干球温度 29℃；

夏季空调室外计算湿球温度 26.2℃；

夏季通风室外计算相对湿度 64%。

2. 室内设计参数

根据甲方要求并结合相关规范。确定主要室内设计参数如下：

夏季			冬季		新风量
噪声	温度	相对湿度	温度	相对湿度	
办公室 40～50dB(A)	24～26℃	<65%	18℃	—	30m³/(h.p)
厂房<65dB(A)	26～28℃	—	15℃	—	30m³/(h.p)
更衣室 40～50dB(A)	26～28℃	<65%	25℃	—	30m³/(h.p)

3. 空调冷热负荷

夏季设计冷负荷：2674kW，其中包括洗煤厂新厂房设备发热负荷 800kW；

冬季设计热负荷：1304kW；

生活热水负荷：根据甲方提供资料，在冷水计算温度 16℃，热水计算温度 50℃下最高日用水量：2000m³/天，最大小时用水量 100m³/h。生活热水设计小时耗热量为 4070.7kW，机组供热量为 1790kW。

三、供热空调采暖系统设计

本工程采用坑道水水源热泵系统作为供热空调采暖系统冷热源，为厂区中的净化水厂办公楼、更衣洗浴室和洗煤厂新厂房提供生活热水、采暖和空调。洗浴用生活热水设计供水温度为 50℃，采暖用热水供回水温度为 45/40℃，空调用冷冻水供回水温度为 7/12℃。水源热泵所用坑道水常年保持在 15～18℃，制冷时供回水温度取 18/29℃，供热时供回水温度取 15/7℃。

1. 水源热泵机房设计

水源热泵机房位于厂区内原金工车间内一隅，选用 1 台 1800 型螺杆式机组，1 台 1500 型螺杆式机组和 2 台 1200 型高温螺杆式机组。在夏季，1800 型和 1500 型机组为空调系统供冷，坑道水直接进入水源热泵机组吸热；在冬季，1800 型机组制热，用于提供空调热水采暖，坑道水直接进入水源热泵机组放热；2 台 1200 型高温螺杆式机组全年用于制备洗浴用生活热水，坑道水直接进入水源热泵机组放热。水源热泵机组、坑道水泵、供热空调采暖水泵一一对应运行，并按先启动水泵和机组对应的电磁阀，再启动坑道水泵和空调采暖水泵，最后启动水源热泵机组的顺序启动，关闭顺序与此相反。空调采暖系统采用两管制，空调采暖水泵共用一套，水泵定流量运行，空调分集水器之间设电动阀，受分集水器间的差压控制比例调节，并根据分集水器的旁通流量对水源热泵机组台数调节。在水源热泵机房内设置 156m³ 生活热水水箱 1 台，水源热泵机组生成的热水通过板式换热器加热水箱内水到 50℃，生活热水水源热泵机组的启停受水箱温度控制。空调采暖系统补水定压均由水源热泵机房内的补水定压装置完成，空调采暖用水源热泵机组在制冷制热工况转换时需用坑道水对相关管路冲洗，以防止空调采暖循环水对坑道水的污染。

2. 空调采暖系统设计

该工程空调采暖系统以风机盘管加新风系统为主，结合部分全空气系统为建筑提供空调采暖。

更衣室采用风机盘管加新风系统，新风系统采用吊顶式新风机组。更衣室新风采用顶部双层百叶风口侧送风。风机盘管系统采用立式落地明装风机盘管，沿墙安装。

洗煤厂新厂房设备用房部分空调系统采用全空气系统，共设 17 个系统。系统气流组织为空调处

图名	范各庄矿业分公司供热空调工程设计施工总说明	图号	4-1

理机组就地岗位送风，采用吊顶式空调处理机组处理送风。

洗煤厂新厂房办公用房空调采暖采用风机盘管系统，共设 5 个系统。系统采用吊顶式风机盘管。

净化水厂办公楼采用风机盘管加新风系统，共设 1 个系统。新风系统采用吊顶式新风处理机组，气流组织为散流器顶部送风。风机盘管系统采用立式落地明装风机盘管，沿墙安装。

风机盘管控制均为电动两通阀加三速开关，新风机组控制为电动风阀（开关型）+新风机连锁，即新风机组关闭时电动风阀关闭，开新风机组前先开电动风阀。

3. 生活热水供应系统设计

生活热水由水源热泵机房内的生活热水水箱通过水泵供至男、女更衣室的原有淋浴供水水箱，原有淋浴供水水箱内设浮球阀，浮球阀开关时，热水供水管道中的压力传感器控制水泵的启停，水箱容积为 120m³，水箱内热水经原有热水输配系统供给用水点。

4. 通风系统设计

更衣室墙面设轴流排风机对外排风，每层设 4 台共计 8 台排风机。进风由新风机组和门窗的自然进风补充。

洗煤厂通风余热量为 800kW，在屋顶设机械排风系统六套（FJ-1～6）对厂房进行全面通风。

5. 消防说明

（1）本工程为改造工程，范各庄矿更衣室建筑防火分区每层按照更衣区设置 4 个，共 8 个。其他建筑每个建筑为一个防火分区。

（2）空调通风系统中风管跨越防火分区、进出机房、与竖井连接以及穿越楼板的地方均设置 70℃防火阀，风管、风管保温及消声管材料均采用不燃材料制作。通风系统在穿越结构伸缩缝时使用软管；穿越结构伸缩缝送风的送风管设置 70℃自动关闭的防火阀。

6. 外网设计

本工程外网主要包括坑道水从净化水厂引入水源热泵机房和冷热水从水源热泵机房输送到各用水点的管路部分。根据现场情况，室外管网均采用架空敷设，具体路径根据现场情况决定。坑道水采用抽吸式取水，吸水管设置底阀并在开机前向吸入管道充水。

四、施工说明

1. 水系统

（1）空调采暖系统管道采用碳素钢管，并满足国标 GB 3092—82，GB 8163—87 及 SYB 10004—64 的要求。公称直径≤50mm 的管道采用镀锌钢管，丝扣连接；公称直径>50mm 的管道采用无缝钢管，焊接连接，水管坡度不小于 0.002。无缝钢管管材与公称尺寸的对照如下：

公称尺寸：*DN*65　*DN*80　*DN*100　*DN*125　*DN*150　*DN*200　*DN*250　*DN*300　*DN*350　*DN*400

管材 $d\times\delta$：73×4　89×4　108×4　133×4　159×4.5　219×6　273×8　325×8　377×9　426×9

风机盘管和新风机组的冷凝水管均采用 UPVC 管，粘接连接。水平冷凝水管的坡度>0.01，冷凝水就近排放。

（2）生活热水和坑道水管道均采用钢塑复合管，公称直径≤100mm 的管道采用丝扣连接，100～200mm 采用沟槽连接，200mm 以上采用法兰连接；水池内坑道水取水管道采用 PVC-U 给水管道。

（3）空调采暖和生活热水室内管道采用 30mm 厚三元乙丙橡塑发泡保温材料保温，冷凝水管均采用 15mm 厚三元乙丙橡塑发泡保温材料防结露保温。室外管道采用预制聚氨酯发泡保温管道，保温层厚度 50mm。

（4）水管路系统中的最低点处，应设置 *DN*=25mm 的泄水管，并配置相同直径的闸阀，供回水立管最高处和水平干管的末端，应设集气罐并配置 *DN*=15mm 的 ZP88-1 型自动排气阀。

（5）活动支、吊、托架的具体形式和设置位置，由安装单位根据现场情况确定，做法参见国标图 88R420. 管道的支、吊、托架必须设置于保温层的外部，在穿过支、吊、托架处，应垫以木衬垫。其接合面的缝隙应填实。

（6）管道安装完工后，应进行水压试验，试验压力为工作压力的 1.5 倍，最低不小于 0.6MPa。系统试压方法见 GB 50242—2002 中的有关规定，试压合格后应对系统进行反复冲洗，直至排出水中不夹带泥砂、铁屑等杂质，且水色不浑浊时方为合格。

（7）水路管道、设备等，在表面除锈后，刷防锈底漆两遍。金属支、吊、托架等，在表除锈后，刷防锈底漆和色漆各两遍。

（8）供回水竖管向上转弯处应设三通，底部设丝堵，以便于清污。

（9）水泵基础均采用柔性连接减振基础，做法由厂家配套提供，加橡胶隔振垫安装。

（10）空调系统的冷冻水（热水）补水要求经软化处理后使用。

（11）公称直径>50mm 的管道阀门采用蝶阀，其他未加以说明的采用闸阀。所有阀件的工作压力要求不小于 0.8MPa，工作温度不小于 100℃。生活热水供应系统阀门材质为钢质。

（12）水源热泵机房内的明装管道外表面应涂刷颜色漆以示区别，且应以鲜明颜色箭头表示管道内水流方向。空调采暖供水管为深绿，回水管为浅绿，生活热水供水管为深红，回水管为浅红。坑道水供水管为深蓝，回水管为浅蓝。距地 2.5m 以下的管道均采用 δ=0.5 镀锌浮钢板保护。

（13）所用电动水阀与平衡阀均比所连接水管管径小一号。

（14）所有管道在穿越围护结构时应做套管。

2. 风系统

（1）空调通风排烟风管采用镀锌钢板制作，风道制作、安装、防腐均应符合通风与空调工程施工及验收规范 GB 50243—2002 的规定。

（2）风管保温均采用 15mm 厚三元乙丙橡塑发泡保温板材保温，外缠玻璃丝布，刷防火漆两道。

（3）穿越变形缝或沉降缝的风管两侧、风机及空调机组机组进出口处，应设置长度为150～250mm 的防火帆布软接，软接的接口应牢固、严密，在软接处禁止变径。

（4）所有水平或垂直的风管，必须设置必要的支、吊架或托架，其构造形式由安装单位在保证牢固、可靠的原则下，根据现场情况选定，详见国标图 T607。

五、其他

1. 所有设备的安装、试压及操作均按产品的说明书要求进行。
2. 楼内部分的穿墙供水管道均设套管，套管尺寸比相应的保温后的管道管径大 20～30mm。
3. 凡穿墙的空调风管，穿墙处应留出比相应风管每边各大出 50mm 安装洞口。
4. 凡本说明未提及的详细做法均参见《建筑设备施工安装通用图集》的有关内容。
5. 施工中若遇到与本专业有关的设计技术问题应由甲方、施工单位和设计人员共同协商解决。

图　名	范各庄矿业分公司供热空调工程设计施工总说明	图　号	4-1

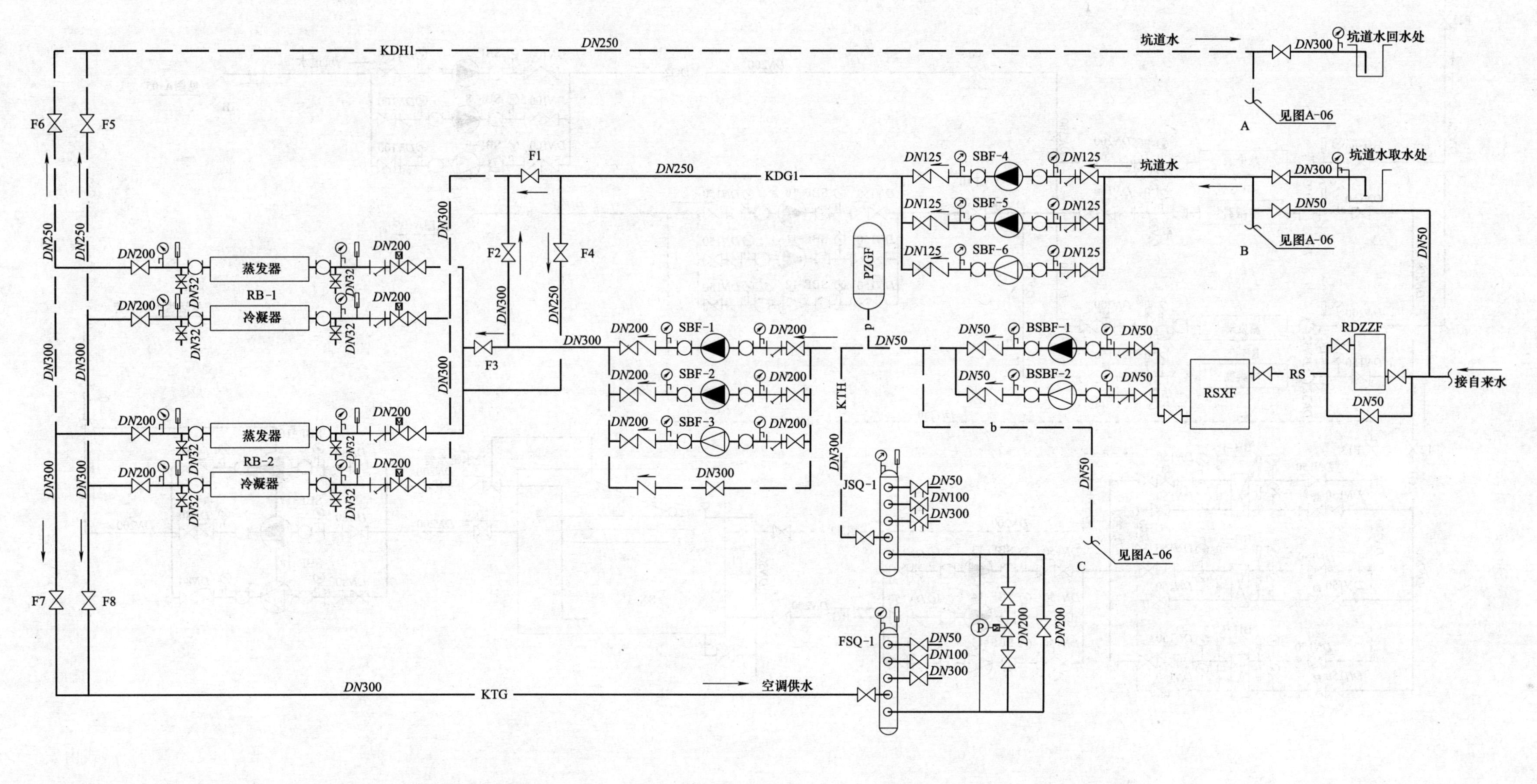

注：

1. 制冷工况运行时，阀F1、F3、F5、F7开启，F2、F4、F6、F8关闭，坑道水流经热泵机组冷凝器，空调水流经热泵机组蒸发器；
2. 制热工况运行时，阀F1、F3、F5、F7关闭，F2、F4、F6、F8开启，坑道水流经热泵机组蒸发器，空调水流经热泵机组冷凝器；
3. 工况进行切换时，应先分别清洗蒸发器和冷凝器等设备和管道，禁止残留的软化水进入到净水池中。

图名	范各庄矿业分公司供热空调工程　煤矿坑道水水源热泵系统原理图——空调部分	图号	4-2

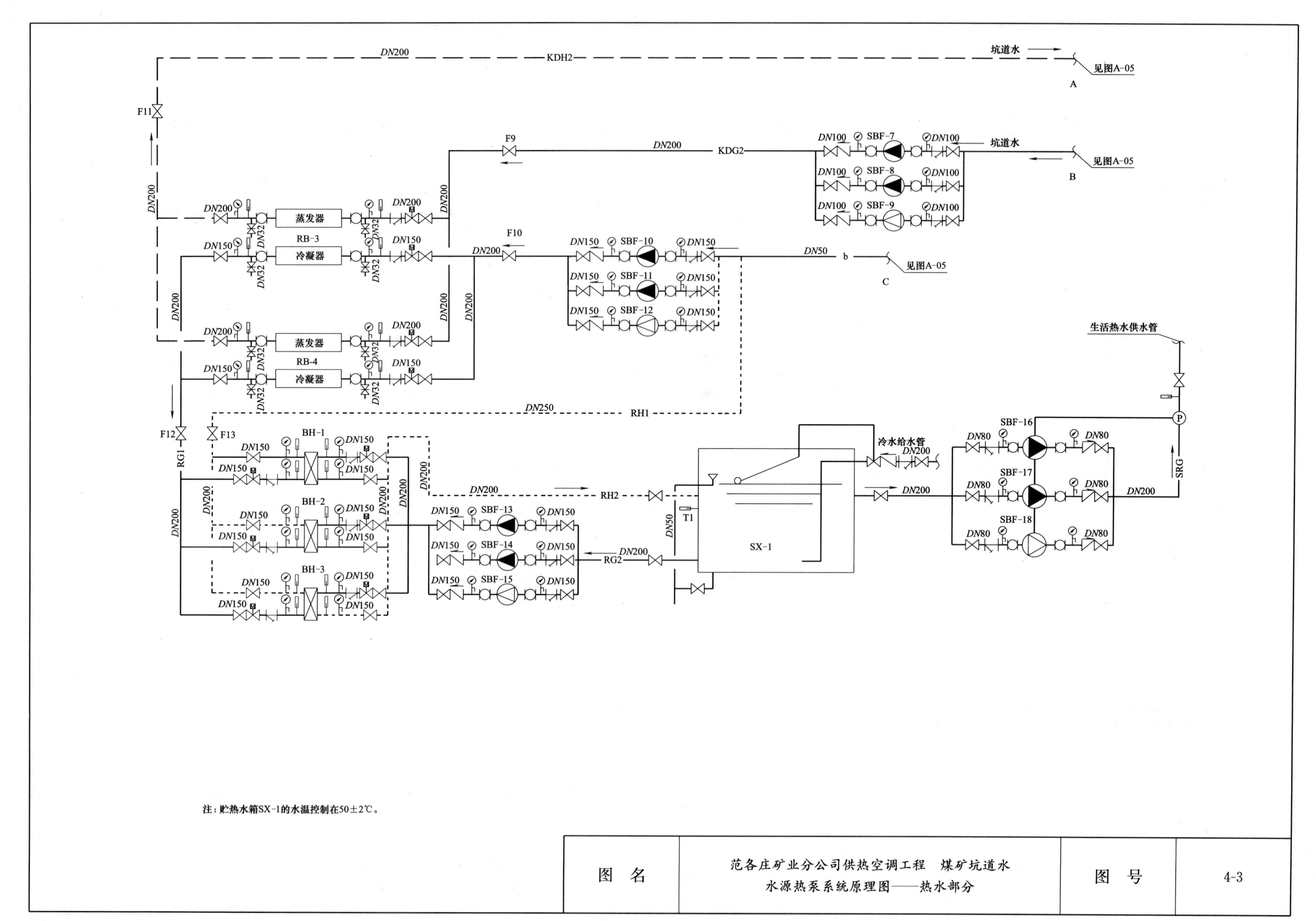

注：贮热水箱SX-1的水温控制在50±2℃。

图　名	范各庄矿业分公司供热空调工程　煤矿坑道水 水源热泵系统原理图——热水部分	图　号	4-3

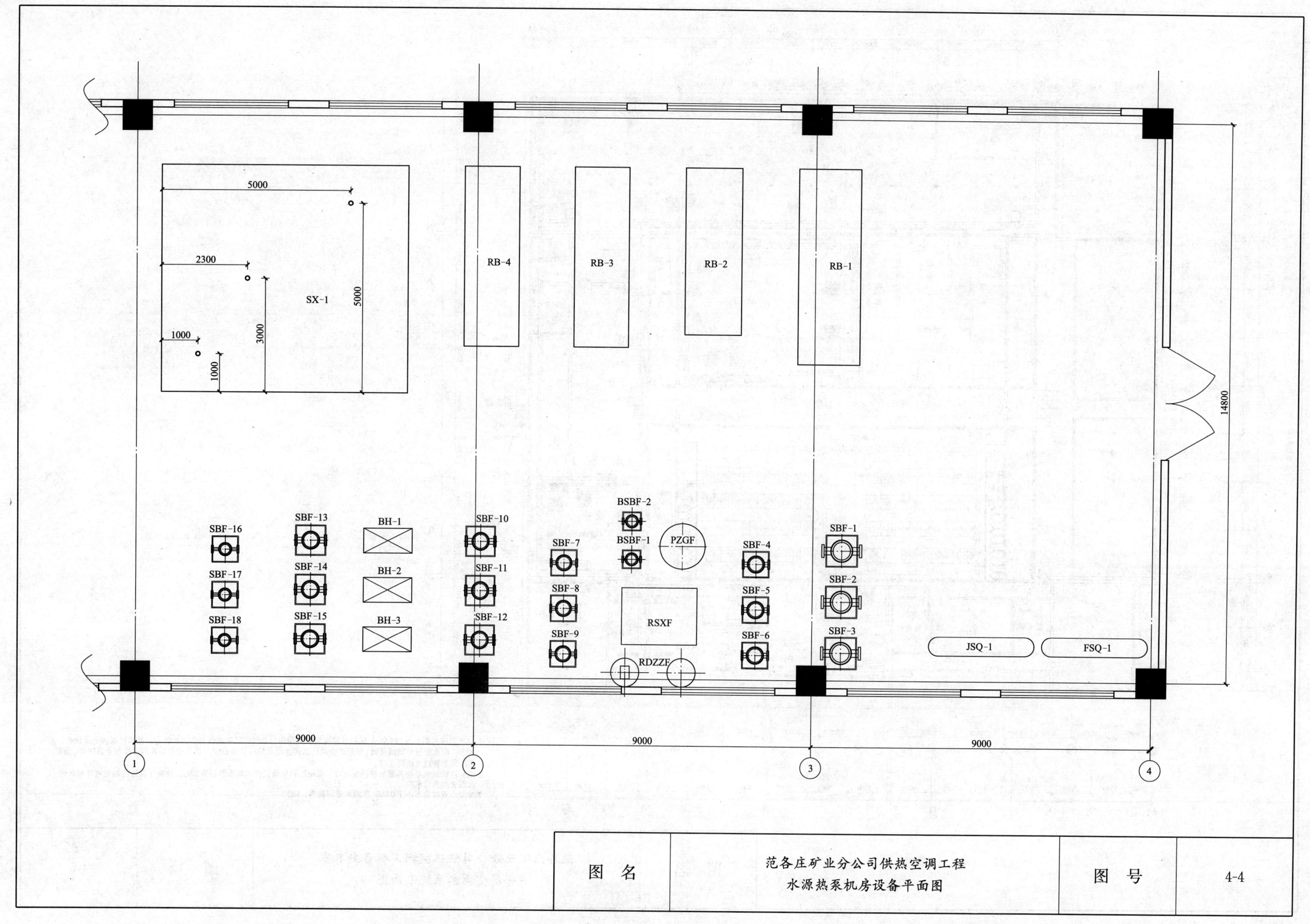

图 名	范各庄矿业分公司供热空调工程 水源热泵机房设备平面图	图 号	4-4

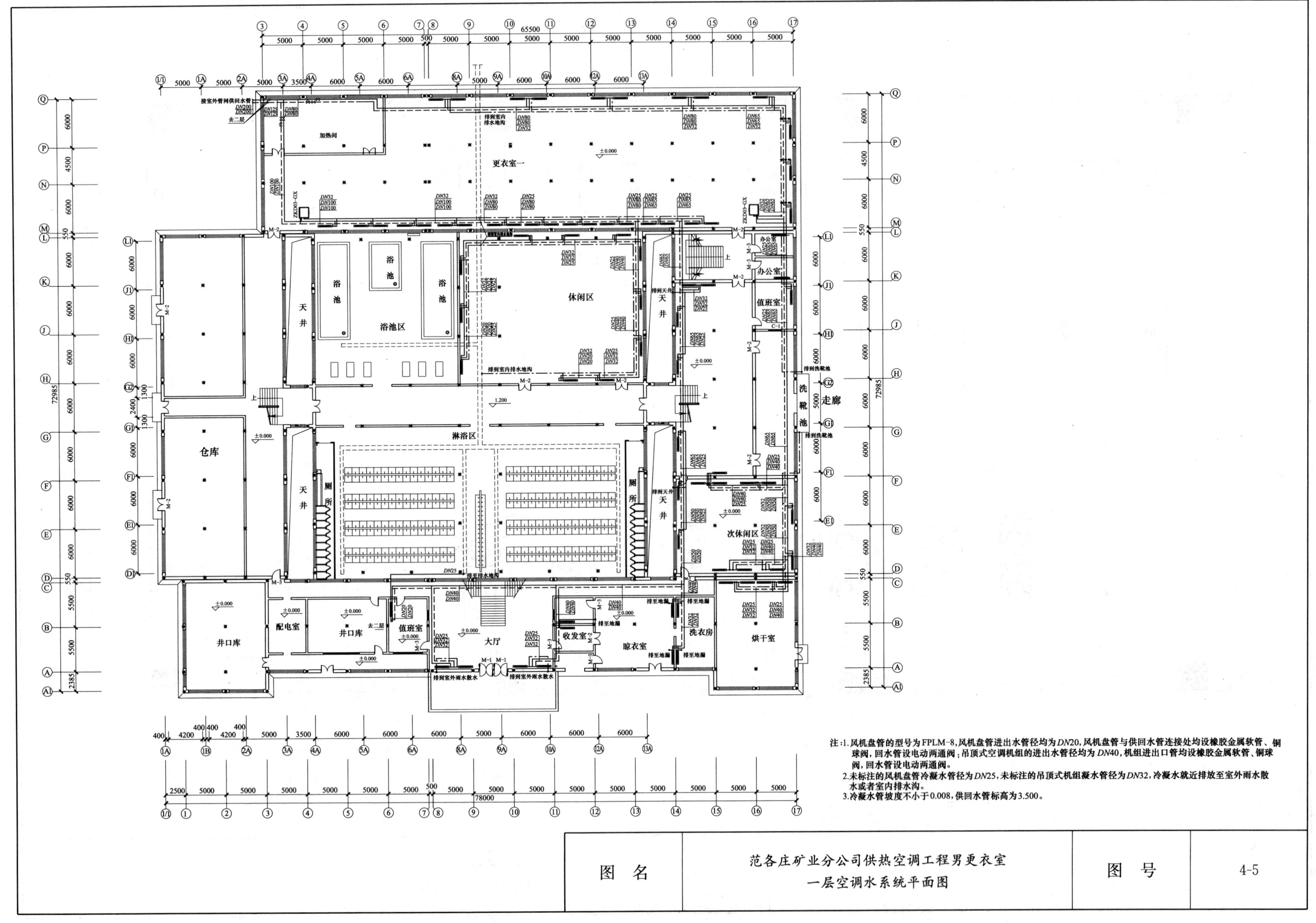
更衣室一
加热间
浴池区
浴池
休闲区
天井
淋浴区
厕所
仓库
走廊
洗靴池
办公室
值班室
次休闲区
井口库
配电室
值班室
大厅
收发室
晾衣室
洗衣房
烘干室
接室外管网供回水管
排到室内排水地沟
排到室外雨水散水
注:1.风机盘管的型号为FPLM-8,风机盘管进出水管径均为DN20,风机盘管与供回水管连接处均设橡胶金属软管、铜球阀,回水管设电动两通阀;吊顶式空调机组的进出水管径均为DN40,机组进出口管均设橡胶金属软管、铜球阀,回水管设电动两通阀。
2.未标注的风机盘管冷凝水管径为DN25,未标注的吊顶式机组凝水管径为DN32,冷凝水就近排放至室外雨水散水或者室内排水沟。
3.冷凝水管坡度不小于0.008,供回水管标高为3.500。
图 名
范各庄矿业分公司供热空调工程男更衣室
一层空调水系统平面图
图 号
4-5

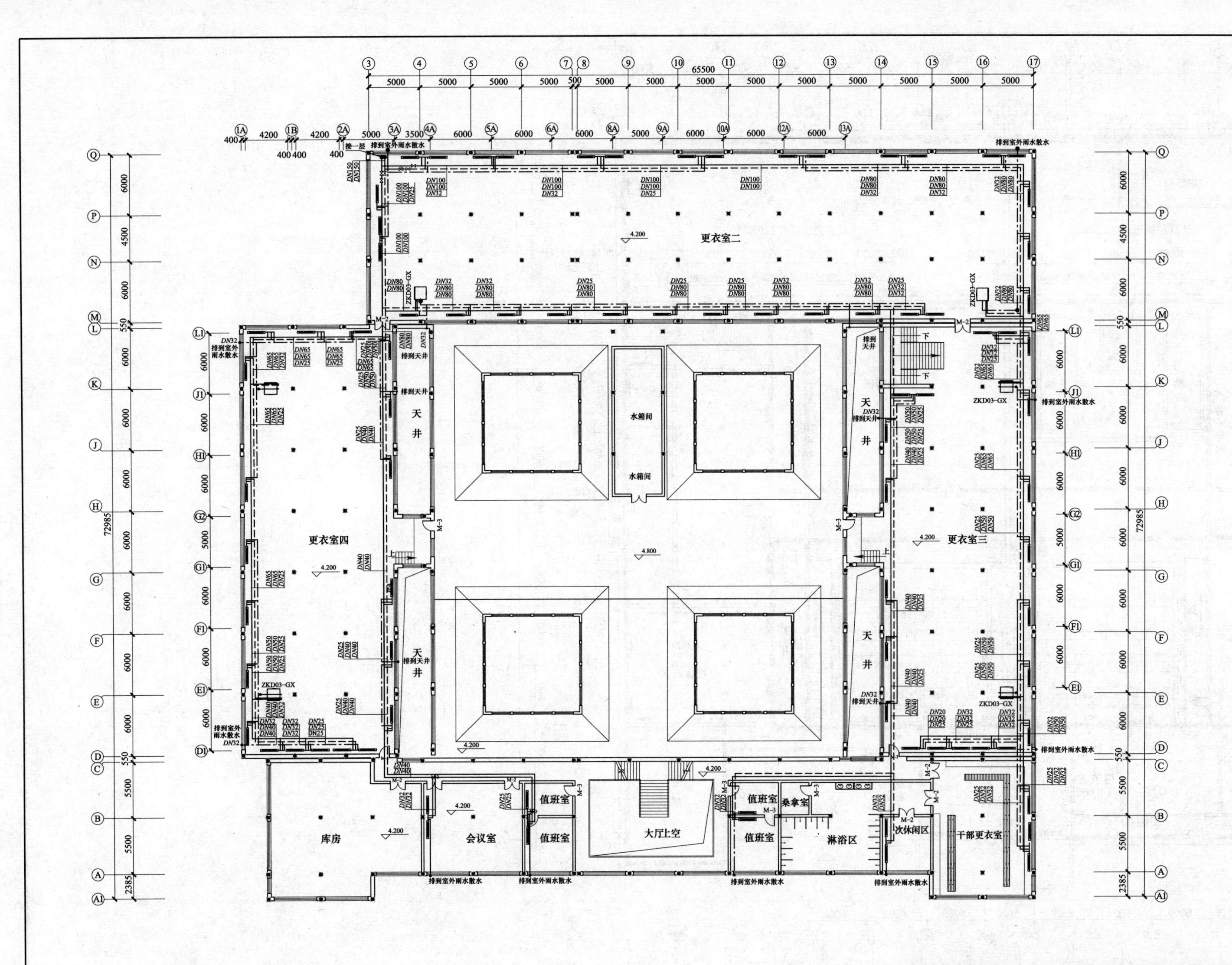

注：1. 风机盘管的型号为FPLM-8，风机盘管进出水管径均为DN20，风机盘管与供回水管连接处均设橡胶金属软管、铜球阀，回水管设电动两通阀；吊顶式空调机组的进出水管径均为DN40，机组进出口管均设橡胶金属软管、铜球阀，回水管设电动两通阀。
2. 未标注的风机盘管冷凝水管径为DN25，未标注的吊顶式机组凝水管径为DN32，冷凝水就近排放至室外雨水散水或者室内排水沟。
3. 冷凝水管坡度不小于0.008，供回水管标高为7.300。

图 名	范各庄矿业分公司供热空调工程男更衣室 二层空调水系统平面图	图 号	4-6

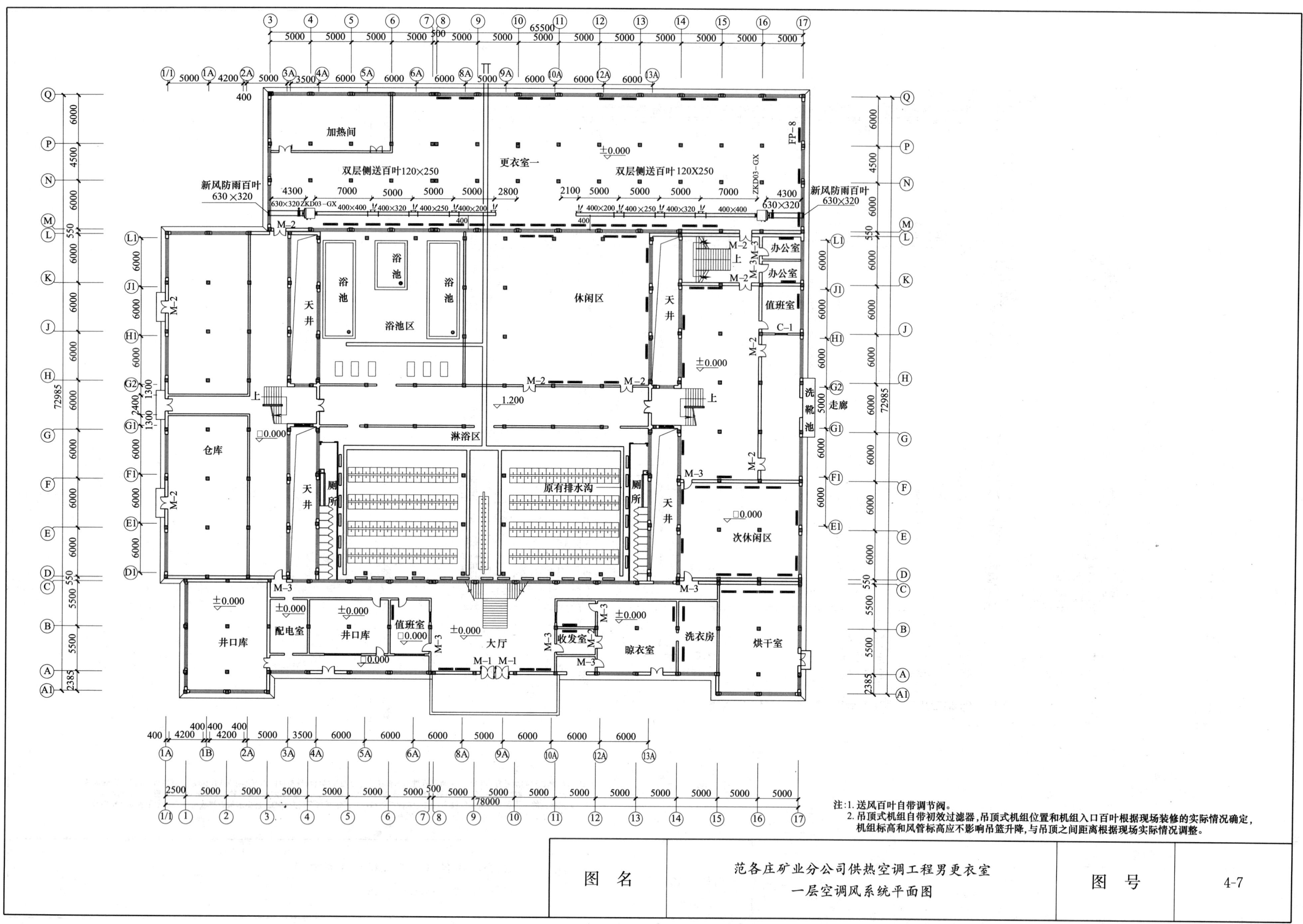

注:1. 送风百叶自带调节阀。
2. 吊顶式机组自带初效过滤器,吊顶式机组位置和机组入口百叶根据现场装修的实际情况确定,机组标高和风管标高应不影响吊篮升降,与吊顶之间距离根据现场实际情况调整。

图　名	范各庄矿业分公司供热空调工程男更衣室 一层空调风系统平面图	图　号	4-7

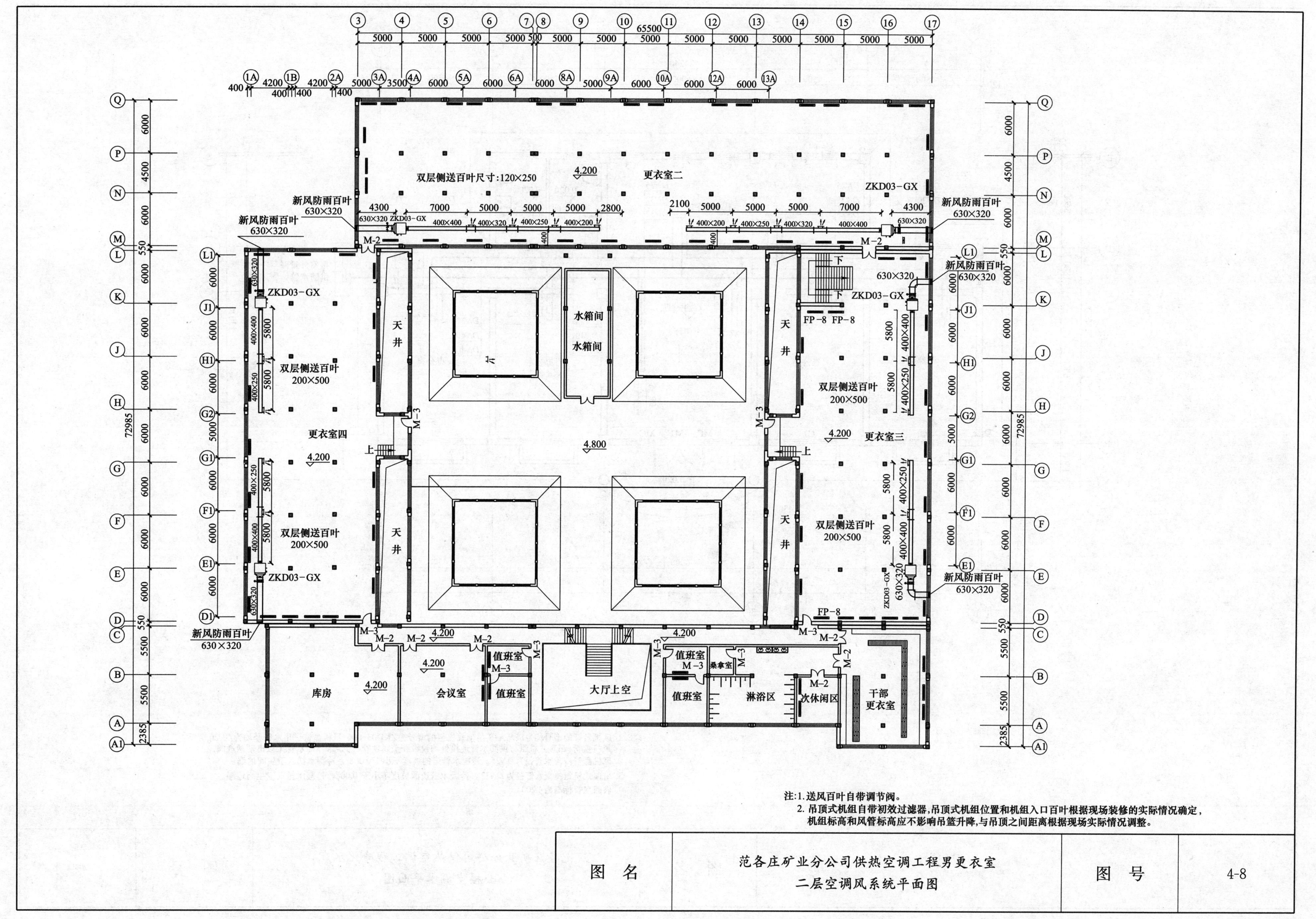
65500
5000 5000 5000 5000 5000 500 5000 5000 5000 5000 5000 5000 5000 5000 5000
400 4200 400 400 4200 400 5000 3500 6000 6000 6000 5000 6000 6000 6000
72985
双层侧送百叶尺寸:120×250
更衣室二
4.200
新风防雨百叶
630×320
ZKD03-GX
4300 7000 5000 5000 5000 2800
2100 5000 5000 5000 7000 4300
M-2
天井
水箱间
更衣室四
更衣室三
双层侧送百叶
200×500
4.800
FP-8
上
下
M-3
库房
会议室
值班室
大厅上空
桑拿室
淋浴区
次休闲区
干部更衣室
注:1.送风百叶自带调节阀。
2.吊顶式机组自带初效过滤器,吊顶式机组位置和机组入口百叶根据现场装修的实际情况确定,
机组标高和风管标高应不影响吊篮升降,与吊顶之间距离根据现场实际情况调整。
图名
范各庄矿业分公司供热空调工程男更衣室
二层空调风系统平面图
图号
4-8

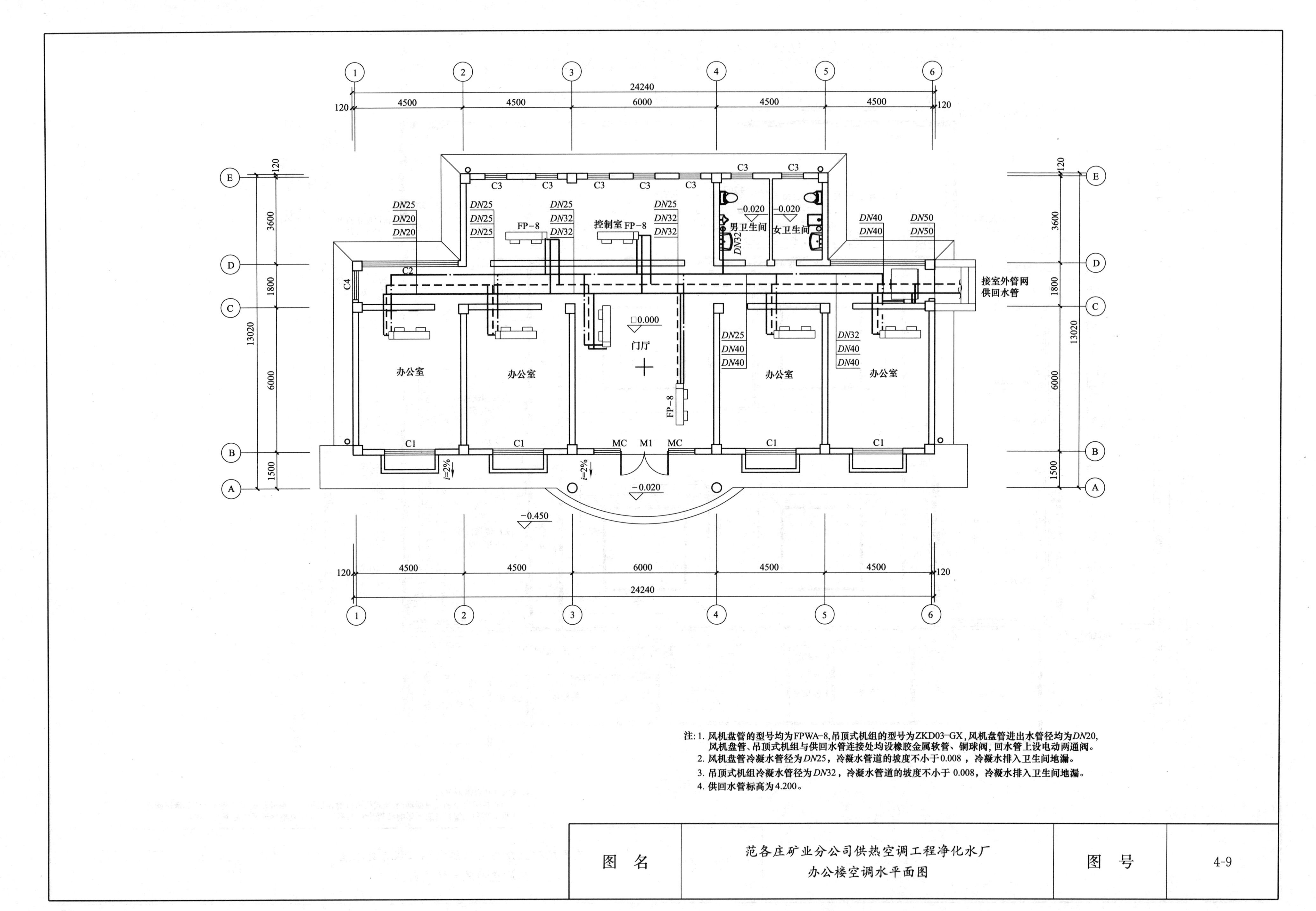

注：1. 风机盘管的型号均为FPWA-8，吊顶式机组的型号为ZKD03-GX，风机盘管进出水管径均为*DN*20，风机盘管、吊顶式机组与供回水管连接处均设橡胶金属软管、铜球阀，回水管上设电动两通阀。
2. 风机盘管冷凝水管径为*DN*25，冷凝水管道的坡度不小于0.008，冷凝水排入卫生间地漏。
3. 吊顶式机组冷凝水管径为*DN*32，冷凝水管道的坡度不小于 0.008，冷凝水排入卫生间地漏。
4. 供回水管标高为4.200。

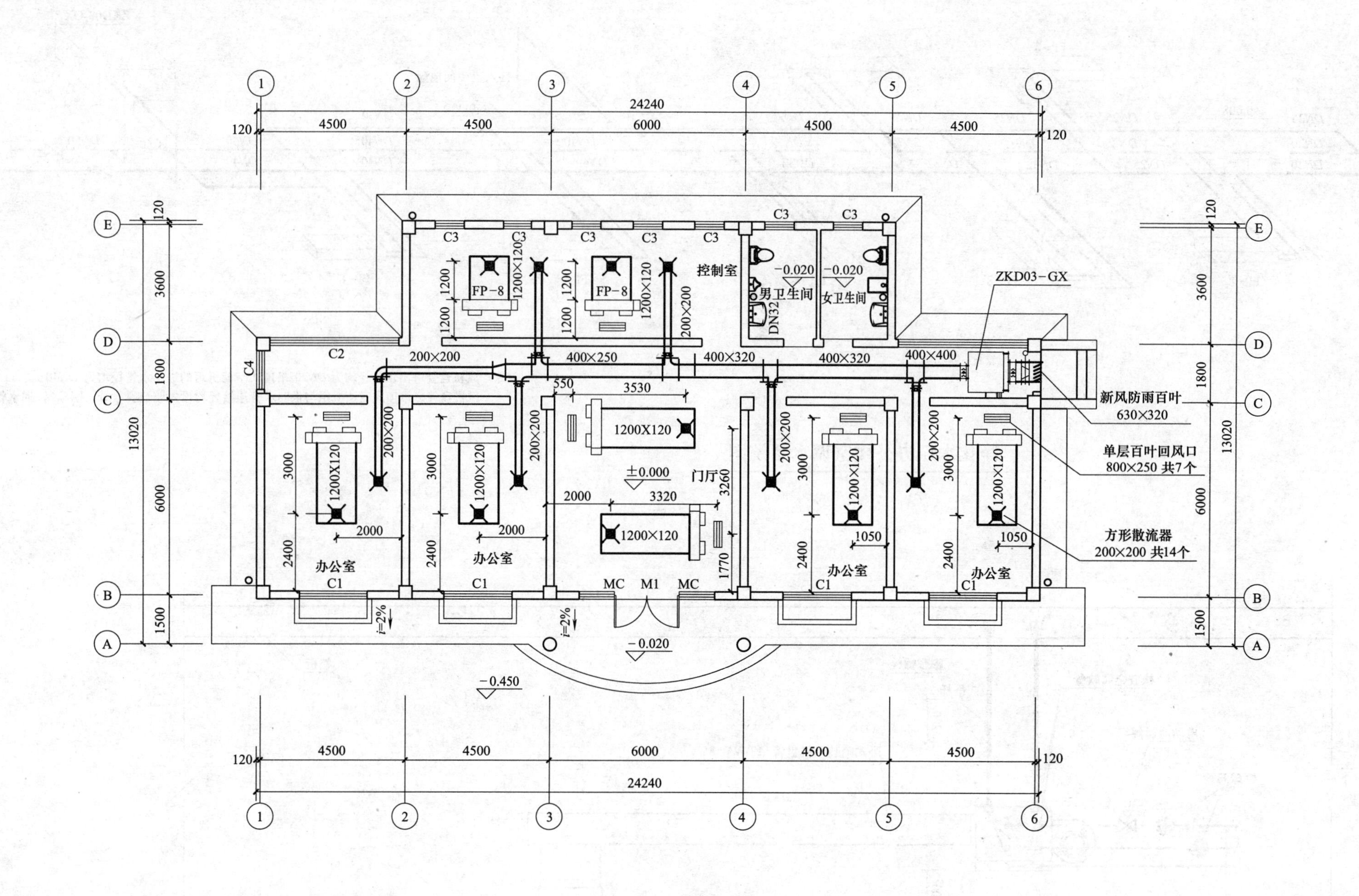

注：1. 方形散流器的规格为200mm×200mm，带调节阀。

2. 风机盘管吊顶内回风，单层百叶回风口（带过滤器）尺寸为800mm×250mm。

图 名	范各庄矿业分公司供热空调工程净化水厂 办公楼空调风平面图	图 号	4-10

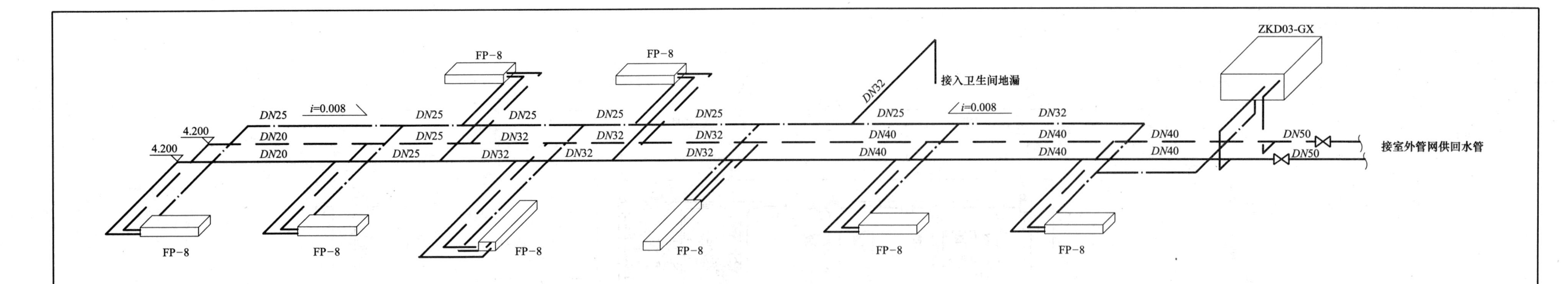

注：1. 风机盘管进出水管径均为 DN20，吊顶式空调机组的进出水管径均为 DN40。
2. 风机盘管、吊顶式空调机组与供回水管连接处均设橡胶金属软管、铜球阀，回水管设电动两通阀。

净化水厂办公楼空调水系统图

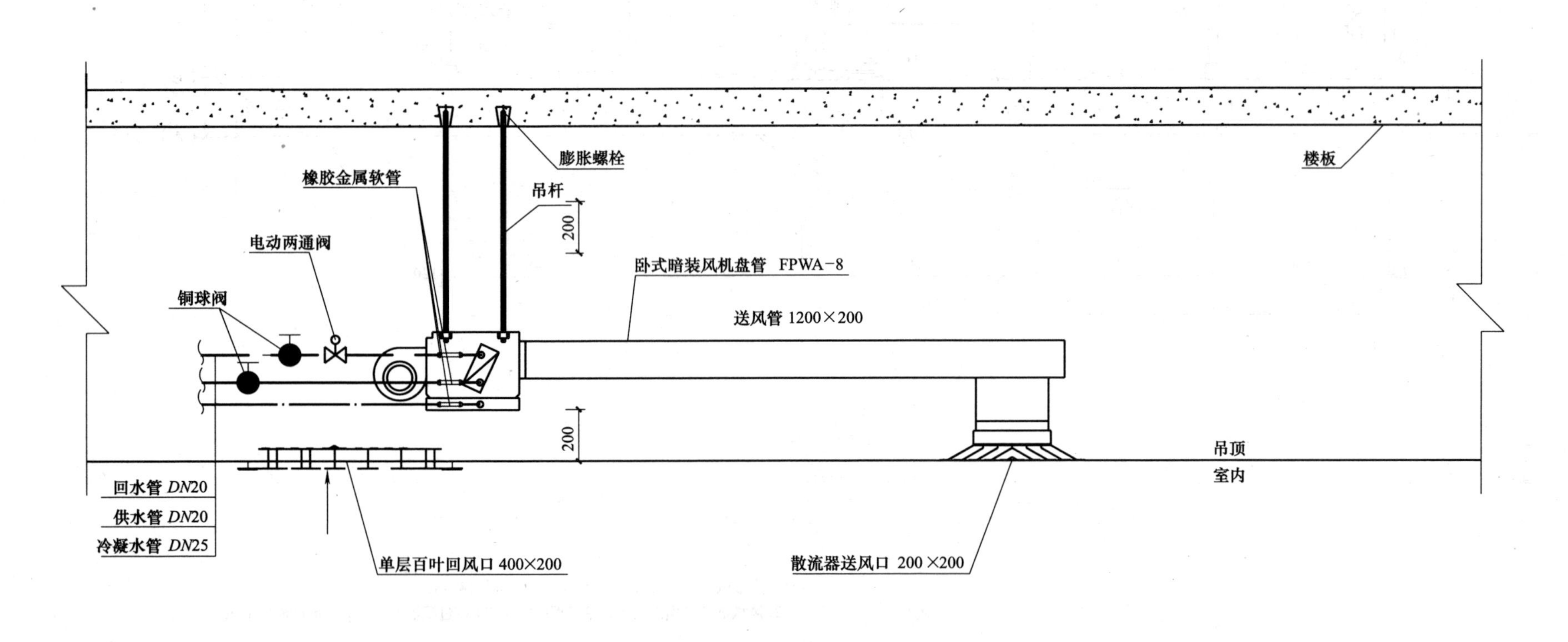

卧式暗装风机盘管安装大样图

图 名	范各庄矿业分公司供热空调工程	净化水厂办公楼空调水系统图 卧式暗装风机盘管安装大样图	图 号	4-11

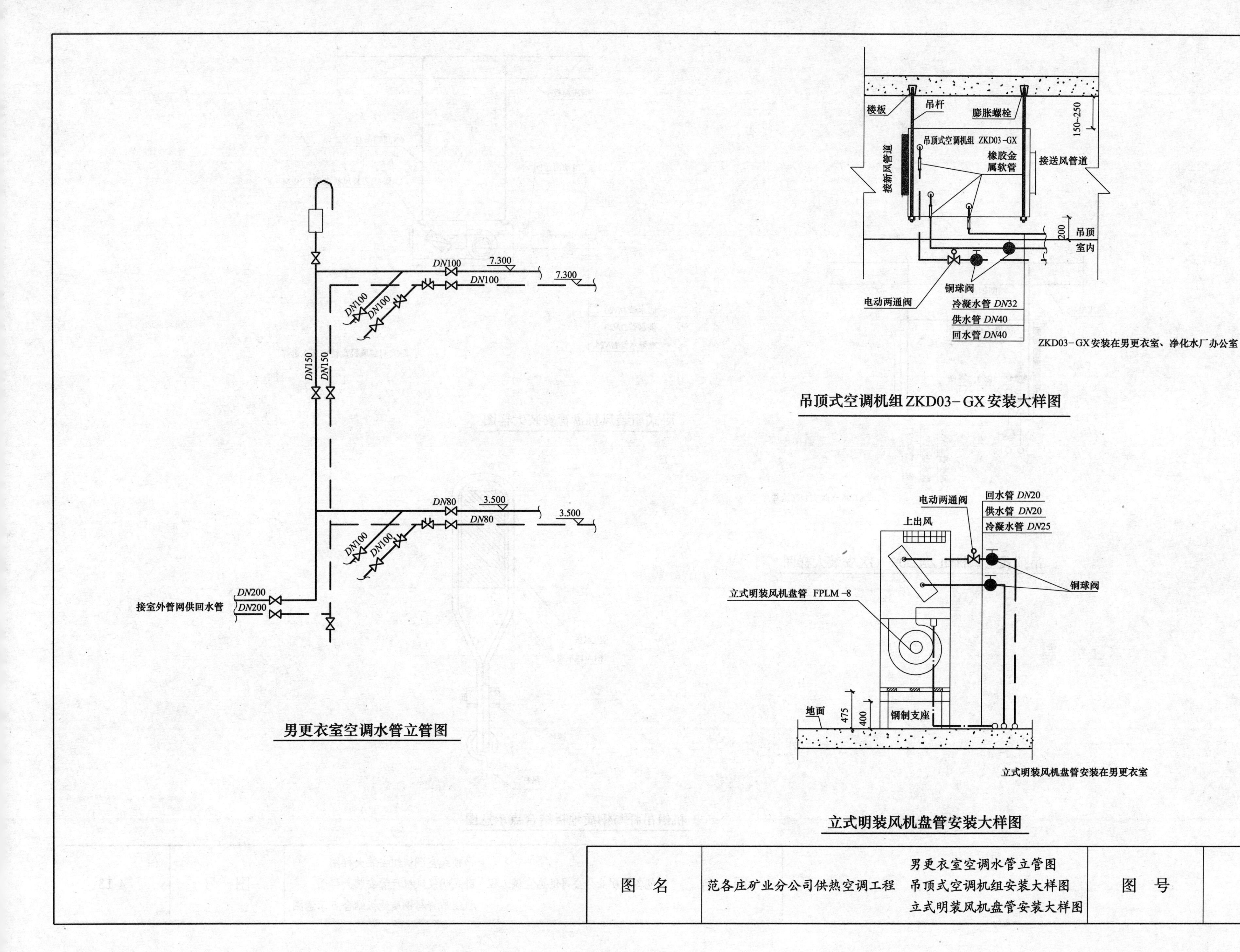
楼板
吊杆
膨胀螺栓
150~250
吊顶式空调机组 ZKD03-GX
接新风管道
橡胶金
属软管
接送风管道
200
吊顶
室内
铜球阀
电动两通阀
冷凝水管 DN32
供水管 DN40
回水管 DN40
ZKD03-GX安装在男更衣室、净化水厂办公室
吊顶式空调机组ZKD03-GX安装大样图
DN100
7.300
DN100
7.300
DN100
DN100
DN150
DN150
DN80
3.500
DN80
3.500
DN100
DN100
DN200
接室外管网供回水管
DN200
男更衣室空调水管立管图
电动两通阀
回水管 DN20
供水管 DN20
冷凝水管 DN25
上出风
铜球阀
立式明装风机盘管 FPLM-8
地面
475
400
钢制支座
立式明装风机盘管安装在男更衣室
立式明装风机盘管安装大样图
图 名
范各庄矿业分公司供热空调工程
男更衣室空调水管立管图
吊顶式空调机组安装大样图
立式明装风机盘管安装大样图
图 号
4-12

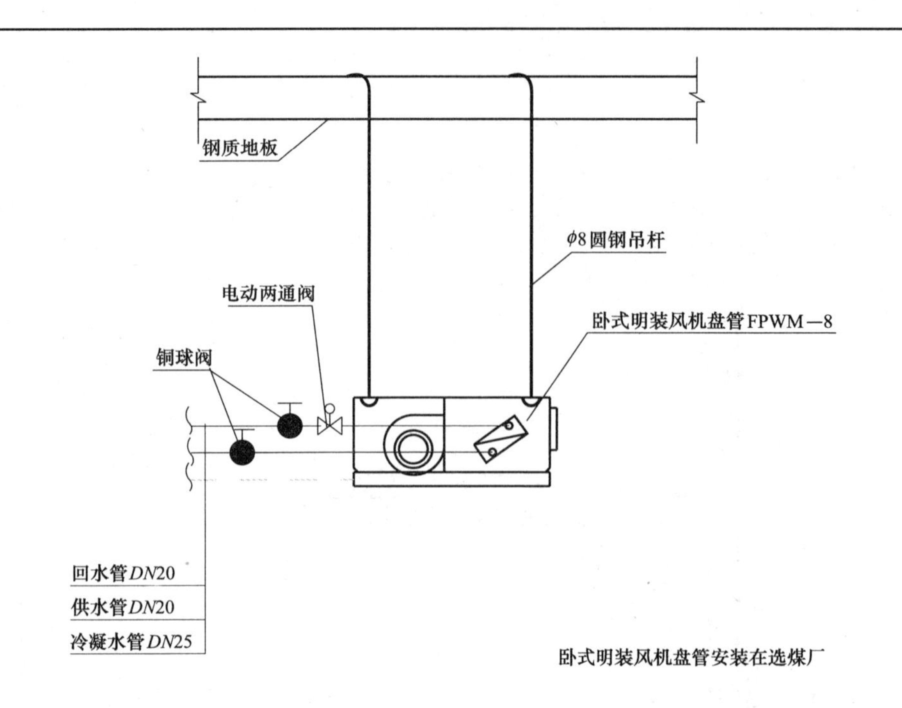

卧式明装风机盘管安装大样图

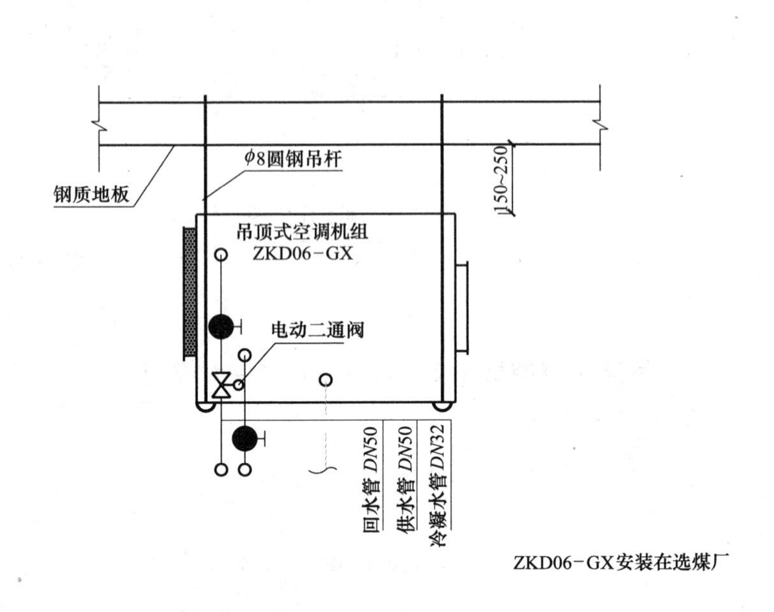

吊顶式空调机组ZKD06－GX安装大样图

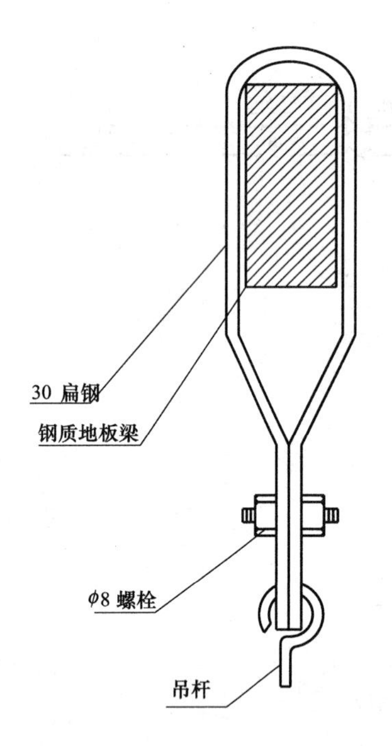

机组吊杆与钢质地板结合点示意图

图　名	范各庄矿业分公司供热空调工程	吊顶式空调机组安装大样图 卧式明装风机盘管安装大样图 机组吊杆与钢质地板结合点示意图	图　号	4-13

一、总则

1. 工程概况

本工程为改造工程，吕家坨矿业分公司为保证矿井室和巷道防冻和井下的通风，需要每天24小时不间断地向井内输送不低于2℃的全新风。在非采暖期，全矿职工每天需要2000t的洗浴生活热水。本工程采用水源热泵系统在非采暖期为吕家坨矿业分公司供应洗浴用生活热水，在采暖期为冬季通风加热新风提供热源。水源热泵系统以经过处理后的坑道水为冷热源，净化后的坑道水经过热泵机组换热后，直接进入自来水管网作为生活用水。本设计包括水源热泵机房设计，以上建筑的空调采暖和生活热水系统设计以及相应的室外管网设计。

2. 设计依据

(1)《采暖通风与空气调节设计规范》GB 50019—2003；

(2)《地源热泵系统工程技术规范》GB 50366—2005；

(3)《建筑给水排水设计规范》GB 50015—2003；

(4)《建筑防火设计规范》GB 50016—2006；

(5) 甲方提供的其他专业图纸和要求。

3. 施工及验收时，应遵守下列规范和标准的有关规定：

(1)《建筑给水排水及采暖工程施工质量验收规范》GB 50242—2002；

(2)《通风与空调工程施工验收规范》GB 50243—2002；

(3) 全国通用通风管道配件图表。

4. 国家建筑标准设计图集和建筑设备施工安装通用图集由施工单位自行购买。

5. 在设计图纸中，长度单位为毫米，标高为米。

6. 除特殊说明外，图中水管标高均指中心标高，风管标高均指管底标高。

7. 材料表仅供编制预算时作参考用。

8. 设备的支架和基础，要待设备运到施工现场，并经核实无误后方可施工。

9. 穿越建筑物的各种管道，在安装完毕，并经检验合格后，须按照有关要求，将空隙部分填实并装修表面。

二、设计参数

1. 空调设计主要室外气象参数

年平均温度	11.1℃；
冬季空调室外计算干球温度	−12℃；
冬季采暖室外计算干球温度	−10℃；
冬季通风室外计算干球温度	−5℃；
冬季空调室外计算相对湿度	52%；
夏季空调室外计算干球温度	32.7℃；
夏季通风室外计算干球温度	29℃；
夏季空调室外计算湿球温度	26.2℃；
夏季通风室外计算相对湿度	64%。

2. 室内设计参数

根据吕家坨矿业分公司提供的数据，矿井口和巷道送风的室外计算温度为−21℃，井口处的送风温度不得低于2℃。采暖时间为本年的11月7日至翌年的3月15日，采暖期127天，与民用建筑采暖期相同。

3. 空调冷热负荷

根据甲方提供的资料，冬季矿井室和巷道送风的室外计算温度为−21℃，矿井室和巷道送风温度为2℃，送风量为160m³/s。设计热负荷为4908.8kW。吕家坨矿现阶段夏季不需要空调，暂无冷负荷。

生活热水负荷：根据甲方提供资料，在冷水计算温度16℃，热水计算温度50℃下最高日用水量：2000m³/天，最大小时用水量100m³/h，生活热水设计小时耗热量为4070.7kW，机组供热量为1790kW。

三、供热采暖系统设计

本工程采用坑道水水源热泵系统作为供热采暖系统热源，为矿井室和巷道防冻及井下的通风预热提供热源，并为厂区中的更衣室洗浴提供生活热水。洗浴用生活热水设计供水温度为50℃，通风预热用热水供回水温度为45/40℃。水源热泵所用坑道水常年保持在15～18℃，供热时供回水温度取15/7℃。

1. 水源热泵机房设计

水源热泵机房选用1台1800型螺杆式机组，1台1500型螺杆式机组和2台1200型高温螺杆式机组。在冬季，吕家坨矿全部4台机组制热，用于提供通风预热所需要的热水，总制热量为5558kW，坑道水直接进入水源热泵机组放热。在非采暖季，2台1200型高温螺杆式机组用于制备洗浴用生活热水，总制热量为2222kW，坑道水直接进入水源热泵机组放热。水源热泵机组、坑道水泵、供热空调水泵一一对应运行，并按先启动水泵和机组对应的电磁阀，再启动坑道水泵和供热空调水泵，最后启动水源热泵机组的顺序启动，关闭顺序与此相反。通风预热系统采用两管制，水泵和通风预热系统均定流量运行，空调分集水器之间设电动阀，受分集水器间的差压控制比例调节，并根据分集水器的旁通流量对水源热泵机组台数调节。在水源热泵机房内设置150m³生活热水水箱1台，水源热泵机组生成的热水通过板式换热器加热水箱内水到50℃，生活热水水源热泵机组的启停受水箱温度控制。系统补水定压均由水源热泵机房内的补水定压装置完成，非采暖季制备生活热水的水源热泵机组在季节转换时需用坑道水对相关管路冲洗，以防止通风预热系统循环水对洗浴热水的污染。

2. 通风预热系统设计

该工程采用全空气处理设备对矿井室和巷道防冻及井下的通风进行预热处理，以保证送风温度满足相应要求。

根据建设方提供数据，矿井所需总通风量为59.5万m³/h。系统在空气加热室内设3台组合式新风处理机组KT26-KT28，各6万m³/h的风量，处理后的空气经地下土建风道送至井口；在井口房内设4台组合式新风处理机组KT29-KT32，各5万m³/h的风量，处理后的空气直接送

图　名	吕家坨矿业分公司供热空调工程设计施工总说明	图　号	4-14

入井口房；在井口棚上空设8台吊顶式空调机组KT33-KT41，各6千m^3/h的风量，处理后的空气直接送入井口棚。以上有组织加热处理后的空气42.8万m^3/h与其他无组织经过负压渗入的空气混合后，被现有井道通风机产生的井口负压吸入井口，送入矿井。

以上空气处理装置均定流量运行，由操作人员根据室外气候手动操作空气处理机组启停，机组关闭时，先关闭新风风阀，水侧手动调节阀需预留一定开度以防冻。

3. 生活热水供应系统设计

生活热水由水源热泵机房内的生活热水水箱通过水泵供至男、女更衣室的原有淋浴供水水箱，原有淋浴供水水箱内设浮球阀，浮球阀开关时，热水供水管道中的压力传感器控制水泵的启停，水箱容积为$120m^3$，水箱内热水经原有热水输配系统供给用水点，并增加一路管道为现有浴池供水。

4. 消防说明

空调通风系统中风管跨越防火分区、进出机房、与竖井连接以及穿越楼板的地方均设置70℃防火阀，风管、风管保温及消声材料均采用不燃材料制作。通风系统在穿越结构伸缩缝时使用软管；穿越结构伸缩缝送风的送风管设置70℃自动关闭的防火阀。

5. 外网设计

本工程外网主要包括坑道水从净化水厂引入水源热泵机房和冷热水从水源热泵机房输送到各用水点的管路部分。根据现场情况，坑道水管道采用直埋敷设，其他室外管网局部采用架空敷设，具体路径根据现场情况决定。坑道水采用抽吸式取水，吸水管设置底阀并在开机前向吸入管道充水。

四、施工说明

1. 水系统

（1）空调采暖系统管道采用碳素钢管，并满足国标GB 3092—82，GB 8163—87及SYB 10004—64的要求。公称直径≤50mm的管道采用镀锌钢管，丝扣连接；公称直径>50mm的管道采用无缝钢管，焊接连接，水管坡度不小于0.002。无缝钢管管材与公称尺寸的对照如下：

公称尺寸：*DN*65　*DN*80　*DN*100　*DN*125　*DN*150　*DN*200　*DN*250　*DN*300　*DN*350　*DN*400

管材：$d\times\delta$　73×4　89×4　108×4　133×4　159×4.5　219×6　273×8　325×8　377×9　426×9

风机盘管和新风机组的冷凝水管均采用UPVC管，粘接连接。水平冷凝水管的坡度>0.01，冷凝水就近排放。

（2）生活热水和坑道水管道均采用钢塑复合管，公称直径≤100mm的管道采用丝扣连接，100～200mm采用沟槽连接，200mm以上采用法兰连接；水池内坑道水取水管道采用PVC-U给水管道。

（3）空调采暖和生活热水室内管道采用30mm厚三元乙丙橡塑发泡保温材料保温，冷凝水管均采用15mm厚三元乙丙橡塑发泡保温材料防结露保温。室外管道采用预制聚氨酯发泡保温管道，保温层厚度50mm。

（4）水管路系统中的最低点处，应设置*DN*=25mm泄水管，并配置相同直径的闸阀，供回水立管最高处和水平干管的末端，应设集气罐并配置*DN*=15mm的ZP88-1型自动排气阀。

（5）活动支、吊、托架的具体形式和设置位置，由安装单位根据现场情况确定，做法参见国标图88R420。管道的支、吊、托架必须设置于保温层的外部，在穿过支、吊、托架处，应垫以木衬垫。其接合面的缝隙应填实。

（6）管道安装完工后，应进行水压试验，试验压力为工作压力的1.5倍，最低不小于0.6MPa。系统试压方法见GB 50242—2002中的有关规定，试压合格后应对系统进行反复冲洗，直至排出水中不夹带泥砂、铁屑等杂质，且水色不浑浊时方为合格。

（7）水路管道、设备等，在表面除锈后，刷防锈底漆两遍。金属支、吊、托架等，在表面除锈后，刷防锈底漆和色漆各两遍。

（8）供回水竖管向上转弯处应设三通，底部设丝堵，以便于清污。

（9）水泵基础均采用柔性连接减振基础，做法由厂家配套提供，加橡胶隔振垫安装。

（10）空调系统的冷冻水（热水）补水要求经软化处理后使用。

（11）公称直径>50mm的管道阀门采用蝶阀，其他未加以说明的采用闸阀。所有阀件的工作压力要求不小于0.8MPa，工作温度不小于100℃。生活热水供应系统阀门材质为钢质。

（12）水源热泵机房内的明装管道外表面应涂刷颜色漆以示区别，且应以鲜明颜色箭头表示管道内水流方向。空调采暖供水管为绿色，生活热水管为红色，坑道水管为蓝色。

（13）所用电动水阀与平衡阀均比所连接水管管径小一号。

（14）所有管道在穿越围护结构时应做套管。

2. 风系统

（1）空调通风排烟风管采用镀锌钢板制作，风道制作、安装、防腐均应符合通风与空调工程施工及验收规范GB 50243—2002的规定。

（2）风管保温均采用法兰连接。

（3）穿越变形缝或沉降缝的风管两侧、风机及空调机组机组进出口处，应设置长度为150～250mm的防火帆布软接，软接的接口应牢固、严密，在软接处禁止变径。

（4）所有水平或垂直的风管，必须设置必要的支、吊或托架，其构造形式由安装单位在保证牢固、可靠的原则下，根据现场情况选定，详见国标图T607。

五、其他

1. 所有设备的安装、试压及操作均按产品的说明书要求进行。
2. 楼内部分的穿墙供水管道均设套管，套管尺寸比相应的保温后的管道管径大20～30mm。
3. 凡穿墙的空调风管，穿墙处应留出比相应风管每边各大出50mm的安装洞口。
4. 凡本说明未提及的详细做法均参见《建筑设备施工安装通用图集》的有关内容。
5. 施工中若遇到与本专业有关的设计技术问题应由甲方、施工单位和设计人员共同协商解决。

图　名	吕家坨矿业分公司供热空调工程设计施工总说明	图　号	4-14

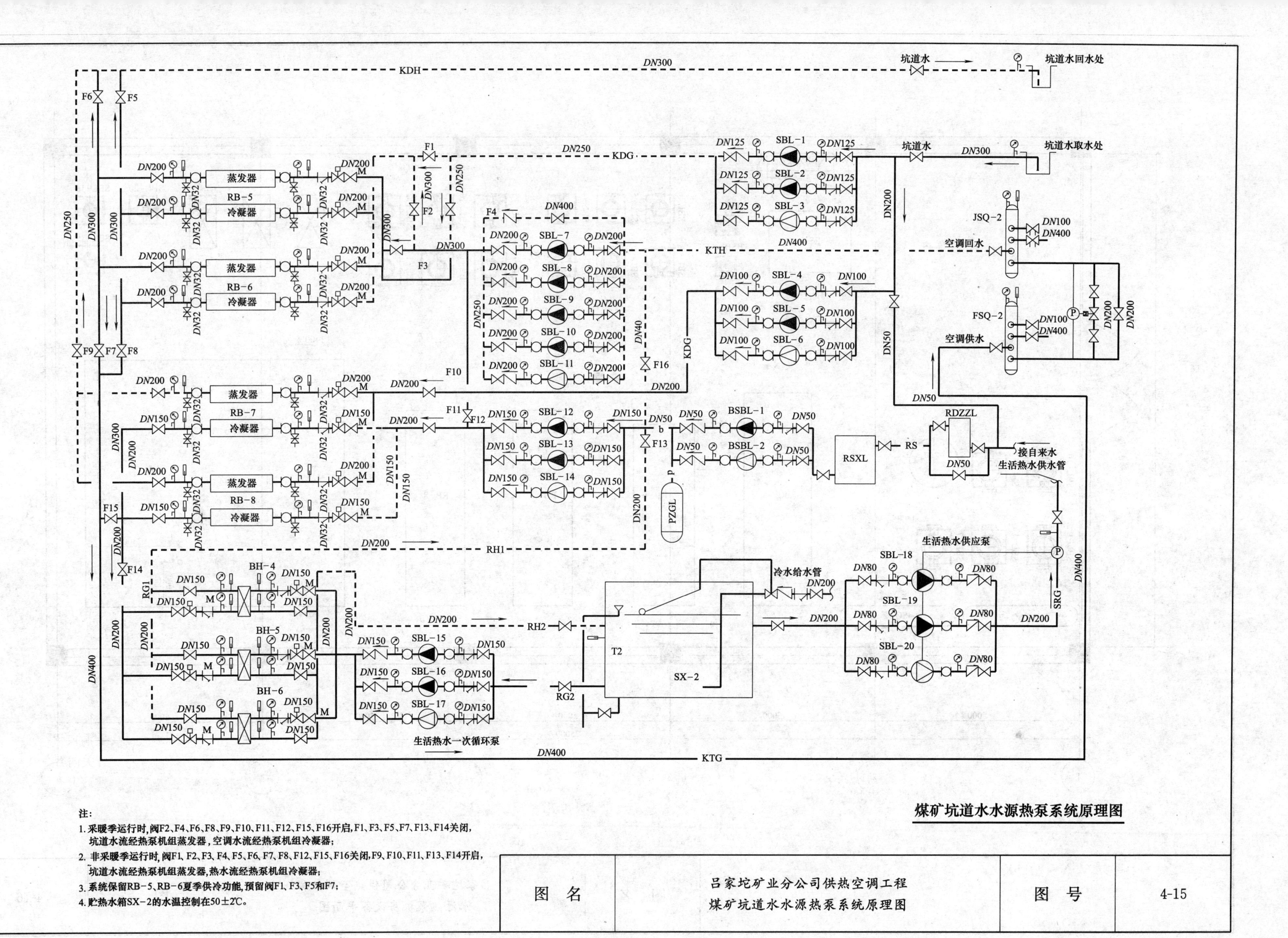

注:

1. 采暖季运行时,阀F2、F4、F6、F8、F9、F10、F11、F12、F15、F16开启,F1、F3、F5、F7、F13、F14关闭,坑道水流经热泵机组蒸发器,空调水流经热泵机组冷凝器;
2. 非采暖季运行时,阀F1、F2、F3、F4、F5、F6、F7、F8、F12、F15、F16关闭,F9、F10、F11、F13、F14开启,坑道水流经热泵机组蒸发器,热水流经热泵机组冷凝器;
3. 系统保留RB-5、RB-6夏季供冷功能,预留阀F1、F3、F5和F7;
4. 贮热水箱SX-2的水温控制在50±2℃。

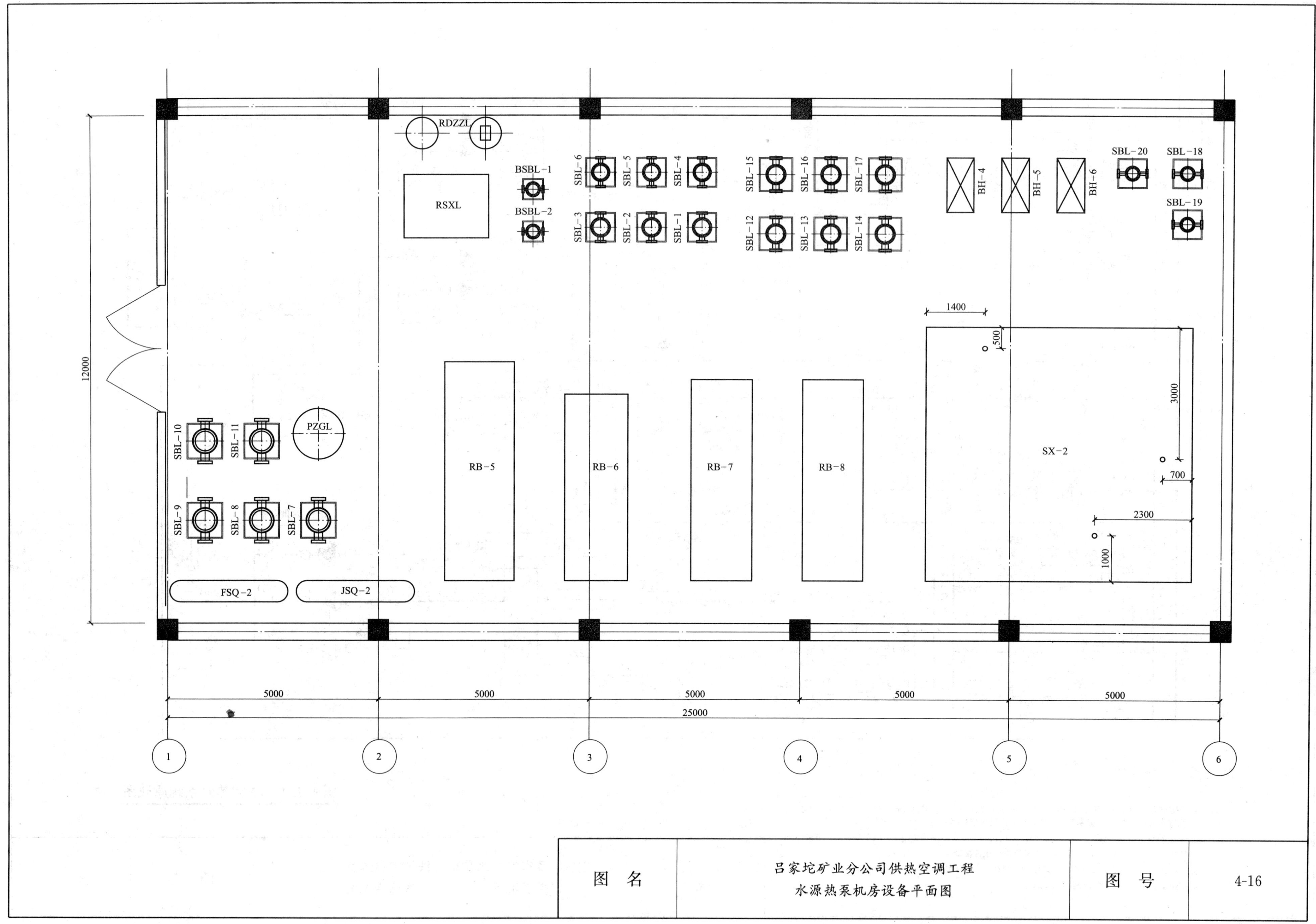

图 名	吕家坨矿业分公司供热空调工程 水源热泵机房设备平面图	图 号	4-16

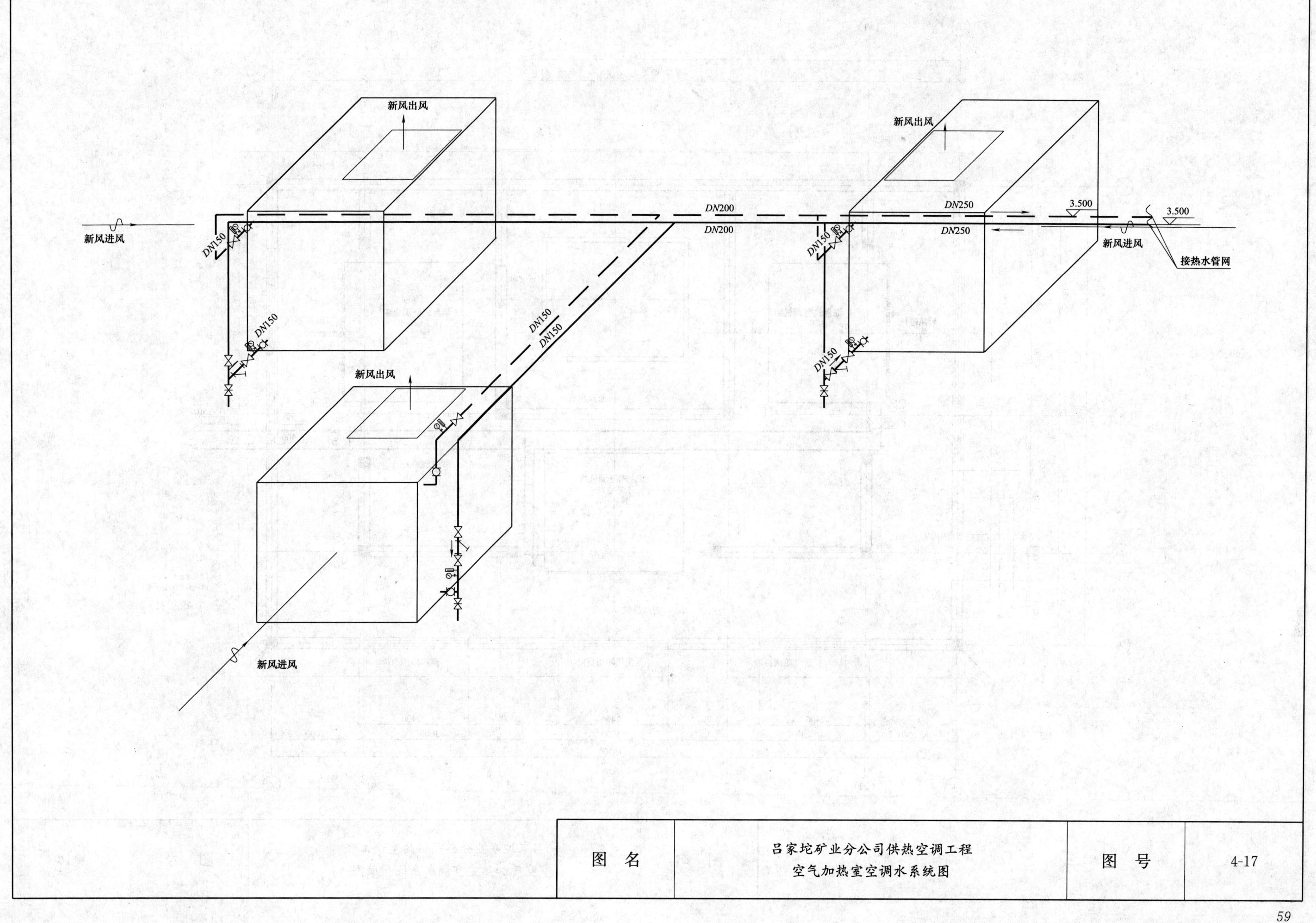
新风出风
新风出风
新风出风
新风进风
新风进风
新风进风
DN200
DN200
DN250
DN250
DN150
DN150
DN150
DN150
DN150
DN150
3.500
3.500
接热水管网
图 名
吕家坨矿业分公司供热空调工程
空气加热室空调水系统图
图 号
4-17

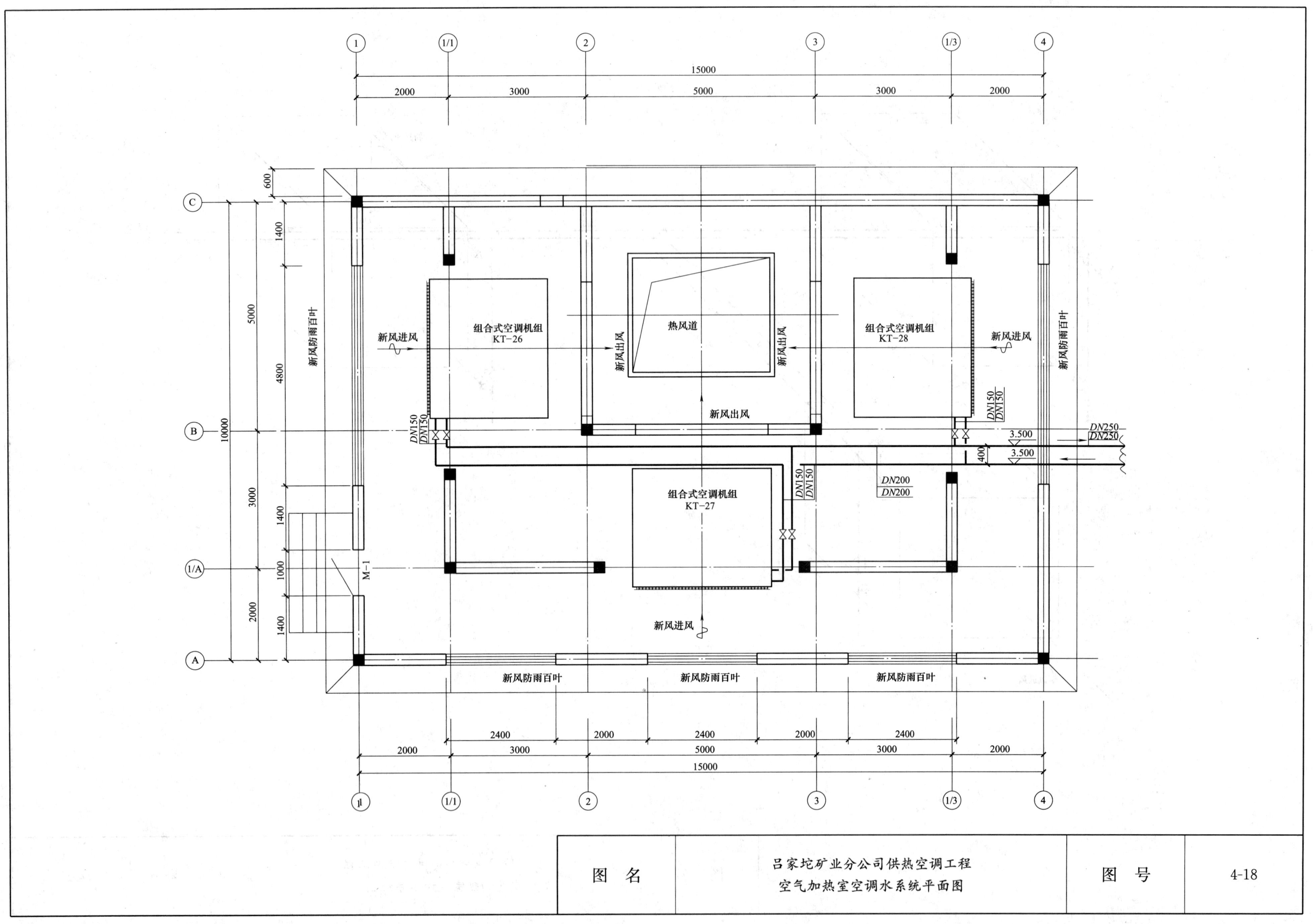

组合式空调机组
KT-26
组合式空调机组
KT-28
组合式空调机组
KT-27
热风道
新风进风
新风出风
新风防雨百叶
M-1
DN150
DN200
DN250
3.500
15000
2000
3000
5000
2400
10000
4800
1400
1000
600
400
图 名
吕家坨矿业分公司供热空调工程
空气加热室空调水系统平面图
图 号
4-18

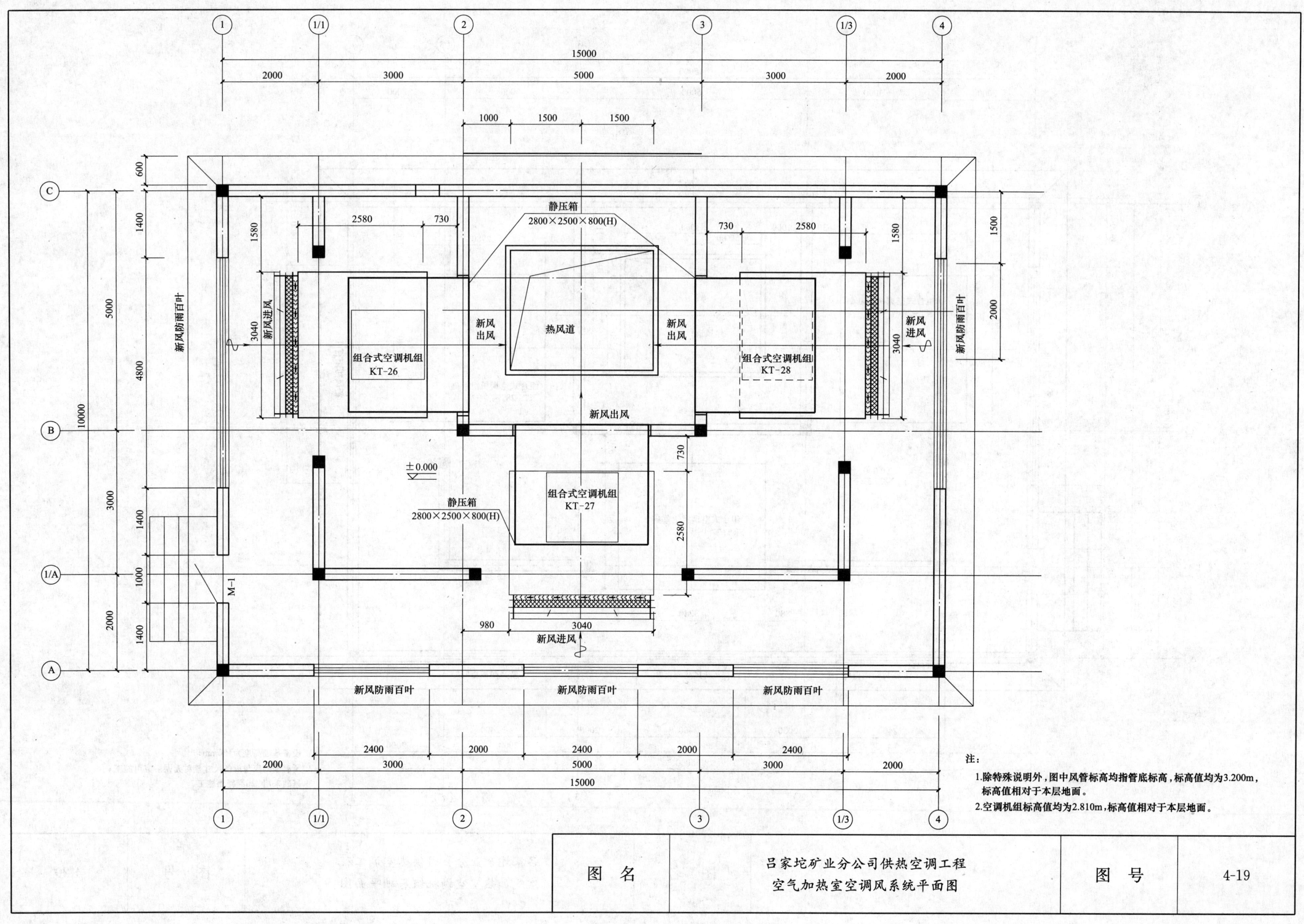

注：

1.除特殊说明外，图中风管标高均指管底标高，标高值均为3.200m，标高值相对于本层地面。

2.空调机组标高值均为2.810m，标高值相对于本层地面。

图名	吕家坨矿业分公司供热空调工程 空气加热室空调风系统平面图	图号	4-19

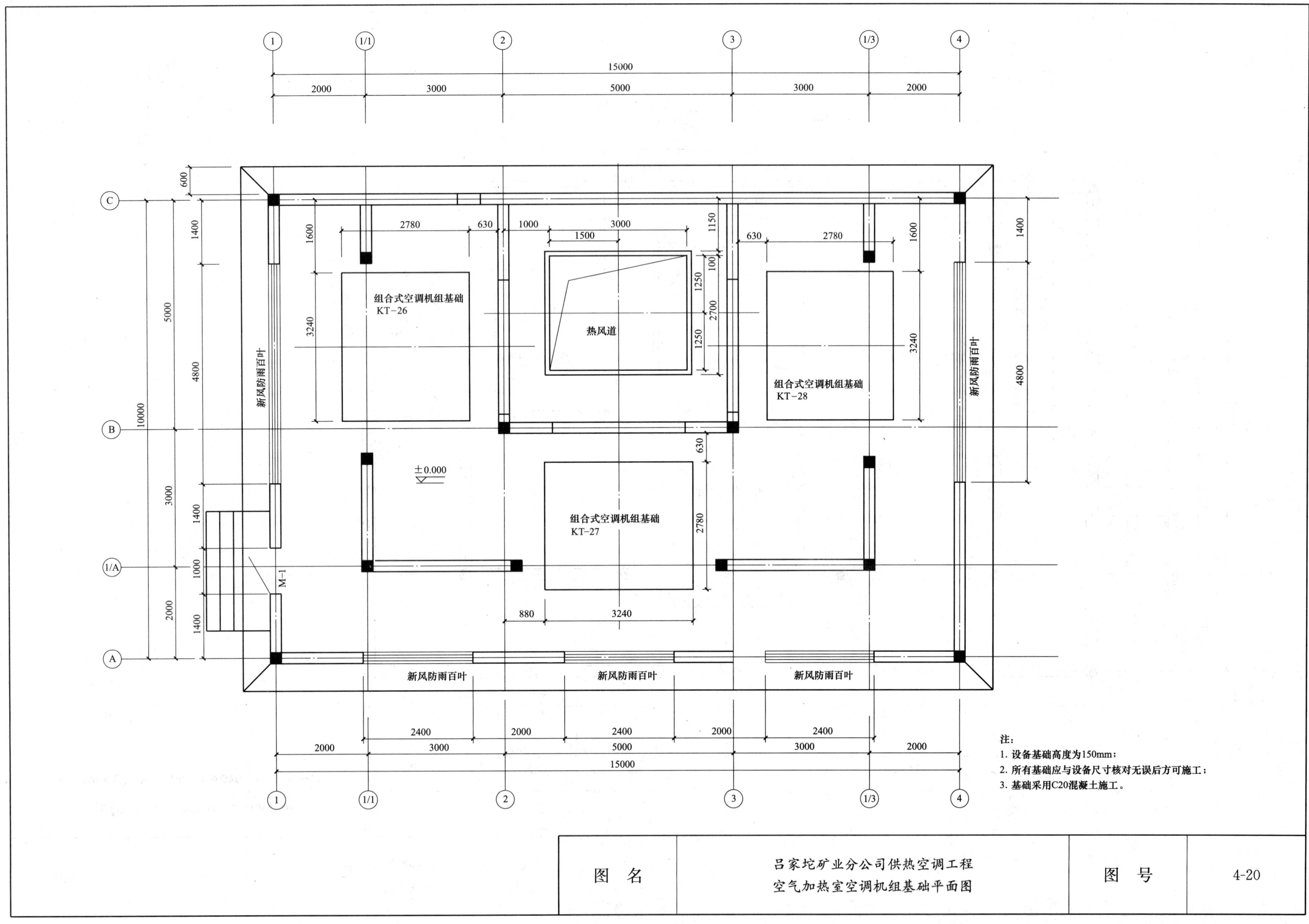
组合式空调机组基础
KT-26
热风道
组合式空调机组基础
KT-28
组合式空调机组基础
KT-27
新风防雨百叶
新风防雨百叶
新风防雨百叶
新风防雨百叶
新风防雨百叶
M-1
±0.000
注：
1. 设备基础高度为150mm；
2. 所有基础应与设备尺寸核对无误后方可施工；
3. 基础采用C20混凝土施工。
图 名
吕家坨矿业分公司供热空调工程
空气加热室空调机组基础平面图
图 号
4-20

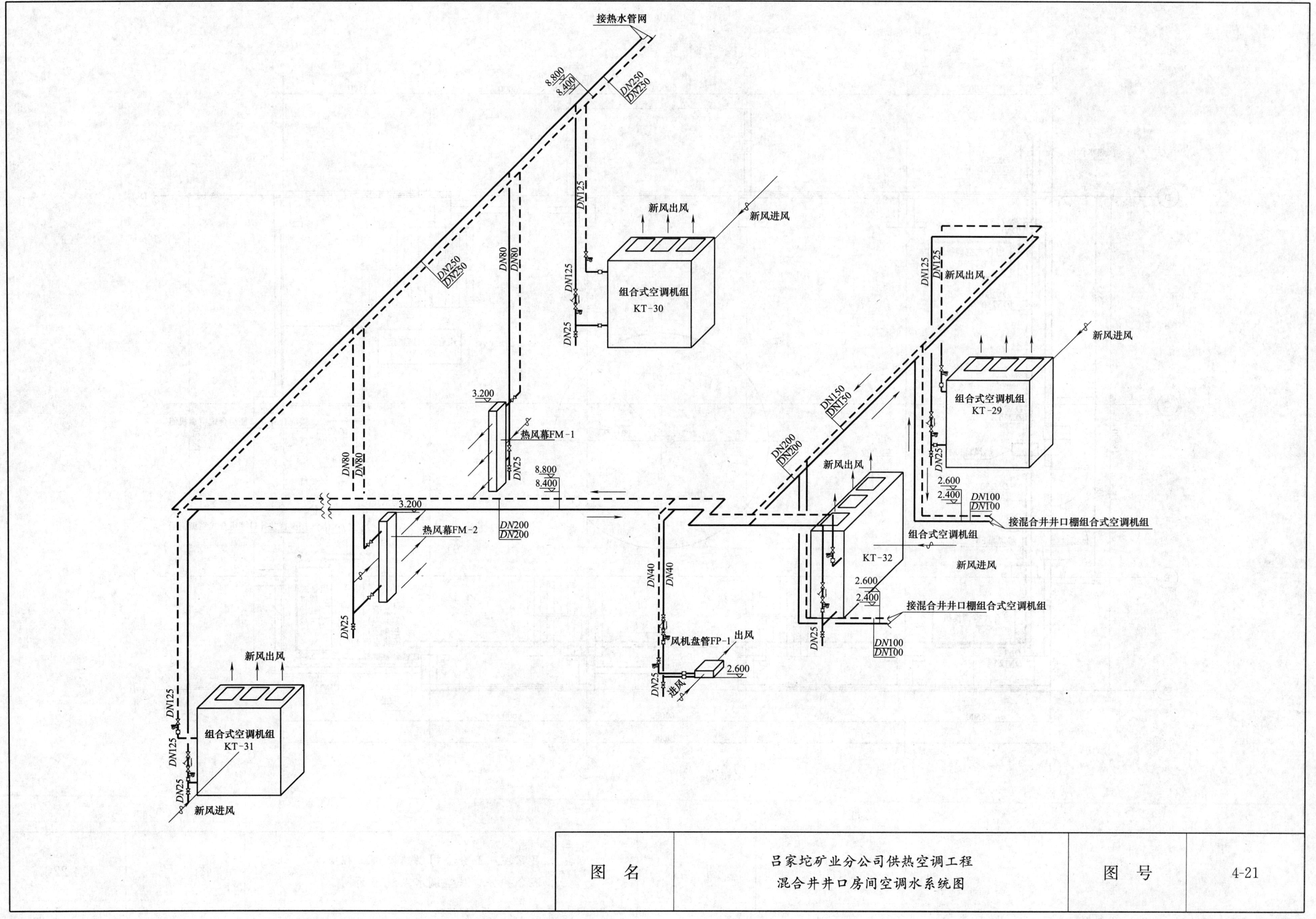
接热水管网
8.800
8.400
DN250
DN250
DN125
新风出风
新风进风
组合式空调机组
KT-30
DN125
DN25
DN80
DN80
3.200
热风幕FM-1
DN25
8.800
8.400
DN80
DN80
3.200
热风幕FM-2
DN200
DN200
DN25
DN40
DN40
风机盘管FP-1
出风
2.600
DN25
进风
新风出风
DN125
DN125
组合式空调机组
KT-31
DN25
新风进风
DN125
DN125
新风出风
新风进风
组合式空调机组
KT-29
DN25
DN150
DN150
DN200
DN200
新风出风
2.600
2.400
DN100
DN100
接混合井井口棚组合式空调机组
组合式空调机组
KT-32
新风进风
2.600
2.400
接混合井井口棚组合式空调机组
DN100
DN100
DN25
图 名
吕家坨矿业分公司供热空调工程
混合井井口房间空调水系统图
图 号
4-21

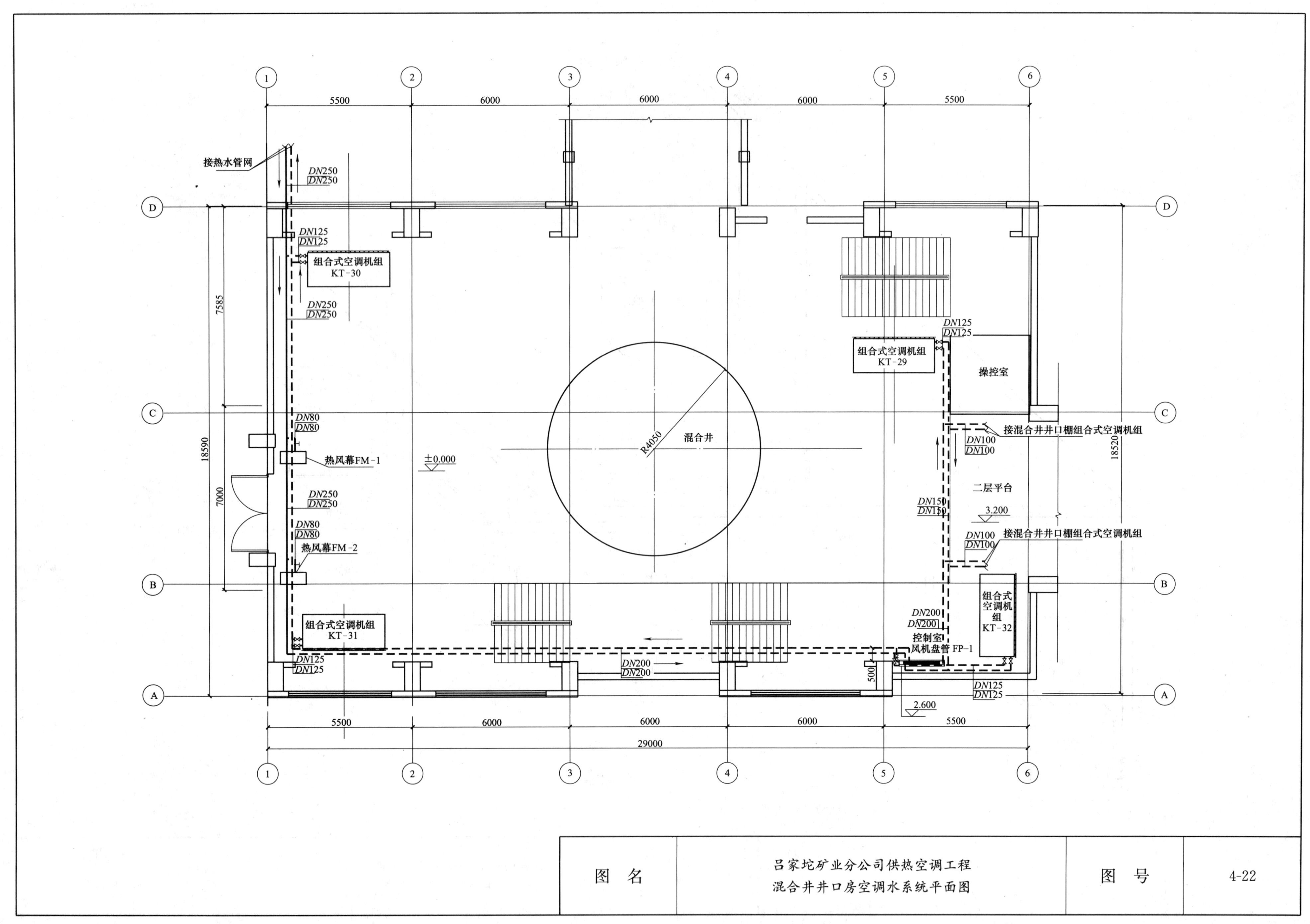

图 名	吕家坨矿业分公司供热空调工程 混合井井口房空调水系统平面图	图 号	4-22

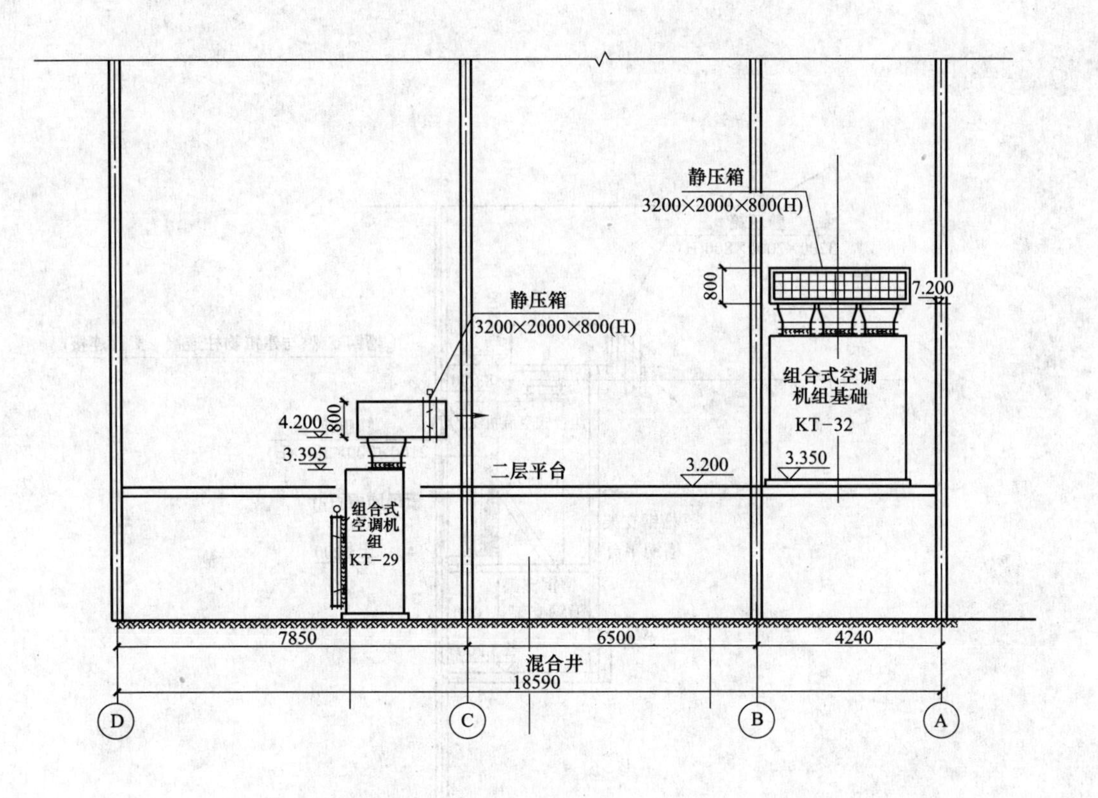

混合井井口房空调风系统3—3剖面图

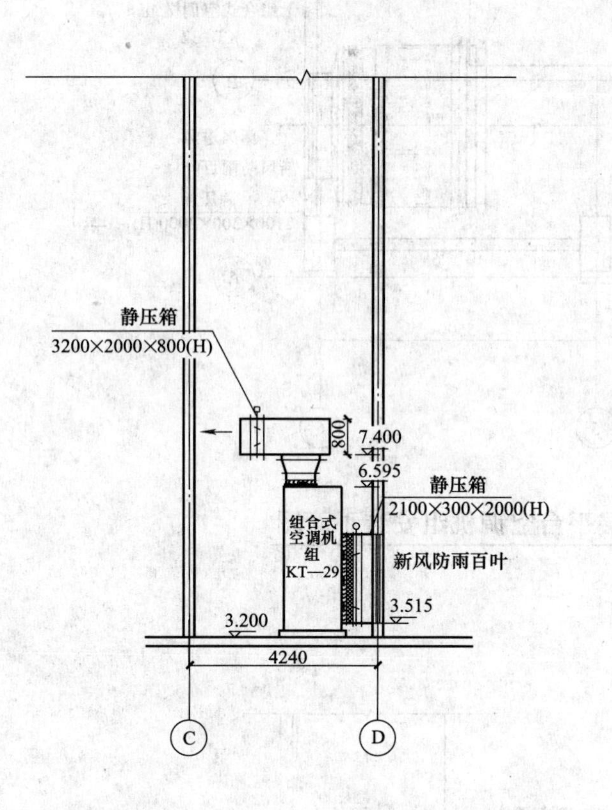

混合井井口房空调风系统4—4剖面图

注:

1.除特殊说明外,图中风管标高均指管底标高,标高值相对于本层地面。

2.空调机组标高值相对于本层地面。

3.新风防雨百叶利用原有的百叶窗的位置和尺寸。

图　名	吕家坨矿业分公司供热空调工程 混合井井口房空调风系统 3—3 和 4—4 剖面图	图　号	4-23

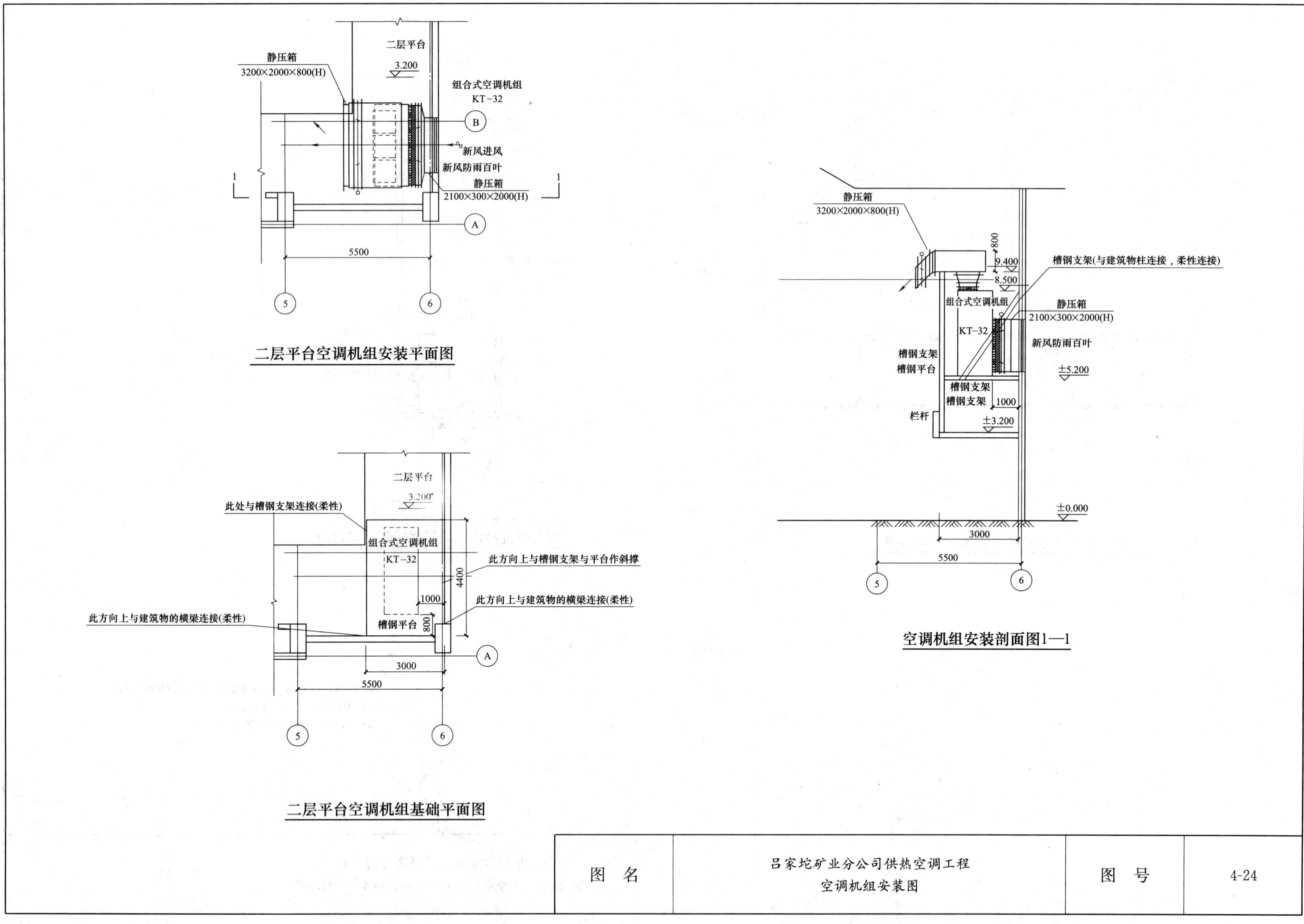

图　名	吕家坨矿业分公司供热空调工程 空调机组安装图	图　号	4-24

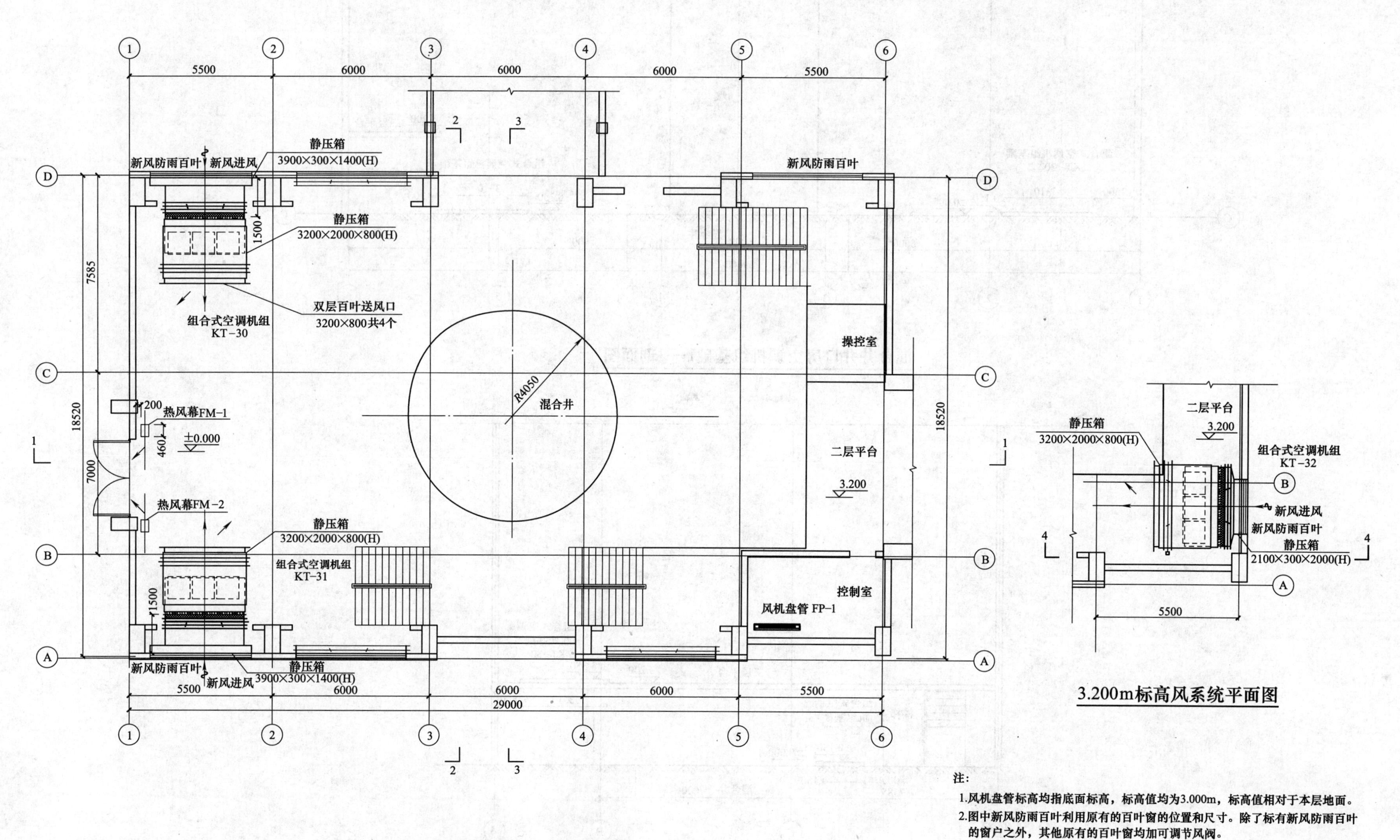

混合井井口房空调风系统平面图

3.200m标高风系统平面图

注:

1.风机盘管标高均指底面标高，标高值均为3.000m，标高值相对于本层地面。

2.图中新风防雨百叶利用原有的百叶窗的位置和尺寸。除了标有新风防雨百叶的窗户之外，其他原有的百叶窗均加可调节风阀。

图名	吕家坨矿业分公司供热空调工程 混合井井口房空调风系统平面图	图号	4-25

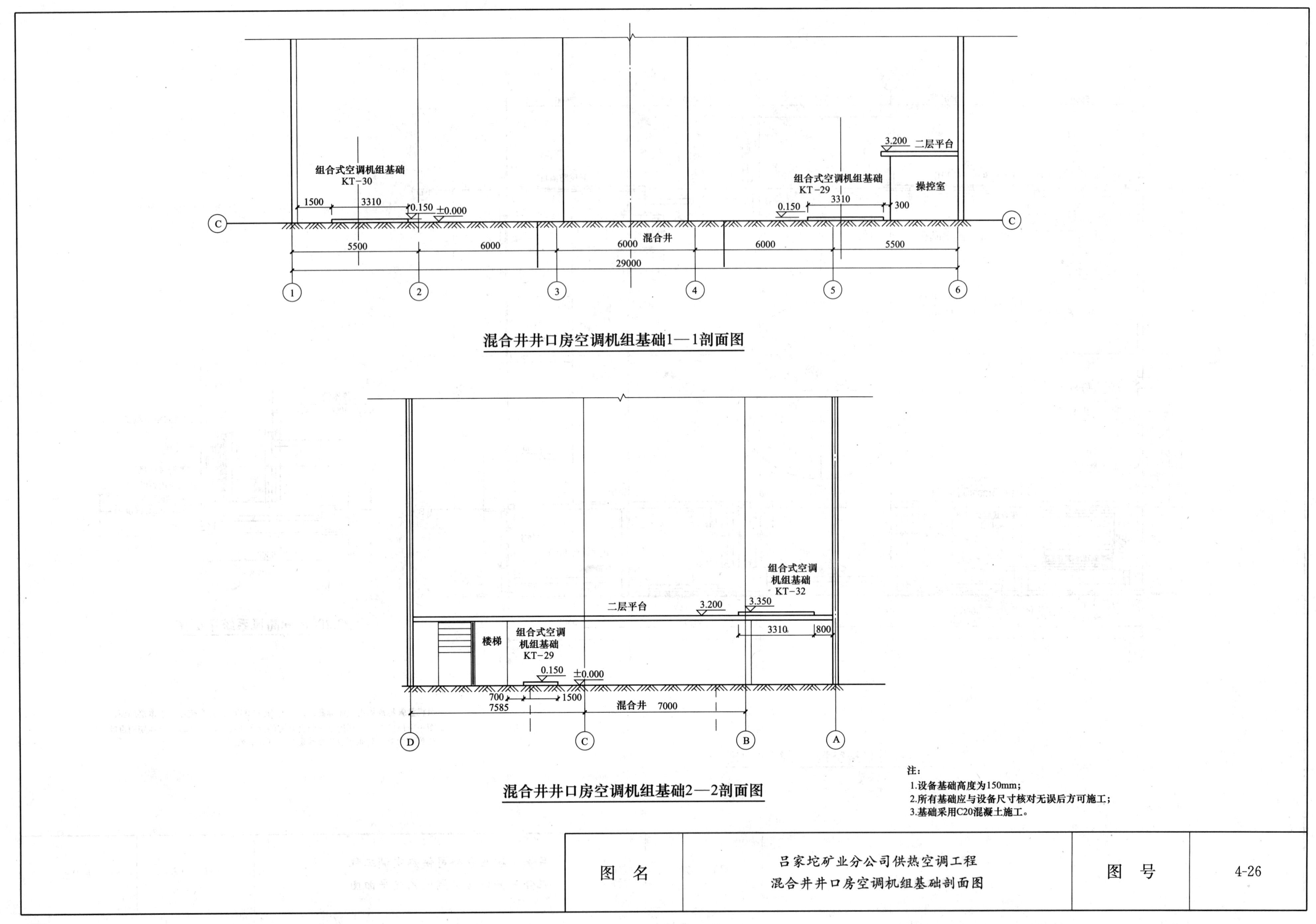

混合井井口房空调机组基础1—1剖面图

混合井井口房空调机组基础2—2剖面图

注：
1.设备基础高度为150mm；
2.所有基础应与设备尺寸核对无误后方可施工；
3.基础采用C20混凝土施工。

图　名	吕家坨矿业分公司供热空调工程 混合井井口房空调机组基础剖面图	图　号	4-26

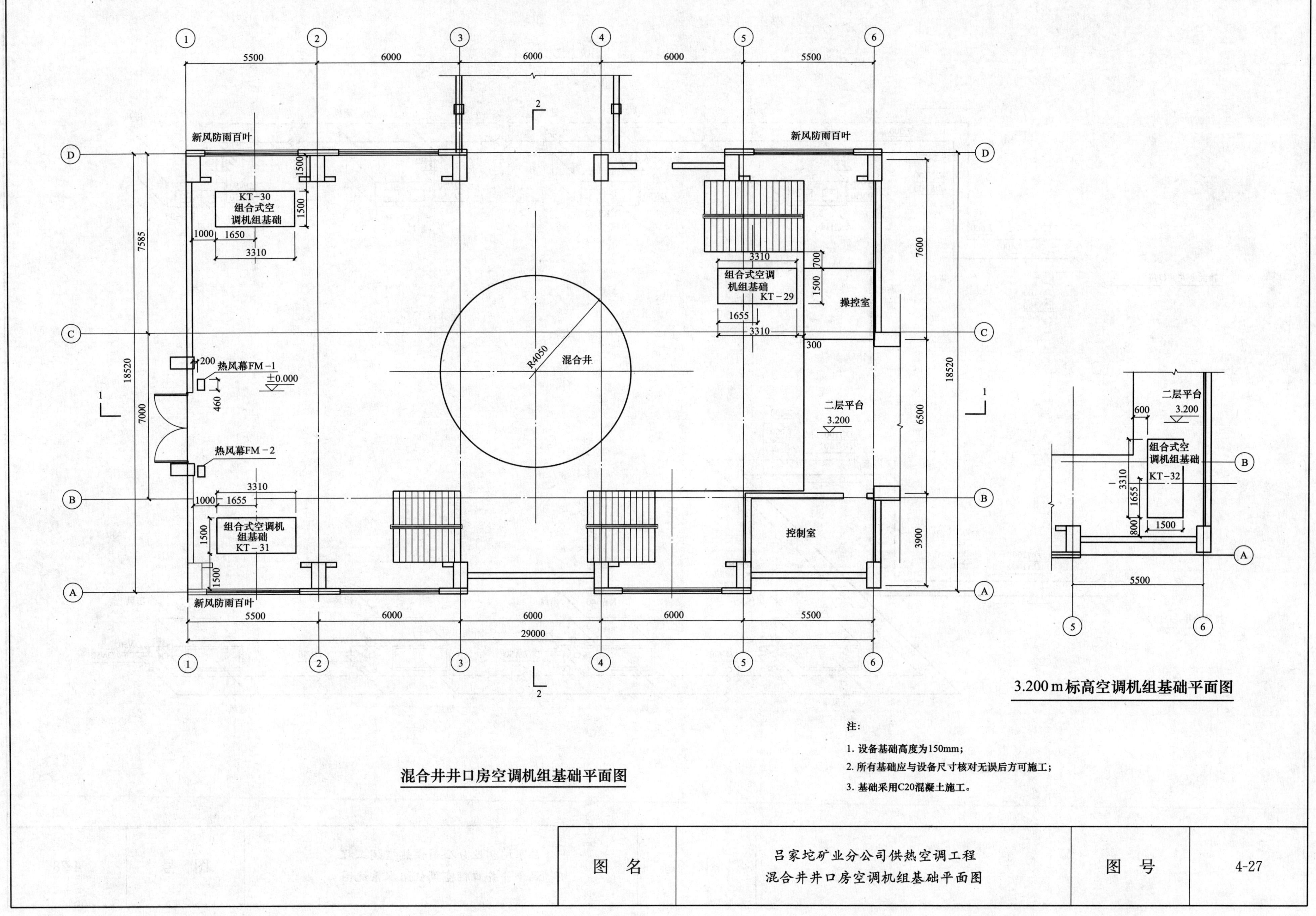

混合井井口房空调机组基础平面图

3.200 m标高空调机组基础平面图

注:

1. 设备基础高度为150mm;
2. 所有基础应与设备尺寸核对无误后方可施工;
3. 基础采用C20混凝土施工。

图　名	吕家坨矿业分公司供热空调工程 混合井井口房空调机组基础平面图	图　号	4-27

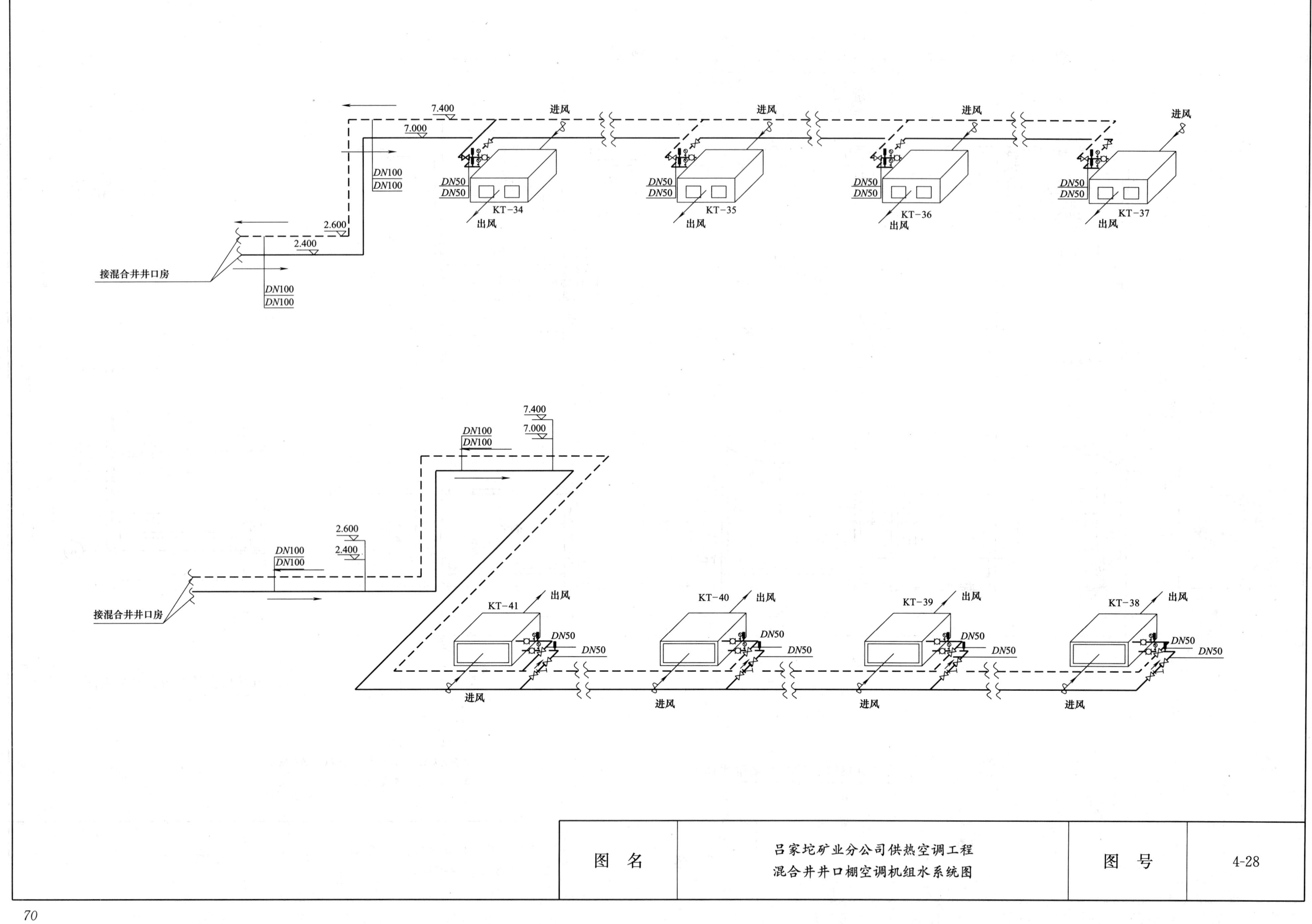

图 名	吕家坨矿业分公司供热空调工程 混合井井口棚空调机组水系统图	图 号	4-28

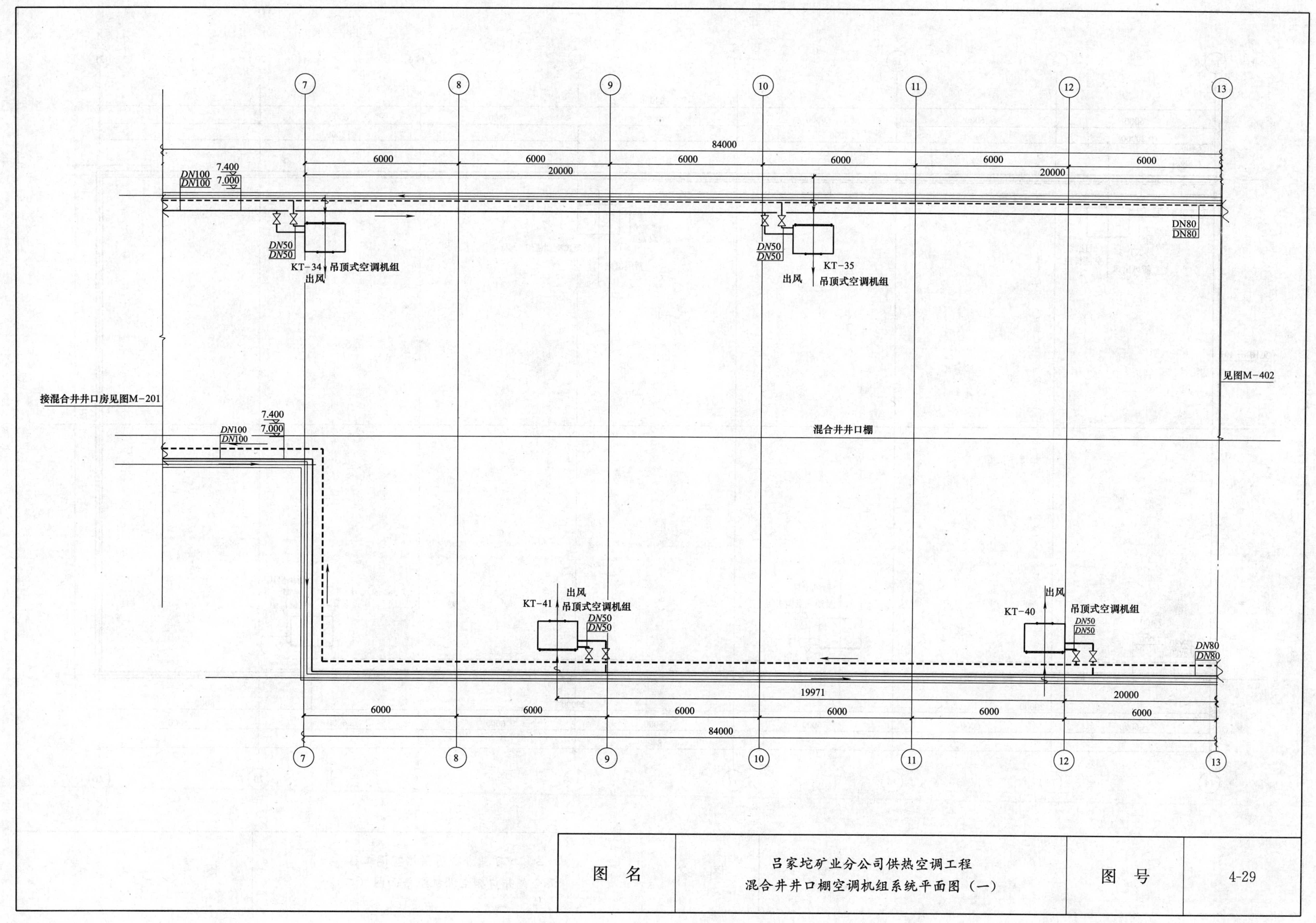

图名	吕家坨矿业分公司供热空调工程 混合井井口棚空调机组系统平面图（一）	图号	4-29

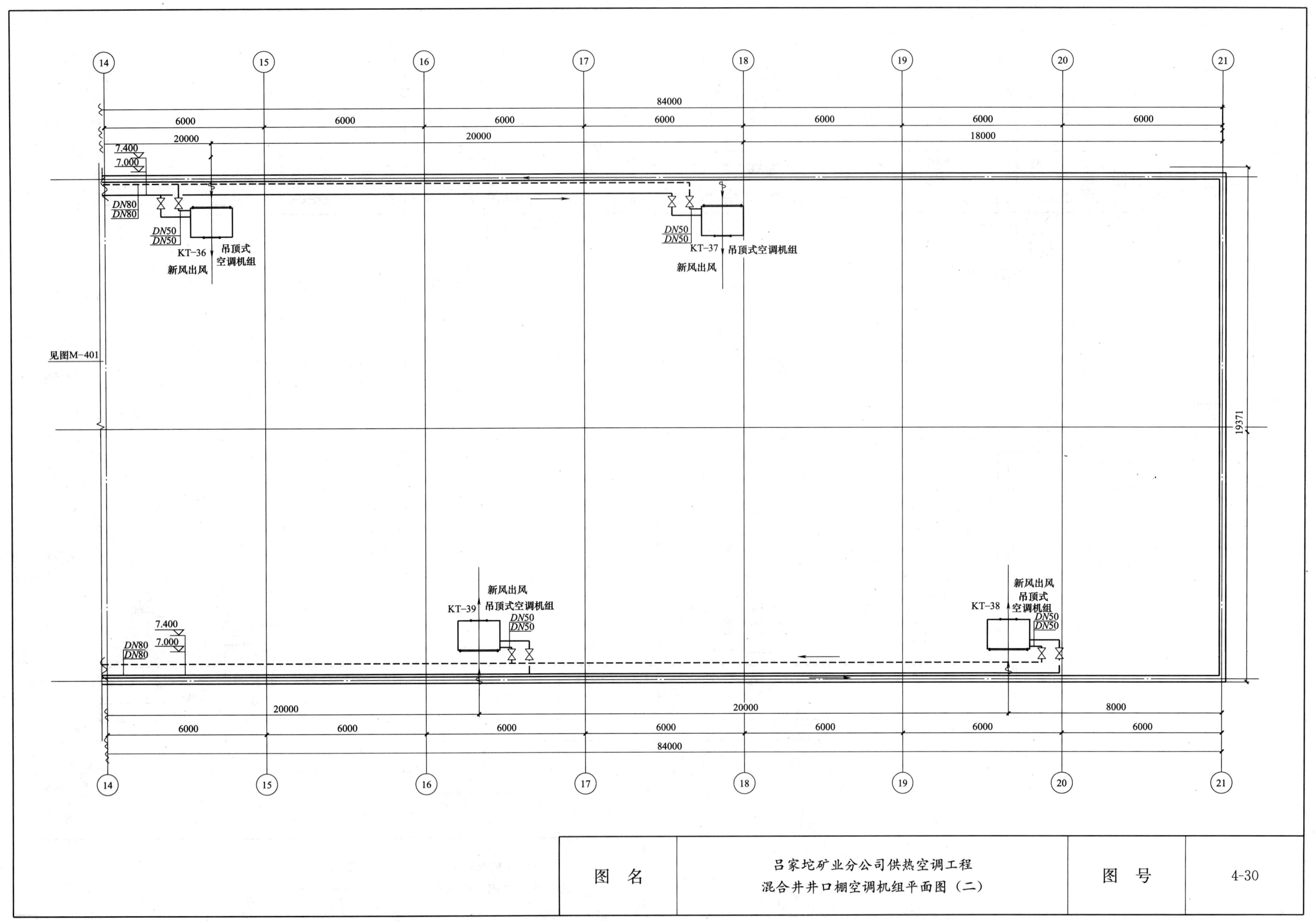
14
15
16
17
18
19
20
21
84000
6000
20000
18000
7.400
7.000
DN80
DN80
DN50
DN50
KT-36
吊顶式
空调机组
新风出风
KT-37
吊顶式空调机组
新风出风
见图M-401
19371
KT-39
新风出风
吊顶式空调机组
KT-38
新风出风
吊顶式
空调机组
8000
图 名
吕家坨矿业分公司供热空调工程
混合井井口棚空调机组平面图（二）
图 号
4-30

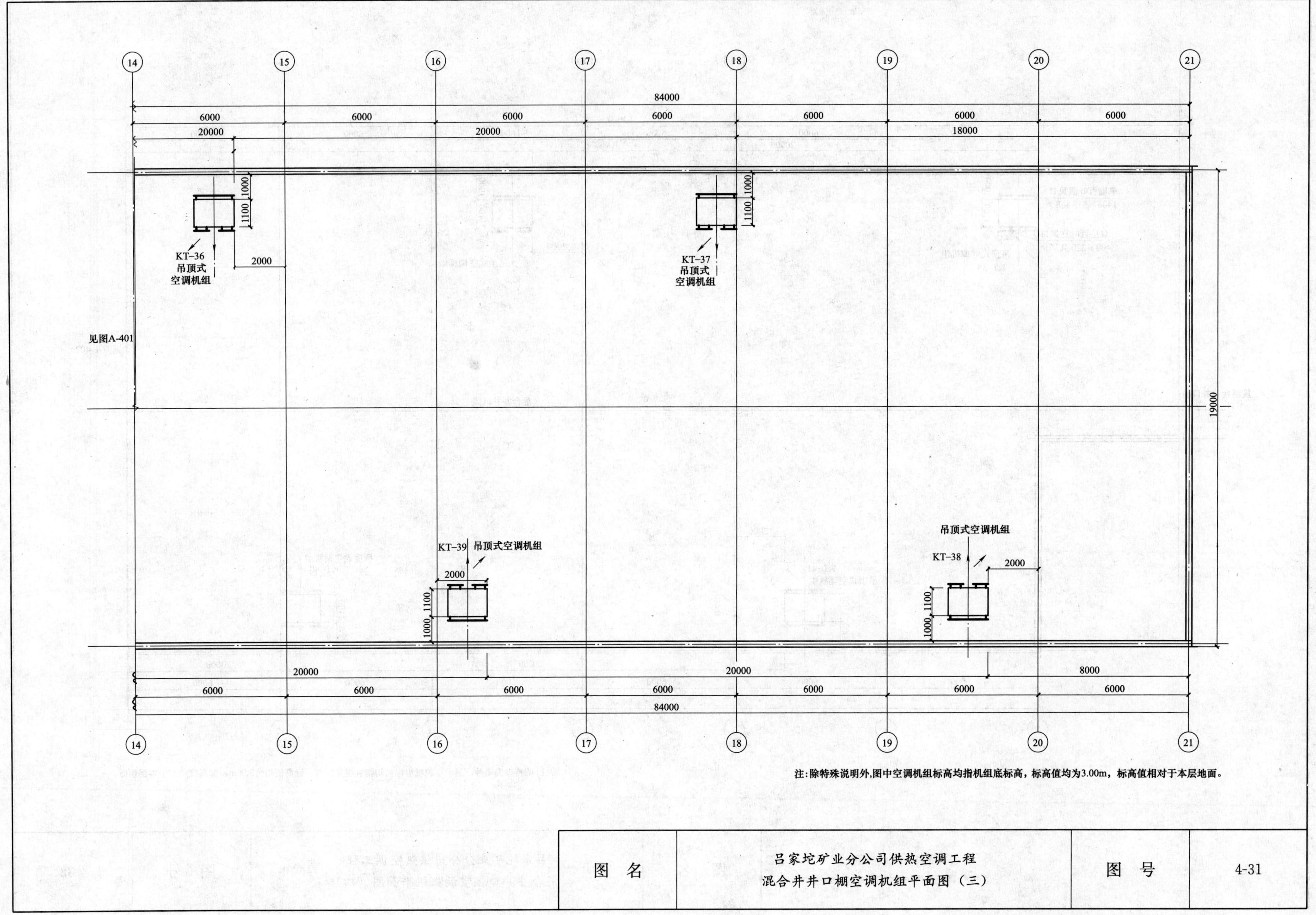

注：除特殊说明外，图中空调机组标高均指机组底标高，标高值均为3.00m，标高值相对于本层地面。

图 名	吕家坨矿业分公司供热空调工程 混合井井口棚空调机组平面图（三）	图 号	4-31

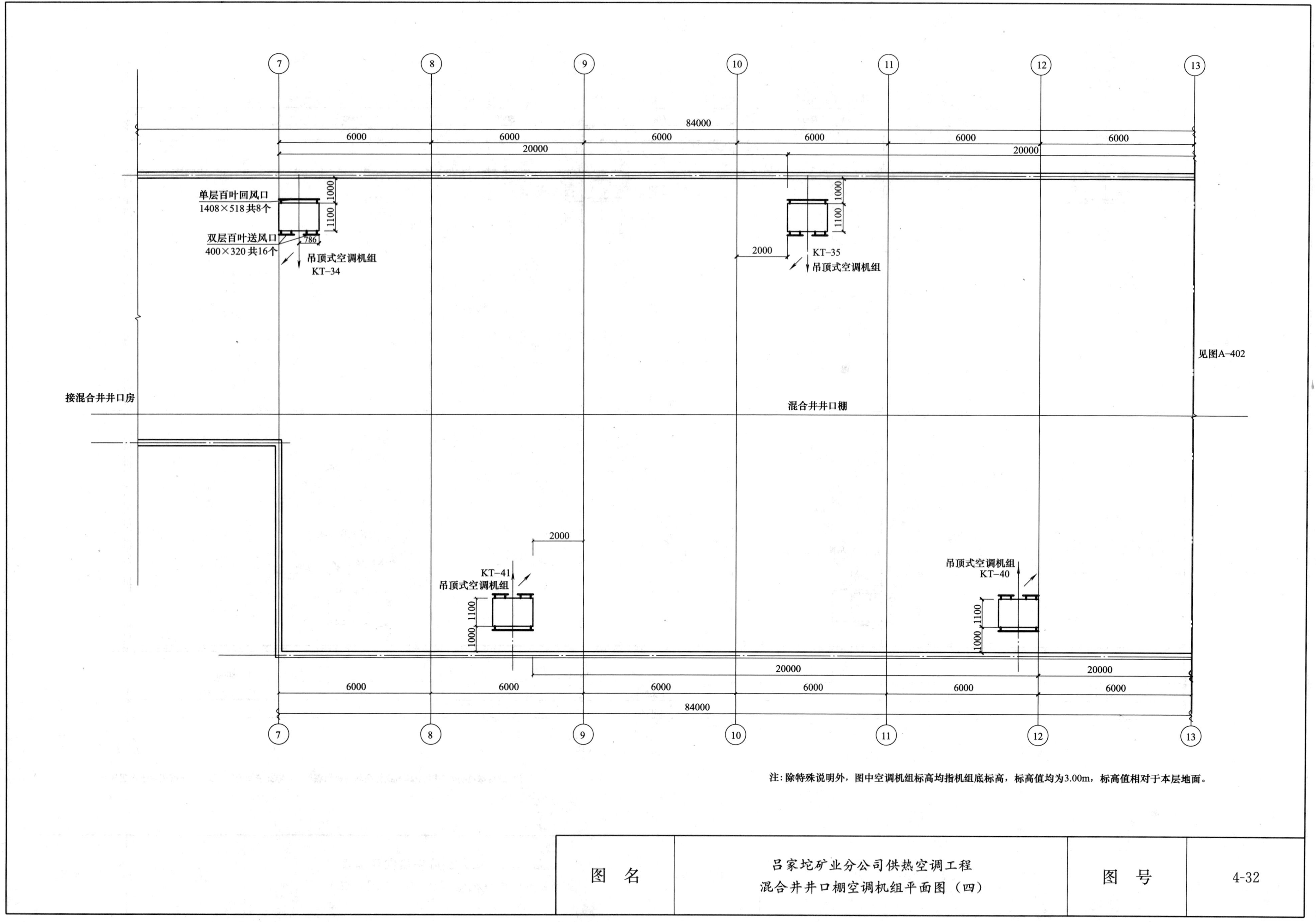

注：除特殊说明外，图中空调机组标高均指机组底标高，标高值均为3.00m，标高值相对于本层地面。

图　名	吕家坨矿业分公司供热空调工程 混合井井口棚空调机组平面图（四）	图　号	4-32

第五章　河北师范大学新校区

天津市建筑设计院　伍小亭　王砚　芦岩　宋晨

一、工程概况

该工程为河北师范大学新校区原生污水源热泵系统。该系统服务建筑面积约 54.3 万 m²，地上建筑最高 54m，主要功能为教学、办公、公寓等。该部分设计为原生污水水源热泵机房工艺系统设计，主要包括工艺管道系统设计与系统自控系统设计。

二、设计依据

1.《采暖通风与空气调节设计规范》GB 50019—2003；
2.《通风与空调工程施工质量验收规范》GB 50243—2002；
3.《建筑设计防火规范》GB 50016—2006；
4.《全国民用建筑工程设计技术措施节能专篇-暖通空调动力》；
5.《供暖通风设计手册》；
6.《空气调节设计手册》(第二版)；
7.《热能工程设计手册》；
8.《简明供热设计手册》；
9. 甲方提供的设计任务书及文字资料；
10. 河北师范大学新校区总图设计单位提供的图纸资料。

三、设计参数

1. 原生污水计算参数

污水干渠内污水计算参数如下：

夏季		冬季	
污水计算温度	25℃	污水计算温度	13℃
最低小时流量		10500t/h	
系统设计所需污水小时流量		4500t/h	

2. 冷、热负荷

河北师大新校区设舒适性空调及散热器采暖系统，根据甲方提供的空调、采暖系统负荷，冷、热负荷见下表：

参数 名称	夏季 冷负荷	冬季 热负荷	资用压力 (未含站房)	定压值	服务面积	冷负荷 总计	热负荷 总计
采暖北区系统	—	12.4MW	330kPa	350kPa	20.7 万 m²		
采暖南区系统	—	5.8MW	300kPa	350kPa	9.7 万 m²	—	21.4MW
采暖东区系统	—	3.2MW	130kPa	350kPa	5.3 万 m²		
空调系统	11.8MW	11.1MW	560kPa	450kPa	18.6 万 m²	11.8MW	11.1MW

3. 系统原理

该工程以原生污水作为水源热泵系统的间接热源与热汇，采用闭式污水源热泵系统，污水先将热量或冷量传递给介质水（起中介导热作用，又称介质水），介质水再进入热泵机组进行冷热量转移。系统基本原理如下图：

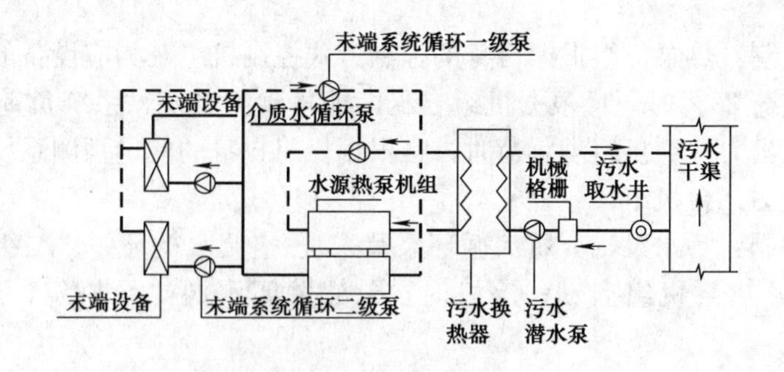

4. 系统运行参数

系统运行参数见下表：

参数 名称	夏　季	冬　季
原生污水供、回水温度	25/30℃	13/8℃
介质水供、回水温度	35/30℃	9/4℃
采暖系统供、回水温度	—	65/50℃
空调系统供、回水温度	6/13℃	45/37℃

四、设计内容

1. 热泵机房原生污水源热泵系统

(1) 采暖系统采用 2 台离心式水源热泵机组，单台机组制热量为 11MW，制冷量为 8.6MW，系统供、回水温度为 65/50℃，采暖系统采用二级泵系统，一、二级泵根据服务系统资用压头及流量选取，系统定压值为 0.35MPa，最大工作压力为 0.81MPa。

(2) 空调系统采用 1 台离心式水源热泵机组，单台机组制热量为 7.3MW，制冷量为 9.0MW；2 台螺杆式水源热泵机组，单台机组制热量为 3.1MW，制冷量为 2.8MW；空调系统夏季供、回水温度为 6/13℃，空调系统冬季供、回水温度为 45/37℃；空调系统采用二级泵系统，一、二级泵根据服务系统资用压头及流量选取，系统定压值为 0.45MPa，最大工作压力为 1.14MPa。

2. 原生污水换热

该设计原生污水换热系统为一期部分，污水取水前端机械格栅对污水进行过滤前处理，根据目前污水换热器的实验结果，热泵机房内采用宽流道污水专用换热器，使得粒径<5mm 的杂质顺畅通过污水专用换热器，不堵塞换热器；后期原生污水换热系统将根据进一步的污水处理与换热的组合式实验结果确定换热器形式。

3. 室外污水泵井

（1）原生污水污水泵井设置在热泵机房东南角，地下设置，选用可自藕安装的污水潜水泵。

（2）污水潜水泵 9 台，单台额定流量 550t/h，井内设置液位监测装置。

4. 控制

（1）原生污水热泵系统设置机房群控系统，集中监测与控制机房内各设备的运行状态及各重要参数；

（2）机组台数控制：热泵机组根据自身的控制方式控制机组及相应设备的启停台数，即单机出力下降到机组满负荷 30%时，且根据机组自身的能量预测系统，系统负荷有继续下降的趋势时，机组停机；单机出力达到机组满负荷时，且根据机组自身的能量预测系统，系统负荷有继续上升的趋势时，开启另一台机组；

（3）机组启停控制：污水泵，介质水循环泵及采暖/空调水循环一、二级泵首先启动，水泵启动 2～3min 后水源热泵机组启动；停机时，首先关闭水源热泵机组，所有循环水泵延迟 2～3min后停止运行。

（4）机组自身控制：机组在运行过程中靠自身节能程序，依回水温度调节单机出力。

（5）水系统控制：污水系统、介质水系统、一级泵均为定频控制；二级泵根据最不利环路压差控制水泵变频。

（6）自动定压补水投药器控制：根据安装于补水箱上的液位计的高低液位，自动控制进水电磁阀和加药泵的启闭．当达到液位低限时，进水电磁阀打开，同时启动加药装置中的加药泵自动加药；当达到液位高限时，进水电磁阀关闭，当加药量达到计算药量时，加药泵停止。

（7）介质水定压补水采用浮球阀控制膨胀水箱内液位，加药采用定期手动加药。

5. 污水系统运行策略

系统按照分组控制的原则进行机房群控，详细控制策略见右表。

运 行 策 略

运行状态	工况	故障机组	运行机组	服务系统	运行换热器组	开启阀门组	关闭阀门组	运行污水泵组	运行介质水泵组	运行一级水泵组	运行二级水泵组
正常	制热	—	CHP-B1-01	采暖系统供热	HEXG-B1-01	V1、V3、V6、V7、V8	V2、V4、V5	SWPG1 SWPG2 SWPG3	CHP01/MWPG	CHP01/FMPG	HS/SWPG1 HS/SWPG2 HS/SWPG3 AS/SWPG
			CHP-B1-02		HEXG-B1-02				CHP02/MWPG	CHP02/FWPG	
			CHP-B1-03	空调系统供热	HEXG-B1-03				CHP03/MWPG	CHP03/FWPG	
	制冷	—	CHP-B1-03	空调系统供冷	HEXG-B1-01 HEXG-B1-02	V2、V3、V7、V8	V1、V4、V5	SWPG1 SWPG2	CHP03/MWPG	CHP03/FWPG	AS/SWPG
			SHP-B1-01						SHP01/MWPG	SHP01/FWPG	
			SHP-B1-02						SHP02/MWPG	SHP02/FWPG	
故障	制热	CHP-B1-02	CHP-B1-01	采暖系统供热	HEXG-B1-01 HEXG-B1-02 HEXG-B1-03	V1、V3、V4、V5	V2、V6、V7、V8	SWPG1 SWPG2 SWPG3	CHP01/MWPG	CHP01/FWPG	HS/SWPG1 HS/SWPG2 HS/SWPG3 AS/SWPG
			CHP-B1-03						CHP03/MWPG	CHP03/FWPG	
			SHP-B1-01	空调系统供热					SHP01/MWPG	SHP01/FWPG	
			SHP-B1-02						SHP02/MWPG	SHP02/FWPG	
	制热	CHP-B1-01	CHP-B1-02	采暖系统供热	HEXG-B1-01 HEXG-B1-02 HEXG-B1-03	V1、V3、V6、V4、V5	V2、V7 V8	SWPG1 SWPG2 SWPG3	CHP02/MWPG	CHP02/FWPG	HS/SWPG1 HS/SWPG2 HS/SWPG3 AS/SWPG
			CHP-B1-03						CHP03/MWPG	CHP03/FWPG	
			SHP-B1-01	空调系统供热					SHP01/MWPG	SHP01/FWPG	
			SHP-B1-02						SHP02/MWPG	SHP02/FWPG	
	制热	CHP-B1-03	CHP-B1-01	采暖系统供热	HEXG-B1-01 HEXG-B1-02 HEXG-B1-03	V1、V3 V6	V2、V7、V8、V4、V5	SWPG1 SWPG2 SWPG3	CHP01/MWPG	CHP01/FWPG	HS/SWPG1 HS/SWPG2 HS/SWPG3 AS/SWPG
			CHP-B1-02						CHP02/MWPG	CHP02/FWPG	
			SHP-B1-01	空调系统供热					SHP01/MWPG	SHP01/FWPG	
			SHP-B1-02						SHP02/MWPG	SHP02/FWPG	
	制冷	CHP-B1-03	CHP-B1-02	空调系统供冷	HEXG-B1-01 HEXG-B1-02	V2、V3、V4、V5、V7、V8	V1、V6	SWPG1 SWPG2	CHP02/MWPG	CHP02/FWPG	AS/SWPG
			SHP-B1-01						SHP01/MWPG	SHP01/FWPG	
			SHP-B1-02						SHP02/MWPG	SHP02/FWPG	

施工说明

1. 空调工程施工应满足《通风与空调工程施工质量验收规范》GB 50243—2002 的要求。

2. 水源热泵机组、循环泵、变频定压补水装置等的安装调试均应按厂商提供的有关资料进行。

3. 所有设备与管道的连接均为避振喉法兰连接，管道在穿越内隔墙时应做刚性套管，其规格较所穿管道大 2 号，应在管道与套管之间填充沥青麻丝。管道穿越地下室外墙及水池壁时，应做刚性防水套管，刚性防水套管位置及尺寸详见土建专业相关图纸。水泵应选用优质低噪声卧式离心水泵，离心双吸泵，立式泵。热泵机房采用隔声吸声措施。

4. 所有管道当管径＜*DN*100 时采用焊接钢管，*DN*300≥管径≥*DN*100 时采用无缝钢管，管径＞*DN*300 时采用直缝双面埋弧焊接钢管，具体管材选用见表 1。管径≤32mm 时丝接连接，管径＞32mm 时焊接连接。

5. 管道均采用支、吊架安装，*DN*≤300mm 管道支、吊架间距参照《建筑给排水及采暖工程施工质量验收规范》GB 50242—2002 执行，*DN*＞300mm 及吊杆规格详见结构专业设计图纸。保温管道在支、吊架上安装时应设软木填充体。

6. 该设计要求所有空调冷热水系统上的阀门工作压力不小于 1.5 倍的冷热水工作压力。阀径≤*Dg*50 时丝接或法兰连接，＞*Dg*50 时法兰连接，所选蝶阀建议采用衬胶型密封。

7. 水源热泵机组应在进、出水管留有冲洗管法兰接口。空调水系统应在隔断设备、冲洗干净后方可与设备接通，系统投入运行。

8. 所有空调管道安装完毕后均应清洗并进行水压试验，各系统试验压力见表 2。

9. 空调冷热水系统及所涉及的阀门、分水器均应保温，保温材料为一级黑色发泡橡塑保温管壳［绝热层平均温度为 7℃时，导热系数＜0.035W/(m·K)，湿阻因子≥3500，氧指数≥35；难燃 B1 级，闭泡率≥95%］，具体做法为：管道除锈后刷防锈漆两道，保温固定，接缝处用胶带封贴。保温厚度：管径≤*DN*50、*DN*25mm，*DN*70＜管径＜*DN*150、28mm，管径≥*DN*200、*DN*32mm，阀门 20mm。

10. 本说明未尽部分应参照有关施工及验收规范执行。

11. 该工程对温度计、压力表要求见表 3。

12. 所有机房进出户末端系统水管均由总图设计单位设置阀门井，阀门井内设置切断阀门。

表 1

公称直径	管材形式	管材规格(外径×壁厚)	管材材质
*DN*100	无缝钢管	D108×4	GB 3087—8220 钢
*DN*125		D133×4	
*DN*150		D159×4.5	
*DN*200		D219×6	
*DN*250		D273×7	
*DN*300		D325×8	
*DN*350	直缝双面埋弧焊接钢管	D377×5	Q235-A Q235-AF
*DN*400		D426×5	
*DN*450		D478×6	
*DN*500		D529×6	
*DN*700		D720×8	
*DN*1100		D1120×12	

表 2

系统	污水系统	介质水系统	采暖系统	空调系统
试验压力(MPa)	0.6	0.6	1.3	1.65

表 3

仪器名称	表盘直径	计量范围	仪器名称	表盘直径	计量范围
温度计(指针式)	≥100mm	0～100℃	压力表	≥150mm	0～2.0MPa

提示：

1. 该设计施工说明仅适用于该项目。

2. 该设计图中所有尺寸标注均以 mm 计；所有标高标注均以 m 计。

3. 该设计与项目其他专业设计共同构成完整文件，因此，承包商除应阅读本设计文件外，还应参考其他专业设计文件。

4. 承包商除应遵循本设计文件所列标准、规范及规程外，尚应遵循本说明未列入的国家及地方相关标准、规范及规程。

5. 图纸中所涉及到的有关设备及材料的型号，仅表示相应设备及材料的技术参数及性能指标，不用于指定特定的厂家产品。产品采购过程中，在满足国家、行业及地方相应标准的前提下，其技术参数和性能指标不应低于本设计要求，所采用的产品由业主或承包商按有关程序确定。

6. 设备表标注的数量仅供参考，待核对无误后方可订货。

图名	施工说明	图号	5-1

主要设备清单

设备编号	设备名称	工况	容量	蒸发器水阻	冷凝器水阻	COP	压缩机功率	冷凝器进/出水温	蒸发器进/出水温	服务系统
			kW	kPa	kPa		kW	℃	℃	
CHP-B1-01	离心式水源热泵	制热	11000	90	45	3.58	3072	65/50	9/4	采暖系统
		制冷	8600	54	114	5.7	1509	6/13	30/35	
CHP-B1-02	离心式水源热泵	制热	11000	90	45	3.58	3072	65/50	9/4	采暖系统 空调系统备用
		制冷	8600	54	114	5.7	1509	6/13	30/35	
CHP-B1-03	离心式水源热泵	制热	8950	60	24	4.3	2081	45/37	9/4	空调系统
		制冷	7300	36	50	5.94	1229	6/13	30/35	
SHP-B1-01	螺杆式水源热泵	制热	3064	38	20	4.5	681	45/37	9/4	空调系统
		制冷	2812	27	53	5.29	532	6/13	30/35	
SHP-B1-02	螺杆式水源热泵	制热	3064	38	20	4.5	681	45/37	9/4	空调系统
		制冷	2812	27	53	5.29	532	6/13	30/35	

污水泵

设备编号	设备名称	流量(t/h)	扬程(mH_2O)	电机功率(kW)	数量(台)	服务系统	备注
SWWP-B1-01	污水潜水泵	550	25	70	9(1)	采暖换热系统	污水潜水泵(自耦安装)

介质水泵

设备编号	设备名称	流量(t/h)	扬程(mH_2O)	电机功率(kW)	数量(台)	服务系统	备注
MWP-B1-01	介质水循环泵	460	27	45	6(1)	采暖换热系统	卧式端吸泵
MWP-B1-02	介质水循环泵	600	23	55	3(1)	空调换热系统	卧式端吸泵
MWP-B1-03	介质水循环泵	300	22	22	4(1)	空调换热系统	卧式端吸泵

循环一级泵

设备编号	设备名称	流量(t/h)	扬程(mH_2O)	电机功率(kW)	数量(台)	服务系统	备注
FWP-B1-01	采暖循环一级泵	370	13	18.5	6(1)	采暖系统	卧式端吸泵
FWP-B1-02	空调循环一级泵	370	13	18.5	3	空调系统	卧式端吸泵
FWP-B1-03	空调循环一级泵	180	11	9	3(1)	空调系统	卧式端吸泵

循环二级泵

设备编号	设备名称	流量(t/h)	扬程(mH_2O)	电机功率(kW)	数量(台)	服务系统	备注
SWP-B1-01	采暖循环二级泵	240	33	30	3(1)	采暖系统	卧式端吸泵
SWP-B1-02	采暖循环二级泵	120	30	15	3(1)	采暖系统	卧式端吸泵
SWP-B1-03	采暖循环二级泵	65	13	9	3(1)	采暖系统	立式泵
SWP-B1-04	空调循环二级泵	500	56	120	3(1)	空调系统	双吸泵

续表

污水换热器

设备编号	设备名称	换热量(kW)	介质水侧阻力(kPa)	污水侧阻力(kPa)(kPa)	介质水进出水温(℃)	污水进出水温(℃)	数量	备注
HEX-B1-01	污水换热器	540	≥80	≥90	9/4	13/8	16(台)	宽流道换热器 自带泄水管及阀门
HEXG-B1-02	污水换热器组	8700	≥80	≥90	9/4	13/8	1(组)	待后期换热实验后确定
HEXG-B1-03	污水换热器组	8000	≥80	≥90	9/4	13/8	1(组)	待后期换热实验后确定

其他附属设备

设备编号	设备名称	系统水容量(m^3)	工作压力(MPa)	电机功率(kW)	服务系统	电压(V)	备注
EAU-B1-01	真空脱气装置	500	1.6	2.2	空调系统	22	
EAU-B1-02	真空脱气装置	500	1.6	2.2	采暖系统	22	

定压补水设备

设备编号	设备名称	定压值(MPa)	补水量(t/h)	电机功率(kW)	补水箱(m^3)	服务系统	电压(V)	备注
PKS-B1-01	定压补水装置	0.45	12	2.7	2.0	空调系统	220	自带加药器
PKS-B1-02	定压补水装置	0.58	12	2.7	2.0	采暖系统	220	自带加药器

分水器

设备编号	设备名称	承压(MPa)	管径规格	长度(mm)	数量(台)	备注
WDU-B1-01	分水器	1.6	*DN*900	3080	4	
WDU-B1-02	分水器	1.6	*DN*900	3080	4	
WDU-B1-03	分水器	1.6	*DN*700	2280	8	

流量计

设备编号	设备名称	流量测量范围(t/h)	数量(台)	供电电压(V)	功率(kW)	精度(%)	备注
UF-B1-01	固定式超声波流量计	1350～2700	1	220	0.015	±0.5～1.5	自带通讯接口
UF-B1-02	固定式超声波流量计	360～1830	1	220	0.015	±0.5～1.5	自带通讯接口

图　例

图例	名称	图例	名称	图例	名称
——SWS——	污水供水管	——HWS——	采暖供水管	——MWP——	补水管
---SWR---	污水回水管	— —HWR— —	采暖回水管	——EAP——	脱气管
——MWS——	介质水供水管	-CHW/HWS-	采暖供水管		截止阀
---MWR---	介质水回水管	--CHW/HWR--	采暖回水管		蝶阀
	金属软接		水泵入口过滤器		压力表
T	温度计	F	流量开关		三功能阀
UF	超声波流量计	T	温度传感器	P	压力传感器

注：1. 三功能阀功能为：防漏缓冲止回阀、闸阀、系统平衡阀。

2. 水泵入口过滤器为直角型。

图名	主要设备清单及图例	图号	5-2

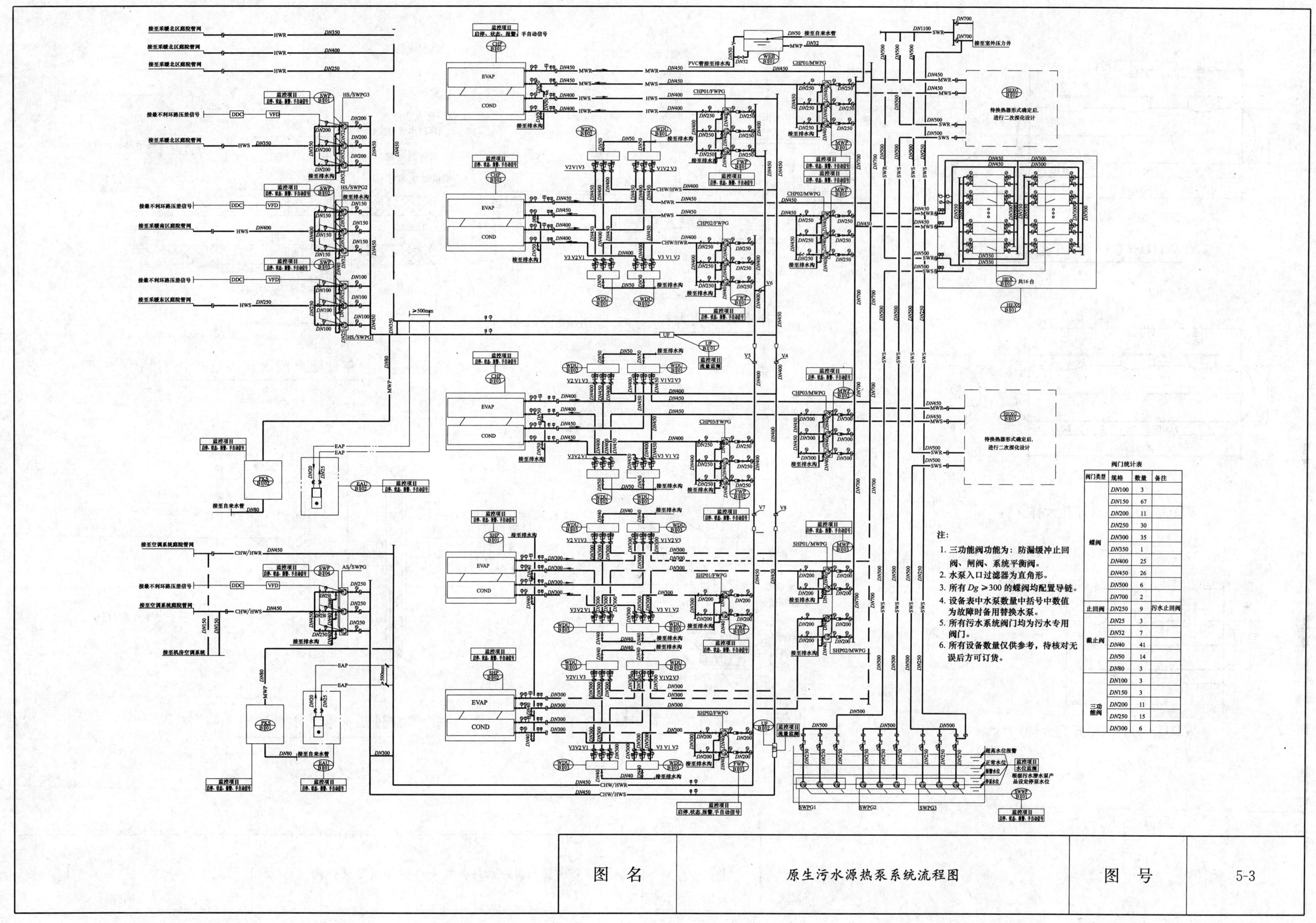

注：

1. 三功能阀功能为：防漏缓冲止回阀、闸阀、系统平衡阀。
2. 水泵入口过滤器为直角形。
3. 所有 $Dg \geqslant 300$ 的蝶阀均配置导链。
4. 设备表中水泵数量中括号中数值为故障时备用替换水泵。
5. 所有污水系统阀门均为污水专用阀门。
6. 所有设备数量仅供参考，待核对无误后方可订货。

阀门统计表

阀门类型	规格	数量	备注
蝶阀	DN100	3	
	DN150	67	
	DN200	11	
	DN250	30	
	DN300	35	
	DN350	1	
	DN400	25	
	DN450	26	
	DN500	6	
	DN700	2	
止回阀	DN250	9	污水止回阀
截止阀	DN25	3	
	DN32	7	
	DN40	41	
	DN50	14	
	DN80	3	
三功能阀	DN100	3	
	DN150	3	
	DN200	11	
	DN250	15	
	DN300	6	

图名	原生污水源热泵系统流程图	图号	5-3

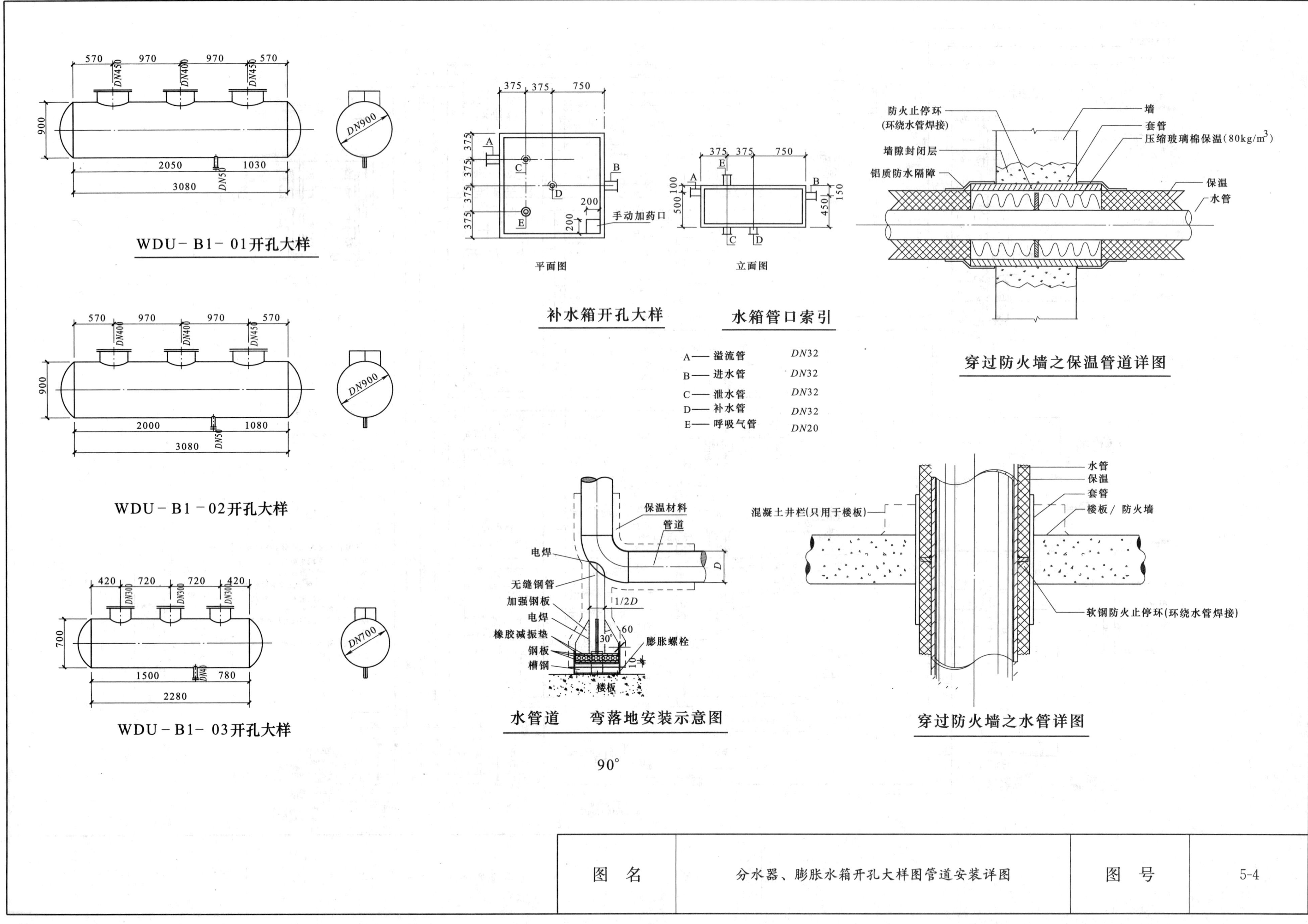

图　名	分水器、膨胀水箱开孔大样图管道安装详图	图　号	5-4

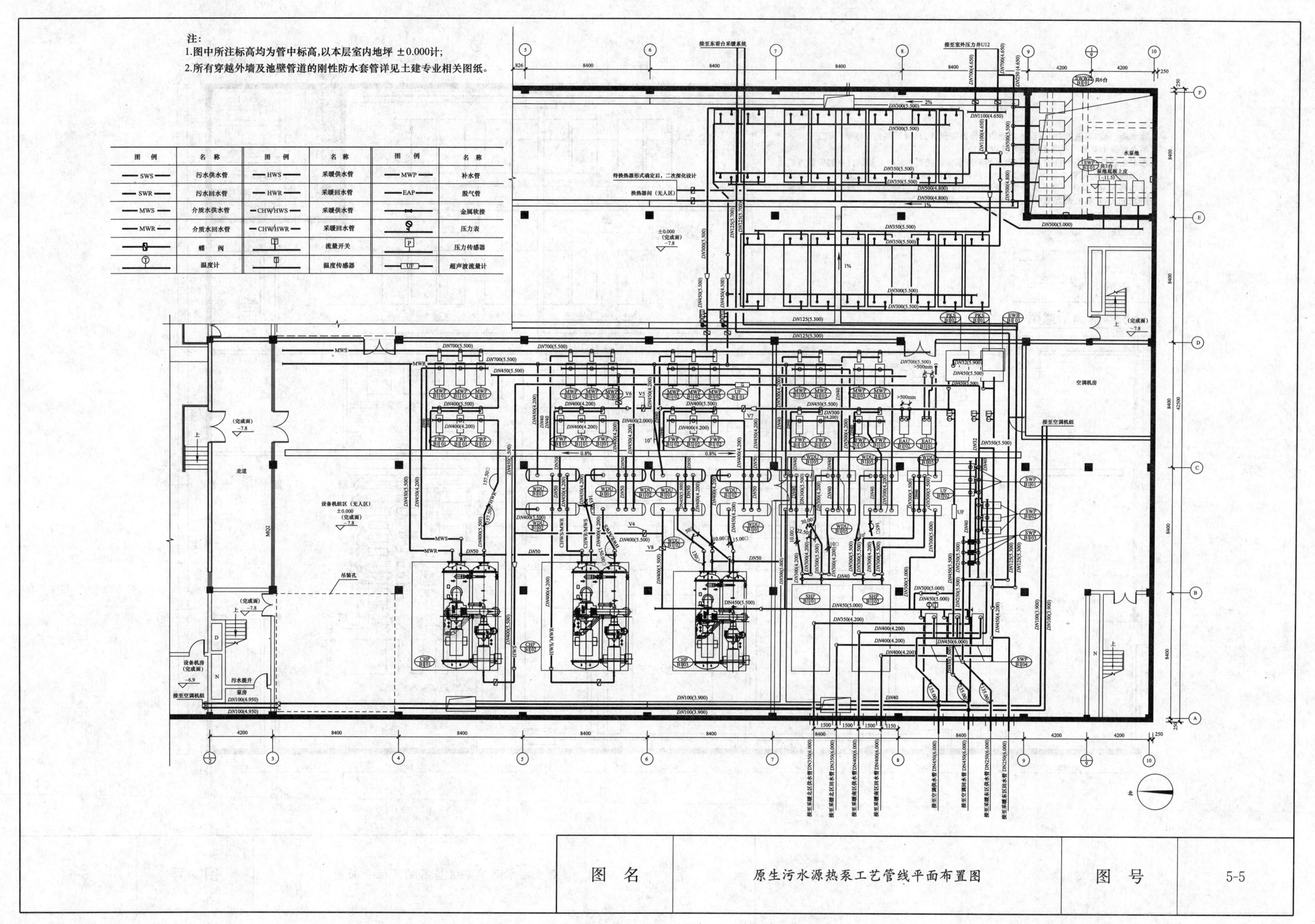
注:
1.图中所注标高均为管中标高,以本层室内地坪 ±0.000计;
2.所有穿越外墙及池壁管道的刚性防水套管详见土建专业相关图纸。
图例 名称 图例 名称 图例 名称
SWS 污水供水管 HWS 采暖供水管 MWP 补水管
SWR 污水回水管 HWR 采暖回水管 EAP 脱气管
MWS 介质水供水管 CHW/HWS 采暖供水管 金属软接
MWR 介质水回水管 CHW/HWR 采暖回水管 压力表
蝶阀 流量开关 P 压力传感器
T 温度计 温度传感器 UF 超声波流量计
接至东看台采暖系统
接至室外压力井U12
换热器间（无人区）
设备机组区（无人区）
空调机房
水泵池
走道
吊装孔
污水提升泵房
设备机房
接至空调机组
图名 原生污水源热泵工艺管线平面布置图 图号 5-5

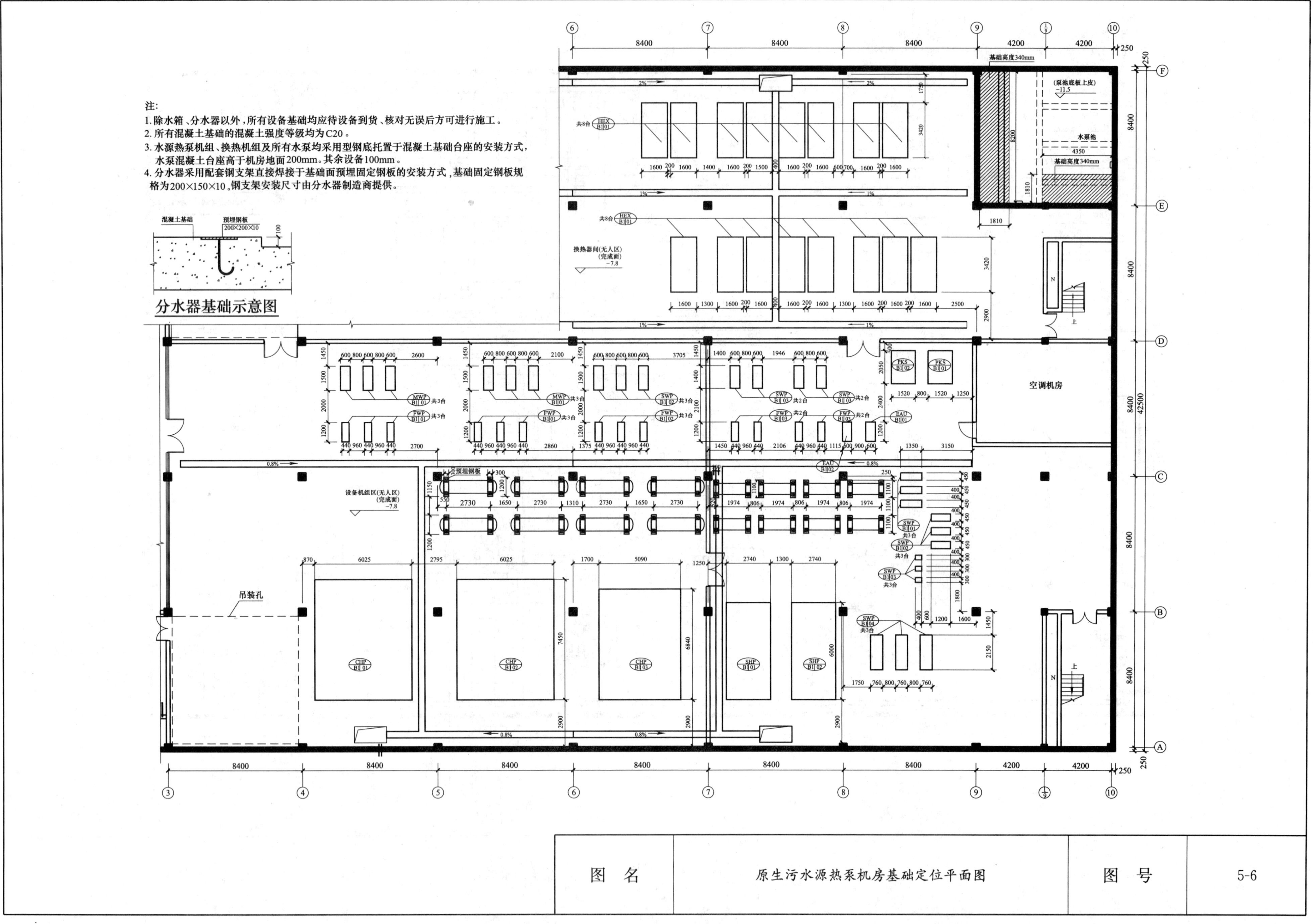

注:
1. 除水箱、分水器以外，所有设备基础均应待设备到货、核对无误后方可进行施工。
2. 所有混凝土基础的混凝土强度等级均为C20。
3. 水源热泵机组、换热机组及所有水泵均采用型钢底托置于混凝土基础台座的安装方式，水泵混凝土台座高于机房地面200mm。其余设备100mm。
4. 分水器采用配套钢支架直接焊接于基础面预埋固定钢板的安装方式，基础固定钢板规格为200×150×10。钢支架安装尺寸由分水器制造商提供。
混凝土基础
预埋钢板
200×200×10
分水器基础示意图
换热器间(无人区)
(完成面)
−7.8
设备机组区(无人区)
(完成面)
−7.8
吊装孔
空调机房
水泵池
基础高度340mm
(泵池底板上皮)
−11.5
图 名
原生污水源热泵机房基础定位平面图
图 号
5-6

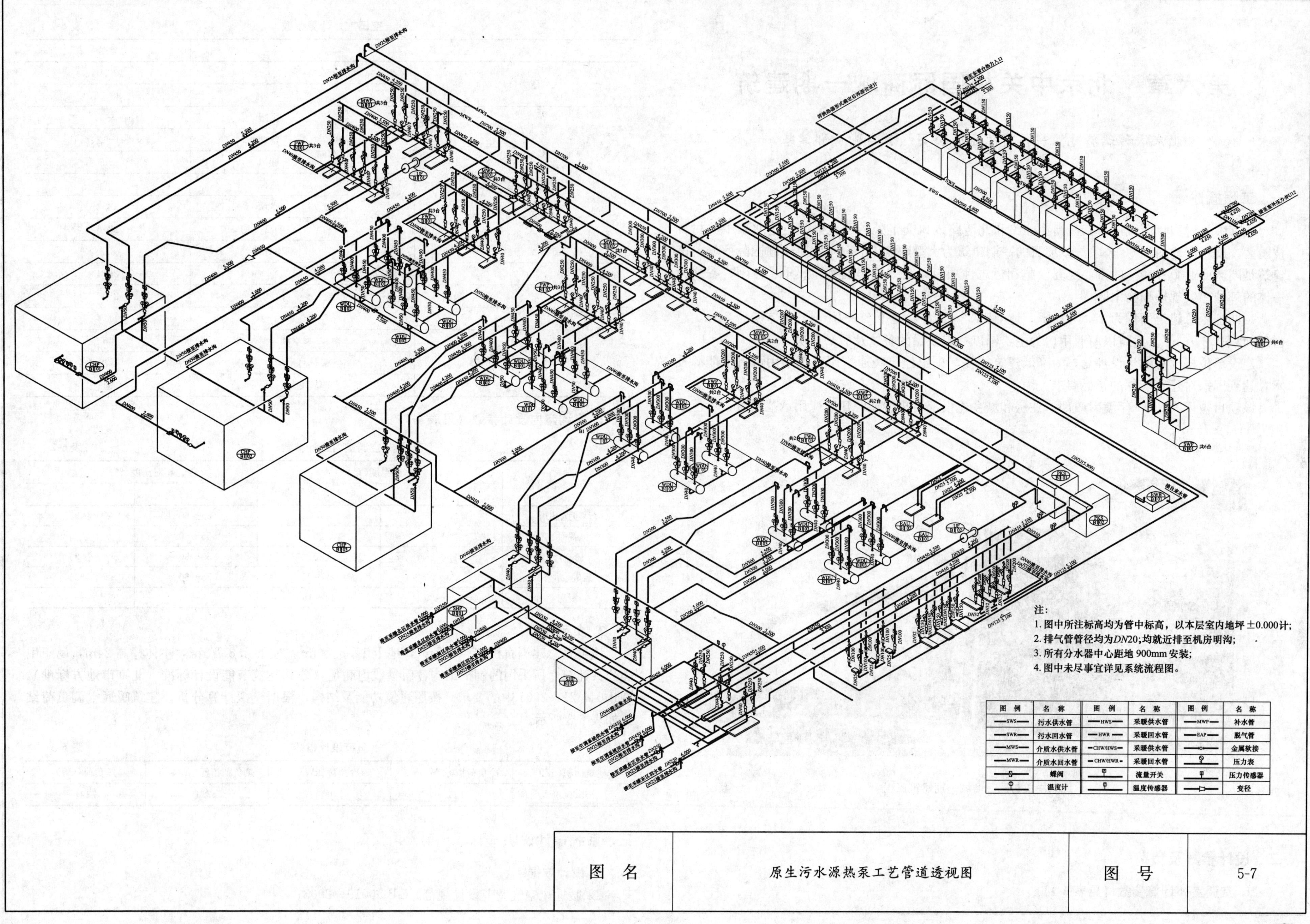

注：

1. 图中所注标高均为管中标高，以本层室内地坪±0.000计；
2. 排气管管径均为$DN20$;均就近排至机房明沟；
3. 所有分水器中心距地 900mm 安装；
4. 图中未尽事宜详见系统流程图。

图 例	名 称	图 例	名 称	图 例	名 称
—SWS—	污水供水管	—HWS—	采暖供水管	—MWP—	补水管
—SWR—	污水回水管	—HWR—	采暖回水管	—EAP—	脱气管
—MWS—	介质水供水管	—CHW/HWS—	采暖供水管		金属软接
—MWR—	介质水回水管	—CHW/HWR—	采暖回水管		压力表
	蝶阀		流量开关		压力传感器
	温度计		温度传感器		变径

图　名	原生污水源热泵工艺管道透视图	图　号	5-7

第六章　北京中关村国际商城一期建筑

北京依科瑞德地源科技有限责任公司　苏存堂　郭建基

一、工程概述

北京中关村国际商城位于京昌高速公路和北清路入口交汇处的西北侧，位于北京中关村科技园区，规划占地面积63公顷。该项目的一期建筑为大型购物中心——北京永旺国际商城。该建筑是园区商业服务功能的重要配套设施和标志性项目，是一座集购物、娱乐、休闲、餐饮为一体的郊外超大规模购物中心。

一期工程总建筑面积为15.6万m^2，地上11.8万m^2，地下3.8万m^2，主体檐高24m，总占地面积3.8万m^2。建筑以商业用房为主，辅以一定数量的餐饮及后勤用房。

建设单位根据总体建设规划，为降低建筑能耗，提出建筑暖通空调系统采用可再生能源技术，达到国家对建筑能耗的指标要求。

该项目被评为2007年度财政部、住房和城乡建设部可再生能源建筑应用示范项目，示范面积为11.79万m^2。

北京中关村国际商城一期建筑工程

二、设计参数及负荷

1. 空调室外计算参数（见表6-1）

空调室外计算参数　　表6-1

项别			参数
大气压力(kPa)	冬季		102.04
	夏季		99.86
室外计算干球温度(℃)	冬季	采暖	−9
		空调	−12
		通风	−5
	夏季	通风	30
		空调	33.2
		空调日平均	28.6
		平均日较差	8.8
夏季空调计算湿球温度(℃)			26.4
最热月平均气温(℃)			25.8
年平均温度(℃)			11.4
室外计算相对湿度(%)	冬季空调		45
	最热月平均		78
	夏季通风		64

2. 空调室内设计参数（见表6-2）

空调室内设计参数　　表6-2

功能	室内温度(℃)		相对湿度(%)	
	夏季	冬季	夏季	冬季
营业厅、超市	25～26	18	55～60	≥35
餐厅	25～26	20	55～60	≥35
影视厅	25～26	20	55～60	≥35
后勤、办公	25～26	20～22	55～60	≥35
厨房	25～30	14～16	—	—

3. 负荷计算

该项目总建筑面积15.6万m^2，地上11.8万m^2，地下3.8万m^2，主体檐高24m，属于甲类公共建筑，所采用的围护结构各项参数均满足《公共建筑节能设计标准（北京市地方标准）》DBJ 01-621—2005中的要求。按照建筑功能及结构，根据模拟计算分析，建筑暖通空调负荷结果如表6-3所示。

负荷设计指标　　表6-3

建筑面积(m^2)	冷负荷指标(W/m^2)	冷负荷(kW)	热负荷指标(W/m^2)	热负荷(kW)
156000	108.9	17000	47.4	7394

三、系统设计说明

1. 设计依据

《采暖通风空气调节设计规范》GB 50019—2003；

《公共建筑节能设计标准》DBJ 04-241—2005；
《建筑设计防火规范》GB 50016—2006；
《地源热泵系统工程技术规范》GB 50366—2005；
《城镇直埋供热管工程技术规程》CJJ T 81—98；
《埋地聚乙烯给水管道工程技术规程》CJJ 101—2004。

2. 空调冷热源设计

依据建筑的功能特点，空调冷热负荷特性及建筑周边条件，考虑节能、环保、运行及初投资等因素，决定采用土壤源热泵机组加常规电制冷机组的复合冷热源形式。以空调热负荷确定土壤源热泵机组容量，夏季由土壤源热泵机组和常规电制冷机组共同作为空调冷源。

（1）地下换热器系统

1）换热器布孔区水文地质情况

通过对项目所在地的地质情况初步勘察，项目所在地的地质构造为早第三纪前的断裂及其控制的断块构造。

该区地平线 100m 以下，地层岩性主要为黏土、中砂、砂卵及铁板砂结构。

岩土体温度：虽然地下土壤层的原始温度随着岩土层的深浅有所变化，但是在 10m 以下的地埋管深度范围内，可近似为恒温，试验发现该工程地块土壤层的原始温度约为 16℃。

土壤的平均导热系数为 1.8W/(m·K)；

地下水静水位约 12.6m 深；

平均水温为 16℃。

2）地下换热器设计

通过对当地岩土热物性进行的热响应测试和模拟计算，土壤冬夏季换热量为：夏季供冷 65W/m 井深，冬季供热 45W/m 井深。

由于建筑冷热负荷差距较大，为保证岩土温度热平衡不被破坏，该设计以冬季热负荷为土壤源热泵系统的设计负荷，夏季土壤源热泵系统不能满足的冷量部分由辅助冷水系统进行补充。

根据该项目建设的实际情况及所能够提供的地下换热器的实施条件，在建筑周围设置 1060 个地下换热器，占地面积约 3.48 万 m^2，钻孔间距为 4.5m，钻孔直径为 170～200mm，钻孔深度为 123m，钻孔内设置双 U 形地埋管换热器。U 形管外径为 *DN*32。

地埋管上部地面使用功能为停车场和绿地。室外地埋管换热器采用同程式连接，分组接入分布在室外地下的 14 组支分集水器，各支分集水器以并联方式接至地源热泵机房。

（2）热泵机组

选用 3 台 LSBLGR-M2800 型地源热泵机组，单机制热量 2324kW，制冷量 2278kW。此系统可供的总热量和总冷量可以满足地下换热器系统提供的冷热负荷。

冬季采暖时，机组热水供/回水温度为 45/40℃，地源侧循环水供/回水温度为 7.5/4℃。

夏季制冷时，机组空调供/回水温度为 7/12℃，地埋管侧进/出水温度为 25/30℃；

地源热泵系统配套设置相应空调冷热水和地源水循环泵及水处理装置，机组逻辑图如图 6-1 所示。

夏季：阀门 1，3，5，7，9，11 开，2，4，6，8，10，12 关；

冬季：阀门 2，4，6，8 开，1，3，5，7 关。

（3）辅助冷热源

冬季采暖由地源热泵系统承担基本热负荷，高峰时段热负荷不足部分由辅助热源通过板式换热器补充。

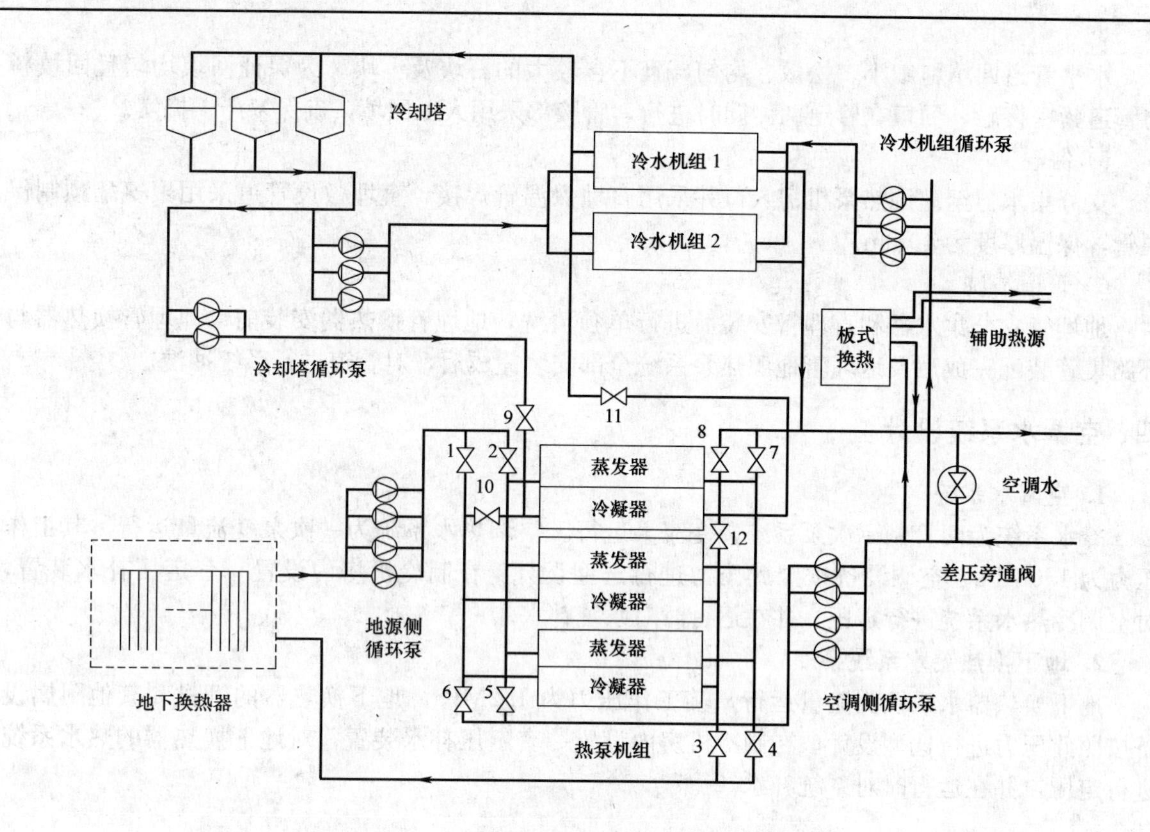

图 6-1　机组逻辑图

设置 2 台常规电制冷机组，单机制冷量为 4571kW（1300USRT）。在室外绿地上设置 3 台方型冷却塔，冷却水量分别为 1100m^3/h（2 台），500m^3/h（1 台）。冷却水经冷却塔冷却后，供给电制冷机组及 1 台地源热泵机组夏季循环使用。冷却水供/回水温度为 32/37℃。

（4）地下换热器施工

1）材料选择

该工程选择国产优质高密度聚乙烯管（HDPE）为地下换热器埋管材料，垂直双 U 形地埋管管径为 32mm，水平管管径为 90mm、110mm。该材料具有高强度、耐腐蚀、换热性好等优点，使用寿命可达 50 年以上。

2）水压试验

为保证系统可靠地运行，在地埋管换热器安装前，地埋管换热器与环路分集水管装配完成后及地埋管地源热泵系统全部安装完成后，对管道进行水压试验。水压试验符合管道承压要求及保持相应的时间且无泄露现象。

3）换热器下管及回填

垂直井在钻进达到深度要求且成孔后，立即进行换热器下管。下管完成后，进行灌浆回填封孔，隔离含水层。灌浆回填料采用膨润土和细砂（或水泥）的混合浆，膨润土的比例占4%～6%。

4）水平连接

水平管道直埋连接前，管沟底部应先敷设相当于管径厚度的细砂，然后将水平管道敷设在管沟中。上下两层的水平管中心距不小于 0.6m。为了减少供回水管间的热传递，供、回水环路集管的间距不小于 0.6m。同层的两根管之间中心距大于两管的直径之和。

水平管道回填料细小、松散、均匀，且不含较大的石块及土块。为保证回填均匀且回填料与管道紧密接触，回填在管道两侧同时进行，管腋部采用人工回填，确保塞严、捣实。

5）保温

支分集水器至地源热泵机房入口井采用直埋保温管焊接，直埋敷设管道采用聚氨酯预制保温管，保温厚度为40mm。

6）管道清洗

地埋管支分集水器和直埋管安装后进行单独清洗，地埋管换热器安装前、地埋管换热器与环路集管装配完成后及地埋管地源热泵系统全部安装完成后，对管道进行系统冲洗。

四、空调水系统设计

1. 空调水系统

冷水系统为两管制一次泵系统，变流量运行。空调热水系统为一次泵变流量运行。其工作压力为1.0MPa，空调设备按照此压力进行选型设计。在制冷机房内设置一套定压补水装置，对空调冷热水系统进行定压，并在运行时对系统补水。

2. 地下换热器水系统

地下换热器水系统变流量运行，其工作压力为1.2MPa，地下换热器的管材和其他附属设备按照此压力进行选型设计。在制冷机房内设置一套定压补水装置，对地下换热器的热水系统进行定压，并在运行时对系统补水。

五、系统主设备表（见表6-4）

系统主设备表　　　　表6-4

序号	设备名称	规格、型号	单位	数量	备注
1	地源热泵机组	LSBLGR—2800M，制冷量2278kW，输入功率462kW；制热量为2324kW，输入功率596kW	台	3	
2	离心式冷水机组	WSC126MBGN2F/E4812/C4812，1300RT	台	2	
3	冷热水泵	ISG250-400，$Q=500m^3/h$，$H=50m$，$N=90kW$	台	4	三用一备 变频运行
4	地源水泵	ISG300-380，$Q=610m^3/h$，$H=45m$，$N=132kW$	台	4	三用一备 变频运行
5	地源用冷却水泵	ISG250-250，$Q=560m^3/h$，$H=20m$，$N=45kW$	台	2	一用一备
6	冷冻水泵	300S-32，$Q=825m^3/h$，$H=45m$，$N=160kW$	台	3	两用一备
7	冷却水泵	300S-58A，$Q=980m^3/h$，$H=25m$，$N=110kW$	台	3	两用一备
8	冷冻水定压装置	ISG32-200A，$Q=5m^3/h$，$H=42m$，$N=2.2kW$；气压罐$\phi800$，1.0MPa	套	1	
9	地源定压装置	ISG40-125(I)A，$Q=11m^3/h$，$H=10m$，$N=1.1kW$；气压罐$\phi1200$，1.0MPa	套	1	
10	板式换热机组	换热量4800kW，一次：90/70℃，二次：50/45℃	套	1	

六、经济技术分析

1. 经济运行分析

对该系统2008～2009年度采暖季运行进行数据跟踪和统计，冬季采暖周期120天，每天运行14h，以供暖面积约8.5万m^2计算（按照总供暖面积的70%），机组运行的平均负荷为设计负荷的70%。

采暖总供热负荷约630万kWh，供热总电耗215万kWh，系统平均*COP*约达到3.0。

热泵采暖运行费约161万元（按平均电价为0.75元/kWh计算），与城市集中供暖收费标准相比，将极大节约运行费。

折合采暖能耗750t标准煤/采暖季（按照2008年电监会公布的发电标准煤耗349g/kWh）。

根据JGJ 26—95《民用建筑节能设计标准》中对北京市采暖耗煤量指标的计算，建筑物采暖煤耗约为16.2kg标准煤/m^2，如采用常规采暖，能耗为1377t/采暖季。

热泵系统节能627t标准煤/采暖季，节能率达45.5%。

2. 节能减排效益

对于大型建筑工程，采用地源热泵结合辅助冷热源系统的方式具有较高的实用价值，可有效降低系统投资，并可根据实际负荷需求灵活掌握系统的运行方式，提高系统的运行效率。

该项目冬季供热采用地源热泵系统，与传统的市政热力系统比较，每年可替代1400t标准煤。

使用地源热泵系统，在运行中没有燃烧过程，每个采暖季可减排SO_2达到82.9t，减排等效CO_2达到2298.9t，减排NO_X达到334.85t，减排粉尘625.33t，为节能减排工作做出应有贡献。

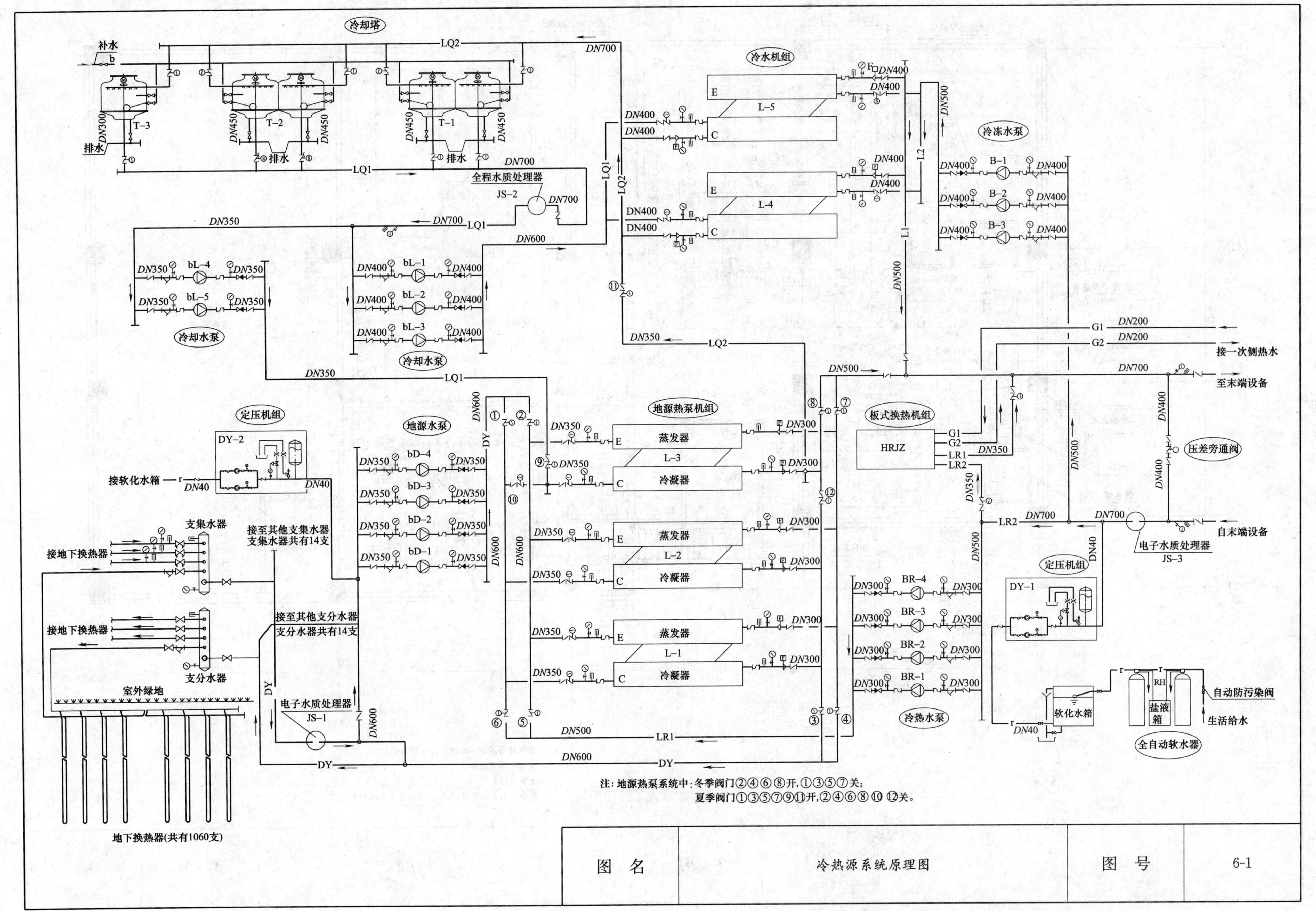
冷却塔
补水
LQ2
DN700
T-3
T-2
T-1
DN300
DN450
排水
LQ1
DN700
全程水质处理器
JS-2
冷水机组
E
C
L-5
L-4
DN400
DN500
L2
L1
冷冻水泵
B-1
B-2
B-3
DN350
DN600
bL-4
bL-5
bL-1
bL-2
bL-3
冷却水泵
DN350
LQ2
LQ1
G1
G2
DN200
接一次侧热水
DN700
至末端设备
定压机组
DY-2
接软化水箱
DN40
地源水泵
bD-4
bD-3
bD-2
bD-1
DY
地源热泵机组
蒸发器
冷凝器
L-3
L-2
L-1
板式换热机组
HRJZ
LR1
LR2
压差旁通阀
自末端设备
电子水质处理器
JS-3
支集水器
接地下换热器
接至其他支集水器
支集水器共有14支
接至其他支分水器
支分水器共有14支
支分水器
室外绿地
电子水质处理器
JS-1
DN500
DN600
冷热水泵
BR-4
BR-3
BR-2
BR-1
DN300
DY-1
软化水箱
RH
盐液箱
自动防污染阀
生活给水
全自动软水器
地下换热器(共有1060支)
注：地源热泵系统中：冬季阀门②④⑥⑧开，①③⑤⑦关；
夏季阀门①③⑤⑦⑨⑪开，②④⑥⑧⑩⑫关。
图 名
冷热源系统原理图
图 号
6-1

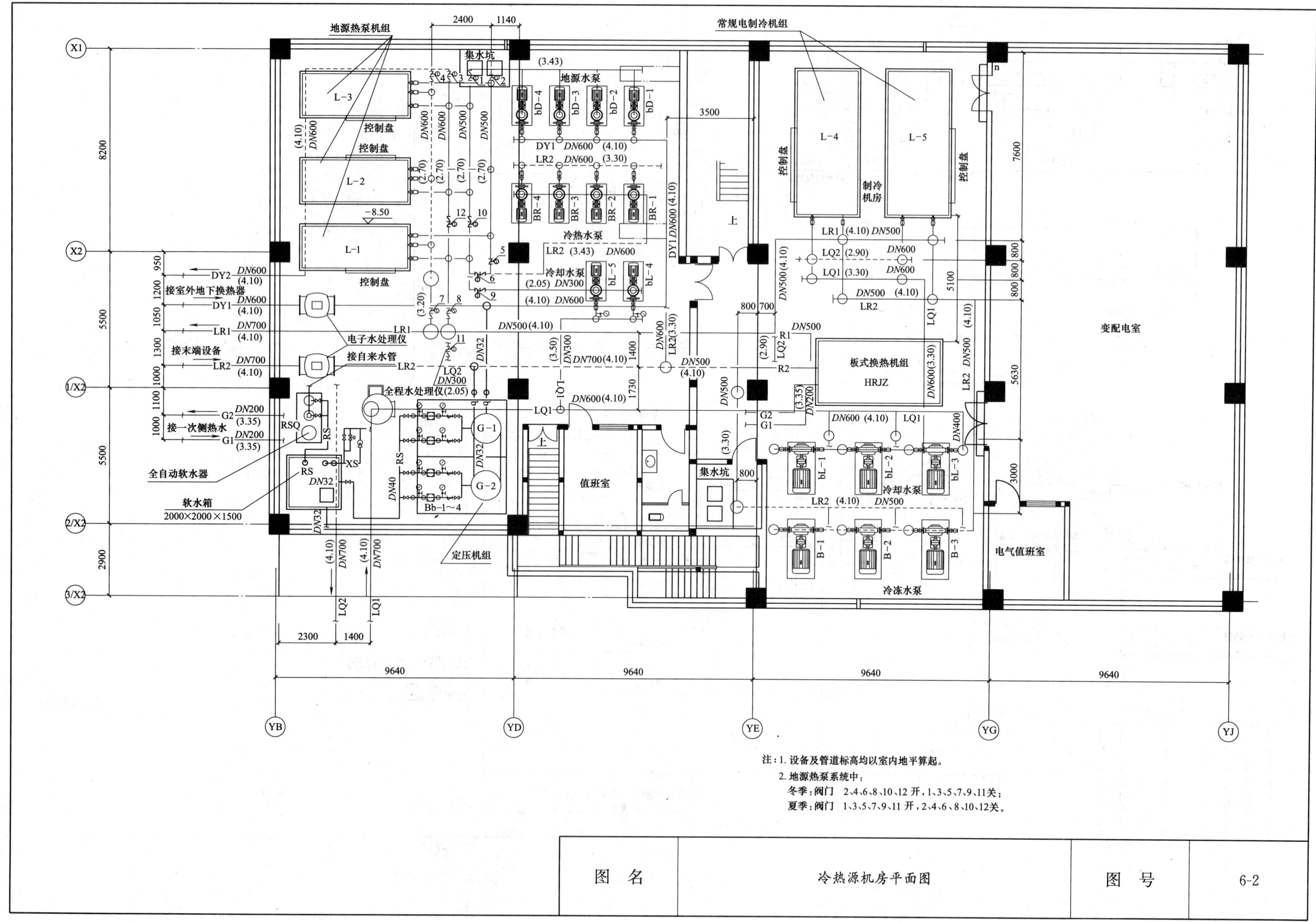

地源热泵机组
常规电制冷机组
集水坑
地源水泵
控制盘
L-1
L-2
L-3
L-4
L-5
制冷机房
冷热水泵
冷却水泵
接室外地下换热器
接末端设备
接一次侧热水
电子水处理仪
接自来水管
全程水处理仪(2.05)
全自动软水器
软水箱
2000×2000×1500
定压机组
Bb-1～4
G-1
G-2
板式换热机组
HRJZ
值班室
变配电室
电气值班室
冷冻水泵
注：1. 设备及管道标高均以室内地平算起。
2. 地源热泵系统中：
冬季：阀门 2、4、6、8、10、12 开，1、3、5、7、9、11关；
夏季：阀门 1、3、5、7、9、11 开，2、4、6、8、10、12关。
图 名
冷热源机房平面图
图 号
6-2

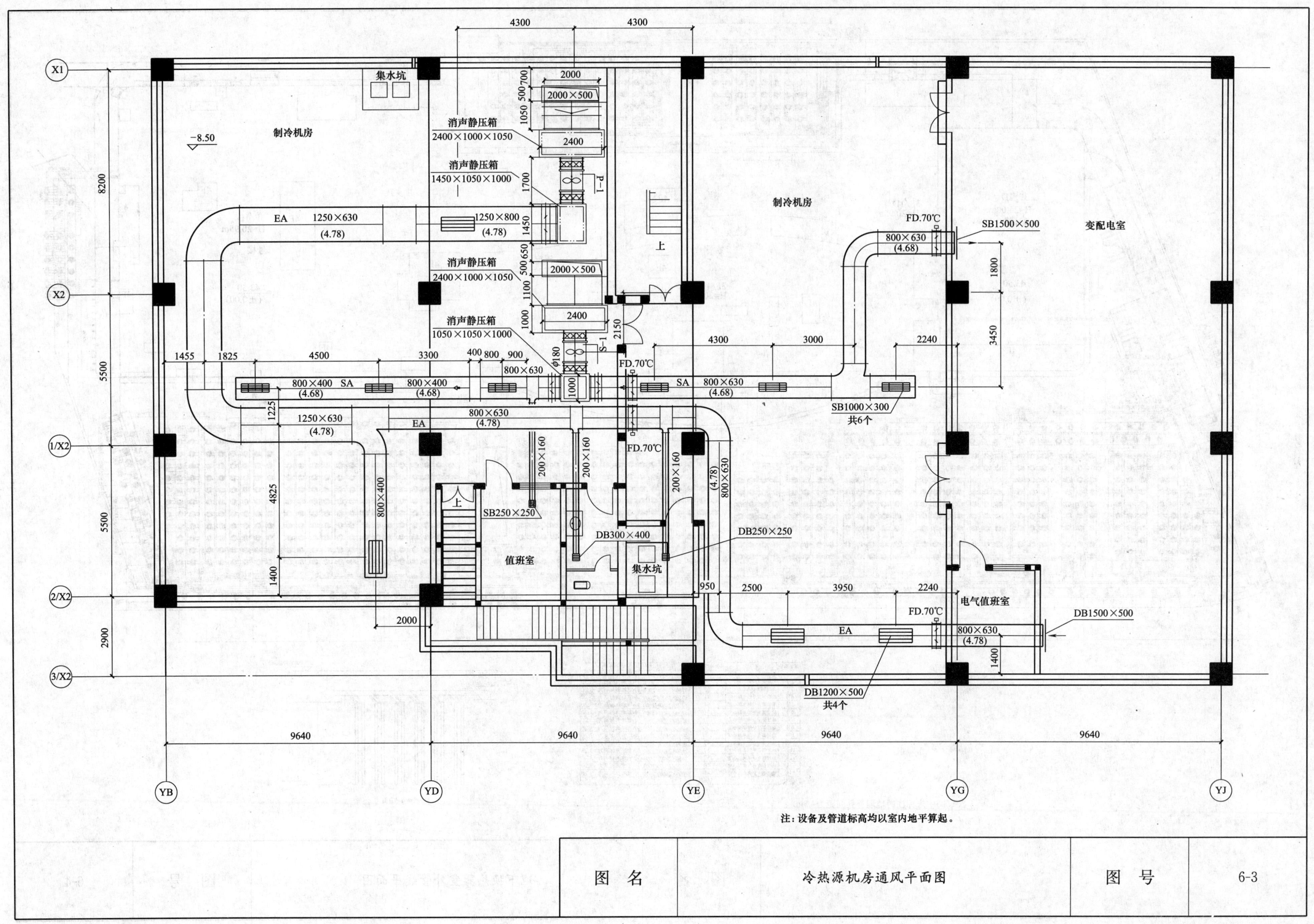

4300
4300
X1
X2
1/X2
2/X2
3/X2
集水坑
制冷机房
-8.50
2000
2000×500
消声静压箱
2400×1000×1050
2400
消声静压箱
1450×1050×1000
P-1
EA
1250×630
(4.78)
1250×800
(4.78)
消声静压箱
2400×1000×1050
2000×500
2400
消声静压箱
1050×1050×1000
S-1
上
制冷机房
FD.70℃
SB1500×500
变配电室
800×630
(4.68)
1800
3450
4300
3000
2240
1455
1825
4500
3300
400
800
900
800×630
800×400
SA
(4.68)
800×400
(4.68)
1000
FD.70℃
SA
800×630
(4.68)
SB1000×300
共6个
1225
1250×630
(4.78)
EA
800×630
(4.78)
FD.70℃
200×160
200×160
200×160
(4.78)
800×630
8200
5500
5500
2900
4825
800×400
1400
2000
上
SB250×250
DB300×400
DB250×250
值班室
集水坑
950
2500
3950
2240
FD.70℃
电气值班室
DB1500×500
EA
800×630
(4.78)
1400
DB1200×500
共4个
9640
9640
9640
9640
YB
YD
YE
YG
YJ
注：设备及管道标高均以室内地平算起。
图名
冷热源机房通风平面图
图号
6-3

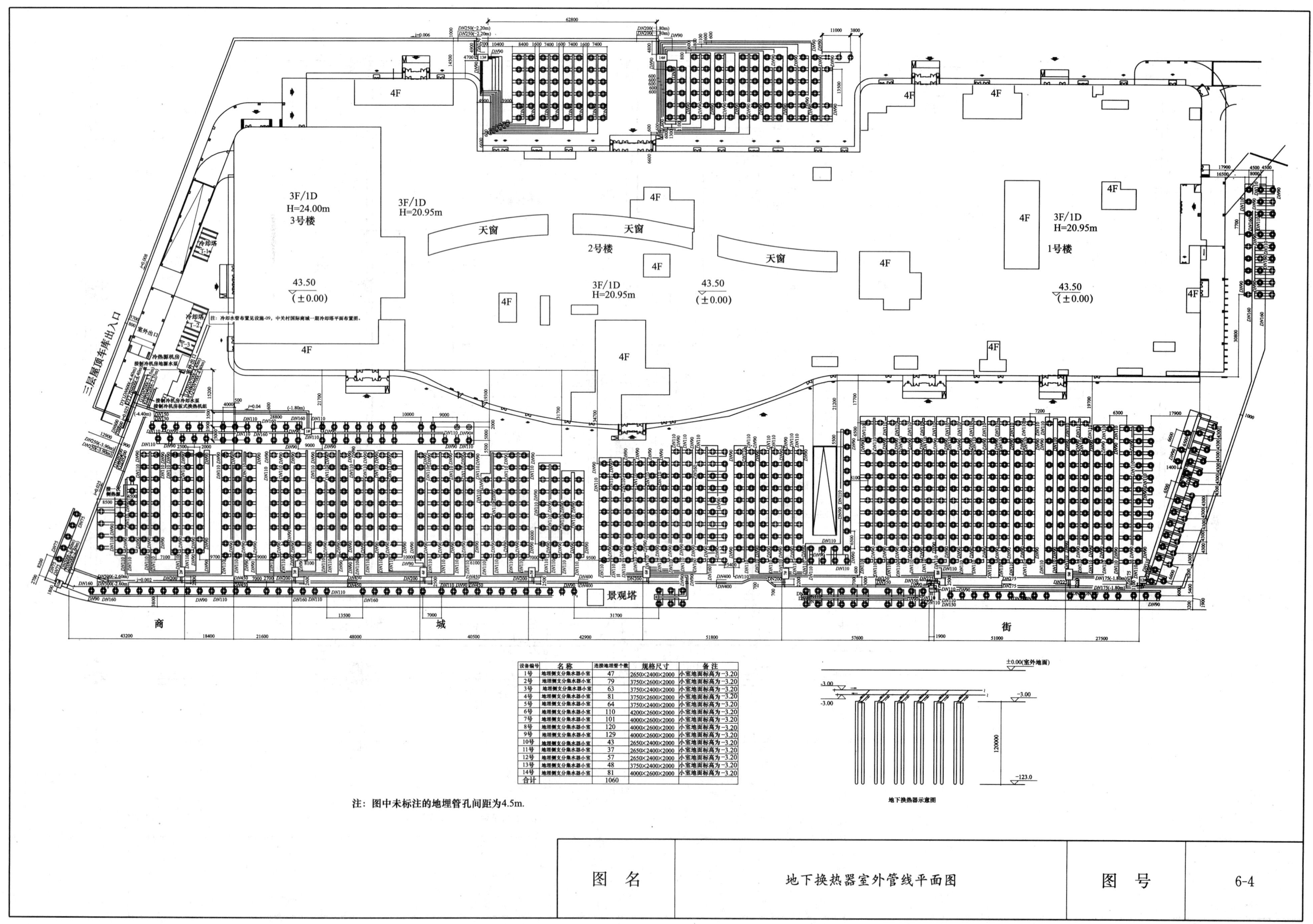

设备编号	名称	连接地埋管个数	规格尺寸	备注
1号	地埋侧支分集水器小室	47	2650×2400×2000	小室地面标高为-3.20
2号	地埋侧支分集水器小室	79	3750×2600×2000	小室地面标高为-3.20
3号	地埋侧支分集水器小室	63	3750×2400×2000	小室地面标高为-3.20
4号	地埋侧支分集水器小室	81	3750×2600×2000	小室地面标高为-3.20
5号	地埋侧支分集水器小室	64	3750×2400×2000	小室地面标高为-3.20
6号	地埋侧支分集水器小室	110	4200×2600×2000	小室地面标高为-3.20
7号	地埋侧支分集水器小室	101	4000×2600×2000	小室地面标高为-3.20
8号	地埋侧支分集水器小室	120	4000×2600×2000	小室地面标高为-3.20
9号	地埋侧支分集水器小室	129	4000×2600×2000	小室地面标高为-3.20
10号	地埋侧支分集水器小室	43	2650×2400×2000	小室地面标高为-3.20
11号	地埋侧支分集水器小室	37	2650×2400×2000	小室地面标高为-3.20
12号	地埋侧支分集水器小室	57	2650×2400×2000	小室地面标高为-3.20
13号	地埋侧支分集水器小室	48	3750×2400×2000	小室地面标高为-3.20
14号	地埋侧支分集水器小室	81	4000×2600×2000	小室地面标高为-3.20
合计		1060		

注：图中未标注的地埋管孔间距为4.5m.

图 名	地下换热器室外管线平面图	图 号	6-4

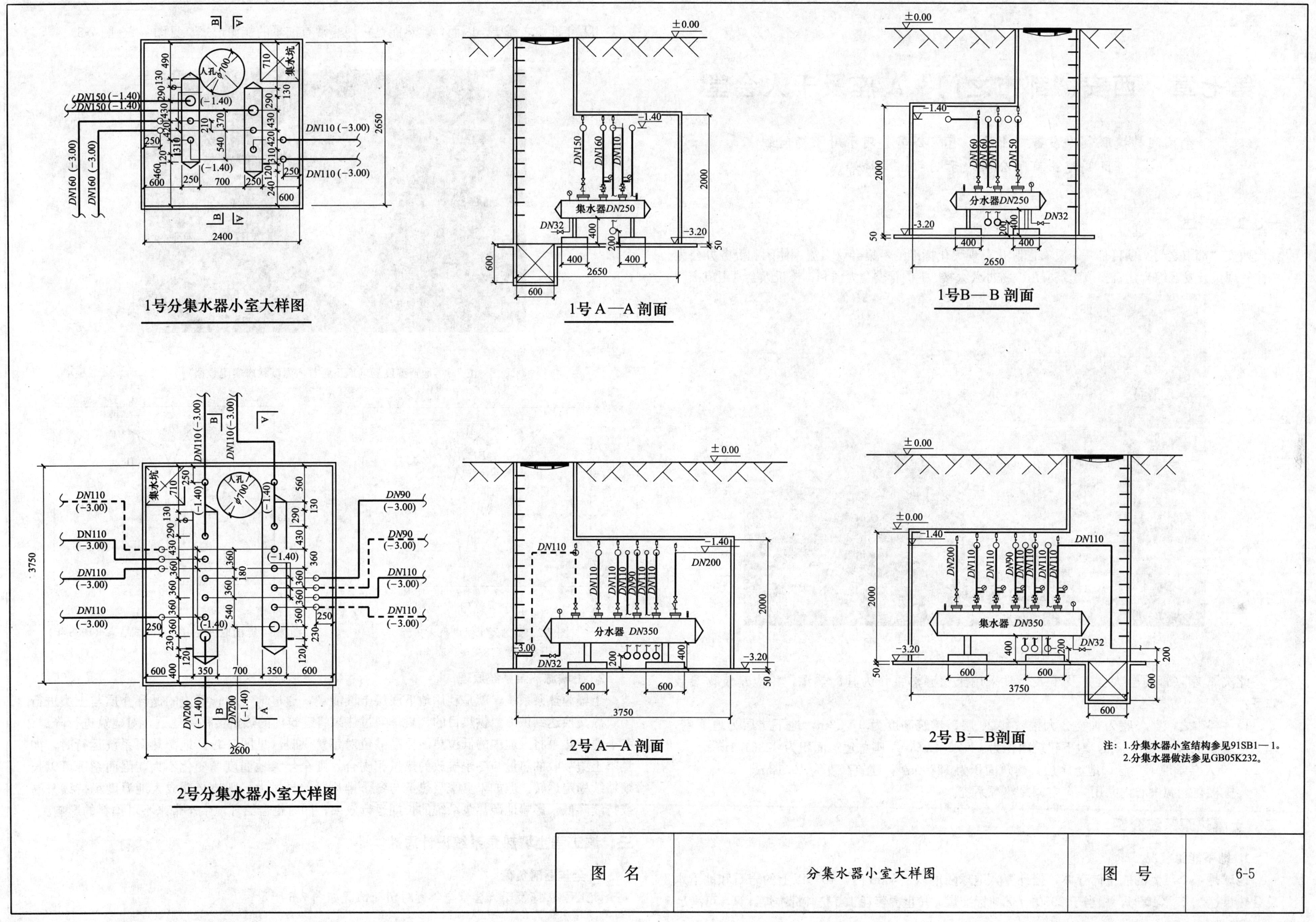

注：1.分集水器小室结构参见91SB1—1。
2.分集水器做法参见GB05K232。

图 名	分集水器小室大样图	图 号	6-5

人类几万年能源之需要。因而，地热能是一种非常有前景的能源形式（见图 7-1～图 7-3）。

第七章　西安“都市之门”A 座及千人会堂

克莱门特捷联制冷设备（上海）有限公司　胡于川　杨前红
际高建业有限公司　于明丽　冯婷婷

一、工程概述

西安“都市之门”项目是一个具有国际化、现代化标准的，集会议交流、休闲和商务办公为一体的现代开发区综合建筑。该建筑群由 3 栋办公大楼、1 栋管委会大楼和 1 栋千人会堂组成。

西安“都市之门”外观图

此次 A 座（管委会大楼）及千人会堂采用土壤源热泵作为其冷热源，相应建筑物参数如下：

1. “都市之门”A 座为管委会大楼，共 20 层，建筑高度为 97.23m，地下二层为地下室，地上建筑面积为 68184.7m²，地下建筑面积为 14176.4m²，A 座总建筑面积为 82361.1m²。

2. 千人会堂地下 1 层，地上 3 层，建筑面积为 18800m²，建筑高度为 19.12m。

两栋楼在能源中心内共用一个空调冷热源系统。

二、土壤热泵系统介绍

1. 地下能源状况

地球是一个巨大的能量储存体，据计算，地球陆地以下 5km 内，15℃以上的岩石和地下水总含热量达 1.05×10^{25}J，相当于 9950 万亿吨标准煤。按世界年耗 100 亿吨标准煤计算，可满足人类几万年能源之需要。因而，地热能是一种非常有前景的能源形式（见图 7-1～图 7-3）。

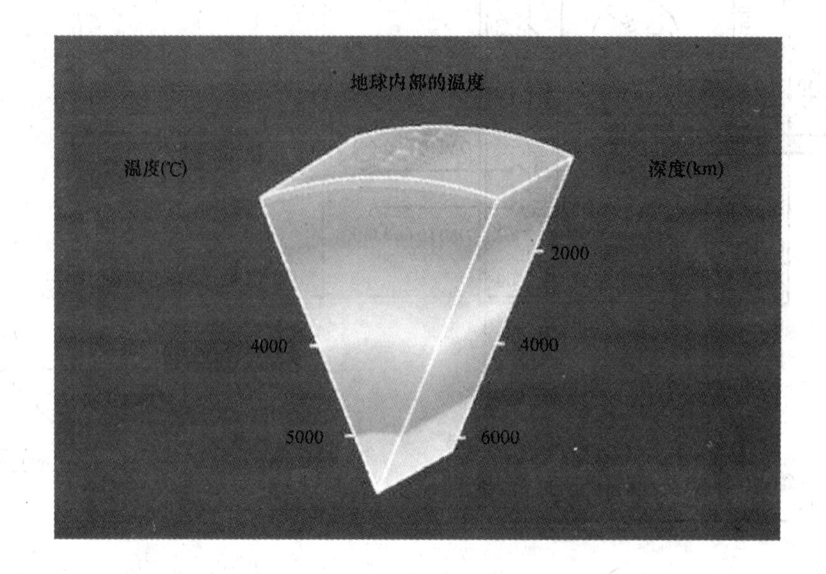

图 7-1　地下温度场（地下各月份温度状态实测数据）

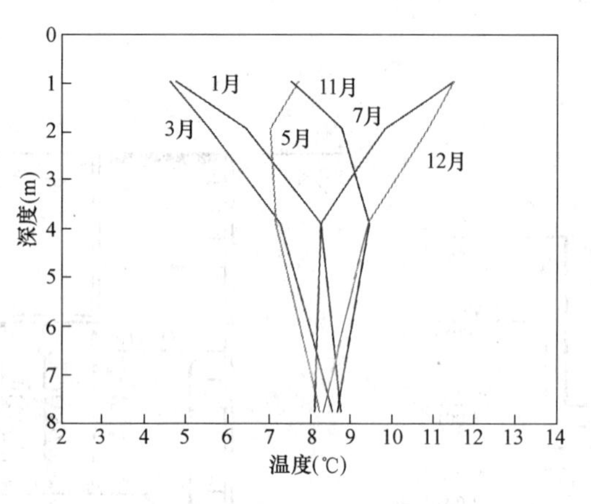

图 7-2　英国爱丁堡皇家天文台测试结果（1838～1854 年）

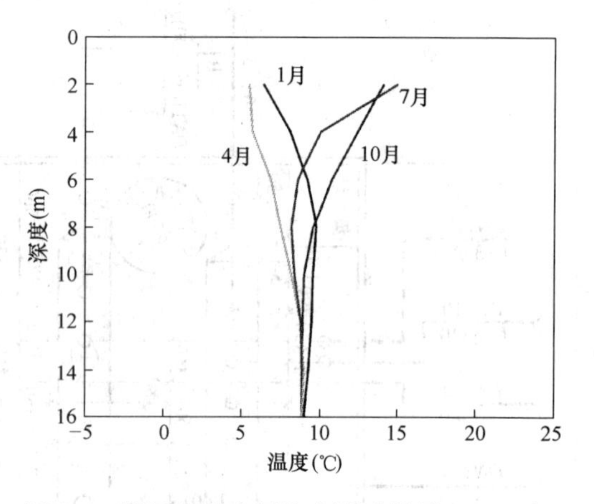

图 7-3　德国地热应用协会测试结果（1988 年）

2. 土壤源热泵系统原理

土壤源热泵系统，就是利用地下浅层土壤能量，通过地下埋管管内的循环介质与土壤进行闭式热交换达到供冷、供热目的。夏季通过热泵将建筑内的热量转移到地下，对建筑进行降温；冬季通过热泵将大地中的低位热能提高品位对建筑供暖（见图 7-4）。地源热泵系统运行时，如夏季土壤吸收的热量与冬季排放的热量相吻合，则全年大地温度场变化不大，因而系统可以长期持续稳定运转。但如果夏季吸热量与冬季排热量差异过大，则势必造成大地温度场持续升高或持续降低，影响地源热泵系统的长期运行效果，同时也会给环境生态带来不可预料的影响。

三、该工程土壤热泵系统设计思路

1. 全年逐时负荷

该工程 A 座及千人会堂全年逐时负荷情况如图 7-5 所示。

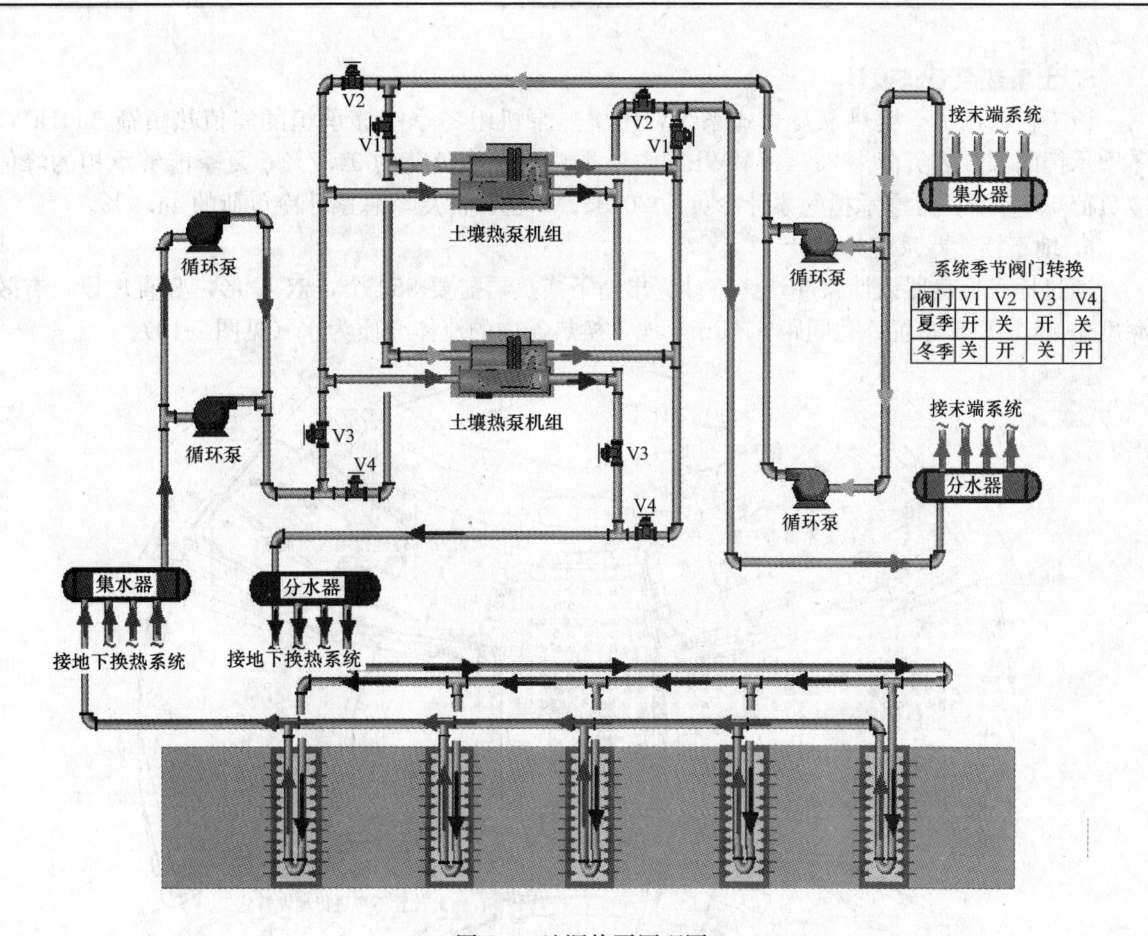

图 7-4　地源热泵原理图

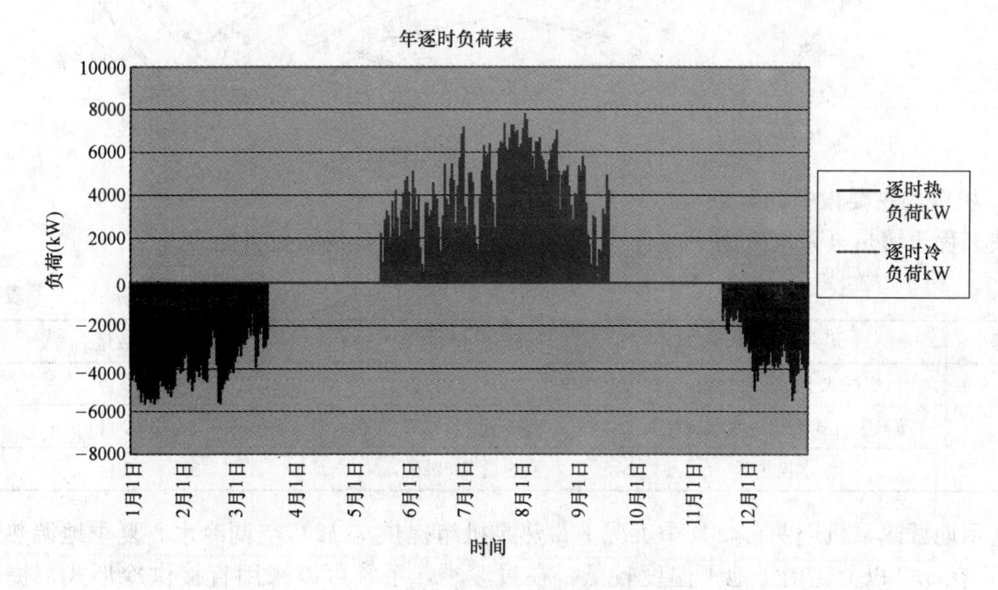

图 7-5　年逐时负荷表

2. 建筑物全年冷热负荷的确定

对建筑物进行全年能耗分析，得出较为详尽的全年负荷分布曲线（见图 7-6），是进行地下换热器设计的前提条件。

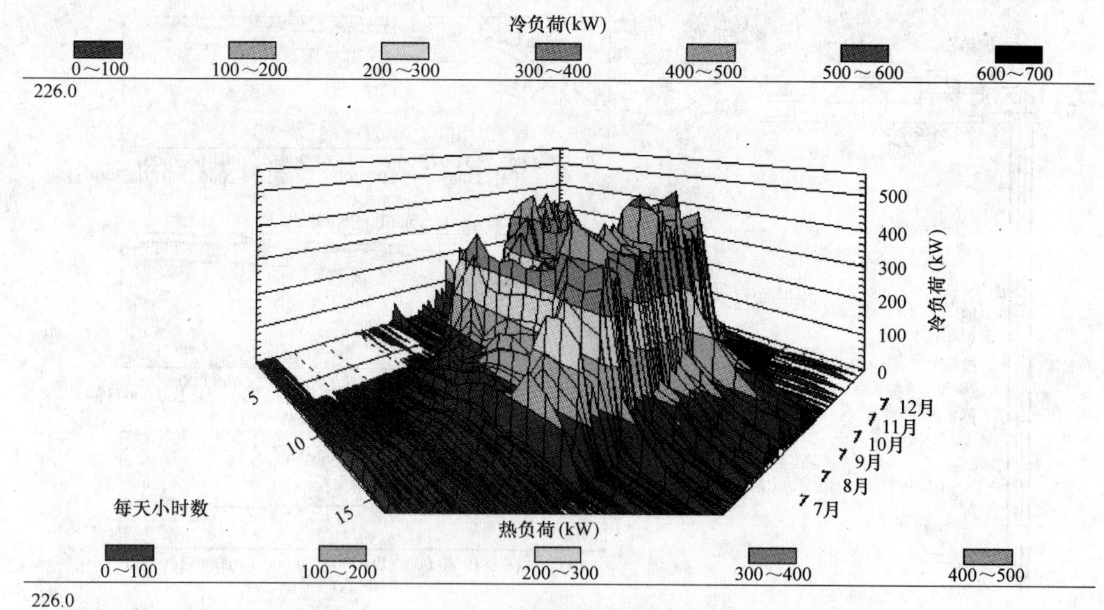

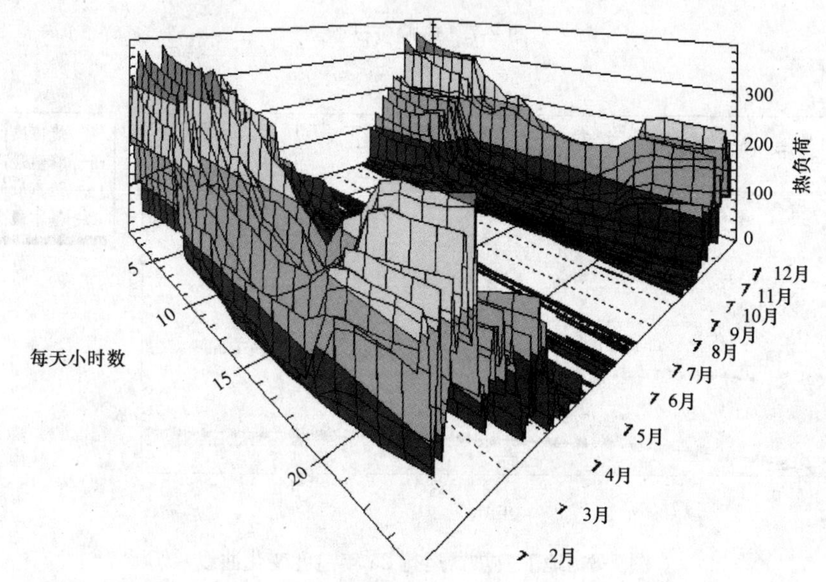

图 7-6　建筑物全年负荷分布

由建筑物全年动态负荷模拟计算结果可知，冬季最大热负荷为 5700kW，夏季最大冷负荷为 7800kW。

3. 热响应试验

进行土壤热泵系统的设计，需对当地地下土壤进行热响应试验，得出进行地下换热器设计需要的基本数据。该工程热响应试验的结果为（见图 7-7）：

地下土壤的初始平均温度为 15.9℃；

地下土壤的综合比热容 C_p 为 2.3MJ/(m³·K)；

地下土壤的平均导热系数 λ 为 2.239W/(m·K)。

4. 地下换热器温度模拟

利用地下换热器设计软件对地下换热器运行 25 年进行模拟计算，地下换热器温度曲线模拟如图 7-8 和图 7-9 所示。

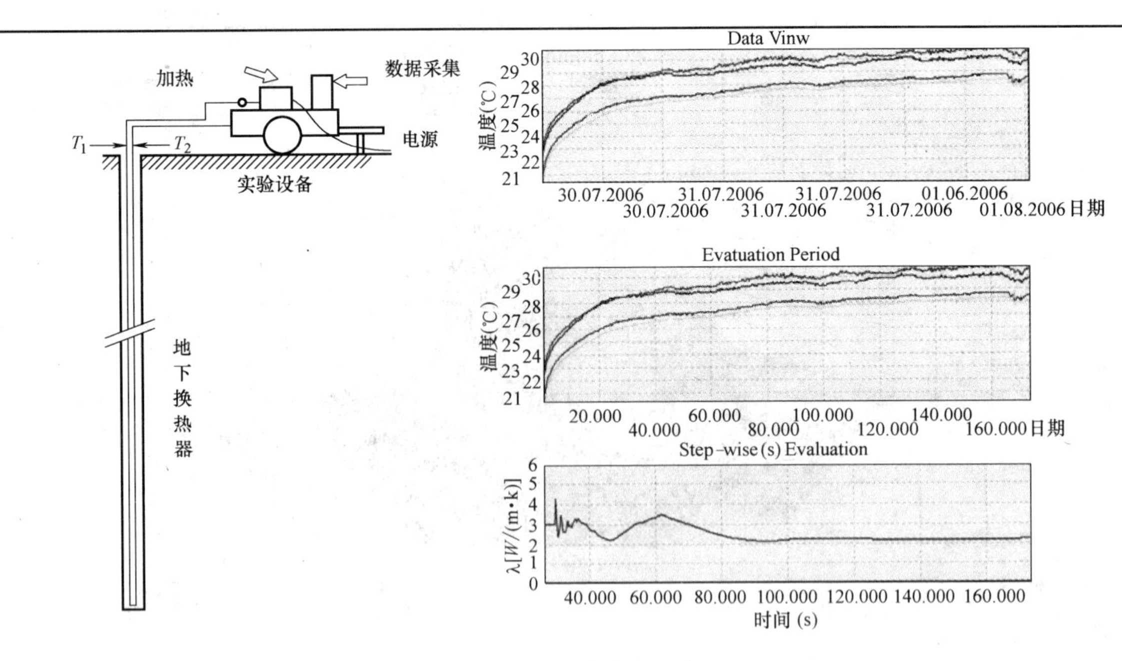

图 7-7　热响应试验

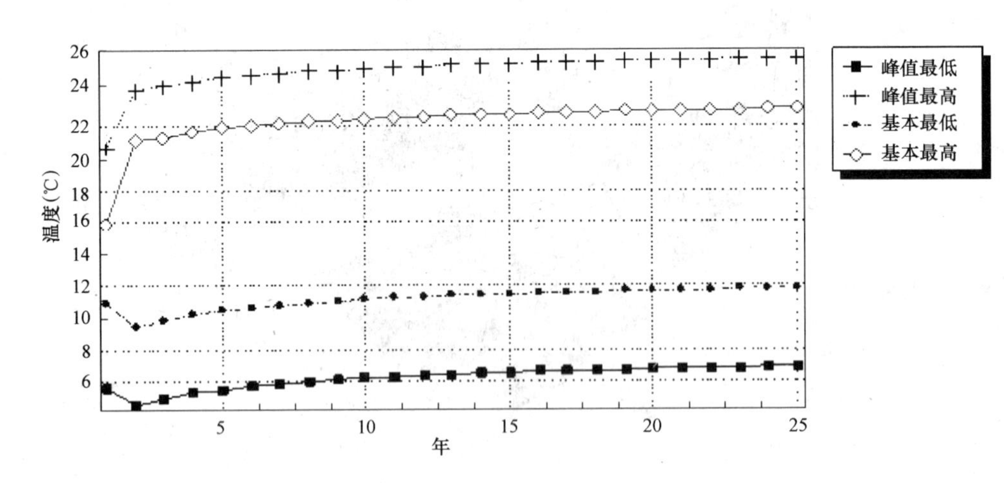

图 7-8　地下换热器运行 25 年温度变化曲线

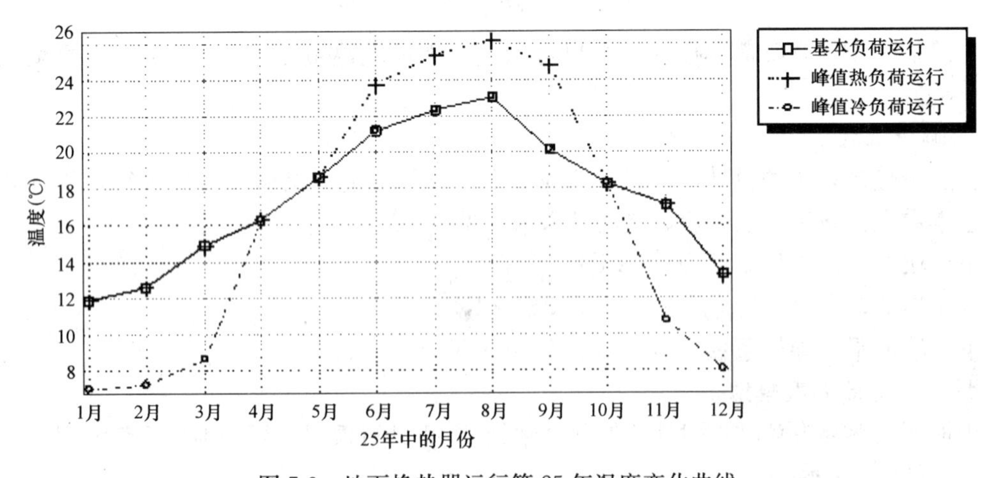

图 7-9　地下换热器运行第 25 年温度变化曲线

5. 土壤热泵系统设计

该工程采用了土壤热泵复合式系统，土壤热泵机组冬季能够承担的峰值热负荷 3501kW，冬季承担的累计热负荷为 2874.7MWh，占冬季总累计热负荷的 94.7%；夏季能够承担的峰值冷负荷 1650kW，夏季承担的累计冷负荷 2013.1MWh，占夏季总累计冷负荷的 44.9%。

6. 地下换热器系统的设计

通过地下换热器设计软件计算，计算出地下换热器需要 550 个，双 U 形，竖直埋设，有效深度 100m，矩形布置，孔间距 5×5m，地下换热器内的流体介质为水（见图 7-10）。

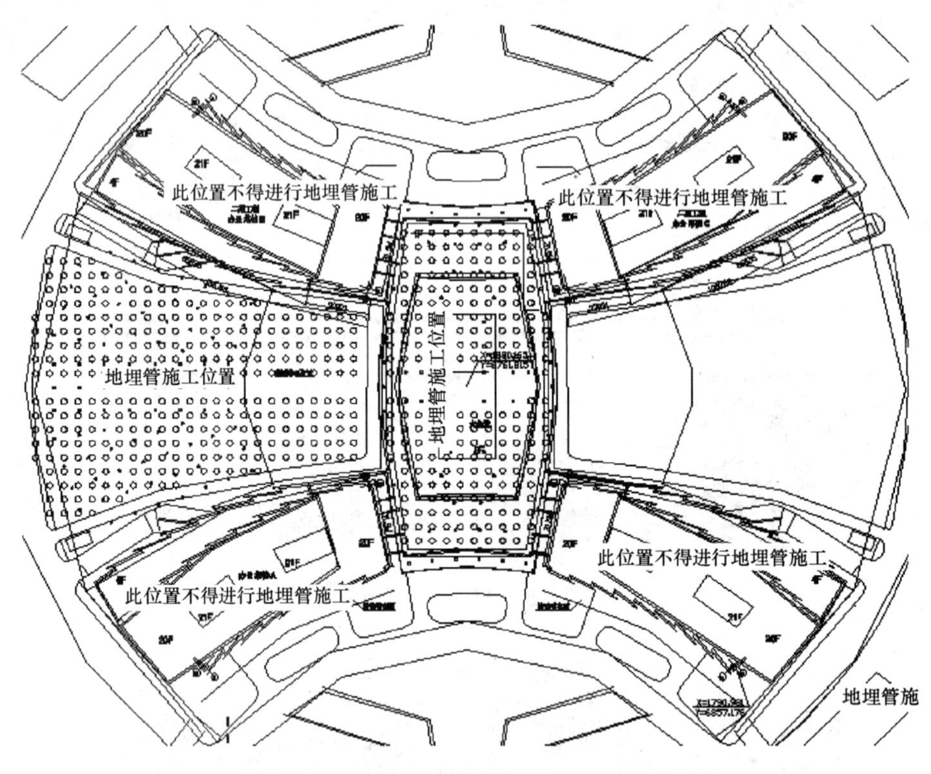

图 7-10　换热器布置

7. 机房内主要设备的配备

该工程土壤热泵系统采用了复合式系统，机房内主要设备的配备如表 7-1。

机房内主要设备　　**表 7-1**

编号	设备名称	设备参数	数量
1	螺杆式土壤热泵机组	制冷量 1623kW，制热量 1746kW	2 台
2	蒸汽吸收式溴化锂冷水机组	制冷量 3429kW	2 台
3	汽-水换热器	换热量 1350kW	2 台

选用地源热泵机组两台，夏季工况下，热泵机组提供 7/12℃空调冷水。夏季地源热泵机组的 *COP* 在 5.0 以上。由于地下温度较低，在过渡季，系统可以采用直接供冷形式，提供免费冷源。

冬季空调由热泵机组提供 50/45℃空调热水，当热泵出水温度低于 50℃时，调节板式换热器进水量，由蒸汽热网提供调峰热源。冬季地源热泵机组的 *COP* 在 4.0 以上。

（本文中采用了北京华清集团勘测报告中的一些数据，在此表示感谢。）

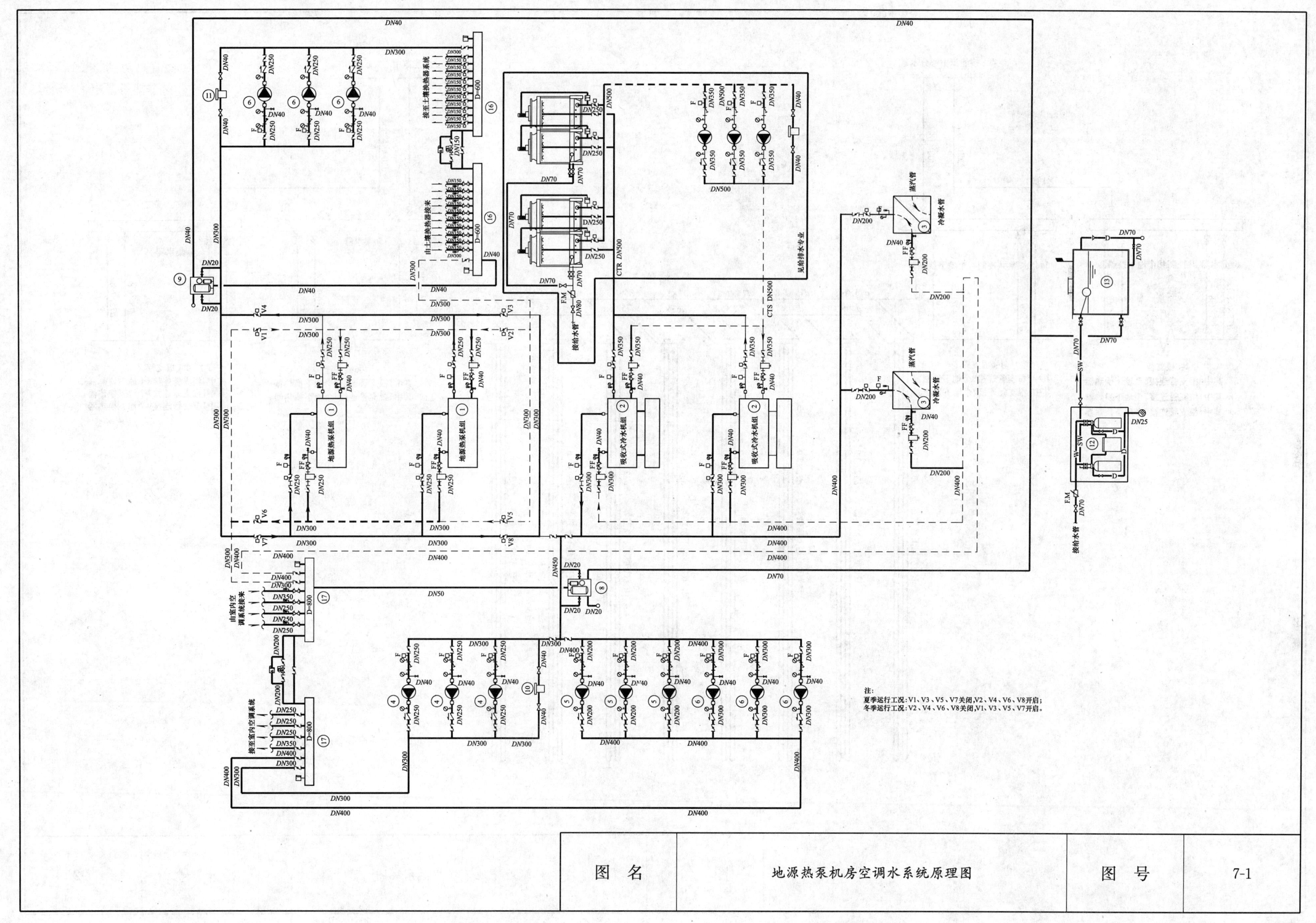

图 名	地源热泵机房空调水系统原理图	图 号	7-1

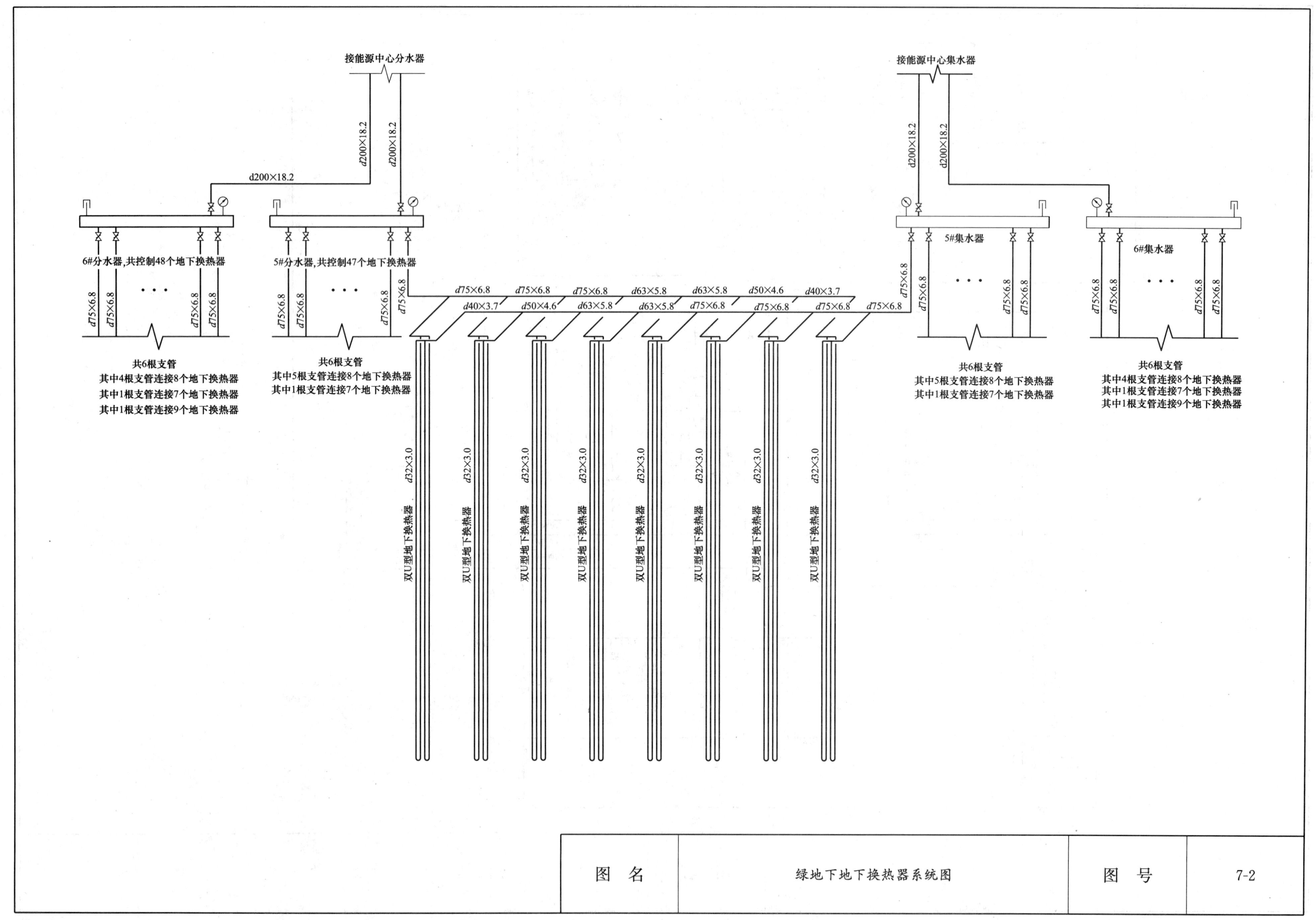

图　名	绿地下地下换热器系统图	图　号	7-2

第八章　苏州火车站车站建筑（站房北区）

江苏枫叶能源技术有限公司　姜睿

苏州火车站改造工程在南临古护城河风景带、北接平江新城商业金融中心区的原址上进行。工程包括对现有京沪普速车场进行改扩建、新建沪宁城际车场线下工程以及新建存车场、旅客站房、无柱雨棚等客运设施。工程概算总额23.23亿元，由铁道部和苏州市政府共同出资建设。

一、工程概况

苏州站新建站房工程由南侧普速站房、北侧城际站房和跨线高架候车厅三部分组成，总建筑面积85717m^2，其中地上建筑为54445m^2，地下空间部分为31272m^2，建筑总高度31.25m。该工程地埋管换热器系统夏季设计冷负荷为8802kW，设计热负荷为4880kW。

项目设计：铁四院、中建院及枫叶能源联合设计；

施工单位：江苏枫叶能源技术有限公司；

开工日期：2009年5月18日。

二、工程说明

1. 该项目分为南北两个区，两区负荷基本相同，现施工的为北区。地埋管换热器系统为竖直埋管换热器系统。参照江苏枫叶能源技术有限公司《苏州火车站地源热泵系统土壤热物性试验测试报告》，竖直双U形埋管，冬季每米孔深的提取热量按54.1～55.4W/m计，夏季释放热量按62.3～65.1W/m计，施工前再做测试井，并根据新测试数据复核井位数量及埋管直径。钻孔埋管换热器采用并联双U形埋管方式，埋管管径暂定为*DN*25，钻孔间距为3～6m，孔径为130mm，钻孔深度103m，有效深度为101m。埋孔区域为基坑承台及桩基之间位置。以此计算地埋孔的数量能承担3114kW的冷量，其余1287kW冷量，采用冷却塔＋水冷螺杆机组补充。

2. 北区每8个孔为一个子环路，同一个子环路之间的管路，采用同程式连接，子环路供、回水管管径均为*DN*90；每6个或8个子环路作为一个子系统；共计2个子系统，120个孔。

3. A、B区每10个孔为一个子环路，同一个子环路之间的管路，采用同程式连接，子环路供、回水管管径均为*DN*90；每6个子环路作为一个子系统，共计2个子系统，120个孔。C、D、E、F区每10个孔为一个子环路，同一个子环路之间的管路，采用同程式连接，子环路供、回水管管径均为*DN*90；每8个子环路作为一个子系统；共计4个子系统，320个孔。

4. 六个区共设3个检查井，大小均为4900mm×2600mm×2500mm，每个检查井中设置两组分、集水器，分、集水器通过供回水干管接入冷冻机房。

5. 为保证系统水力平衡，在回水管上均设置静态平衡阀。

6. 在地下设置了12个测温孔，每孔放置3个测温探头，用以监测地温的变化趋势。

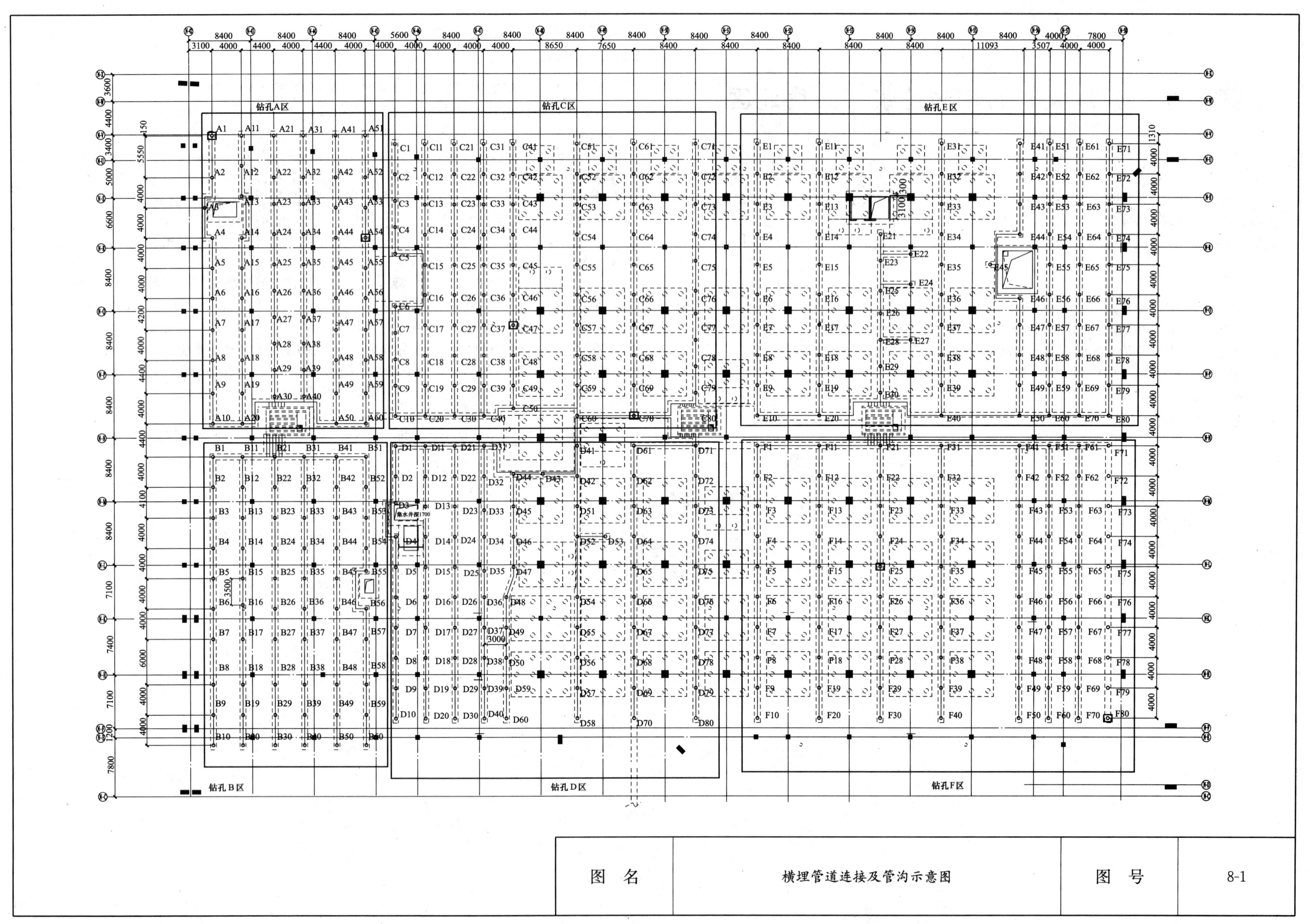

图 名	横埋管道连接及管沟示意图	图 号	8-1

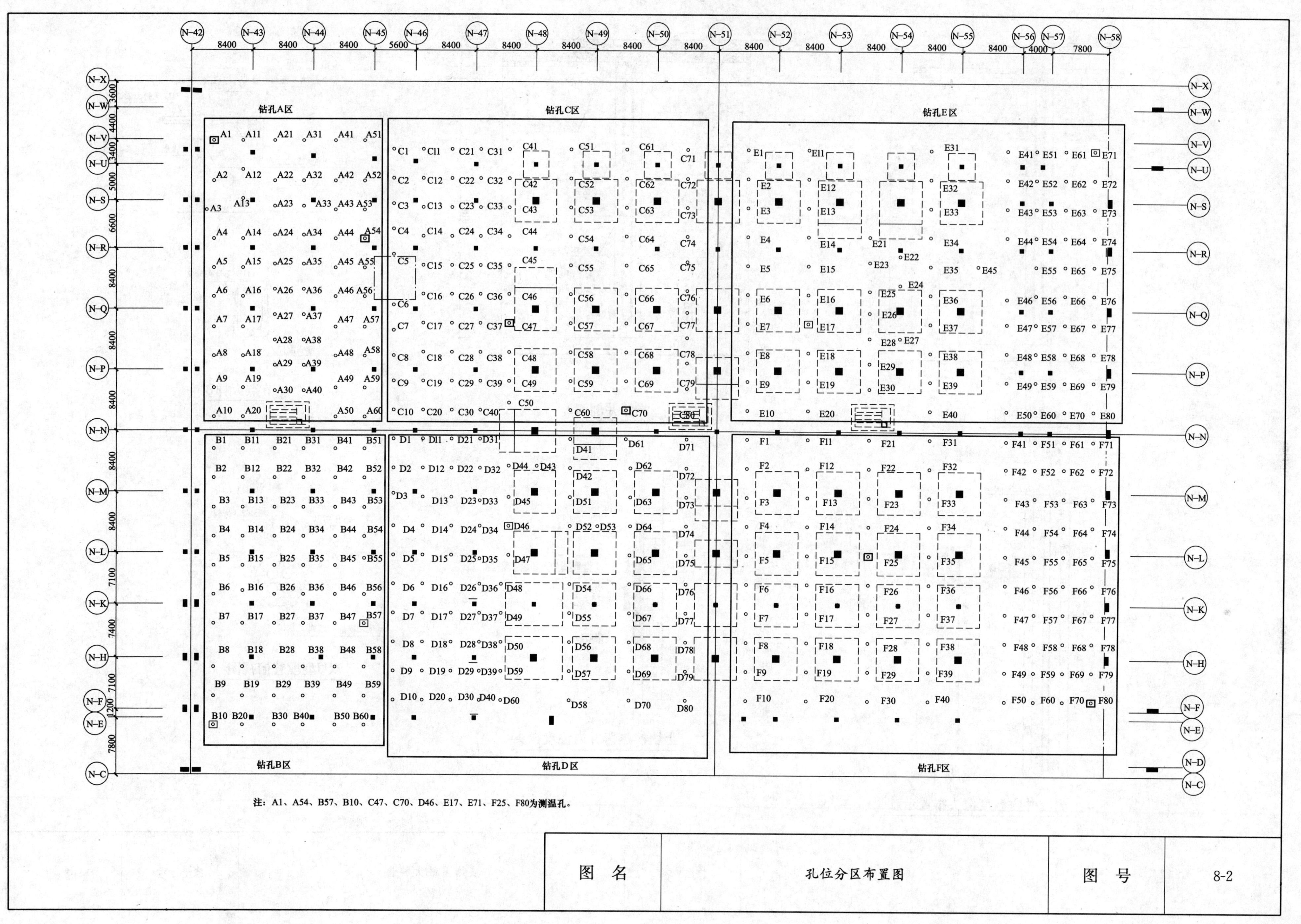
钻孔A区
钻孔B区
钻孔C区
钻孔D区
钻孔E区
钻孔F区
注：A1、A54、B57、B10、C47、C70、D46、E17、E71、F25、F80为测温孔。
图 名
孔位分区布置图
图 号
8-2

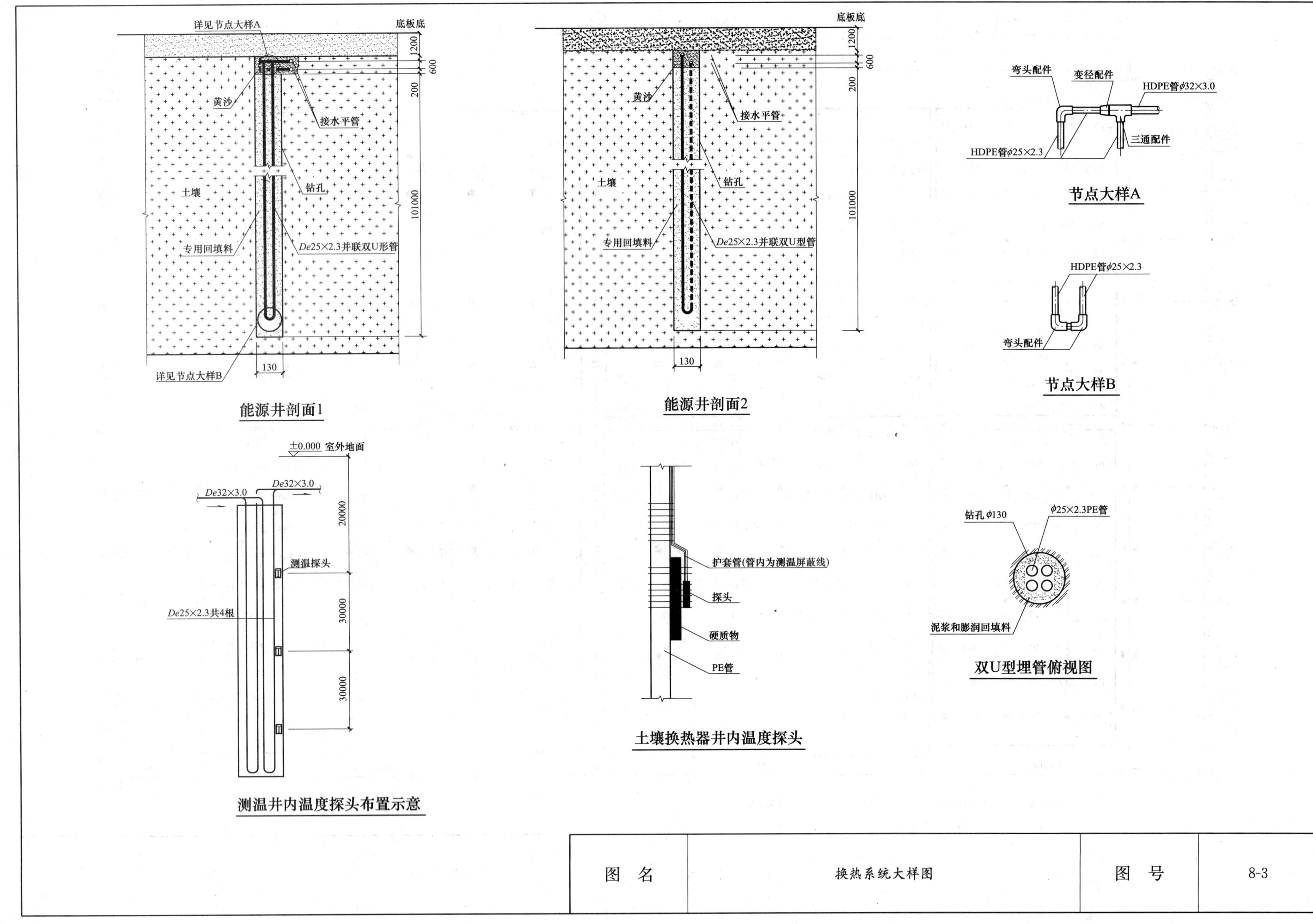

图　名	换热系统大样图	图　号	8-3

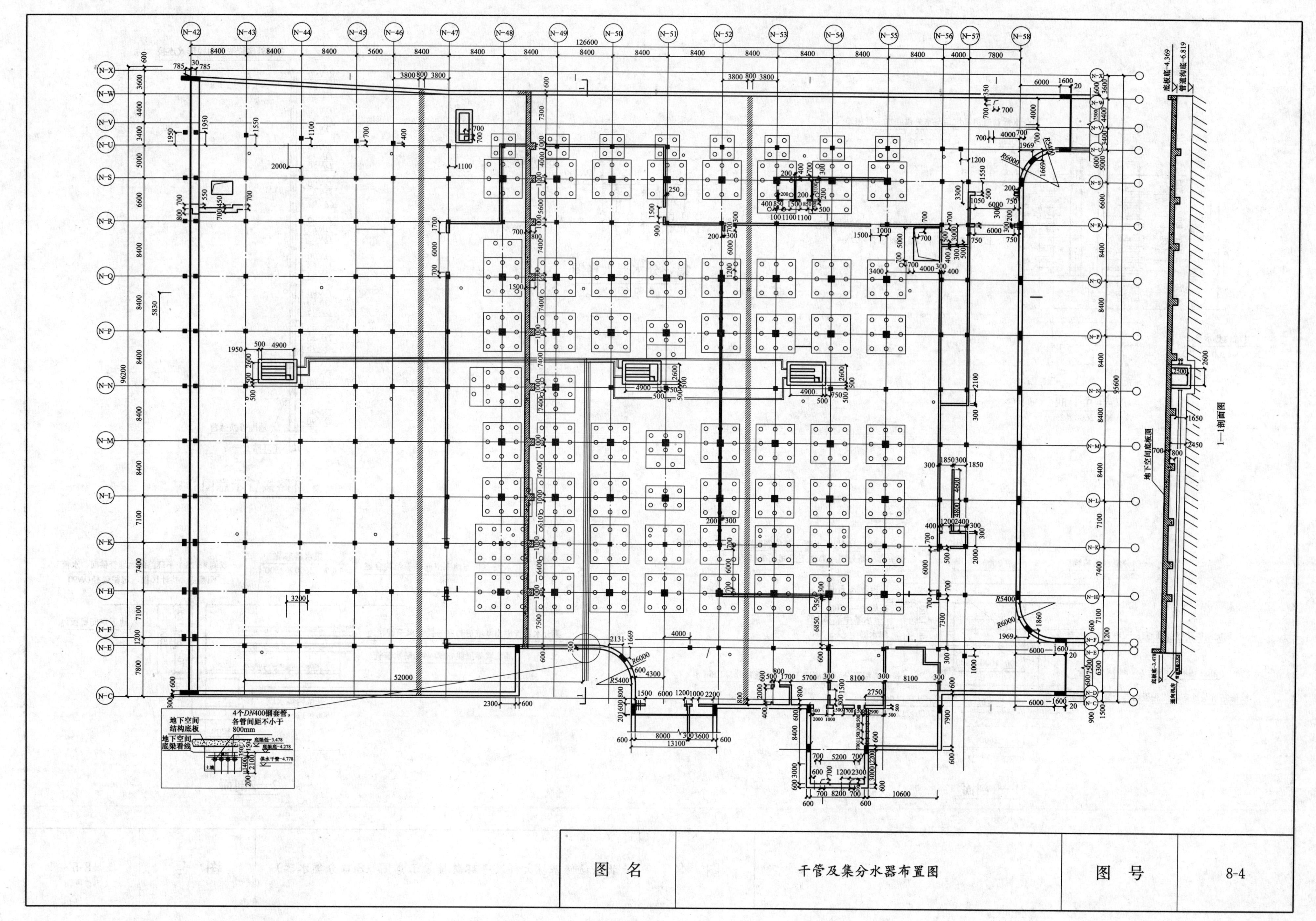

图 名	干管及集分水器布置图	图 号	8-4

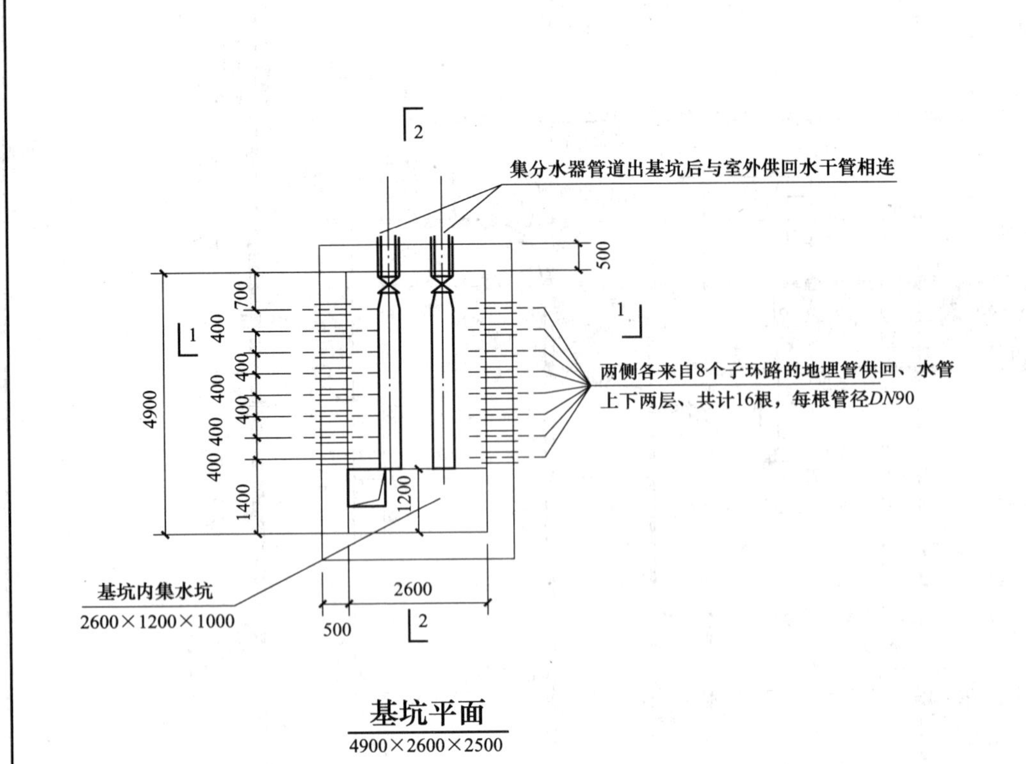

基坑平面

4900×2600×2500

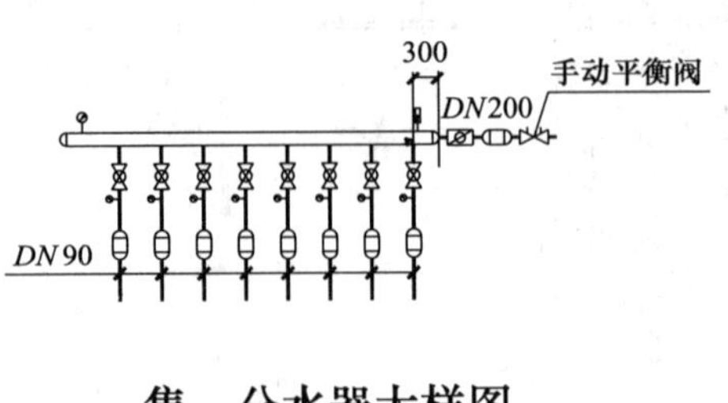

集、分水器大样图

ϕ300×3000

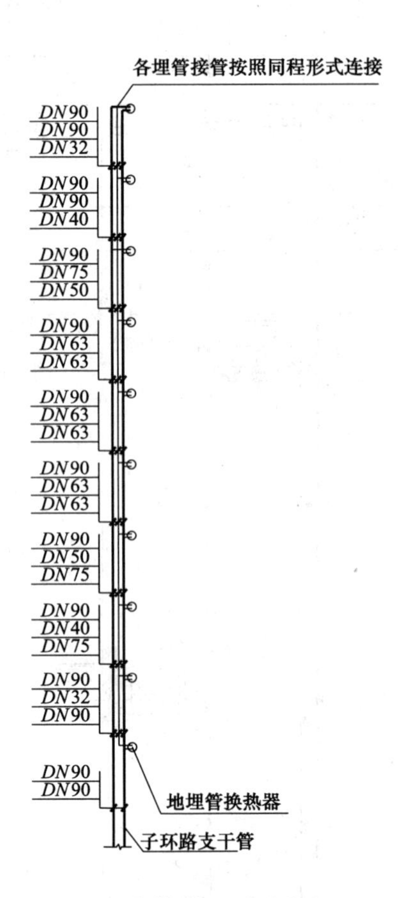

子环路接管示意图

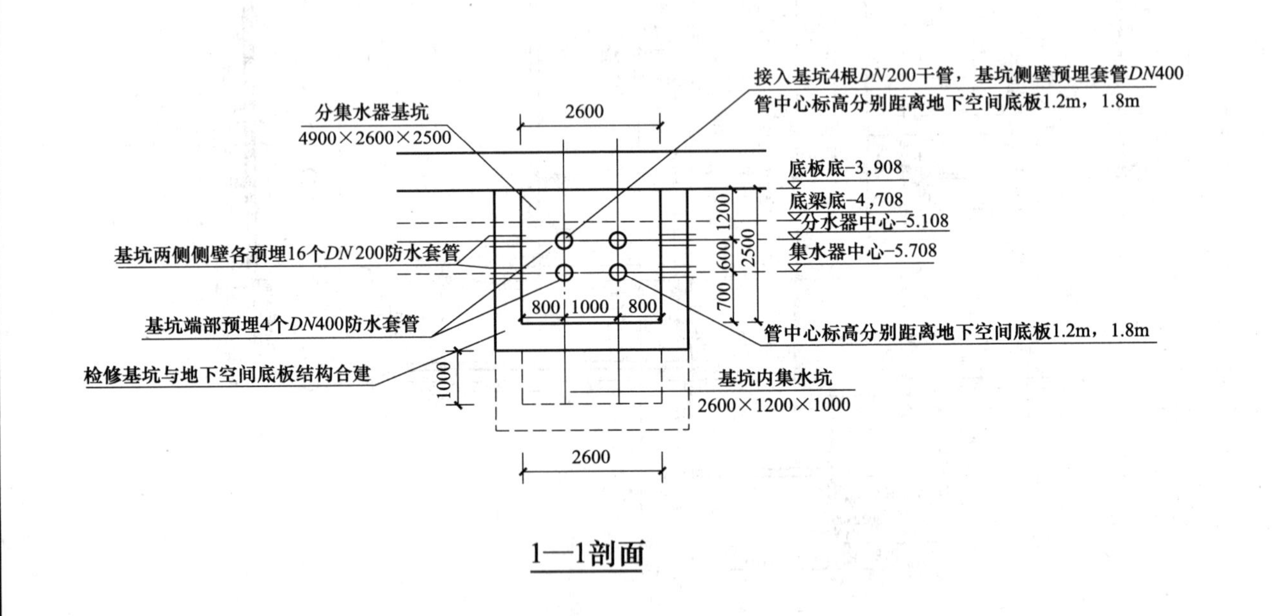

1—1剖面

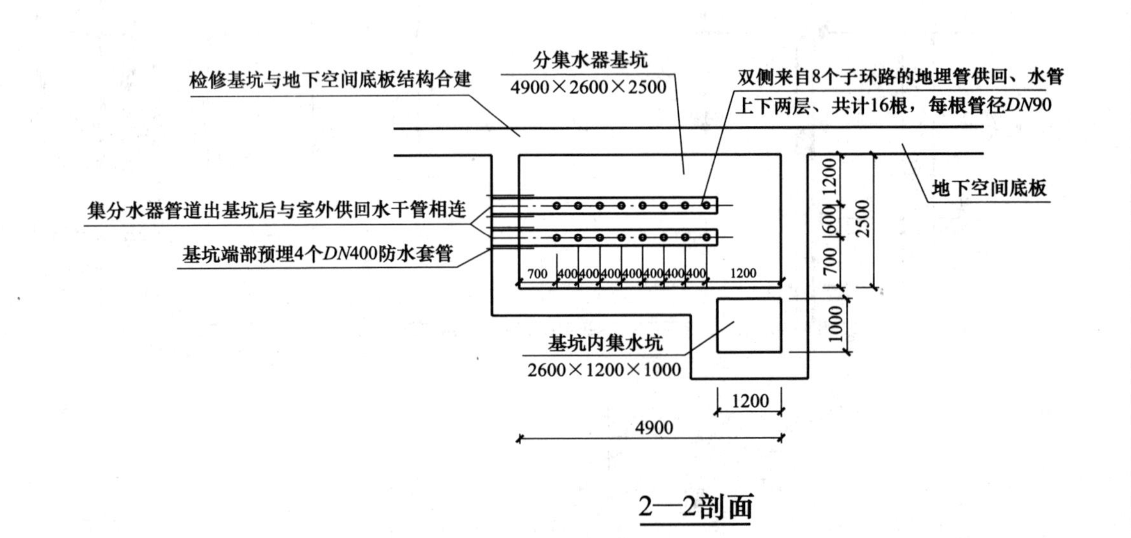

2—2剖面

图 名	北区检修基坑大样及子环路接管示意图（8口分集水器）	图 号	8-5

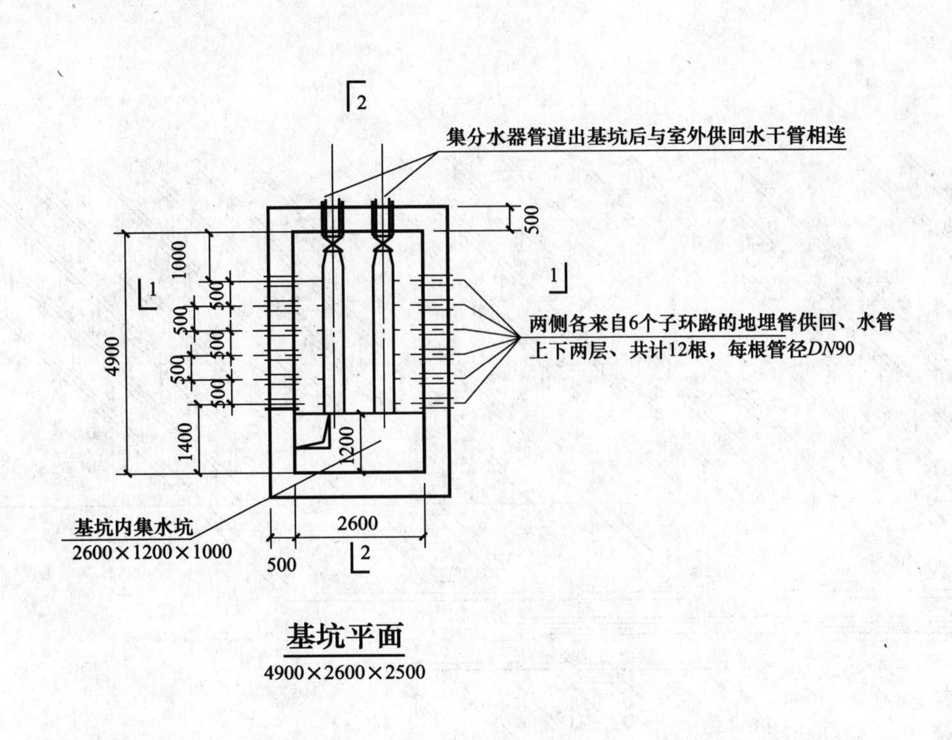

基坑平面

4900×2600×2500

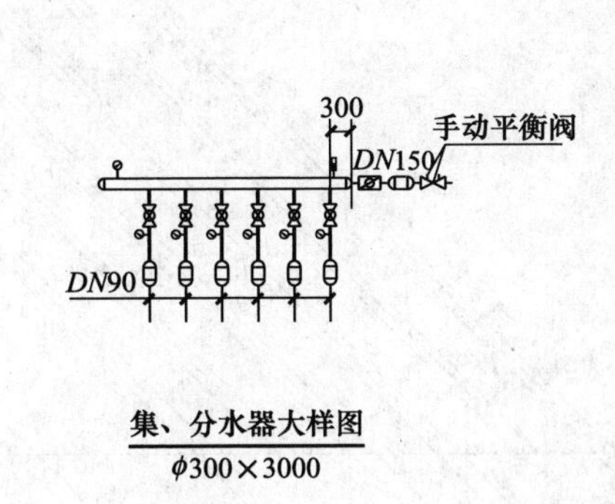

集、分水器大样图

φ300×3000

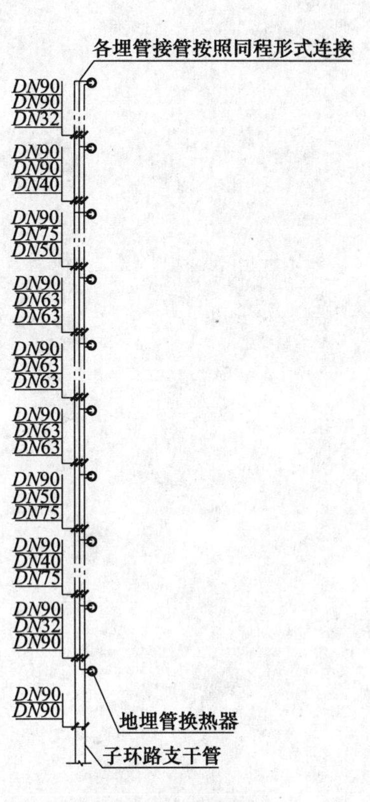

子环路接管示意图

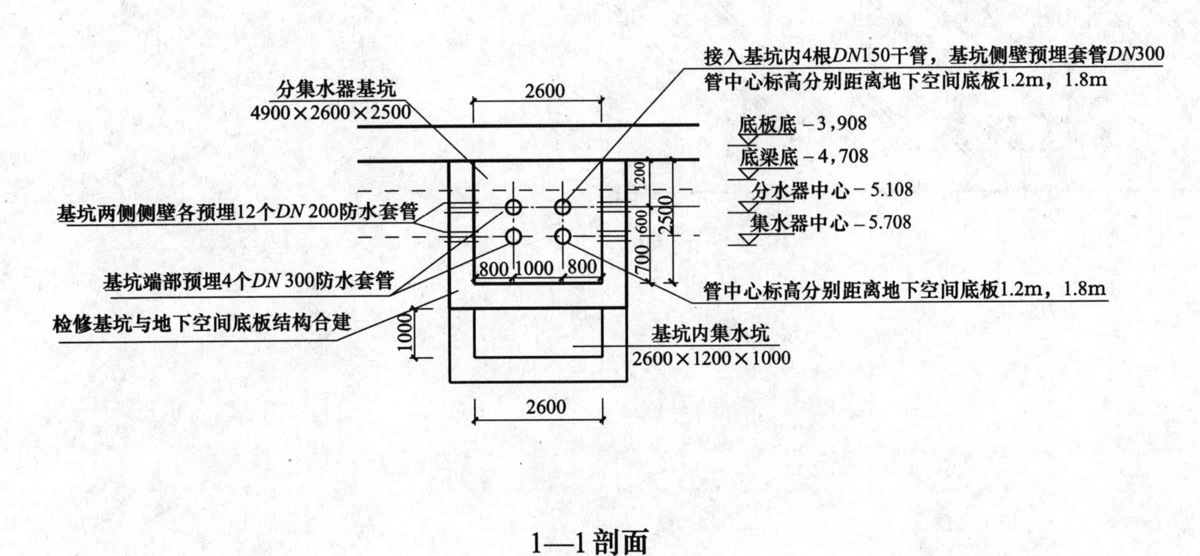

1—1剖面

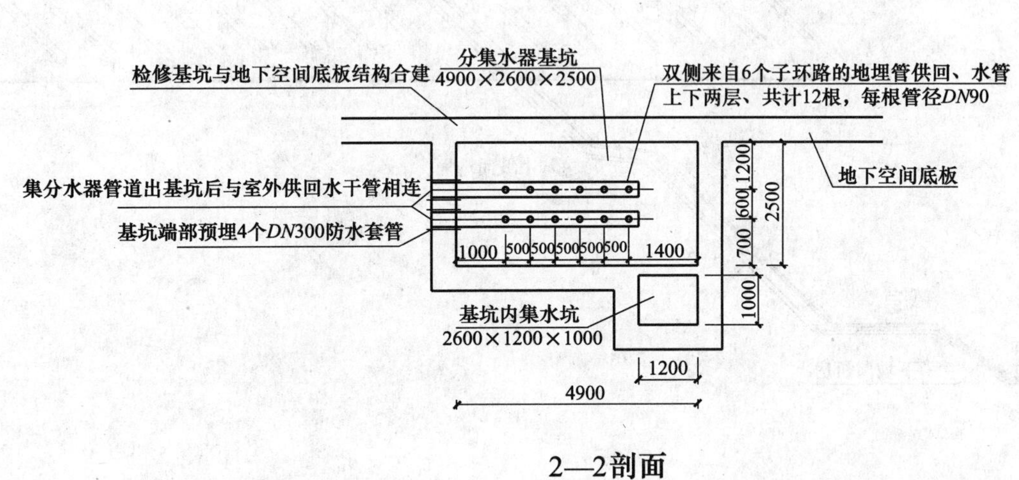

2—2剖面

图　名	北区检修基坑大样及子环路接管示意图（6口分集水器）	图　号	8-6

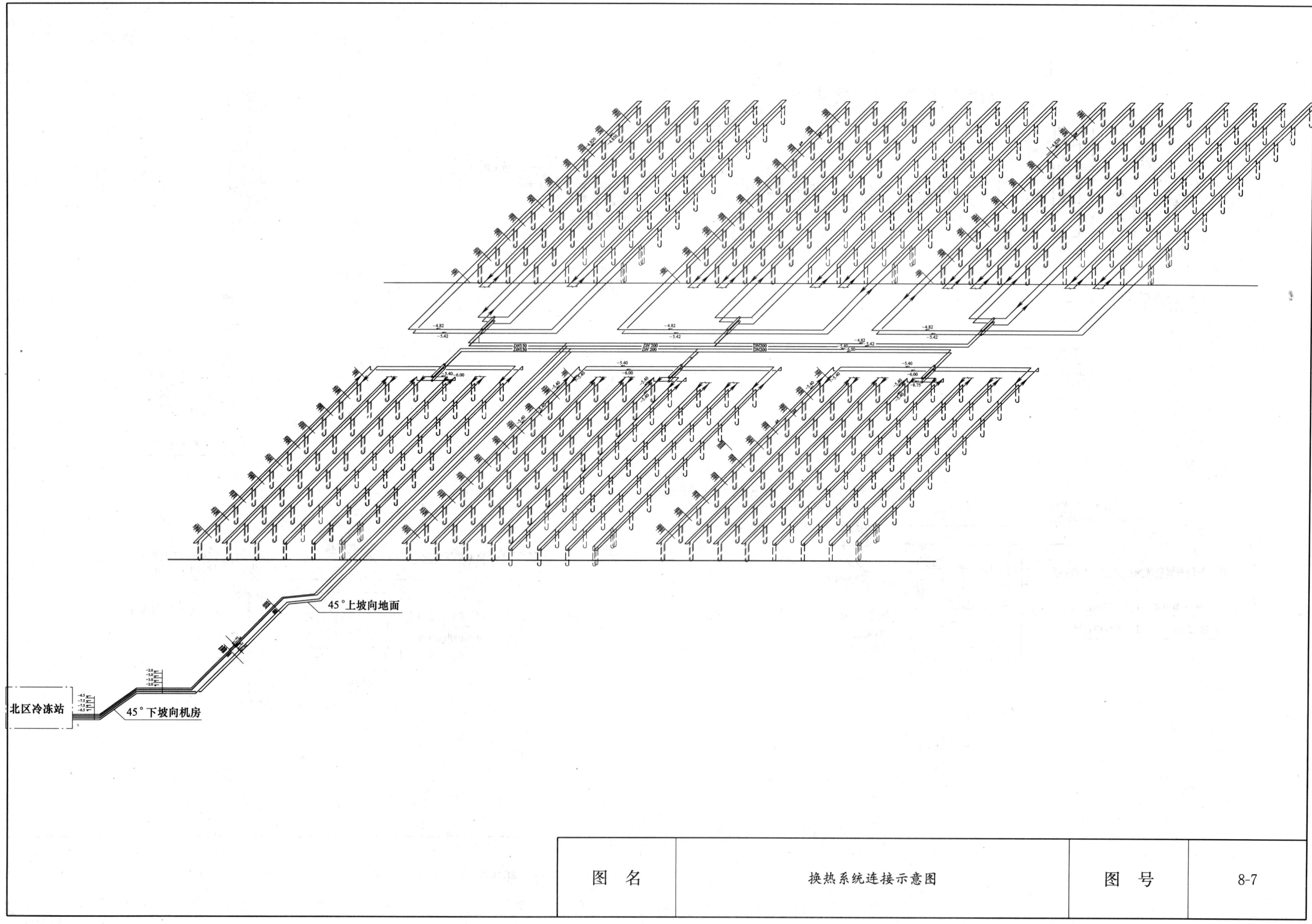

图 名	换热系统连接示意图	图 号	8-7

第九章 天津公馆

天津市建筑设计院 伍小亭 赵斌 芦岩

一、工程概述

1. 建筑概述

天津公馆位于天津市解放南路与绍兴道交口，由A、B、C三座单体建筑组成，总建筑面积54000m²，其中公共建筑建筑面积15000m²，住宅建筑面积39000m²，建筑风格为ART DECO风格，建筑主要功能为商业、办公与住宅，是一座集办公与住宅于一身的高档建筑，建筑总高度99.6m。建筑总图及效果图如图9-1～图9-3所示。

2. 市政资源概况

根据天津公馆市政规划情况，其周围可利用的市政资源主要为：电力、热力、城市原生污水、燃气。市政资源规划如图9-4所示。

3. 原空调及采暖系统设计概况

根据甲方提供的天津公馆建筑及暖通等相关专业设计图纸，天津公馆设计负荷情况如下：设计总冷负荷1070kW，设计总热负荷2200kW，生活热水负荷600kW。天津公馆原空调、采暖系统设计概况见表9-1。

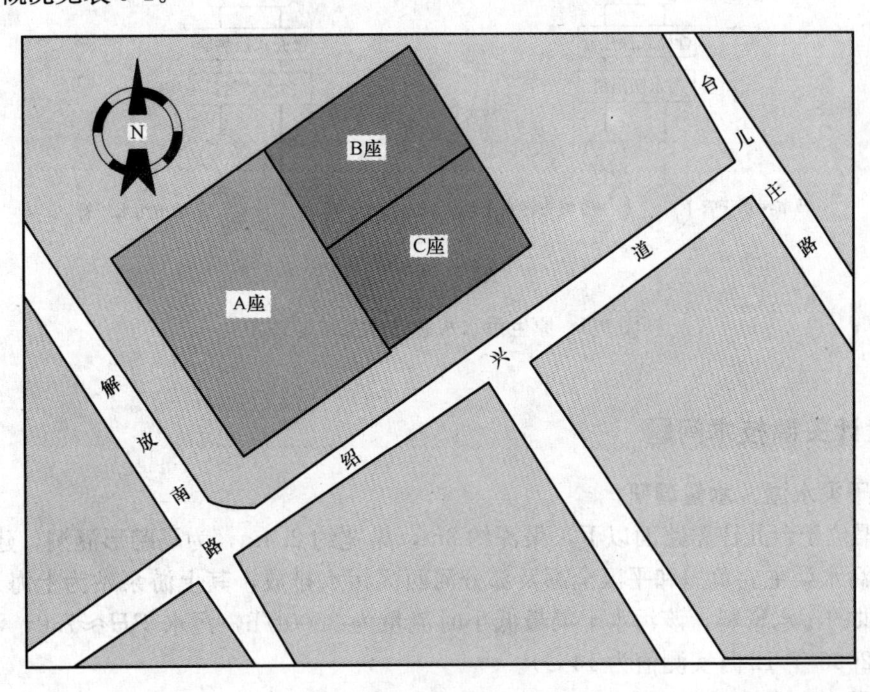

图9-1 规划总图

图9-2 立面效果图

图9-3 夜景效果图

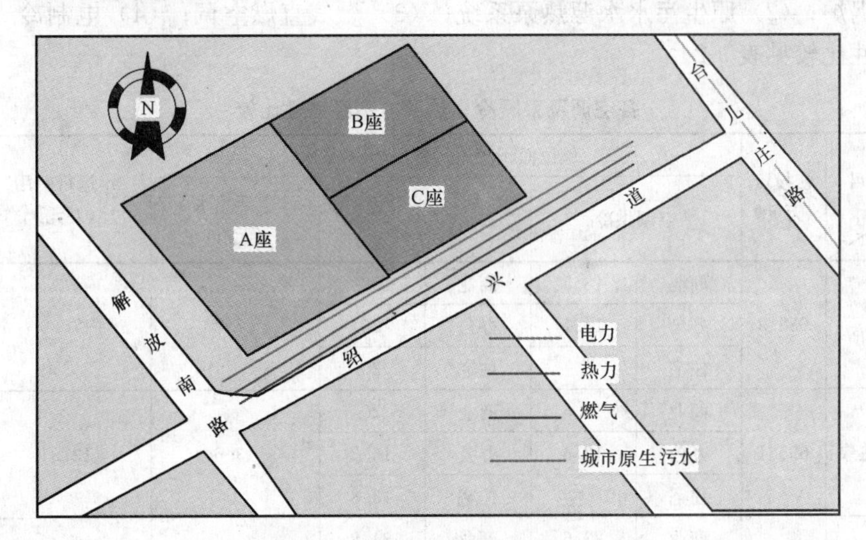

图9-4 市政资源规划图

原空调、采暖系统设计概况表 表9-1

项 目	地下停车场及人防设施	A座商业及办公	A座住宅低区	A座住宅高区	B、C座办公	B、C座住宅
位置	B1～B2	A座1～5F B、C座1～3F	6～18F	19～26F	1～2F	3～7F
冷/热源形式	市政热网（热源）	冷水机组/市政热网	VRV/市政热网	VRV/市政热网	市政热网（热源）	

续表

项　　目	地下停车场及人防设施	A座商业及办公	A座住宅低区	A座住宅高区	B、C座办公	B、C座住宅
装机容量(kW)	冷水机组:1070kW 市政热网:900kW		市政热网: 602.3kW	市政热网: 309.6kW	市政热网: 385.2kW	
末端系统形式	吊顶新风机组	风机盘管 +新风	VRV+地板及散热器采暖	VRV+地板及散热器采暖	户式空调+地板及散热器采暖	
冬、夏季系统供、回水温度(℃)	60/50(冬)	60/50(冬) 7/12(夏)	55/45(冬)	55/45(冬)	55/45(冬)	
机房及换热站位置	A座B1				B座B1	

二、方案比选

1. 方案比选概述

本工程市政资源条件良好，除常规资源电力、市政热网、燃气外，还具有水量丰富的城市原生污水资源：市政污水干渠位于台儿庄路路面以下，距天津公馆直线最近距离约 100m。根据以上可利用的市政资源情况，构造 4 种空调及采暖冷热源方案，并对其进行经济技术分析与比较。

2. 方案比选

根据天津公馆市政资源情况，构造的 4 种空调及采暖冷、热源方案为：(1) 电制冷+市政热网+燃气锅炉；(2) 原生污水水源热泵系统；(3) 燃气直燃空调；(4) 电制冷+燃气锅炉。各方案经济性比较见表 9-2。

各空调及采暖冷、热源方案经济性比较　　　表 9-2

方案＼项目	初投资(万元)	单位面积年运行费用(元/m²)：空调供冷		供热		生活热水(元/t)	年运行费用(万元)	LCC(万元)
电制冷+市政热网+燃气锅炉	638.3	商业	18.5	商业	26	17.8	170.9	4056.3
		办公	14.1	办公	26			
		住宅	—	住宅	20			
原生污水水源热泵	695.1	商业	16.4	商业	20	13.6	127.1	3237.1
		办公	12.6	办公	16.2			
		住宅	—	住宅	13.8			
燃气直燃空调	670.1	商业	23.6	商业	24.8	17.8	160.3	3876.1
		办公	18	办公	20			
		住宅	—	住宅	17.1			
电制冷+燃气锅炉	514.9	商业	18.5	商业	24.8	17.8	156.7	3648.9
		办公	14.1	办公	20			
		住宅	—	住宅	17.1			

3. 方案比选结论

根据对构造的 4 种冷、热源方案进行的初投资、运行费用及寿命周期成本（LCC）的分析，得出以下结论：(1) 4 种冷、热源方案中，电制冷+燃气锅炉的冷、热源方案初投资最低，原生污水水源热泵系统的初投资最高；(2) 原生污水水源热泵系统的运行费用最低，电制冷+市政热网+燃气锅炉的运行费用最高；(3) 20 年寿命周期成本，电制冷+市政热网+燃气锅炉的 LCC 最高，原生污水水源热泵系统的 LCC 最低；(4) 在各冷、热源方案技术性均稳定可靠的前提下，最优的冷、热源方案为原生污水水源热泵系统。

三、原生污水水源热泵系统概述

原生污水源热泵系统，就循环水系统来说，分为三部分：原生污水系统、中介水系统、末端水系统。其原理为，冬季：原生污水在换热器内向中介水放热，中介水在热泵机组内被提取并转移热量给末端水系统，末端水在热用户内放热，满足热需求；夏季：末端水在冷用户内吸收热量后，在热泵机组内被提取并转移热量给中介水系统，中介水吸收热量后在换热器内向原生污水放出热量，吸收热量的原生污水最终排至污水干渠。其原理如图 9-5 所示。

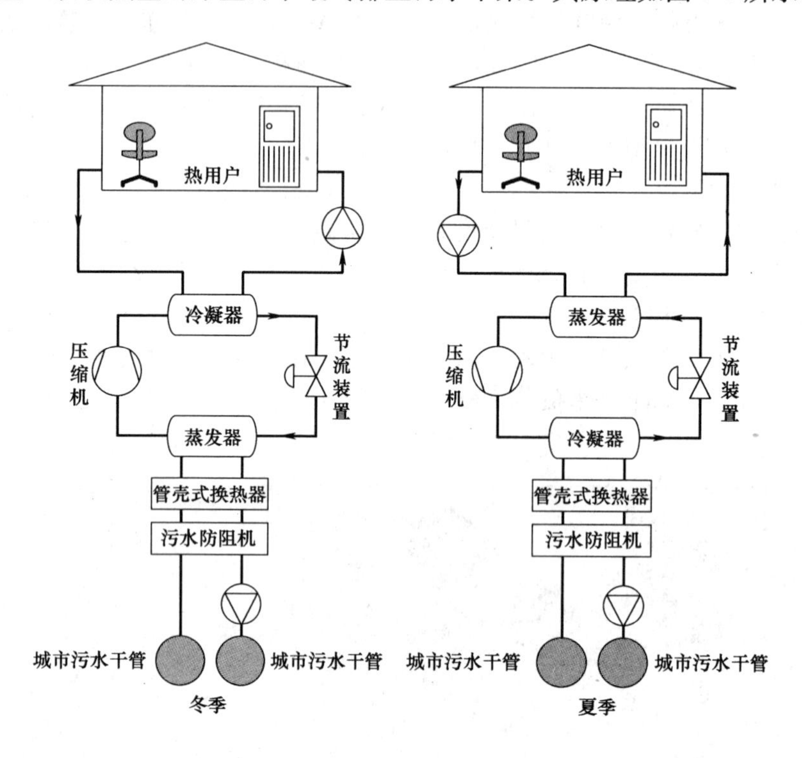

图 9-5　原生污水水源热泵系统原理图

四、系统设计关键技术问题

1. 污水干渠水温、水量调研

污水干渠位于台儿庄路路面以下，渠深约 3m，渠宽约 2.4m，为马蹄形涵洞，建于 20 世纪 50 年代，该污水渠主要负担和平区全部及部分河西区污水排放，其上游泵站为上海道泵站。根据排管处提供的污水资料，该污水干渠最低小时流量为 3600t/h，污水 $PH \approx 7.0$，污水最低温度为 13℃（2006 年 12 月实测值为 14℃）。

2. 原生污水水源热泵系统优化配置

系统优化配置关键在于热泵机组冷凝器及蒸发器冬、夏季工况进出水温度的确定，通过详细工程计算并与水源热泵机组制造商沟通，确定本工程原生污水源热泵系统合理的运行参数。

3. 污水换热器的计算

原生污水作为一种特殊水质，具有黏度大（是清水黏度的3倍）、水质恶劣且组分不确定的特点，显著影响换热器的换热能力。设计者从基本的传热学原理与计算方法出发，设计污水换热器，并且与普通换热器制造商的计算数据对比，以校核污水换热器计算结果，最后经污水换热器专利发明方审核，得到发明方的肯定。

4. 原生污水水源热泵系统热回收方式的确定

该项目有夏季供冷和夏季生活热水需求，系统设计考虑进行热回收，减少夏季系统运行费用，提高系统经济效益。夏季热回收方式主要分为3种：热回收机组、机组串联热回收、并联热回收，但采取哪种热回收方式最佳，设计者进行了详细的分析。系统形式与热回收方式分析如表9-3所示。

各种热回收方式比较　　表9-3

项　目	热回收方式		
	热回收机组	机组串联热回收	机组并联热回收
优势	系统结构简单 热回收效果好 自控系统简单	热回收效果好 机组造价低	系统结构简单 自控系统简单 机组造价低
缺点	机组造价高 非空调季能耗高	系统结构复杂 自控系统复杂 采用电动阀较多，系统稳定性差	热回收效果一般

由于本工程空调夏季排热与生活热水热负荷交集不明显，为了使系统稳定运行，简便操作，易于管理，确定热回收方式为机组并联热回收，即能量环式热回收。

五、设计依据

《采暖通风与空气调节设计规范》GB 50019—2003；
《空气调节设计手册》；
《供暖通风设计手册》；
《民用建筑热工设计规范》GB 50176—93；
《民用建筑采暖通风设计技术措施》；
《民用建筑节能设计标准》DBJ 29-1—97；
甲方提供的有关文字及图纸资料。

六、设计范围

1. 室内污水取水工艺管道设计。
2. 热泵机房原生污水源热泵系统工艺设计。
3. 热泵机房原生污水源热泵系统智能化控制方案设计。
4. 采暖及生活热水系统优化方案。

七、系统运行参数

经优化后的原生污水水源热泵系统的运行参数见表9-4。

原生污水源热泵系统运行参数　　表9-4

项　目	冬　季	夏　季
污水供、回水温度(℃)	13/9	26/30
中介水供、回水温度(℃)	5/10	35/30
空调、采暖系统水供、回水温度(℃)	55/45	7/12
生活热水(℃)	50	50

八、系统节能设计

1. 采用可再生能源——城市原生污水，作为建筑物夏季冷源与冬季热源，减少冬季采暖一次能源消耗。

2. 本项目具有夏季生活热水需求，原生污水水源热泵系统采用能量环对空调系统的夏季排热进行热回收，减少系统运行能耗。

3. 采暖高区采用恒定最不利环路末端压差的一次泵变频设计，减少系统运行能耗。

4. 污水干渠至室外污水井取水采用重力取水，减少系统运行能耗。

设 计 说 明

一、工程概况

本工程为天津公馆工程原生污水源热泵系统。天津公馆工程总建筑面积约 54000m²，地下 2 层，地上 26 层，总高度 99.6m，主要功能为办公、住宅、公寓。

二、设计依据

1.《采暖通风与空气调节设计规范》GB 50019—2003；
2.《全国民用建筑工程设计技术措施节能专篇—暖通空调动力》；
3.《供暖通风设计手册》；
4.《空气调节设计手册》(第二版)；
5.《通风与空调工程施工质量验收规范》GB 50243—2002；
6. 甲方提供的设计任务书及文字资料；
7. 天津公馆原设计单位提供的图纸资料；
8. 九河设计公司提供的室外原生污水水量、水温、管网设计资料。

三、设计参数

1. 原生污水计算参数

本工程位于天津市河西区解放南路与绍兴道交口，距天津公馆 100m 台儿庄路下的污水干渠内污水计算参数如下：

夏季		冬季	
污水计算温度	26℃	污水计算温度	13℃
最低小时流量		3600t/h	
系统设计所需污水小时流量		530t/h	

2. 冷、热负荷

本工程设舒适性空调及低温地板辐射采暖系统，根据甲方提供的原空调、采暖系统设计图纸，冷、热负荷见下表：

参数 名称	夏季 冷负荷	冬季 热负荷	资用压力 (未含站房)	定压值	服务区域
A 座空调系统	1070kW	900kW	117kPa	707kPa	A 座 1～5F
A 座低区采暖系统	—	602kW	53kPa	707kPa	A 座 6～18F
A 座高区采暖系统	—	310kW	56kPa	1000kPa	A 座 19～26F
B、C 座采暖系统	—	385kW	32kPa	245kPa	B、C 座 1～7F
生活热水	—	600kW	—	—	
总计	1070kW	2797kW	—	—	

3. 系统原理

本工程以原生污水作为水源热泵的间接热源与热汇，采用闭式污水源热泵系统，污水先将热量或冷量传递给清洁水（起中介导热作用，又称介质水），介质水再进入热泵机组进行冷热量转换。系统基本原理如下图：

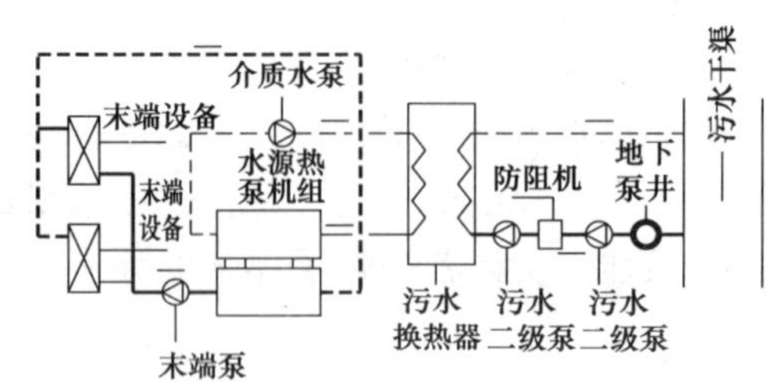

4. 系统运行参数

系统运行参数见下表：

参数 名称	夏季	冬季
原生污水供、回水温度	26/30℃	13/9℃
介质水供、回水温度	35/30℃	10/5℃
空调、采暖系统供、回水温度	7/12℃	55/45℃(住宅低区) 53/43℃(住宅高区)
生活热水换热一次水供、回水温度	55/50℃	

四、设计范围

1. 热泵机房原生污水源热泵系统工艺管道设计；
2. 室内污水送、回水工艺管道设计；
3. 热泵机房原生污水源热泵系统工艺控制方案设计；
4. 室外污水泵井工艺设计。

五、设计内容

1. 热泵机房原生污水源热泵系统

（1）采用 2 台水源热泵机组，单台机组制热量为 1100kW，制冷量为 1070kW，低区系统采用直供式，高区系统采用换热机组间接供应采暖热水，由单设的 1 台高温型水源热泵机组作为生活热水热源，机组制热量为 1070kW。

（2）夏季运行 1 台水源热泵机组，为裙房部分提供空调冷水；冬季运行 2 台水源热泵机组，为整个建筑提供采暖及空调热水；生活热水用高温型水源热泵机组全年常开，制备生活热水。

2. 原生污水动态防阻

原生污水动态防阻采用污水防阻机 3 台，单台额定流量 135t/h，污水防阻机内滤网依据连续反冲洗原理，实现污水动态防阻，以保证污水防阻机后原生污水管道内污水相对清洁，不堵塞换热设备。

图 名	设计、施工说明及图例	图 号	9-1

3. 原生污水换热

采用管壳式换热器，原生污水在管束内与介质水换热，减少原生污水对换热器的腐蚀。

4. 室外污水泵井

（1）原生污水室外污水泵井设置在建筑物红线以内，地下设置，选用可自耦安装的污水潜水泵。

（2）污水潜水泵4台，单台额定流量135t/h，井内设置液位监测装置。

5. 控制

（1）机组台数控制：空调采暖用热泵机组以手动方式控制机组及相应设备的启停台数；高温型机组根据生活热水储水箱内温度自动控制启停。

（2）机组启停控制：污水一次泵、污水二次泵、介质水循环泵及空调水循环泵首先启动，水泵启动2～3min后水源热泵机组启动；停机时，首先关闭水源热泵机组，所有循环水泵延迟2～3min后停止运行。

（3）机组自身控制：机组在运行过程中靠自身节能程序，依回水温度调节单机出力；机组两器进水管电磁阀与机组连锁控制开启与关闭。

（4）高区换热机组水泵变频：采用恒定最不利环路末端压差控制水泵变频。

（5）自动定压补水投药器控制：根据安装于补水箱上的液位计的高低液位，自动控制进水电磁阀和加药泵的启闭。当达到液位低限时，进水电磁阀打开，同时启动加药装置中的加药泵自动加药；当达到液位高限时，进水电磁阀关闭，当加药量达到计算药量时，加药泵停止。

6. 污水系统运行策略

污水系统运行策略

运行阶段		空调季	采暖季	平时
启动控制组		Z1/Z2	Z1、Z2	Z1/Z2
启动相关子部件	阀组	FZ1/FZ2	FZ1、FZ2	FZ1/FZ2
	泵组	BZ1/BZ2	BZ1、BZ2	BZ1/BZ2

施 工 说 明

1. 空调工程施工应满足《通风与空调工程施工质量验收规范》GB 50243—2002的要求。

2. 水源热泵机组、循环泵、变频定压补水装置等的安装调试均应按厂商提供的有关资料进行。

3. 所有设备均应采用避振构造安装，所有设备与管道的连接均为避振喉法兰连接，管道在穿越墙壁时，应在管道与套管之间填充沥青麻丝。水源热泵机组设橡胶减振垫基础，水泵做减振基础。水泵应选用优质低噪声卧式离心水泵。热泵机房采用隔声吸声措施。

4. 所有管道在穿越楼板、墙壁处应设较相应管径（对于保温管为保温后的外径）大2号的钢套管。

5. 所有非污水系统管道当管径≤*DN*100时采用焊接钢管，管径>*DN*100时采用无缝钢管，管径≤*DN*32时连接件均做内涂环氧树脂防腐处理。

6. 管道均采用支、吊架安装，管道支、吊架间距及吊杆规格详见05N4-2。保温管道在支、吊架上安装时应设软木填充体。

7. 本设计要求所有空调冷热水系统上的阀门工作压力不小于1.5倍的冷热水工作压力。阀径≤*DN*50时丝接或法兰连接，>*DN*50时法兰连接，所选蝶阀建议采用衬胶型密封，球阀建议采用全青铜构造，≥*DN*150电动两通阀可采用蝶阀阀体。

8. 水源热泵机组应在进、出水管留有冲洗管法兰接口。空调水系统应在隔断设备、冲洗干净后方可与设备接通，系统投入运行。

9. 所有空调管道安装完毕后均应清洗并进行水压试验，各系统试验压力见表1。

10. 空调冷热水系统及所涉及的阀门、分集水器均应保温，保温材料为一级黑色发泡橡塑保温管壳，（绝热层平均温度为7℃时，导热系数<0.035W/(m·K)，湿阻因子≥3500，氧指数：难燃B1级≥35，闭泡率≥95%）具体做法为：管道除锈后刷防锈漆两道，保温固定，接缝处用胶带封贴，保温厚度：管径≤*DN*50、25mm，*DN*70<管径<*DN*150、28mm，管径≥*DN*200、32mm，阀门20mm。

11. 本说明未尽部分应参照有关施工及验收规范执行。

12. 本工程对温度计、压力表要求见表2。

表1

系统 \ 系统	污水系统	介质水系统	采暖低区	采暖高区
试验压力(MPa)	0.6	0.6	1.4	1.6

表2

仪器名称	表盘直径	计量范围	仪器名称	表盘直径	计量范围
温度计(指针式)	≥100mm	0～100℃	压力表	≥150mm	0～2.0MPa

提示：

1. 本设计施工说明仅适用于本项目。

2. 本设计图中所有尺寸标注均以mm计；所有标高标注均以m计。

3. 本设计与项目其他专业设计共同构成完整文件，因此，承包商除应阅读本设计文件外，还应参考其他专业设计文件。

4. 承包商除应遵循本设计文件所列标准、规范及规程外，尚应遵循本说明未列入的国家及地方相关标准、规范及规程。

5. 图纸中所涉及到的有关设备及材料的型号，仅表示相应设备及材料的技术参数及性能指标，不用于指定特定的厂家产品。产品采购过程中，在满足国家、行业及地方相应标准的前提下，其技术参数和性能指标不应低于本设计要求，所采用的产品由业主或承包商按有关程序确定。

6. 设备表标注的数量仅供参考，待核对无误后方可订货。

图 名	设计、施工说明及图例	图 号	9-1

图　例

图　例	名　称	图　例	名　称
—LR1—	空调供水管	—B—	定压补水管
- -LR2- -	空调回水管		泄水阀 DN20
—R1—	采暖热水供水管		平衡阀(可在线测量)
- -R2 - -	采暖热水回水管		蝶阀
—W1—	原生污水供水管		逆止阀
- -W2- -	原生污水回水管		截止阀
—J1—	介质水供水管		电动两通阀(开关型)
- - J2 - -	介质水回水管		压力表
	电动两通阀(开关型)		温度计
—PQ—	排气管		流量开关
	电磁阀		安全阀
Z	控制组	FZ	阀组
BZ	泵组		闸阀

图　名	设计、施工说明及图例	图　号	9-1

水源热泵机组

序号	设备型式	单台制冷量(kW)	单台制热量(kW)	蒸发器					冷凝器					电源		COP		使用冷煤	可接受最大外型尺寸	运行重量(kg)	数量(台)	备注
				进/出水温(℃)		水侧工作压力(MPa)	水流阻力(kPa)		进/出水温(℃)		水侧工作压力(MPa)	水流阻力(kPa)		功率(kW)	电压(V)							
				夏	冬		制冷	制热	夏	冬		制冷	制热			制冷	制热					
1	满液式水源热泵机组	≥1070	≥1100	12/7	10/5	1.1	≤60	≤45	30/35	45/55	1.1	≤70	≤30	275	380	≥5.7	≥4.0	R-22	4300×1800×2300	4820	2	最低允许蒸发温度1℃
2	高温型水源热泵机组	—	≥600	30/25	10/5	1.1	—	≤42	50/55	50/55	1.1	—	≤70	200	380	—	≥3.0	R-22	3340×1200×1560	4230	1	制热工况蒸发器进水温度范围8℃～32℃

循环水泵

序号	设备名称	设备型式	流量(m^3/h)	扬程(mH$_2$O)	功率(kW)	电压(V)	转速(r/min)	吸入口压力(MPa)	工作压力(MPa)	设计点效率(%)	数量(台)	备注
3	污水二级泵	立式	135	29	≤18	380	1450	—	—	68	4	
4	满液式水源热泵介质水循环泵	卧式离心	150	21	≤15	380	2900	0.08	0.03	76	3	二用一备
5	高温型水源热泵介质水循环泵	卧式离心	75	20	≤7	380	2900	0.08	0.03	70	2	一用一备
6	空调水循环泵	卧式离心	95	24	≤11	380	2900	0.71	0.71	74	3	二用一备
17	生活热水换热循环泵	立式	105	17	≤9	380	2900	—	0.04	76	2	一用一备

其他设备

序号	设备名称	防阻物尺寸(mm)	流量(m^3/h)	阻力(mH$_2$O)	功率(kW)	电压(V)	承压(MPa)	规格	重量(kg)	数量(台)	换热量(kW)	一次侧进出水温(℃)		二次侧进出水温(℃)		备注
7	污水防阻机	≥1～2	135	≤1	≤1.1	380	1.6	筒径800mm	—	4	—	夏	冬	夏	冬	
8	污水换热器	—	135	≤7	—	—	1.6	600×4500×2000	—	4	510	26/30	13/9	30/35	5/10	

定压补水加药装置

序号	设备名称	定压值(MPa)	补水泵						数量(套)	备注
			流量(m^3/h)	扬程(mH$_2$O)	功率(kW)	电压(V)	数量(台)	备注		
9	稳压膨胀加药装置	0.71	≥8	71	3.5	380	1	一用一备	1	内设补水箱(2.0m^3)
10	定压膨胀水箱	0.04	—	—	—	—	—	—	1	1200×1200×500

集分水器

序号	设备名称	承压(MPa)	规格(mm)	数量(套)	备注
11	分水器	1.0	ϕ400×2620	1	
12	集水器	1.0	ϕ400×2620	1	

快速除污器

序号	设备名称	承压(MPa)	规格(mm)	数量(台)	备注
13	快速除污器	1.0	*DN*250	1	
14	快速除污器	1.0	*DN*200	1	

换热设备

序号	设备名称	一、二次侧水阻(mH$_2$O)	工作压力(MPa)	二次侧循环水泵						换热量(kW)	一次侧进出水温(℃)	二次侧进出水温(℃)	备注
				功率(kW)	电压(V)	流量(m^3/h)	扬程(mH$_2$O)	数量(台)	备注				
15	高区换热机组	≤3	1.0	≤3	380	27	12	2	一用一备	310	55/45	43/53	实际换热量应比额定换热量大20%
16	生活热水换热器	≤6	1.0	—	—	—	—	—	—	600	55/50	50/52	实际换热量应比额定换热量大20%

潜水泵

序号	设备名称	设备型式	流量(m^3/h)	扬程(mH$_2$O)	功率(kW)	电压(V)	转速(r/min)	吸入口压力(MPa)	工作压力(MPa)	设计点效率(%)	数量(台)	备注
18	污水一级泵	立式潜水	135	15	≤11	380	1450	—	—	68	4	

图名	设备表	图号	9-2

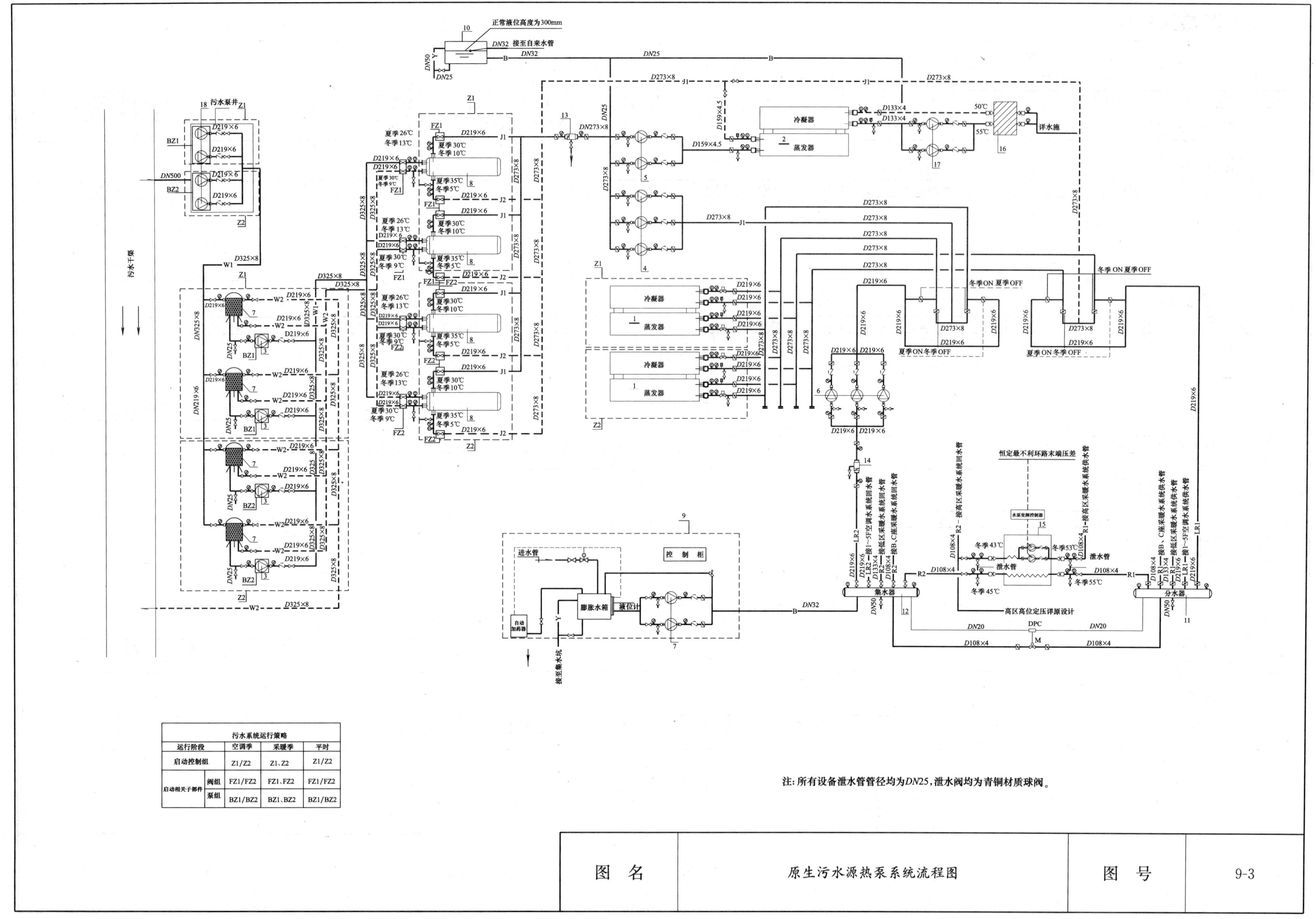

污水系统运行策略				
运行阶段		空调季	采暖季	平时
启动控制组		Z1/Z2	Z1、Z2	Z1/Z2
启动相关子部件	阀组	FZ1/FZ2	FZ1、FZ2	FZ1/FZ2
	泵组	BZ1/BZ2	BZ1、BZ2	BZ1/BZ2

注：所有设备泄水管管径均为$DN25$，泄水阀均为青铜材质球阀。

图　名	原生污水源热泵系统流程图	图　号	9-3

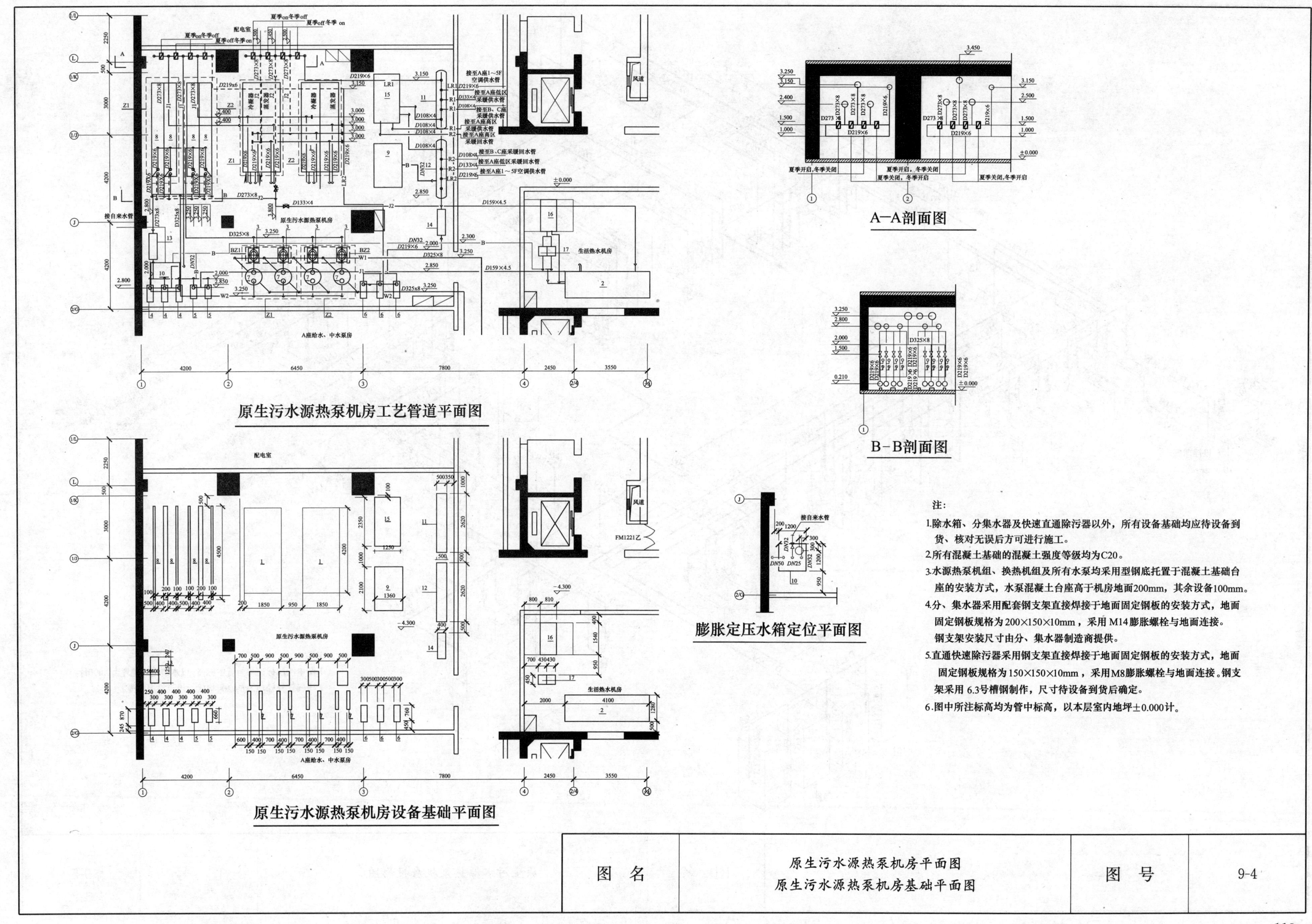

原生污水源热泵机房工艺管道平面图
原生污水源热泵机房设备基础平面图
A—A剖面图
B—B剖面图
膨胀定压水箱定位平面图
A座给水、中水泵房
原生污水源热泵机房
生活热水机房
配电室
风道
接自来水管
夏季开启,冬季关闭
夏季关闭,冬季开启
注:
1.除水箱、分集水器及快速直通除污器以外,所有设备基础均应待设备到货、核对无误后方可进行施工。
2.所有混凝土基础的混凝土强度等级均为C20。
3.水源热泵机组、换热机组及所有水泵均采用型钢底托置于混凝土基础台座的安装方式,水泵混凝土台座高于机房地面200mm,其余设备100mm。
4.分、集水器采用配套钢支架直接焊接于地面固定钢板的安装方式,地面固定钢板规格为200×150×10mm,采用M14膨胀螺栓与地面连接。钢支架安装尺寸由分、集水器制造商提供。
5.直通快速除污器采用钢支架直接焊接于地面固定钢板的安装方式,地面固定钢板规格为150×150×10mm,采用M8膨胀螺栓与地面连接。钢支架采用6.3号槽钢制作,尺寸待设备到货后确定。
6.图中所注标高均为管中标高,以本层室内地坪±0.000计。
图名
原生污水源热泵机房平面图
原生污水源热泵机房基础平面图
图号
9-4

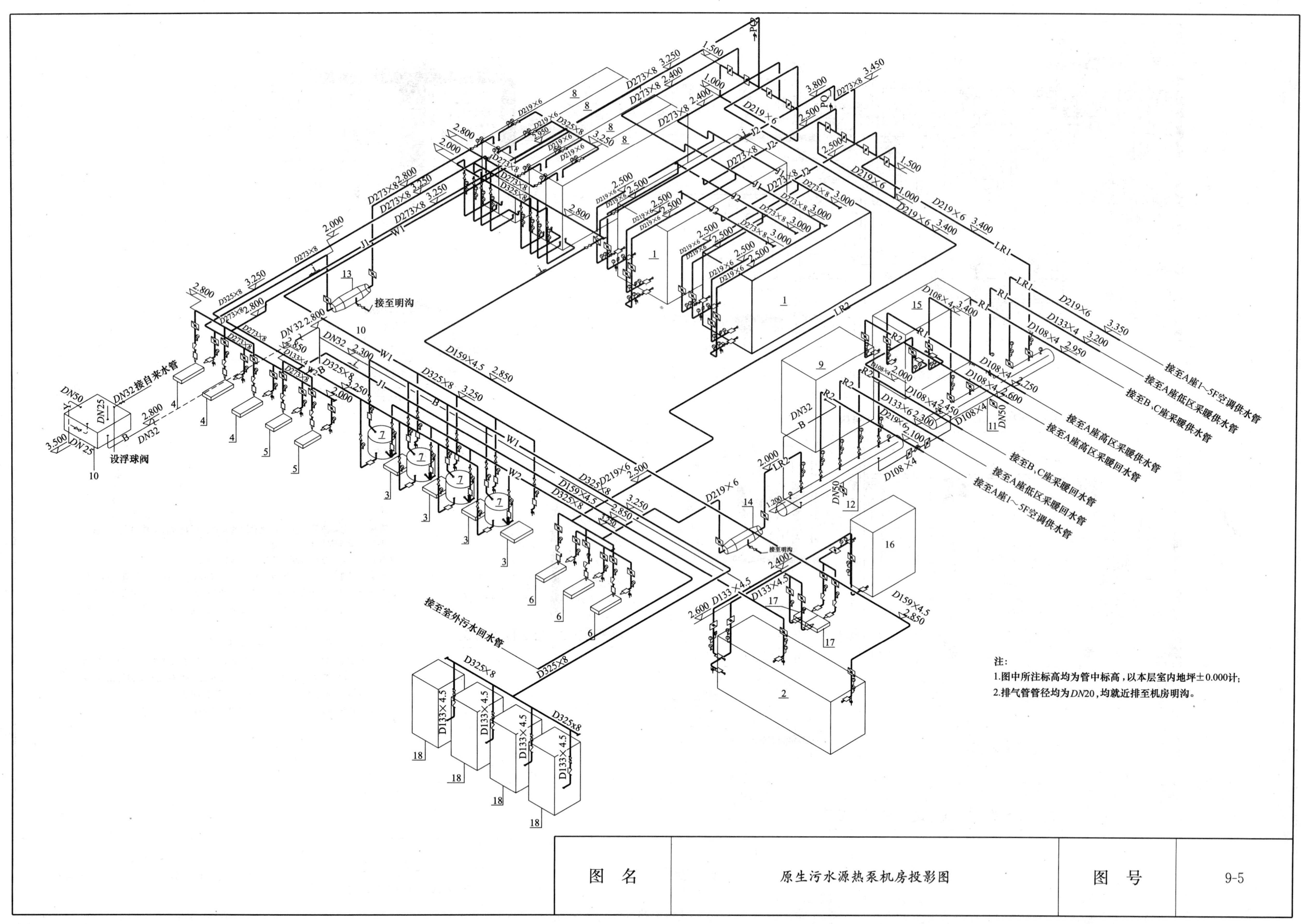

接至明沟
DN32接自来水管
设浮球阀
接至A座1~5F空调供水管
接至A座低区采暖供水管
接至B,C座采暖供水管
接至A座高区采暖供水管
接至A座高区采暖回水管
接至B,C座采暖回水管
接至A座低区采暖回水管
接至A座1~5F空调供水管
接至室外污水回水管
注:
1.图中所注标高均为管中标高,以本层室内地坪±0.000计;
2.排气管管径均为DN20,均就近排至机房明沟。
图名
原生污水源热泵机房投影图
图号
9-5

设计、施工说明

设计说明

1. 本设计为天津公馆工程室外污水泵井及潜水泵自动耦合安装设计。

2. 污水潜水泵安装方式为带自动耦合装置固定式安装(4泵)。

3. 室外污水池设计条件：

(1) 地下水条件：按有地下水考虑；

(2) 设计荷载：本设计荷载按污水池顶面可过汽车(顶面为可行驶超汽-20级重车)考虑；

(3) 土壤条件：容重γ=18.0kN/m^3；内摩擦角ψ=30°；地基承载力标准值r=1000kPa，如相关工程不符合本设计时，由相关专业进行复核。

图中所注标高均以大沽高程±0.000为基准。

施工说明

1. 潜水泵为连续运行，保证电机被水淹没1/2高度。
2. 污水潜水泵的运行由污水井液位自动控制，控制方式采用浮球式，浮球安装应尽量远离进水口。
3. 污水潜水泵排出管管材采用内涂环氧树脂无缝钢管，管材及管件承压能力不小于0.6MPa。
4. 室外污水井安装密闭井盖，设通气管。

安装在污水井内的金属管材及金属构件表面先刷防锈漆两遍，再刷沥青漆两遍；井外金属管材及金属构件先刷防锈漆两遍，再刷面漆两遍。

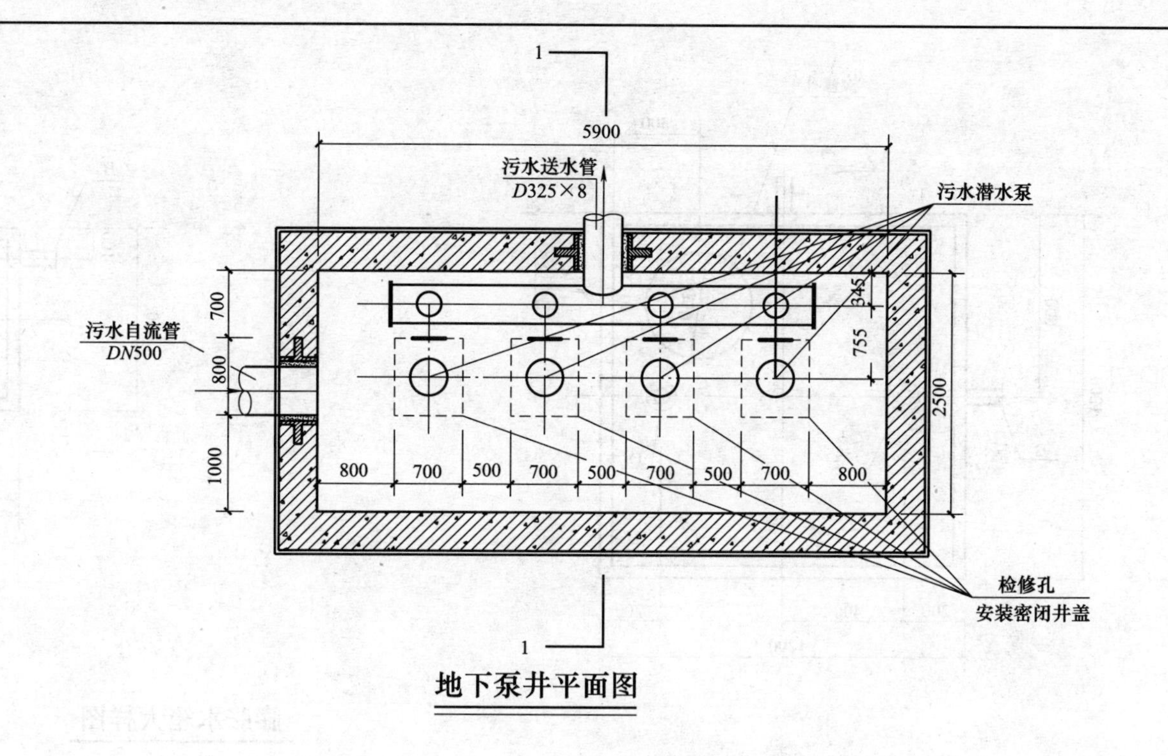

地下泵井平面图

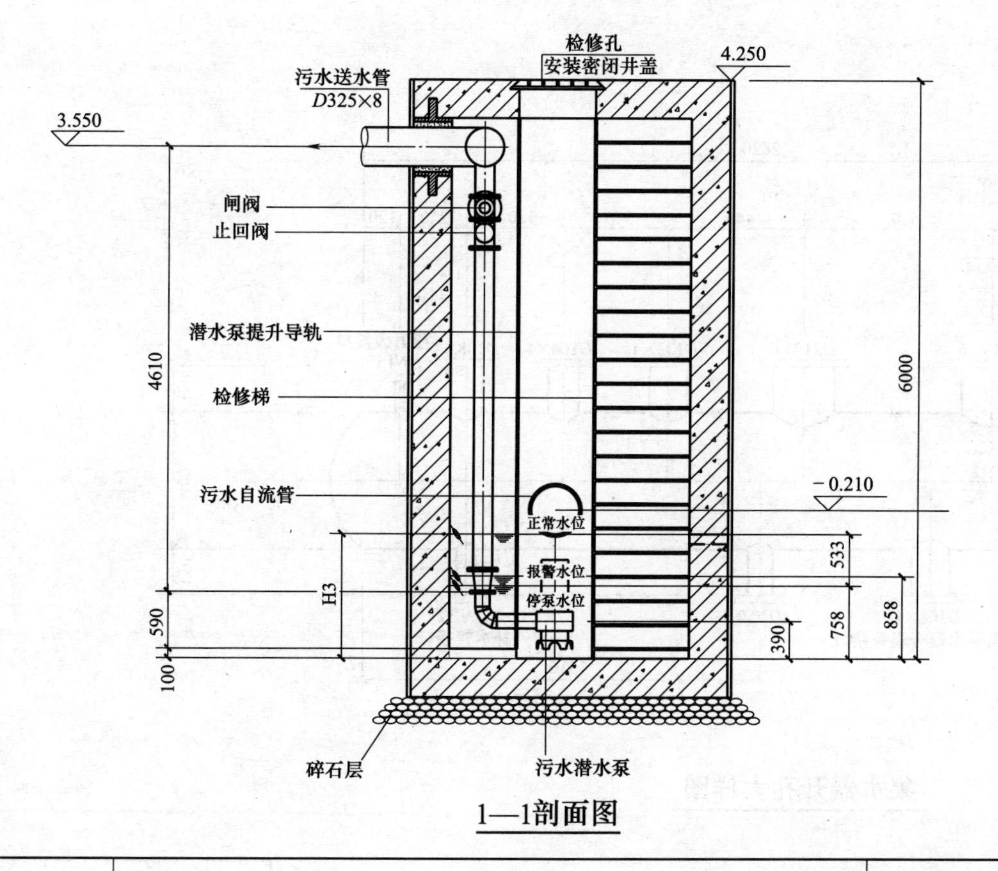

1—1剖面图

图名	地下泵井平面图	图号	9-6

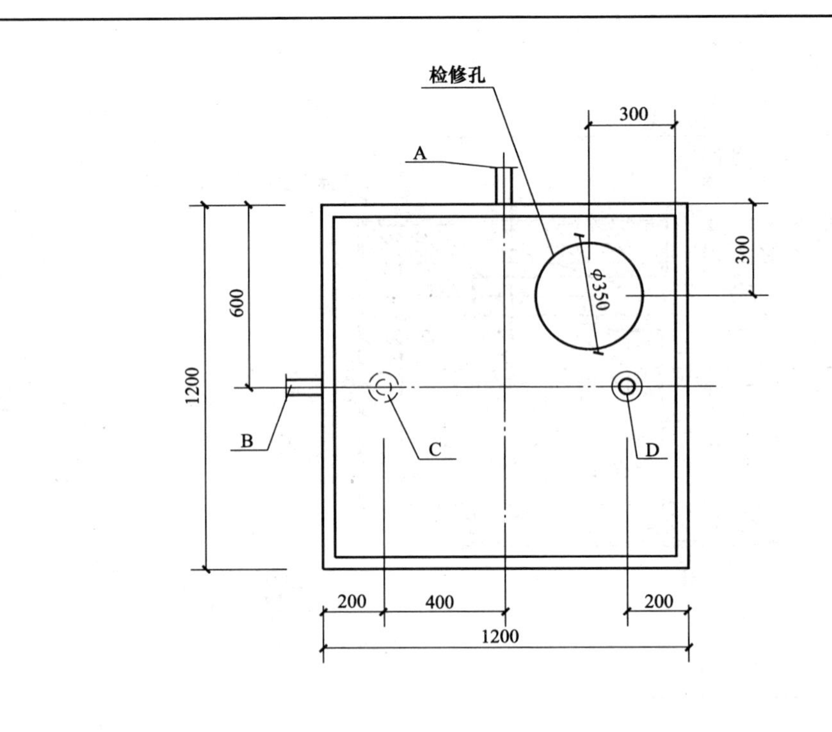

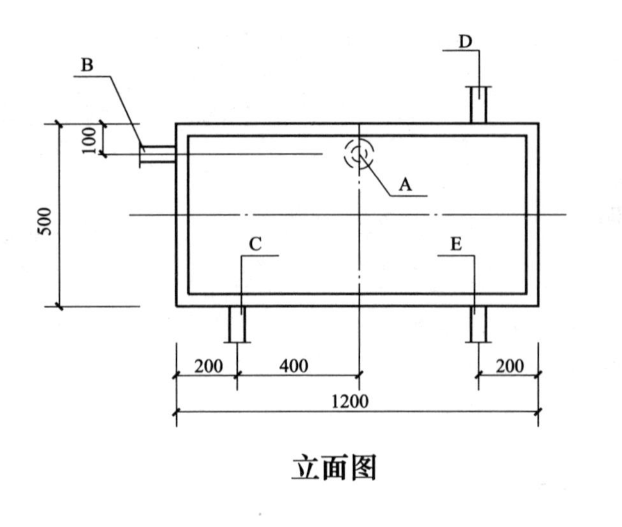

立面图

管口索引

A	进水管	*DN* 32
B	溢流管	*DN* 50
C	泄水管	*DN* 25
D	呼吸气管	*DN* 25
E	膨胀管	*DN* 32

膨胀水箱大样图

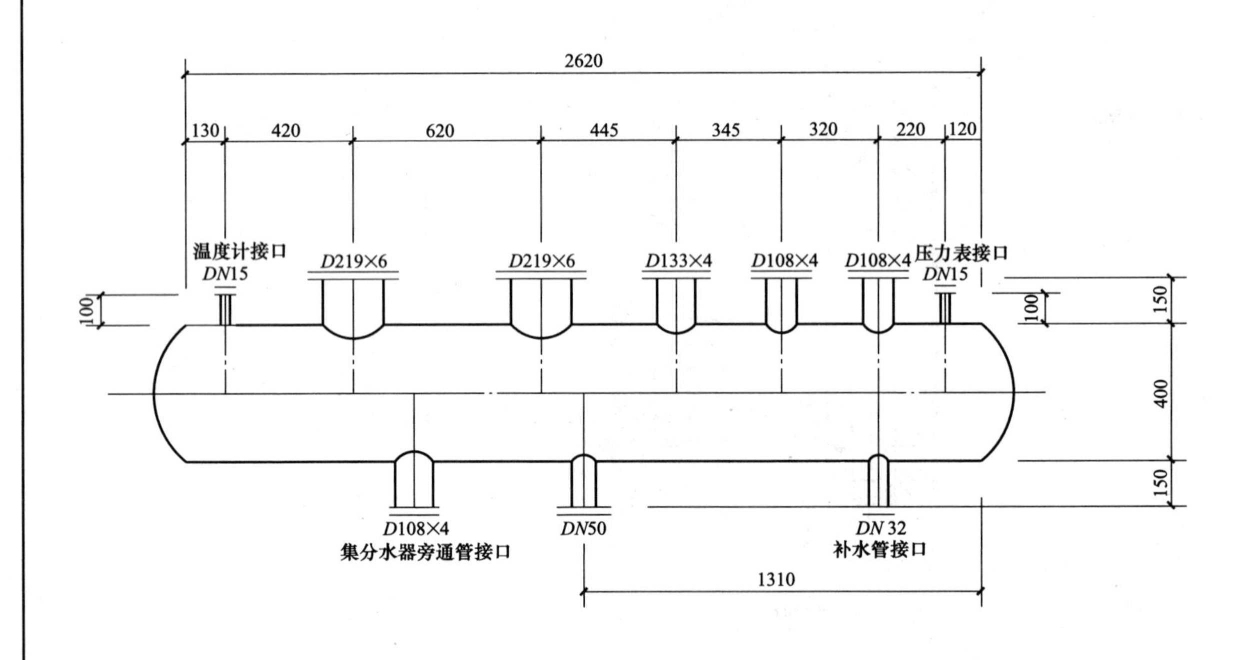

集水器开孔大样图

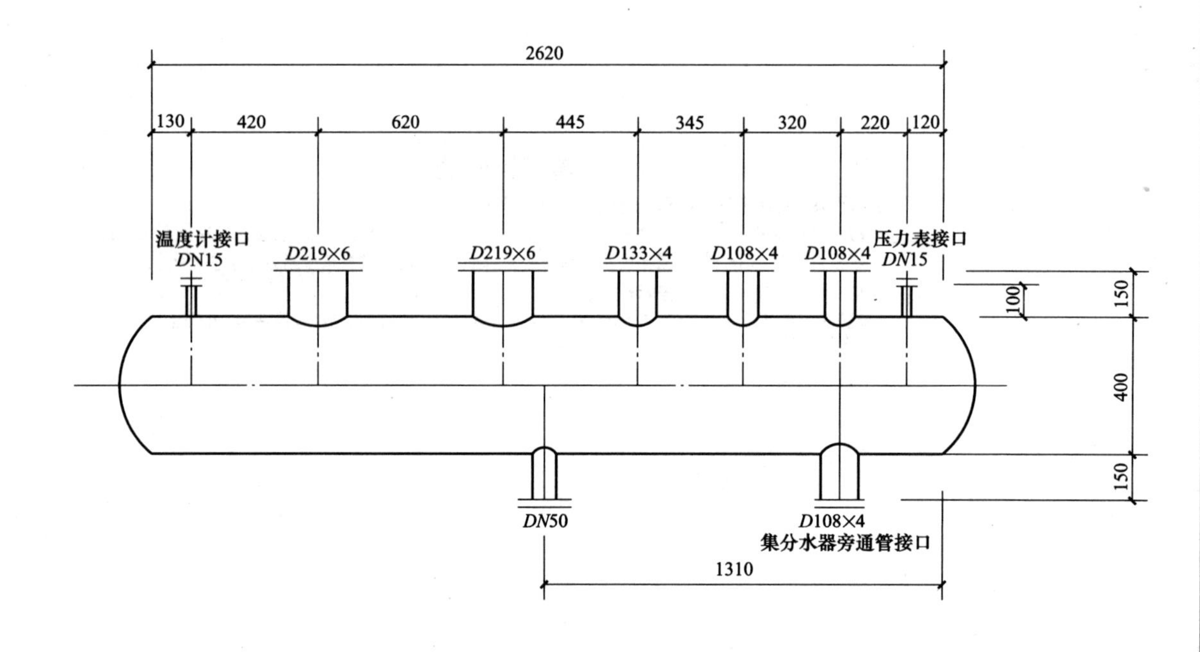

分水器开孔大样图

图　名	膨胀水箱大样图　集、分水器开孔大样图	图　号	9-7

第十章　扬州帝景蓝湾花园

湖北风神净化空调设备工程有限公司　茅伟东　杨生　付家轩

项目介绍

帝景蓝湾花园为扬州恒通企业有限公司开发的高档商品住宅，位于扬州市江阳中路以南，祥和路以东，地上总建筑面积 52904.88m²，其中居住建筑面积 48733.31m²，公共配套建筑面积 5053.19m²；项目空调冷热源采用土壤源热泵系统，双 U 形埋管，钻井 520 口，土壤换热器埋管放置在车库下。

一、设计依据

1. 建设单位对本专业提出的有关意见。

2. 有关设计规范

《采暖通风与空气调节设计规范》GB 50019—2003；

《高层民用建筑设计防火规范》GB 50045—95（2005 版）；

《地源热泵系统工程技术规范》GB 50366—2005；

《公共建筑节能设计标准》GB 50189—2005；

《民用建筑节能设计标准》JGJ 26—95；

《江苏省住宅设计标准》DGJ 32/J 26—2006；

《江苏省居住建筑热环境和节能设计标准》DCJ 32/J 71—2008；

《通风与空调工程施工及验收规范》GB 50243—2002；

《建筑给水排水及采暖工程施工质量及验收规范》GB 50242—2002；

《城镇直埋供热管道工程技术规程》CJJ/T 81—98；

《埋地聚乙烯给水管道工程技术规程》CJJ 101—2004。

二、工程概况

该项目为帝景蓝湾花园住宅舒适性空调系统，业主要求利用可再生资源、环保节能的地源热泵中央空调系统。

在提供舒适性空调的同时提供生活热水，其中生活热水包括帝景蓝湾花园和 A 地块办公楼两部分，空调仅仅提供帝景蓝湾花园。

帝景蓝湾花园地上总建筑面积 52904.88m²，其中居住建筑面积 48733.31m²，会所建筑面积 589m²，楼高 35.50m，A 地块办公楼地上总建筑 9980m²，楼高 55.80m。

三、设计范围

1. 热泵机房设计

2. 地埋管换热系统设计

3. 空调末端系统、通风和防排烟由业主委托其他设计院设计

四、空调负荷及冷热源

1. 空调负荷：住宅楼以建筑节能 50%标准设计，采用 DEST 负荷计算软件计算结果如下：

建筑总面积	夏季空调总计算冷负荷	冬季空调总计算热负荷	生活热水负荷
52904.88m²	2860kW	2071.25kW	307kW

2. 本工程采用地埋管地源热泵系统，考虑住宅建筑的负荷特点，装机容量如下：

夏季空调装机负荷	冬季空调装机负荷
2002kW	1964kW

空调主机配置如下：

参考型号	PSRHH2202-D	PSRHH-Y1351-R
制冷量(kW)	844.3	412.7
制热量(kW)	909.4	425.2
热回收量(kW)	160.5(部分热回收)	424.9(全部热回收)
数量(台)	2	1

设计工况条件为：

夏季：空调供回水温度分别为 7/12℃，冷凝器进出水温度分别为 30/35℃；

冬季：空调供回水温度分别为 45/40℃，蒸发器进出水温度分别为 10/5℃；

不同季节运行工况的转换靠阀门的切换实现，冷冻水系统供回水管间采用压差旁通调节控制阀。

夏季主机供冷的同时通过两台部分热回收机组供热水，冬季和过渡季节通过一台全热回收机组供热水。

热水系统配合给排水系统分区设置时候，低区供水管路需要设置减压阀，高区回水管路也需要设置减压阀防止高低区串压。

五、换热器系统

根据该地块的地质报告，埋管按照 55m 深设计，采用并联双 U 形埋管，根据热工测试计算得本项目设计钻孔数与换热能力为：

单井钻孔深度(m)	钻孔数量(口)	埋管方式	垂直管	水平管
55	520	并联双 U 型管	$\phi25$	$\phi32$
钻孔孔径(mm)	放热量(kW)	取数量(kW)		
135	2145	1573		

图　名	空调设计施工说明	图　号	10-1

土壤源换热埋管根据冬季吸热量埋管，经过计算地源能源井共为520口。

土壤换热器设计与施工：

1. 土壤换热器设计分为五个区域（A、B、C、D、E区域），每个区域布置104口并联双U形管。连接到南北两侧的集分水检查井内汇总接入热泵机房，集分水检查井内的集水器安装静态平衡阀，五个区域在热泵机房分别在集水器设置静态平衡阀，保证整个系统的全面水利平衡。

2. A、B、C、D、E区域在运行中互为备用，在过渡季节和部分负荷工况下转换运行不同的区域。

3. 土壤源换热埋管换热器采用垂直埋管，并联双U形，有效井深55m。

4. 室外埋管采用钻孔垂直埋管，钻孔间距为5m×5m；管材为HDPE-SDR11系列优质高密度PE管，孔内采用两组ϕ25HDPE管并联到一组ϕ32HDPE管。

5. 地埋管换热器埋置在地下室大底板下面，详细情况参照地埋管系统设计施工图。

6. 垂直双U形管安装完毕后应立即用回填材料封孔，回填材料宜采用水泥加膨润土、粗砂制作的复合回填料，导热系数不小于孔壁导热系数。

7. 水平地埋管连接管回填土应细小、松散、均匀且不含石块，回填过程应压实、均匀。水平管道密集处可分上下两层敷设，管道之间采用黄沙密实。

8. 室外检查窗井集分水器对每个土壤换热器回路（共520个）设计可关断球阀，每个集分水器设计手动涡轮蝶阀（分水器上）和静态平衡阀（集水器上），保证每个回路安全运行，便于检修。

9. 垫层浇筑后在垫层上进行钻孔埋管施工，水平管道走垫层内（垫层预留位置或开槽），水平管施工完毕进行黄沙回填和垫层施工，黄沙回填需密实。

10. 地源检查井内的集分水器采用无缝钢管制作，内外热镀锌。各窗井地埋管主管、地下室空调管线采用无缝钢管敷设。

11. 地埋管换热器安装前、中、后应进行水压试验，地面试验压力1.2MPa，系统试验压力0.6MPa。安装前后应对管道进行冲洗。

12. 地下室地源管道汇总管贴梁敷设，最高处和局部最高处设自动排气阀。

13. 地源管穿检查井外墙处需预埋刚性防水套管，地源检查井内支架安装处需预先预埋钢板。

14. 地下室地源管采用橡塑保温材料保温，σ=30mm；地源窗井内的钢管需采用成品的聚氨酯发泡保温管，保温厚度如下：

公称直径 *DN*(mm)	80	100	125	150
管道外径 *di*(mm)	89	108	133	159
保温厚度	40	45	45	45

15. 土壤监测显示采用5台双回路显示仪显示，测温探头为PT100温度传感器，测温线缆为屏蔽线RWP3×0.5。

六、空调水系统

1. 空调水系统为一次泵二管制变水量系统。室外水系统为两管制，冬夏共用，水平垂直同程。

每栋楼入口设一动态平衡阀（并联一旁通管），备系统平衡初调节和各管路流量测量用。

每户入口处设热计量表一只，热计量表后分两路（夏季空调和冬季采暖手动分别控制）。

2. 空调系统循环水采用循环水旁流处理器进行水质处理。

3. 空调水系统采用设置于地源热泵机房内的自动补水、定压装置实现系统定压和补水。

七、保温

保温对象	保温材料	保温层厚度	保温层参数
机房内空调供回水管		mm	难燃橡塑性能指标： 0℃时，导热系数小于0.034W/(m·k) 湿阻因子不小于10000 真空吸水率不大于5% 表观密度为60kg/m³ 氧指数>34%，烟密度不大于65
*DN*15～*DN*40	难燃橡塑	25	
*DN*50～*DN*100	难燃橡塑	35	
*DN*125～*DN*300	难燃橡塑	40	
地下室地源供回水管	难燃橡塑	40	
机房生活热水管	难燃橡塑	40	
机房分集水器	难燃橡塑	40	
无缝钢管非镀锌钢管保温前必须清除外表污锈，刷红丹漆两道			
管道穿墙处设套管，保温不间断，并有固定措施，穿过防火墙及变形缝两侧两米范围内采用不燃保温材料			
水管穿墙和楼板时须预埋钢套管（防护、防水），套管内径比管道外径大80～100mm；缝隙用不燃松软材料填实			

八、水管材料、制作及安装

1. 水管材料选取

空调供回水管*DN*≥100者选用无缝钢管(GB/T 8163—1999)焊接，空调系统其余管道均选用镀锌钢管(GB/T 3091—1993)丝接，图中所注管径按下表换算；生活热水管材选用参照室内生活系统设计要求。

公称直径	*DN*15	*DN*20	*DN*25	*DN*32	*DN*40	*DN*50	*DN*70
外径×壁厚	*D*21.3×2.75	*D*26.8×2.75	*D*33.5×3.25	*D*42.3×3.25	*D*48×3.5	*D*60×3.5	*D*75.5×3.75
*DN*80	*DN*100	*DN*125	*DN*150	*DN*200	*DN*250	*DN*300	
*D*88.5×4	*D*108×4	*D*133×4	*D*159×4.5	*D*219×6	*D*273×8	*D*325×8	

2. 水管管径≤*DN*80丝接，水管管径≥*DN*100焊接或法兰连接。管道弯头采用压制弯头。

3. 管道活动支吊托架的具体形式和具体位置，由安装单位根据现场情况确定，做法参见国标05R417-1。并在支吊架与水管间镶以硬木管瓦。管道的支吊托架必须设置于保温层的外部。

公称直径(mm)		15	20	25	32	40～50	70～80	100	125	150	200	250	300～400
支架间最大间距(m)	保温管	1.5	2	2	1.5	3	4	4.5	5	6	7	8	8.5
	不保温管	2.5	3	3.5	4	4.5	6	6.5	7	8	9.5	11	12

图名	空调设计施工说明	图号	10-1

4. 水系统各部高位点（立管顶等处）设 DN15 ZP-11 型自动排气阀，水系统各部低位点设泄水阀。

5. 补偿器：对于空调的水管系统，当冷媒水供回水直管超过 50m 时，应加装波纹补偿器；波纹补偿器补偿量为 50～100mm。两波纹补偿器之间应做固定支架，其余做活动支架。

九、试压与冲洗

1. 管道安装完毕后，应进行水压试验，本次实验压力为系统最低点实验压力，具体要求如下：

系统名称	工作压力(MPa)	试验压力(MPa)	备注
空调供回水系统	0.8	1.2	在 10min 内压降不超过 20kPa，且不渗不漏为合格 主机和热水罐不参与水压试验
地埋管水系统	0.8	1.2	
生活热水系统	0.8	1.2	

2. 经试压合格后，应对系统进行反复冲洗，直至排出水中不夹带泥沙、铁屑等杂质，且水色不混浊方为合格。在进行冲洗之前，应先除去过滤器的滤网，冲洗结束后再装上。管道系统冲洗时，水流不得经过任何设备。

十、油漆

1. 非镀锌钢板，非镀锌钢管保温前必须清除外表污锈，刷红丹漆两道。

2. 镀锌钢板，镀锌钢管之脱锌，焊缝处必须清除外表污锈，刷红丹漆两道。

3. 不保温的管道，支吊架及设备，在表面除锈后，刷红丹两道，再刷色漆两道。

十一、环保

1. 热泵机组采用环保冷媒；所有材料均符合环保要求。

2. 热泵、水泵机组设于整体混凝土隔振台座，热泵、水泵本身具有良好的动平衡特性与减振措施。

3. 机房内尽可能采用隔振支架，机房做专门的吸音、隔声处理（减振、降噪建议由专业公司设计施工）。

4. 地表水利用经评估符合环保规定。

十二、自动控制及节能设计

1. 空调水系统采用一次泵系统，末端空调器为变水量温度控制方式，热泵机组与一次泵通过群控根据负荷变化实行台数调节。

2. 本工程采用地源热泵空调系统，能效比高，环保节能。

3. 所选地源热泵机组的 EER 大于 4.6，地源热泵 COP 大于 4.8。

4. 空调循环泵的 $ER=0.020$，冷却水泵的 $ER=0.021$，地源循环的 $ER=0.021$ 均满足规范要求。

5. 保温风管的热阻值≥$0.74m^2 \cdot k/W$ 满足规范要求。水管保温详见说明七。

6. 空调循环水总管设一能量表计量。

7. 空调水、冷却水及生活热水补水均设水量计量表。

8. 地源热泵、冷却泵、空调循环泵、地源循环泵及冷却循环泵均单独设电表计量。

9. 采用集中数字控制系统，优化系统运行模式，实现全年高效运行，同时保持土壤热平衡。

十三、其他

1. 本工程所有标高均为相对标高，标高以米计，标注尺寸以毫米计。

2. 所有水管标高均为管中心标高。

3. 管道穿墙处保温层不间断，且设置套管，套管比穿管保温层大 2 号，空隙处用不燃材料堵实。

4. 空调自动控制应根据本专业要求由专业公司设计、施工。

5. 本工程复杂，施工难度大，施工方应充分消化图纸，深化施工工艺设计，处理好预埋管、预留孔洞、管线综合等矛盾。发现问题及时与设计院沟通，问题解决后再备料与施工。

6. 图中设备型号仅为设计选型、制图依据。所有设备基础应待设备到货后，尺寸核对无误方可施工。

7. 土壤监测显示采用 5 台双回路显示仪显示。测温探头为 PT100 温度传感器，测温线缆为屏蔽线 RWP3×0.5。

8. 本说明未尽处，按国家有关施工及验收规范执行。

图名	空调设计施工说明	图号	10-1

主要设备与材料表

序号	设备或材料名称	型号及技术规格	数量	单位	备注
①	螺杆式地源热泵机组	参考型号：PSRHH-Y1351-R(EER=5.3，COP=4.6)	1	台	
	地源工况	制冷量/制热量：412.7kW/428.9kW			
	带全部热回收功能	制冷输入功率：77.3kW，制热输入功率：91.8kW			
		全部热回收量：429.5kW			
		冷凝器/蒸发器压降：64.8kPa/61kPa			
		热回收侧冷凝器压降：65.5kPa			
		制冷时：冷冻水进出口温度：12/7℃，冷凝器进出口温度：30/35℃			
		制热时：热水进出口温度：40/45℃，蒸发器进出口温度：10/5℃			
		整机最大启动电流：404A，最大输入功率：127kW，最大输入电流：208A			
		运行重量：2200kg			
		设备尺寸：3600×900×1750(mm)			
②	螺杆式地源热泵机组	参考型号：PSRHH2202-D(EER=5.0，COP=4.4)			
	地源工况	制冷量/制热量：844.3kW/909.4kW	2	台	
	带部分热回收功能	制冷输入功率：168.6kW，制热输入功率：203.5kW			
		部分热回收量：160.5kW			
		冷凝器/蒸发器压降：69kPa/67kPa			
		热回收侧冷凝器压降：20kPa			
		制冷时：冷冻水进出口温度：12/7℃，冷凝器进出口温度：30/35℃			
		制热时：热水进出口温度：40/45℃，蒸发器进出口温度：10/5℃			
		整机最大启动电流：678A，最大输入功率：276kW，最大输入电流 461A			
		运行重量：6980kg			
		设备尺寸：3790×1150×2100(mm)			
③	空调循环泵	参考型号：TP100-480/2	2	台	互为备用
		$L=160m^3/h$、$H=36m$、$N=30kW$			
④	空调循环泵	参考型号：TP80-400/2	3	台	一用二备
		$L=80m^3/h$、$H=36m$、$N=15kW$			
⑤	地源循环泵	参考型号：TP100-390/2	2	台	互为备用
		$L=190m^3/h$、$H=28m$、$N=22kW$			
⑥	地源循环泵	参考型号：TP80-330/2	3	台	一用二备
		$L=95m^3/h$、$H=28m$、$N=11kW$			
⑦	冷却塔循环泵	参考型号：TP100-390/2	1	台	
		$L=190m^3/h$、$H=28m$、$N=22kW$			
⑧	生活热水加热循环泵	参考型号：TP65-230/2	3	台	
		$L=38m^3/h$、$H=15m$、$N=3kW$			
⑨	生活热水循环泵	参考型号：CH8-50	2	台	
		$L=5m^3/h$、$H=35m$、$N=1.29kW$			
⑩	冷却塔	参考型号：LCCM-100C2	1	台	
		$L=200m^3/h$、$N=7.5×2kW$			
		外形尺寸：4380×5770×4570(W×L×H)			
		运行重量 11100kg			
⑪	定压补水装置	调节容积：350L、双泵、$L=3m^3/h$、$H=5m$、$N=0.75kW$	1	套	地源侧
⑫	定压补水装置	调节容积：350L、双泵、$L=3m^3/h$、$H=40m$、$N=15kW$	1	套	空调侧
⑬	定压罐	调节容积：50L	1	台	生活热水加热侧
⑭	生活热水罐	$V=6000L$	5	台	生活热水加热侧
⑮	分水器	$DN400$	1	台	地源侧
⑯	集水器	$DN400$	1	台	地源侧
⑰	旁通水处理仪	TPL-250，最大流量：500T/H，功率：300W	1	台	空调侧
⑱	旁通水处理仪	TPL-250，最大流量：500T/H，功率：200W	1	台	地源侧
⑲	旁通水处理仪	TPL-100，最大流量：90T/H，功率：120W	1	台	热水侧
⑳	压差旁通阀	$DN150$、$N=0.15kW$	1	台	空调侧

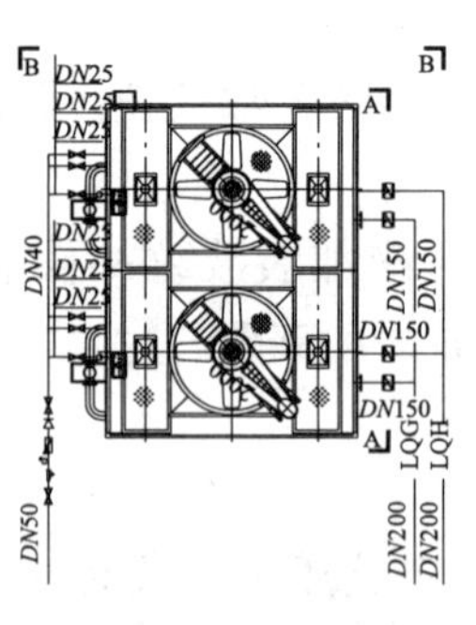

冷却塔接管大样

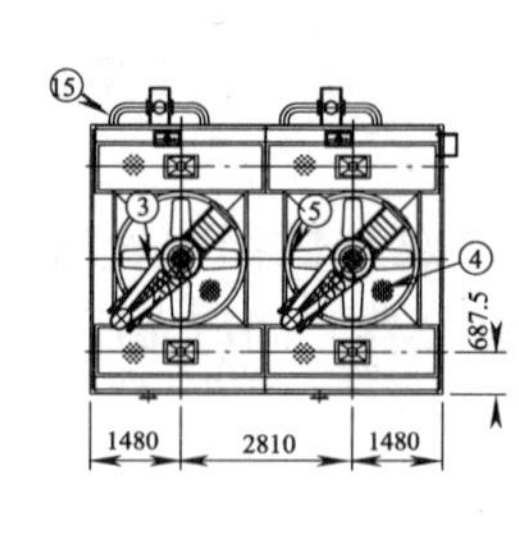

冷却塔平面尺寸

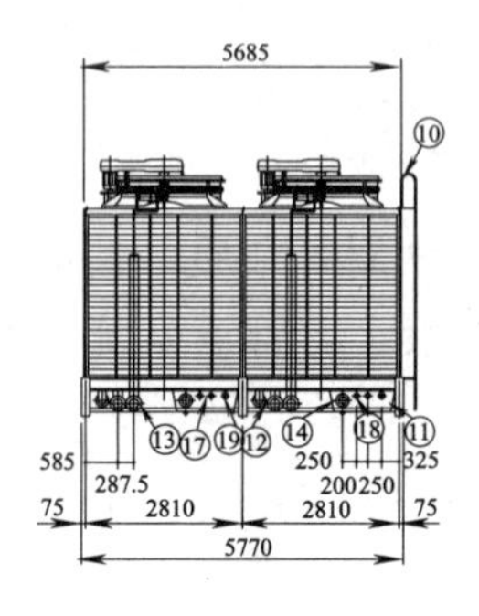

A—A剖面图

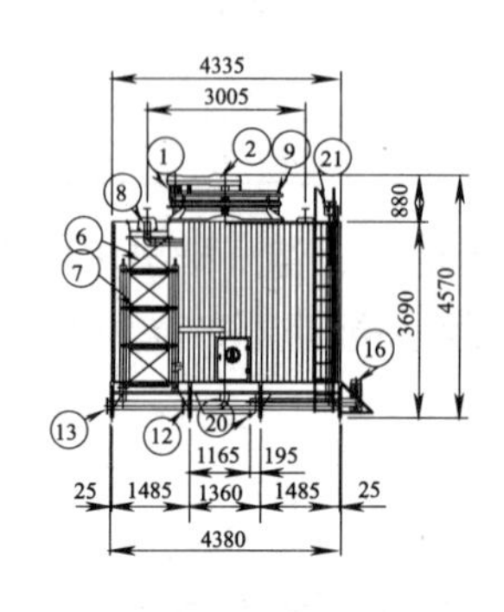

B—B剖面图

冷却塔基础图

注：1. 室外埋管采用保温直埋管直埋铺设，地下室管道管材和保温参照设计施工说明；

2. 主管覆土深度1.00m，支管覆土深度0.60m；

3. 补水管覆土深度0.60m，阀门做在检查井里面；

4. 冷却塔基础：

若现在自然土上做基础，设备基础底300厚砂石夯实；

设备基础以外的部分150厚砂石夯实，混凝土C25；

若现在浇筑层上做，只要照上图核对强度即可；

5. 冷却塔运行重量为11100kg；

6. 冷却塔两处需供电：1.风机，功率为7.5kW×2，

2.二次侧循环泵，功率为7.5kW×2均为三相电。

图　例

图　例	名　称
E.M.	能量计
	水表
	防污隔断阀
	蝶阀
	静态平衡阀
	电动蝶阀
	铜闸阀
	软接头
	止回阀
	过滤器
	压力表
	温度计
—KG—	空调供
—KH—	空调回
—DG—	地源供
—DH—	地源回
—RG—	生活热水供
—RH—	生活热水回
—RMG—	热水循环供
—RMH—	热水循环回
—LQG—	冷却水回
—LQH—	冷却水供
—RB—	热水补水

冷却塔设备表

项	名　称	材　质
1	电动机	
2	减速机	
3	马达架	热浸镀锌铁
4	出风口网	热浸镀锌铁
5	风扇	
6	散热片	
7	散热盘管	
8	散水箱	玻璃纤维强化塑胶
9	风胴	玻璃纤维强化塑胶
10	阶梯	热浸镀锌铁
11	水槽	玻璃纤维强化塑胶
12	一次侧温水入管	热浸镀锌铁
13	一次侧冷水出管	热浸镀锌铁
14	二次侧冷却水出管	热浸镀锌铁
15	二次侧冷却水入管	热浸镀锌铁
16	二次侧冷却水泵浦	
17	自动补给水管	热浸镀锌铁
18	手动补给水管	热浸镀锌铁
19	溢水管	热浸镀锌铁
20	排水管	热浸镀锌铁
21	膨胀水箱	玻璃纤维强化塑胶

图　名	主要设备与材料表　冷却塔设计　图例	图　号	10-2

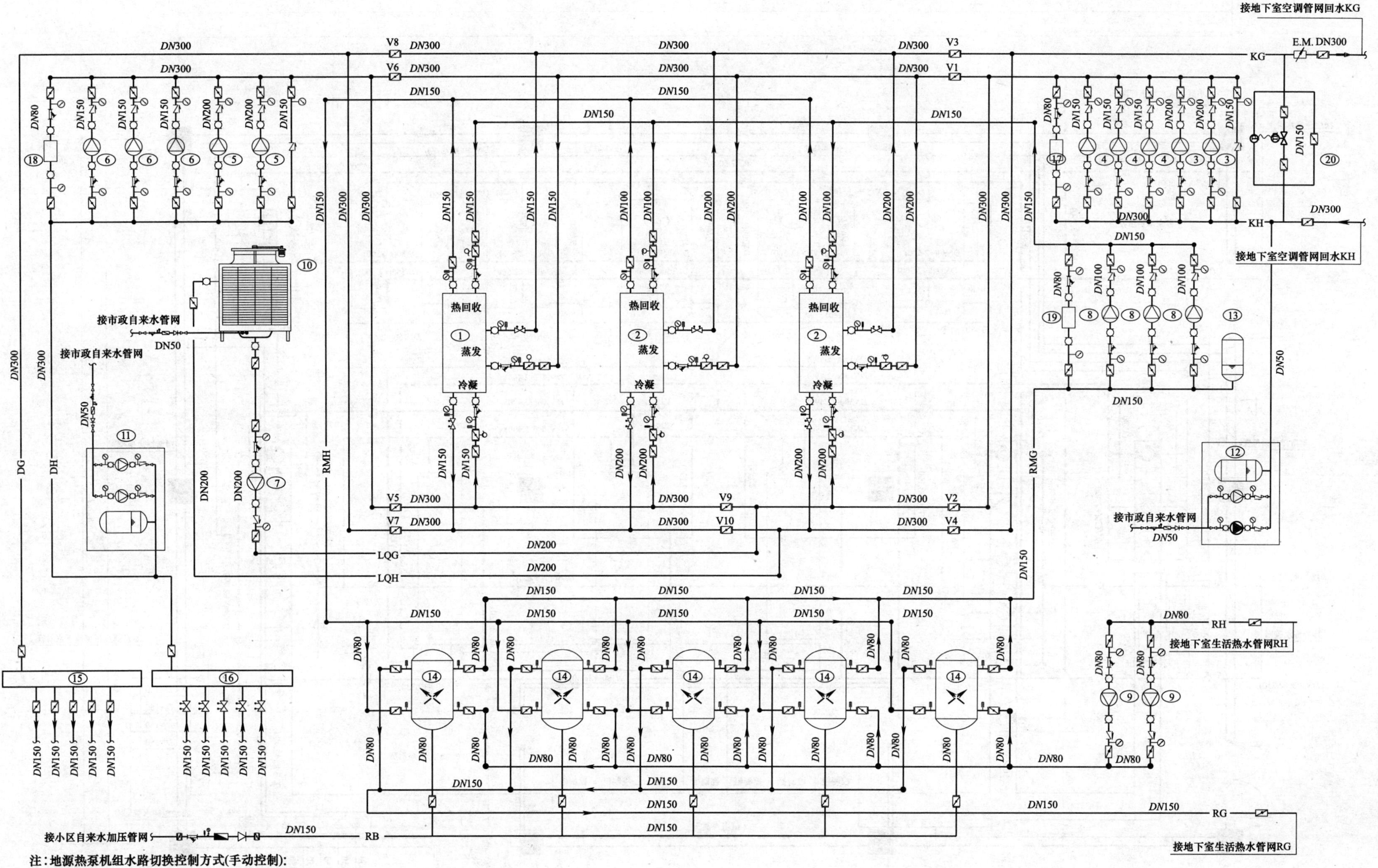

注：地源热泵机组水路切换控制方式(手动控制)：

夏季工况：V1、V3、V5、V7开，V2、V4、V6、V8关；

冬季工况：V1、V3、V5、V7关，V2、V4、V6、V8开。

过渡季节生活热水工况：V1、V2、V3、V5、V6、V7关、V4、V8开。

生活热水设计恒温50±2℃；≤55℃.

图 名	地源热泵原理图	图 号	10-3

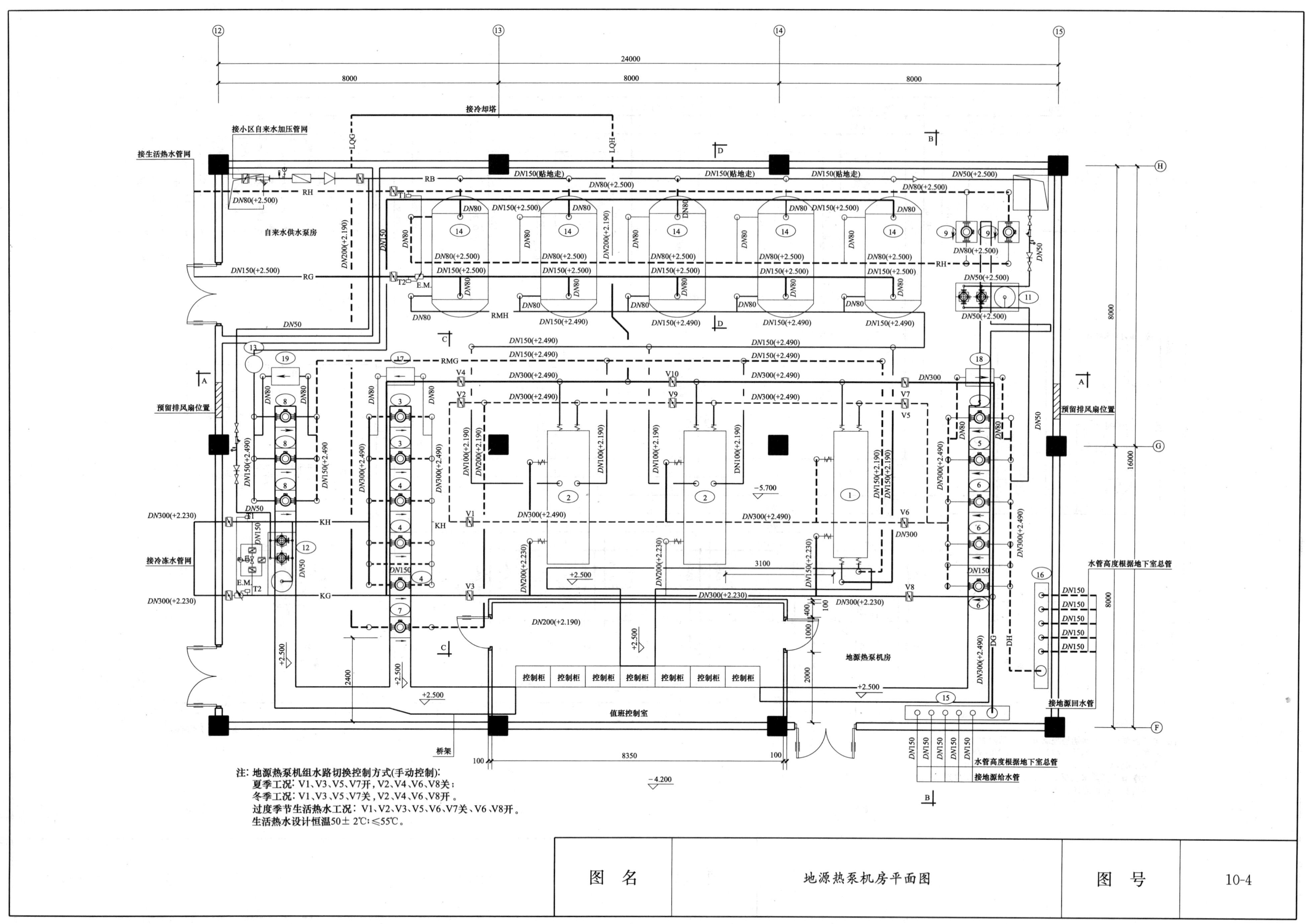

注：地源热泵机组水路切换控制方式(手动控制)：

夏季工况：V1、V3、V5、V7开，V2、V4、V6、V8关；

冬季工况：V1、V3、V5、V7关，V2、V4、V6、V8开 。

过度季节生活热水工况：V1、V2、V3、V5、V6、V7关、V6、V8开。

生活热水设计恒温50± 2℃；≤55℃。

图　名	地源热泵机房平面图	图　号	10-4

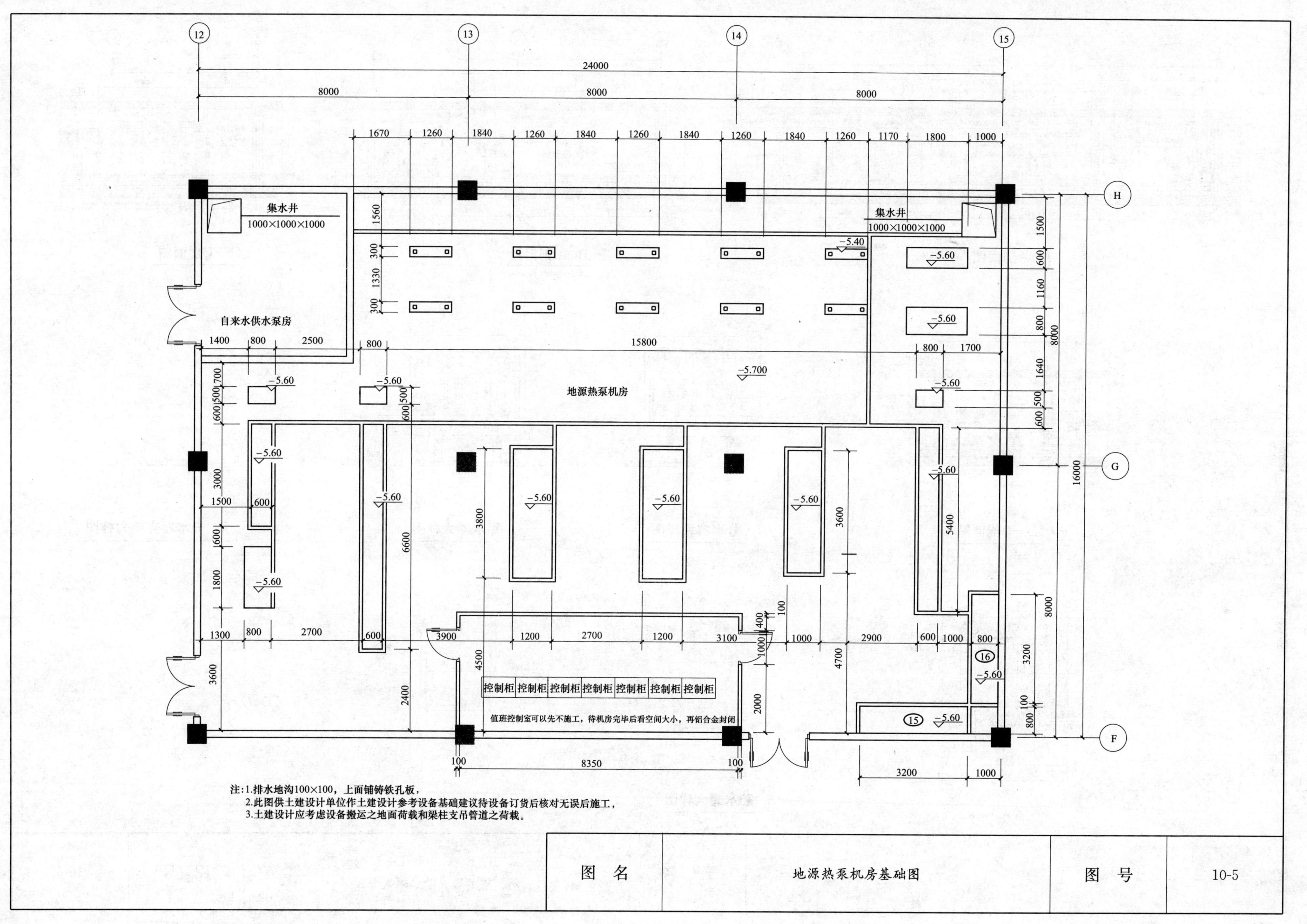
集水井
1000×1000×1000
集水井
1000×1000×1000
自来水供水泵房
地源热泵机房
控制柜
控制柜
控制柜
控制柜
控制柜
控制柜
控制柜
值班控制室可以先不施工，待机房完毕后看空间大小，再铝合金封闭
注：1.排水地沟100×100，上面铺铸铁孔板，
2.此图供土建设计单位作土建设计参考设备基础建议待设备订货后核对无误后施工，
3.土建设计应考虑设备搬运之地面荷载和梁柱支吊管道之荷载。
图 名
地源热泵机房基础图
图 号
10-5

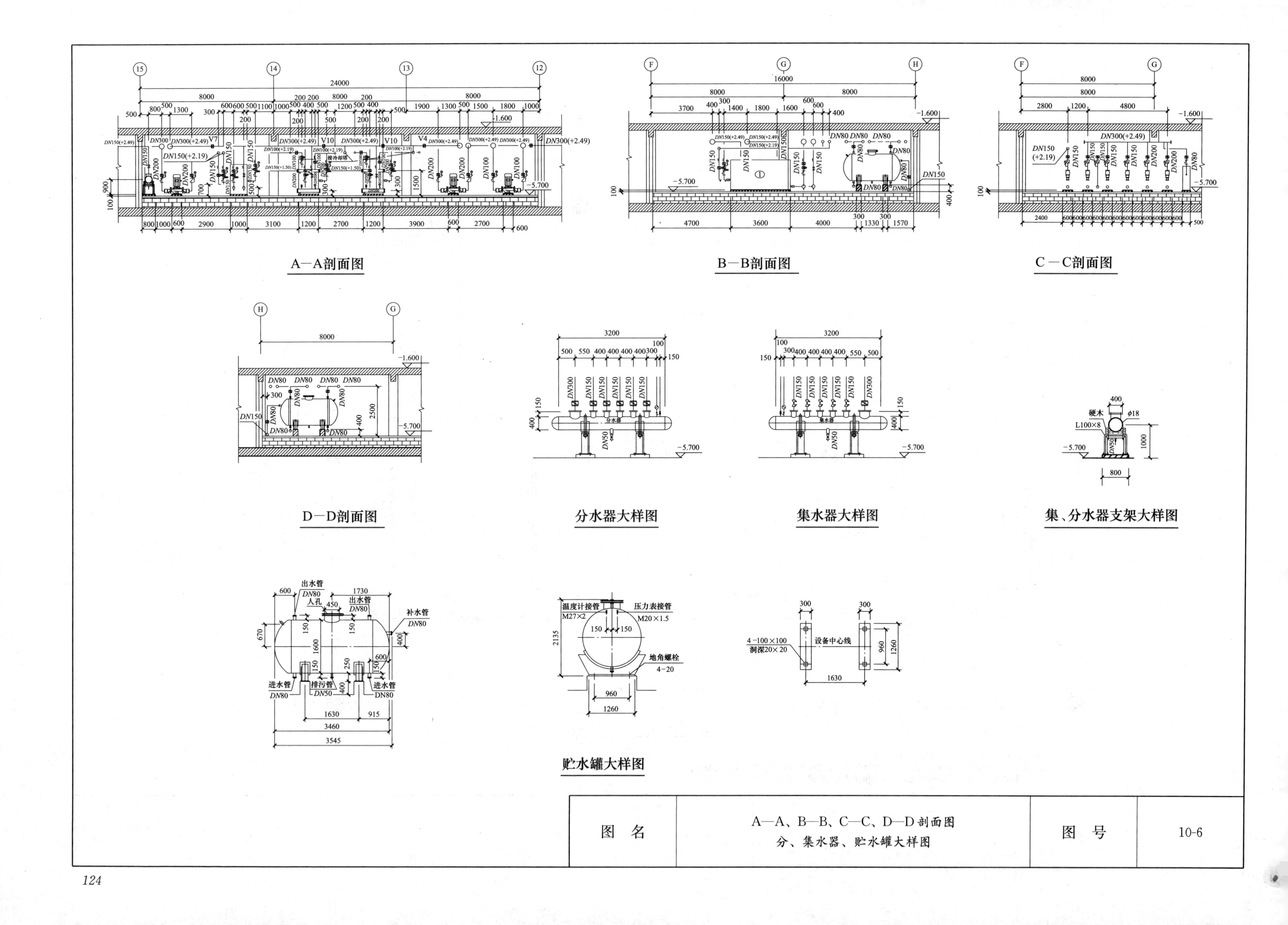

A—A剖面图
B—B剖面图
C—C剖面图
D—D剖面图
分水器大样图
集水器大样图
集、分水器支架大样图
出水管
DN80
人孔
出水管
DN80
补水管
DN80
进水管
DN80
排污管
DN50
进水管
DN80
温度计接管
M27×2
压力表接管
M20×1.5
地角螺栓
4-20
贮水罐大样图
4-100×100
洞深20×20
设备中心线
硬木
L100×8
φ18
图 名
A—A、B—B、C—C、D—D剖面图
分、集水器、贮水罐大样图
图 号
10-6

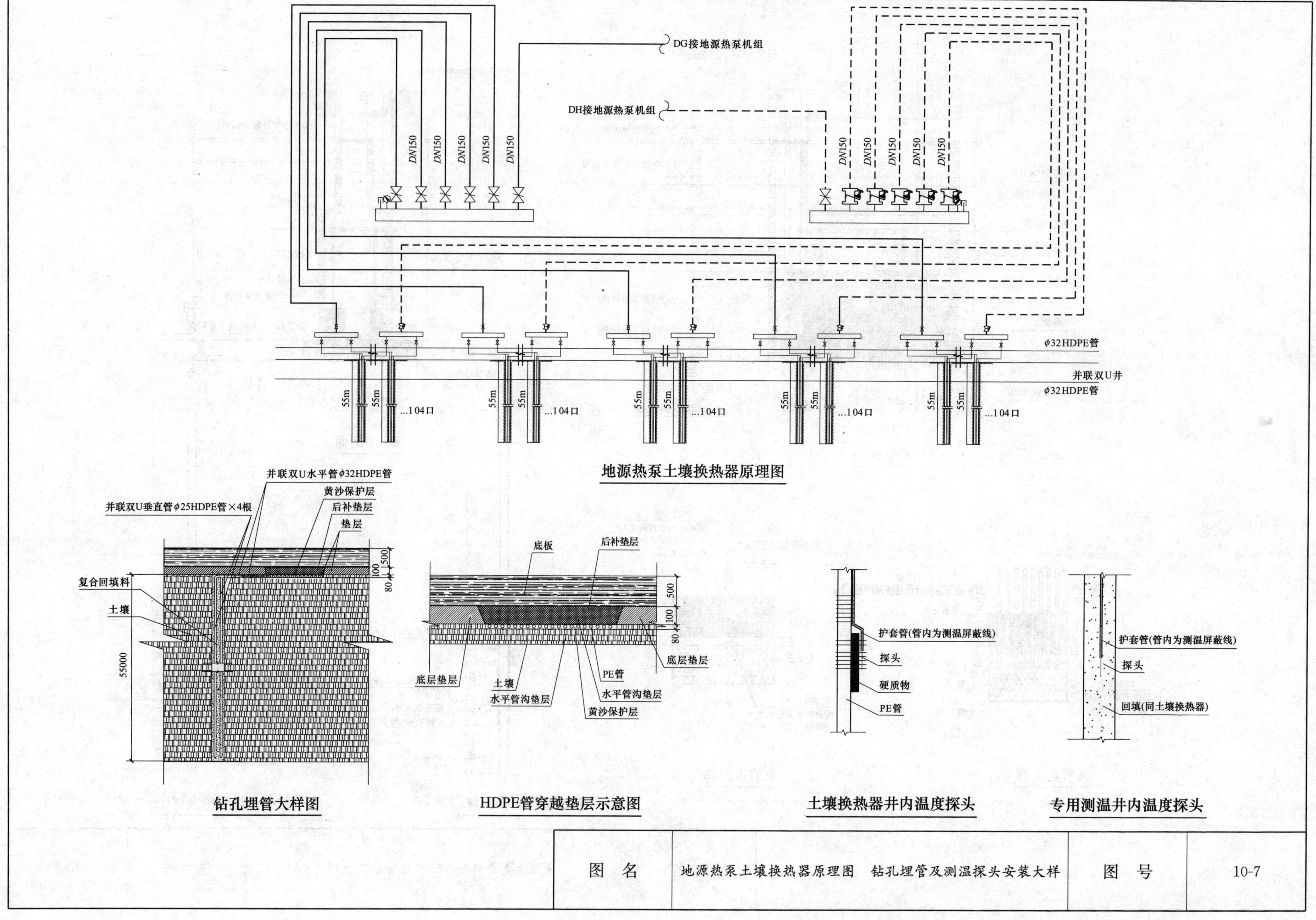

图　名	地源热泵土壤换热器原理图　钻孔埋管及测温探头安装大样	图　号	10-7

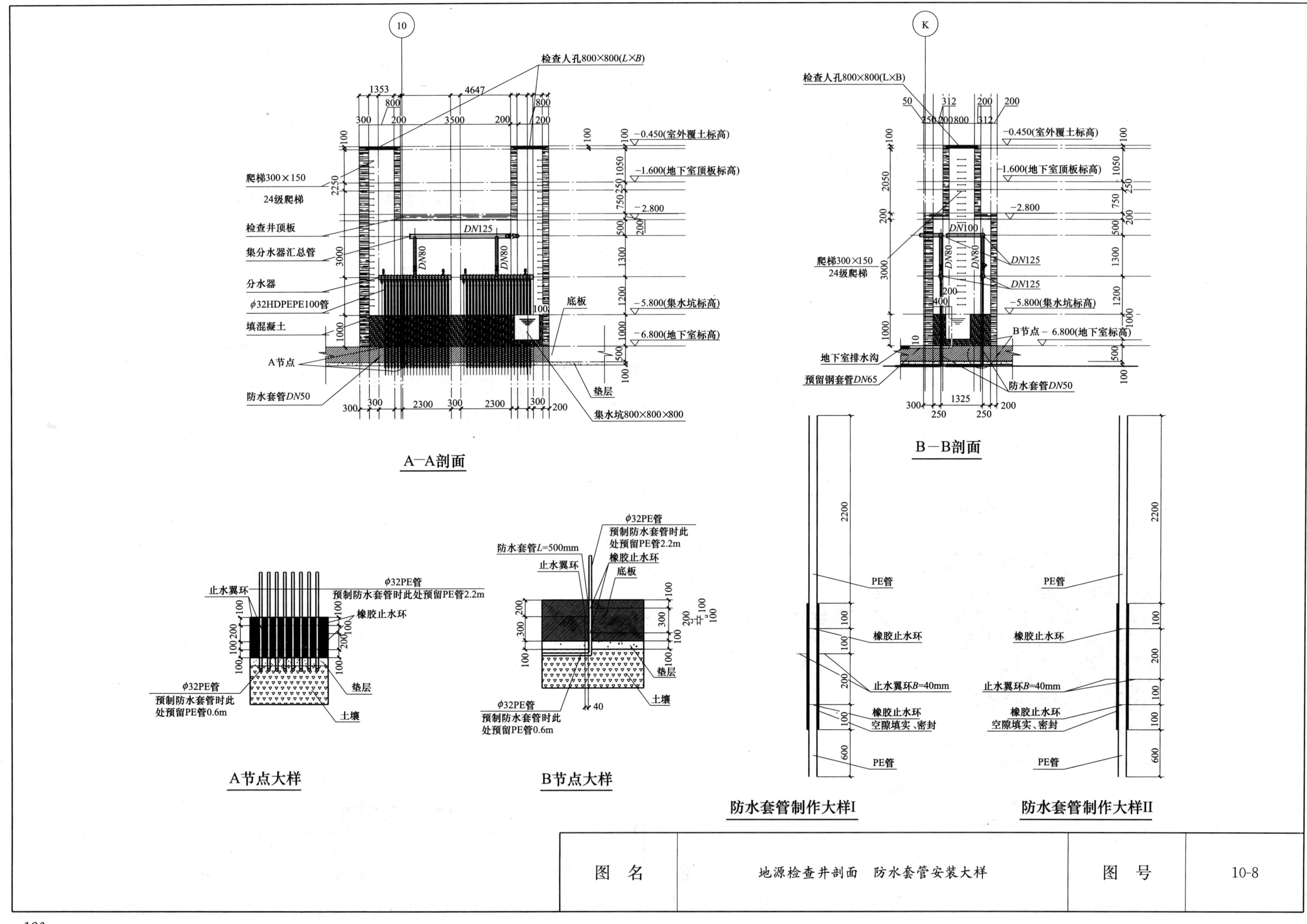

图 名	地源检查井剖面 防水套管安装大样	图 号	10-8

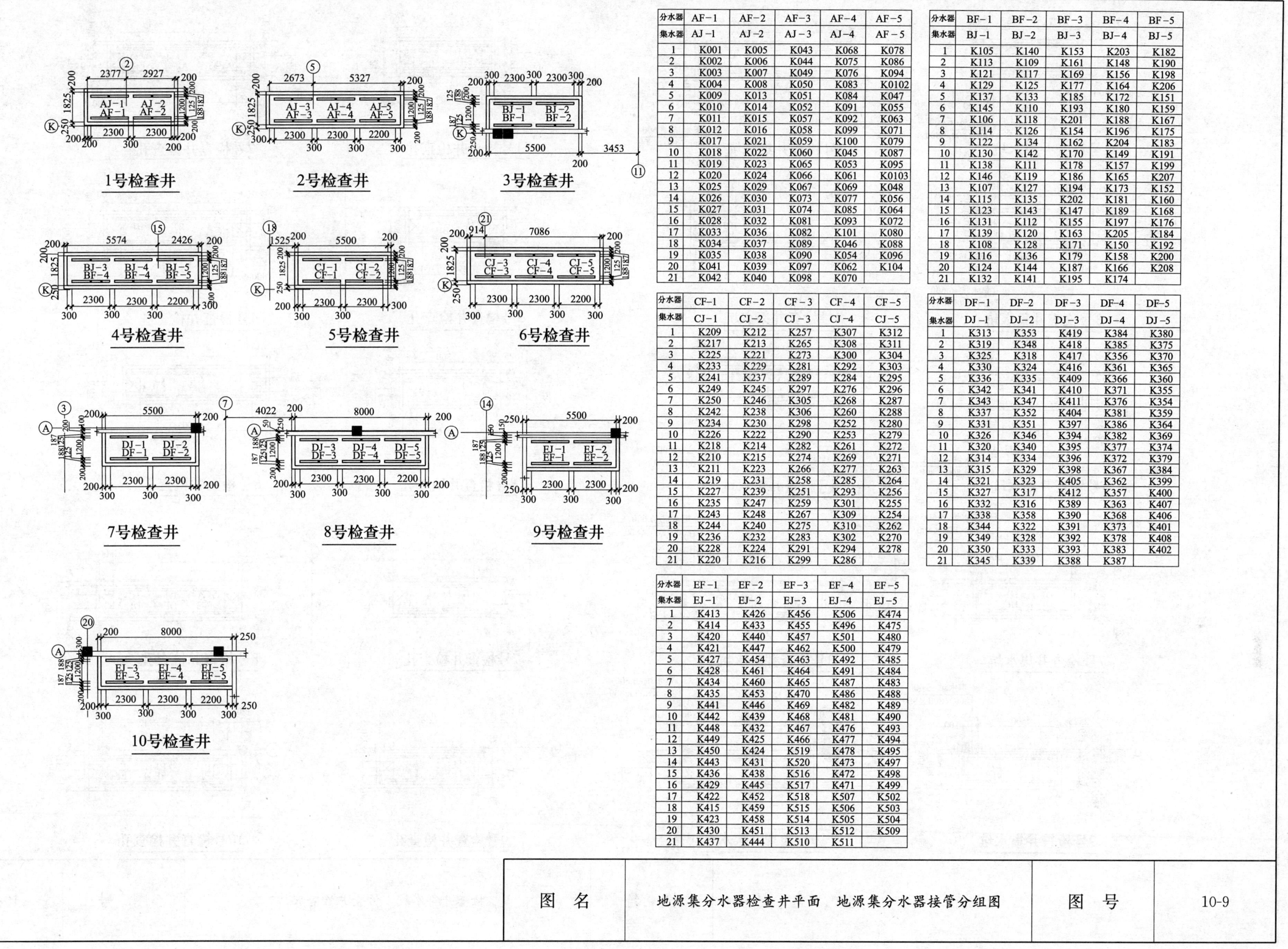

分水器	AF-1	AF-2	AF-3	AF-4	AF-5
集水器	AJ-1	AJ-2	AJ-3	AJ-4	AF-5
1	K001	K005	K043	K068	K078
2	K002	K006	K044	K075	K086
3	K003	K007	K049	K076	K094
4	K004	K008	K050	K083	K0102
5	K009	K013	K051	K084	K047
6	K010	K014	K052	K091	K055
7	K011	K015	K057	K092	K063
8	K012	K016	K058	K099	K071
9	K017	K021	K059	K100	K079
10	K018	K022	K060	K045	K087
11	K019	K023	K065	K053	K095
12	K020	K024	K066	K061	K0103
13	K025	K029	K067	K069	K048
14	K026	K030	K073	K077	K056
15	K027	K031	K074	K085	K064
16	K028	K032	K081	K093	K072
17	K033	K036	K082	K101	K080
18	K034	K037	K089	K046	K088
19	K035	K038	K090	K054	K096
20	K041	K039	K097	K062	K104
21	K042	K040	K098	K070	

分水器	BF-1	BF-2	BF-3	BF-4	BF-5
集水器	BJ-1	BJ-2	BJ-3	BJ-4	BJ-5
1	K105	K140	K153	K203	K182
2	K113	K109	K161	K148	K190
3	K121	K117	K169	K156	K198
4	K129	K125	K177	K164	K206
5	K137	K133	K185	K172	K151
6	K145	K110	K193	K180	K159
7	K106	K118	K201	K188	K167
8	K114	K126	K154	K196	K175
9	K122	K134	K162	K204	K183
10	K130	K142	K170	K149	K191
11	K138	K111	K178	K157	K199
12	K146	K119	K186	K165	K207
13	K107	K127	K194	K173	K152
14	K115	K135	K202	K181	K160
15	K123	K143	K147	K189	K168
16	K131	K112	K155	K197	K176
17	K139	K120	K163	K205	K184
18	K108	K128	K171	K150	K192
19	K116	K136	K179	K158	K200
20	K124	K144	K187	K166	K208
21	K132	K141	K195	K174	

分水器	CF-1	CF-2	CF-3	CF-4	CF-5
集水器	CJ-1	CJ-2	CJ-3	CJ-4	CJ-5
1	K209	K212	K257	K307	K312
2	K217	K213	K265	K308	K311
3	K225	K221	K273	K300	K304
4	K233	K229	K281	K292	K303
5	K241	K237	K289	K284	K295
6	K249	K245	K297	K276	K296
7	K250	K246	K305	K268	K287
8	K242	K238	K306	K260	K288
9	K234	K230	K298	K252	K280
10	K226	K222	K290	K253	K279
11	K218	K214	K282	K261	K272
12	K210	K215	K274	K269	K271
13	K211	K223	K266	K277	K263
14	K219	K231	K258	K285	K264
15	K227	K239	K251	K293	K256
16	K235	K247	K259	K301	K255
17	K243	K248	K267	K309	K254
18	K244	K240	K275	K310	K262
19	K236	K232	K283	K302	K270
20	K228	K224	K291	K294	K278
21	K220	K216	K299	K286	

分水器	DF-1	DF-2	DF-3	DF-4	DF-5
集水器	DJ-1	DJ-2	DJ-3	DJ-4	DJ-5
1	K313	K353	K419	K384	K380
2	K319	K348	K418	K385	K375
3	K325	K318	K417	K356	K370
4	K330	K324	K416	K361	K365
5	K336	K335	K409	K366	K360
6	K342	K341	K410	K371	K355
7	K343	K347	K411	K376	K354
8	K337	K352	K404	K381	K359
9	K331	K351	K397	K386	K364
10	K326	K346	K394	K382	K369
11	K320	K340	K395	K377	K374
12	K314	K334	K396	K372	K379
13	K315	K329	K398	K367	K384
14	K321	K323	K405	K362	K399
15	K327	K317	K412	K357	K400
16	K332	K316	K389	K363	K407
17	K338	K358	K390	K368	K406
18	K344	K322	K391	K373	K401
19	K349	K328	K392	K378	K408
20	K350	K333	K393	K383	K402
21	K345	K339	K388	K387	

分水器	EF-1	EF-2	EF-3	EF-4	EF-5
集水器	EJ-1	EJ-2	EJ-3	EJ-4	EJ-5
1	K413	K426	K456	K506	K474
2	K414	K433	K455	K496	K475
3	K420	K440	K457	K501	K480
4	K421	K447	K462	K500	K479
5	K427	K454	K463	K492	K485
6	K428	K461	K464	K491	K484
7	K434	K460	K465	K487	K483
8	K435	K453	K470	K486	K488
9	K441	K446	K469	K482	K489
10	K442	K439	K468	K481	K490
11	K448	K432	K467	K476	K493
12	K449	K425	K466	K477	K494
13	K450	K424	K519	K478	K495
14	K443	K431	K520	K473	K497
15	K436	K438	K516	K472	K498
16	K429	K445	K517	K471	K499
17	K422	K452	K518	K507	K502
18	K415	K459	K515	K506	K503
19	K423	K458	K514	K505	K504
20	K430	K451	K513	K512	K509
21	K437	K444	K510	K511	

图名	地源集分水器检查井平面 地源集分水器接管分组图	图号	10-9

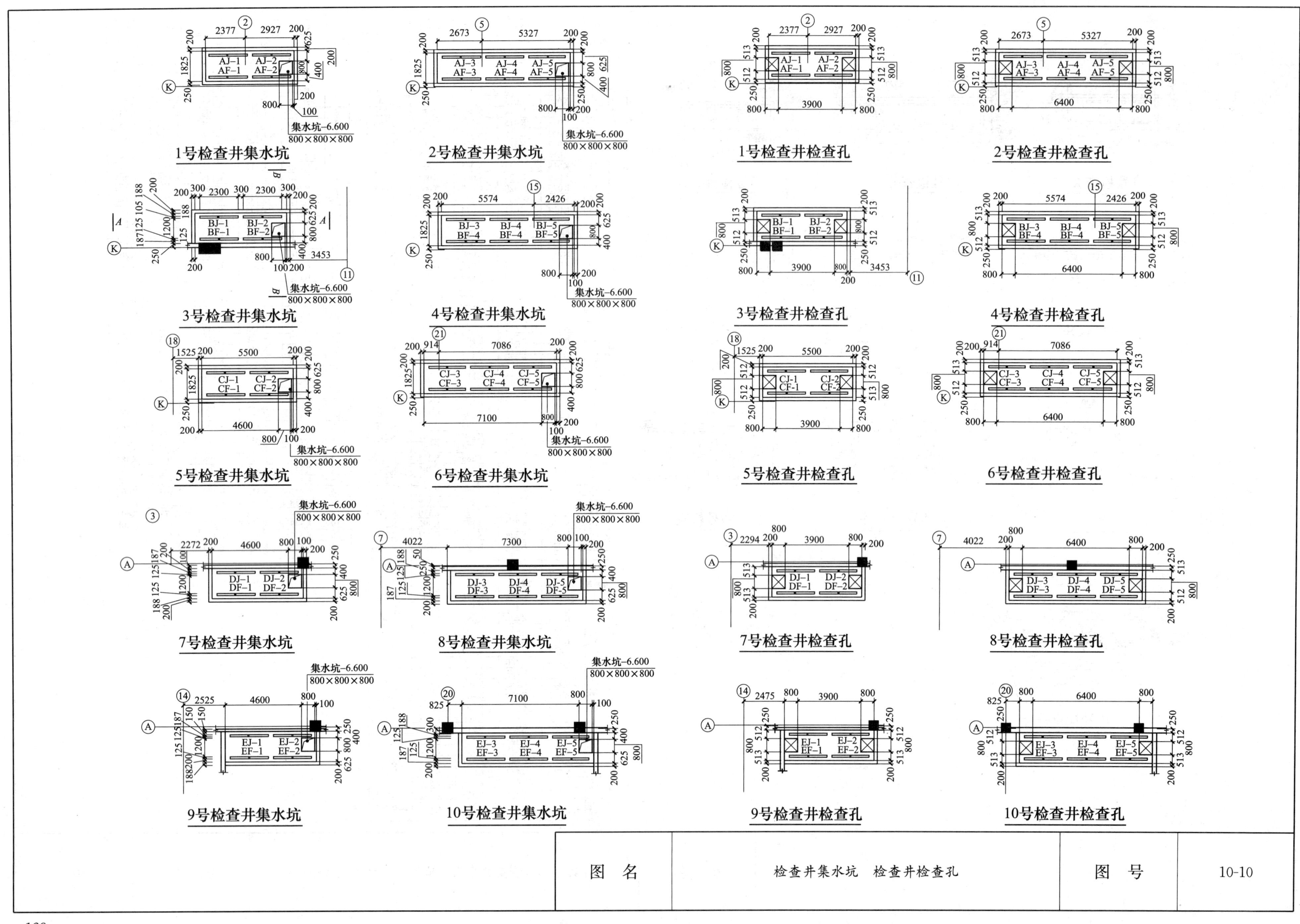
1号检查井集水坑
2号检查井集水坑
1号检查井检查孔
2号检查井检查孔
3号检查井集水坑
4号检查井集水坑
3号检查井检查孔
4号检查井检查孔
5号检查井集水坑
6号检查井集水坑
5号检查井检查孔
6号检查井检查孔
7号检查井集水坑
8号检查井集水坑
7号检查井检查孔
8号检查井检查孔
9号检查井集水坑
10号检查井集水坑
9号检查井检查孔
10号检查井检查孔
集水坑-6.600
800×800×800
图 名
检查井集水坑 检查井检查孔
图 号
10-10

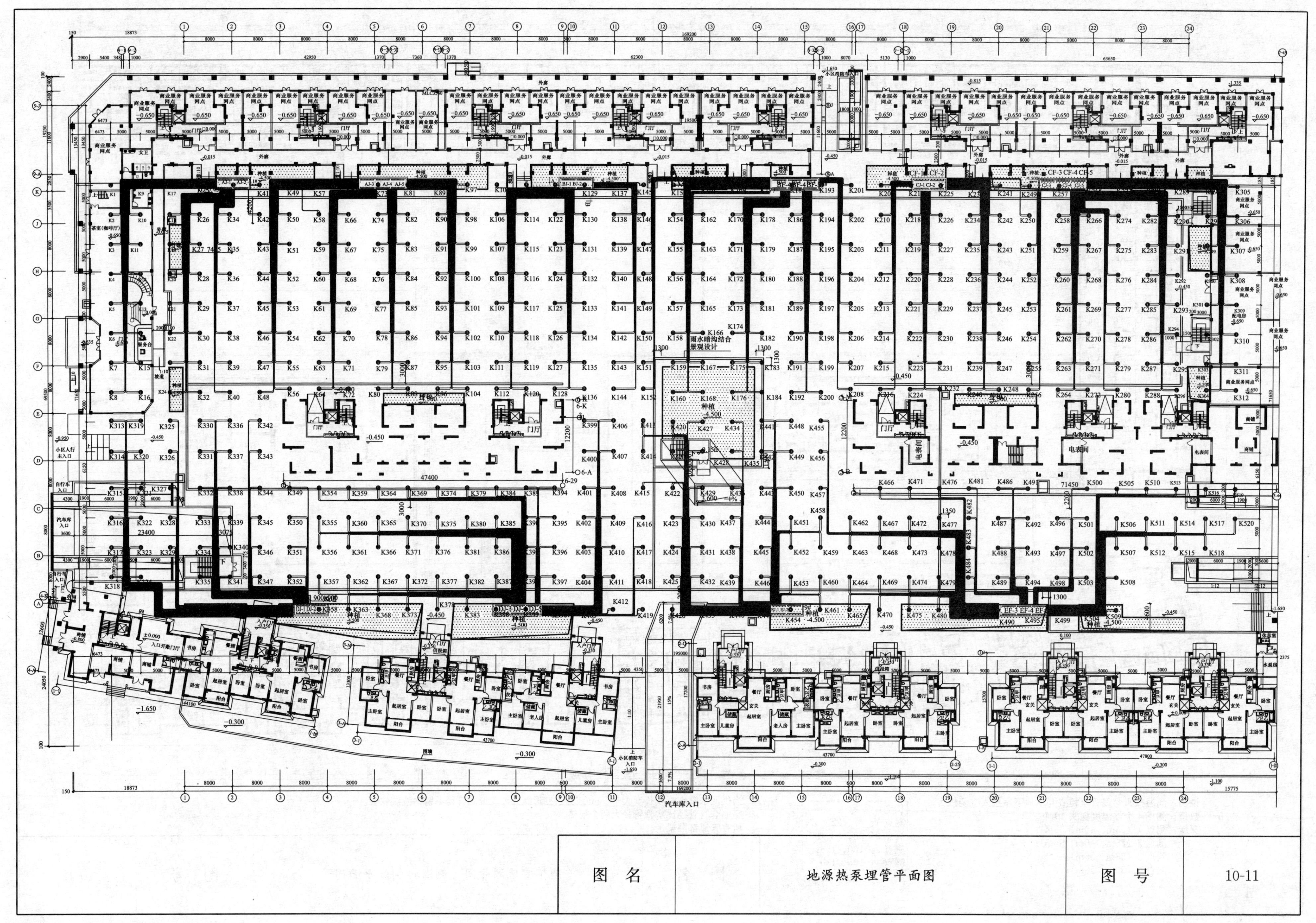
图 名
地源热泵埋管平面图
图 号
10-11
汽车库入口

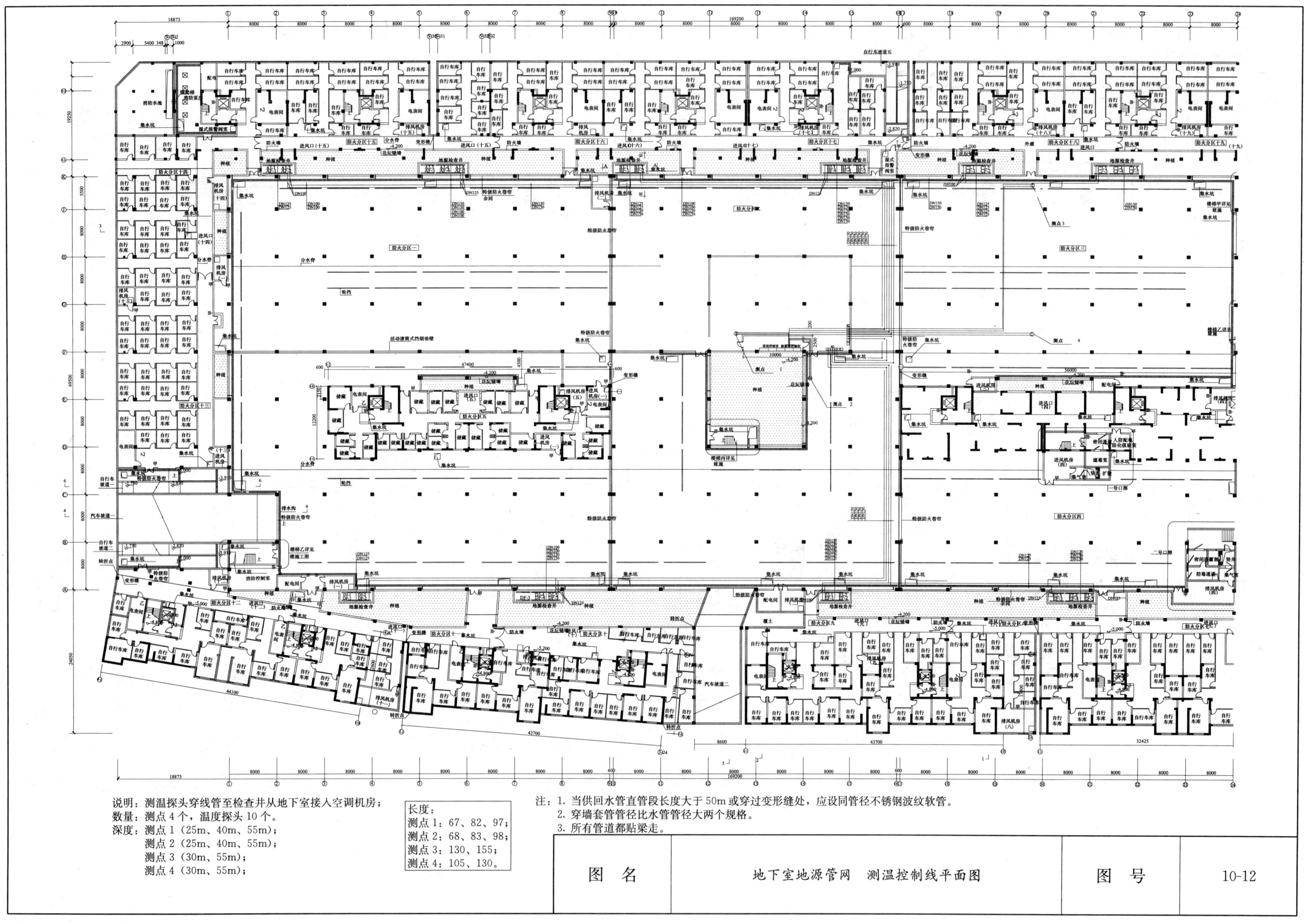
说明：测温探头穿线管至检查井从地下室接入空调机房；
数量：测点4个，温度探头10个。
深度：测点1（25m、40m、55m）；
测点2（25m、40m、55m）；
测点3（30m、55m）；
测点4（30m、55m）；
长度：
测点1：67、82、97；
测点2：68、83、98；
测点3：130、155；
测点4：105、130。
注：1. 当供回水管直管段长度大于50m或穿过变形缝处，应设同管径不锈钢波纹软管。
2. 穿墙套管管径比水管管径大两个规格。
3. 所有管道都贴梁走。
图 名
地下室地源管网 测温控制线平面图
图 号
10-12

第十一章　河北省消防总队消防通讯指挥中心大楼

克莱门特捷联制冷设备（上海）有限公司　隋英　王付立
河北冀发地源热泵研究所　郑晓亮

一、工程概述

建设地点：石家庄市裕华区宋营镇（槐安路东延线与燕山大街交叉口东北角）。

建设规模：地上 8 层，地上总高 35.6m；地下 1 层，地下总高 5m；建筑总面积 45012m^2。

二、热（冷）源设计

1. 地源热泵机房为该项目提供夏季空调系统所需的冷量，冬季提供空调所需的热量和生活热水。夏季空调系统冷负荷 4580kW，供回水温度 7/12℃；冬季空调系统热负荷 3241kW，供回水温度 45/50℃。生活热水负荷 700kW，生活热水供回水温度 55/50℃。

2. 地源热泵机房设置 3 台 PSRHH-Y，制冷量：1542kW，供热量：1611kW 的地源热泵机组；冬夏季节 3 台机组同时运行，其中 1 台全热回收供生活热水，过渡季 1 台全热回收机组供生活热水。夏季当生活热水达到设定温度时，阀门 9 自动打开，阀门 10 自动关闭，生活热水泵自动关闭。

三、室外地埋管设计

该项目集中空调的夏季冷负荷为 4580kW，冬季热负荷为 3241kW，生活热水负荷为 700kW。参考现场测试结果（单 U 管：散热能力为 76.2（W/m 井深）供热能力为 54（W/m 井深））。计算全年动态冷热负荷，通过 GLD5.3 地源热泵设计软件计算，室外土壤换热器数量及规格确定如表 11-1 所示。

室外土壤换热器数量及规格　　表 11-1

换热孔直径(mm)	170	换热孔间距(m×m)	4×4
换热孔深度(m)	95	制冷进/出水温度(℃)	34.2/29
换热孔总数量(个)	922	制热进/出水温度(℃)	5.7/8.6
换热孔总深度(m)	87590	计算年限(年)	25
地埋管形式	单 U De32	25 年后地下温度变化(℃)	+1.3

一、工程概况

本设计为河北武警河北省消防总队消防通讯指挥中心地源热泵机房及外网施工图设计。

二、设计依据

《采暖空调通风及空气调节设计规范》GB 50019—2003；
《地源热泵冷热源机房设计与施工》国家建筑标准设计图集 06R 115；
《地源热泵系统工程技术规范》GB 50366—2005；
《埋地聚乙烯给水管道工程技术规范》CJJ 101—2004；
《水源热泵机组》GB/T 19409—2003；
国家其他相关规范的规定。

三、热（冷）源设计

1. 地源热泵机房为本项目提供夏季空调系统所需的冷量，冬季提供空调所需的热量和生活热水，夏季空调系统冷负荷 4580kW，供回水温度 7/12℃；冬季空调系统热负荷 3241kW，供回水温度 45/50℃。生活热水负荷 700kW，生活热水供回水温度 55/50℃。

2. 地源热泵机房设置 3 台 PSRHH-Y，制冷量：1542kW，供热量：1611kW 的地源热泵机组；冬夏季节 3 台机组同时运行，其中 1 台全热回收供生活热水，过渡季一台全热回收机组供生活热水。夏季当生活热水达到设定温度时，阀门 9 自动打开，阀门 10 自动关闭，生活热水泵自动关闭。生活热水箱及供水系统见给排水专业图纸。

3. 空调冷热水系统采用全自动定压补水器定压补水。

四、机房内设备安装及管道敷设、连接

1. 机房里设备应严格按照图纸定位尺寸安装，不得随意改位换地。
2. 管道安装前应进行外观检查，不得有沙眼、裂纹及显著腐蚀痕迹。
3. 管材选择：

种　类	管径(*DN*)	工作压力 *P*≤1.0MPa
水管	≤100mm	镀锌钢管，螺纹连接
	≥125mm	无缝钢管，焊接或法兰连接

4. 支架安装

水管活动支、吊托架的具体形式和设置位置，安装单位可根据现场情况确定，支架最大间距（m）按下表选取：

公称直径	*DN*20	*DN*25	*DN*32	*DN*40	*DN*50	*DN*70	*DN*80	*DN*100	*DN*125	*DN*150	*DN*200	*DN*250	*DN*300
保温管道	2.0	2.5	2.5	3.0	3.5	4.0	5.0	5.0	5.5	6.5	7.5	8.5	9.5
非保温管道	3.0	3.5	4.0	4.5	5.0	6.0	6.5	6.5	7.5	7.5	9.0	9.5	10.5

5. 钢管涂油漆时，必须将表面的铁锈、铁屑、焊渣、油污、灰尘清除干净，才能涂底漆。
6. 管道涂油漆时，应刷防锈漆一道，面漆两遍，保温管应除锈后刷防锈漆两道。
7. 水管路系统中最低点处，应配置 *DN*25 泄水管，并配置相同直径的闸阀。在最高点，应配置 *DN*15 的自动排气阀。
8. 水管路穿楼板处加钢套管，套管比水管大 2 号，空隙用不燃材料填塞，在外侧补做防水。
9. 机房里水管道用 30mm 厚的橡塑保温。
10. 图中所注标高均为管中标高，是以机房地面作为－5 米标高的参考值。
11. 地埋管换热系统的检验验收与水压试验按照《地源热泵系统工程技术规范》(GB 50366—2005）执行。

五、调试和试运行

1. 单机试运转：水泵、水源热泵机组等设备应逐台启动投入运转，考核检查其基础、转向、传动、润滑、平衡、温升等的牢固性、正确性、灵活性、可靠性、合理性等。
2. 按不同的设计工况进行试运行，调整至符合设计规定数值。
3. 将各个自控环节逐个投入运行，按设计要求调整设定值，逐一检查，考核其动作的准确性与可靠性。必须调整至各项控制指标符合设计要求。
4. 根据实际条件，让系统连续运行不少于 24h，并对系统进行全面检查、调整、考核各项指标，以全部达到设计要求为合格。
5. 调试过程应做好书面记录。

图　名	机房设计施工说明	图　号	11-1

一、设计说明

本项目集中空调的夏季冷负荷为4580kW，冬季热负荷为3241kW。生活热水负荷为700kW。参考现场测试结果（单U管：散热能力为76.2（W/m井深）供热能力为54（W/m井深））。计算全年动态冷热负荷，通过GLD5.3地源热泵设计软件计算，需室外土壤换热器数量及规格确定如下：

换热孔直径	换热孔深度	换热孔总数量	换热孔总深度	地埋管形式	换热孔间距	制冷进/出水温度	制热进/出水温度	计算年限	25年后地下温度变化
170mm	95m	922个	87590m	单UDe32	4m×4m	34.2/29℃	5.7/8.6℃	25年	+1.3℃

1. 回填材料采用10%的膨润土、90%的SiO沙子混合物。

2. 垂直换热器采用单U埋管，埋管材料采用高密度聚乙烯管（HDPE100）。

3. 室外埋管水平汇总管采用SDR13.6系列PE100塑料管直埋敷设，埋深为室外地面下2m，直埋管上下层均铺设200mm厚黄沙。

4. 因土壤换热器地下热阻，运行份额，连续脉冲负荷引起附加热阻、土壤热扩散等因素造成土壤温度变化，本工程在埋管部分选择16个钻孔埋设48个温度探测器实时监测土壤温度变化，各分区检测孔的数量如下：

各分区检测孔数量

A区	B区	C区	D区	E区
4	4	2	2	2

5. 地埋管管材及管件应符合以下规定：

(1) 地埋管采用高密度聚乙烯管（HDPE100）。管件与管材宜为相同材料。

(2) 地埋管质量应符合国家现行标准中的各项规定，管材的公称压力及使用温度应满足设计要求。

(3) 埋入岩土体中的地埋管中间不应有机械接口及金属接头。

6. 地埋管换热器管内流体应保持紊流流态，水平干管坡度宜为0.002。

7. 地埋管换热器安装位置应远离水井及室外排水设施，并宜靠近机房或以机房为中心设置。铺设供、回水集管的管沟宜分开布置；供、回水集管的间距应不小于0.6m。

8. 埋管换热系统应设置反冲洗系统，冲洗流量应为工作流量的2倍。

9. 地埋管换热系统应设自动充液及泄漏报警系统。

10. 地埋管施工时，应避让并严禁损坏其他地下管线及构筑物。

11. 地埋管换热器安装完成后，应在埋管区域做出标志或表明管线的定位带，并以现场的两个永久目标进行定位。

12. 本图设计除标高以米计外，其余均以毫米计，其中管道标高为绝对标高。

二、施工说明

1. 地埋管换热系统施工前应了解埋管场地内已有地下管线、其他地下构筑物的功能及其准确位置，并应进行地面清理，铲除地面杂草、杂物和浮土，平整地面。

2. 地埋管及管件应符合设计要求，且应具有质量检验报告和生产厂的合格证。施工过程中，应严格检查并做好管材保护工作。

3. 管道连接应符合以下规定：

(1) 所有埋地管道应采用热熔或电熔连接。管道连接应符合《埋地聚乙烯给水管道工程技术规程》CJJ 101—2004的有关规定。

(2) 地埋管换热器的U形弯管接头，宜选用定型的U形弯头成品件，不宜采用直管道煨制弯管接头。组对好的U形管的两开口端部应及时密封。

(3) 管道外径<90，管道之间、管道与管件之间采用热熔承插连接。管道外径>90，管道之间、管道与管件之间采用热熔对接。

(4) 热熔承插连接应符合下列规定：

1) 管材、管件连接面上的污物应用洁净棉布擦净。

2) 加热工具加热完毕，待连接件迅速脱离加热工具，检查加热面熔化的均匀性和是否有损伤，用均匀外力将管插入承口内。

(5) 热熔对接应符合下列规定：

1) 待接管道应伸出焊机夹具一定自由长度，使其在同一轴线上，错边不宜大于壁厚的10%。

2) 管道连接面上的污物应使用洁净棉布擦净，并铣削连接面，使其与轴线垂直。连接面加热后要检查熔化的均匀性和是否有损伤，然后用均匀外力使连接面完全接触，形成均匀一致的凸缘。管道连接后应及时检查接头外观质量。

(6) 地埋管换热器安装过程中应进行水压试验。安装前后应对管道进行冲洗，应进行排气。

(7) 室外环境温度低于0℃时，不宜进行地埋管的施工。

4. 垂直地埋管换热器安装应在钻好且孔壁固化后立即进行。需采用灌浆回填时，应将灌浆管和U形管一起插入孔中，直至孔底。下管过程中，U形管内宜充满水。

5. U形管安装完毕后，应立即用灌浆材料回灌封孔。

6. 对回填过程的检验应与安装地埋管换热器同步进行。

7. 管道敷设

(1) 沟槽开挖

1) 图中水平管道位置为示意，具体位置施工时根据现场情况确定。但埋深应在冻土层以下0.6m，埋地深度应不小于1.5m。

图名	地埋管部分设计施工说明（一）	图号	11-2

2）机械开挖时沟底预留值不小于 0.15m。

（2）管道敷设

1）管道在槽边连接后以弹性敷管法移入沟槽，可利用槽底宽度蜿蜒敷设。

2）管道连接前和连接后管口部位应进行封闭保护，防止杂物进入管中。

3）施工中不得损伤管材，表面不得有明显划痕。

（3）管道沟槽回填

1）管道敷设后进行回填，回填材料采用细砂子。

2）管道敷设后经水压试验合格后再进行回填。回填时管道中应带压。

3）回填时应先填实管底，再同时回填管道两侧，然后再回填至管顶 0.5m 处。沟内有积水时，必须全部排尽后再行回填。

4）管顶 0.5m 内的回填土，不得含有碎石、砖块、垃圾等杂物，不得用冻土回填。

5）回填土应分层夯实，每层厚度应为 0.2～0.3m，管顶上部 0.5m 以内的回填土必须人工夯实。管顶上部 0.5m 以上部分可用小型机械夯实，每层土厚度为 0.25～0.4m。

6）水压试验：地埋管换热系统的检验验收与水压试验按照《地源热泵系统工程技术规范》GB 50366—2005 执行。

8. 本说明未尽之处执行《地源热泵系统工程技术规范》GB 50366—2005 2009 年版严格执行。

9. 工程验收执行《地源热泵系统工程技术规范》GB 50366—2005 2009 年版严格执行。

10. 如现场情况与测试及设计情况不符者，应及时通知设计单位进行处理。

图　名	地埋管部分设计施工说明（二）	图　号	11-3

设 备 表

序号	名 称	规 格	数量	备 注
1	地源热泵机组 PSRHH-Y5203	制冷量:1542kW 制冷输入功率:291.2kW 制热量:1611kW 制热输入功率:349.6kW	3	夏:12/7℃ 30/35℃ 冬:45/40℃ 10/5℃
2	空调侧水循环泵	L=374t/h H=28m N=45kW	3	
3	地源侧水循环泵	L=374t/h H=28m N=45kW	3	
4	热水循环泵	L=346t/h H=24m N=37kW	2	
5	空调侧定压装置	L=12.6t/h H=50m	1	室内空调水系统
6	地源侧定压装置	L=12.6t/h H=20m	1	室外地源水系统
7	自动软水器	KF28500C L=10～12t/h	1	
8	软化水箱	2000×2000×2000	1	
9	地源侧集水器	L=3800 D600	1	
10	地源侧分水器	L=3800 D600	1	
11	空调侧集水器	L=3400 D600	1	
12	空调侧分水器	L=3400 D600	1	

图 例

图例	名称
	水管下弯
	水管上弯
	电动蝶阀
	DN<50 球阀,DN≥50 蝶阀
	止回阀
	压差调节阀
	调节阀
	电子水处理器
	Y 式过滤器
	压力表
	温度计
	揉性接头
	自动放气阀(DN25)
	固定支架
	三合一阀
	水泵
	地源热泵机组

图 名	主要设备表及图例	图 号	11-4

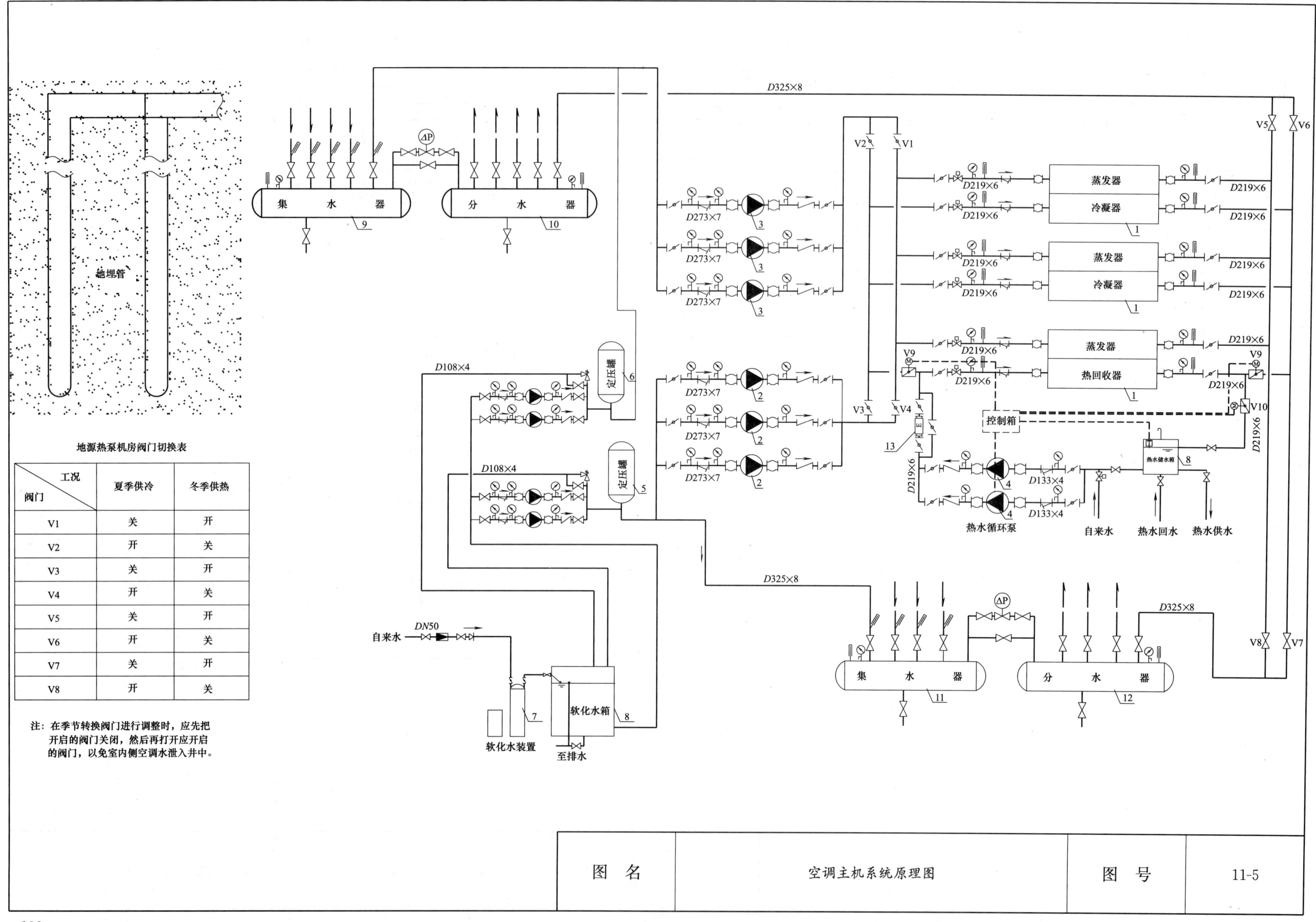

地源热泵机房阀门切换表

阀门＼工况	夏季供冷	冬季供热
V1	关	开
V2	开	关
V3	关	开
V4	开	关
V5	关	开
V6	开	关
V7	关	开
V8	开	关

注：在季节转换阀门进行调整时，应先把开启的阀门关闭，然后再打开应开启的阀门，以免室内侧空调水泄入井中。

图 名	空调主机系统原理图	图 号	11-5

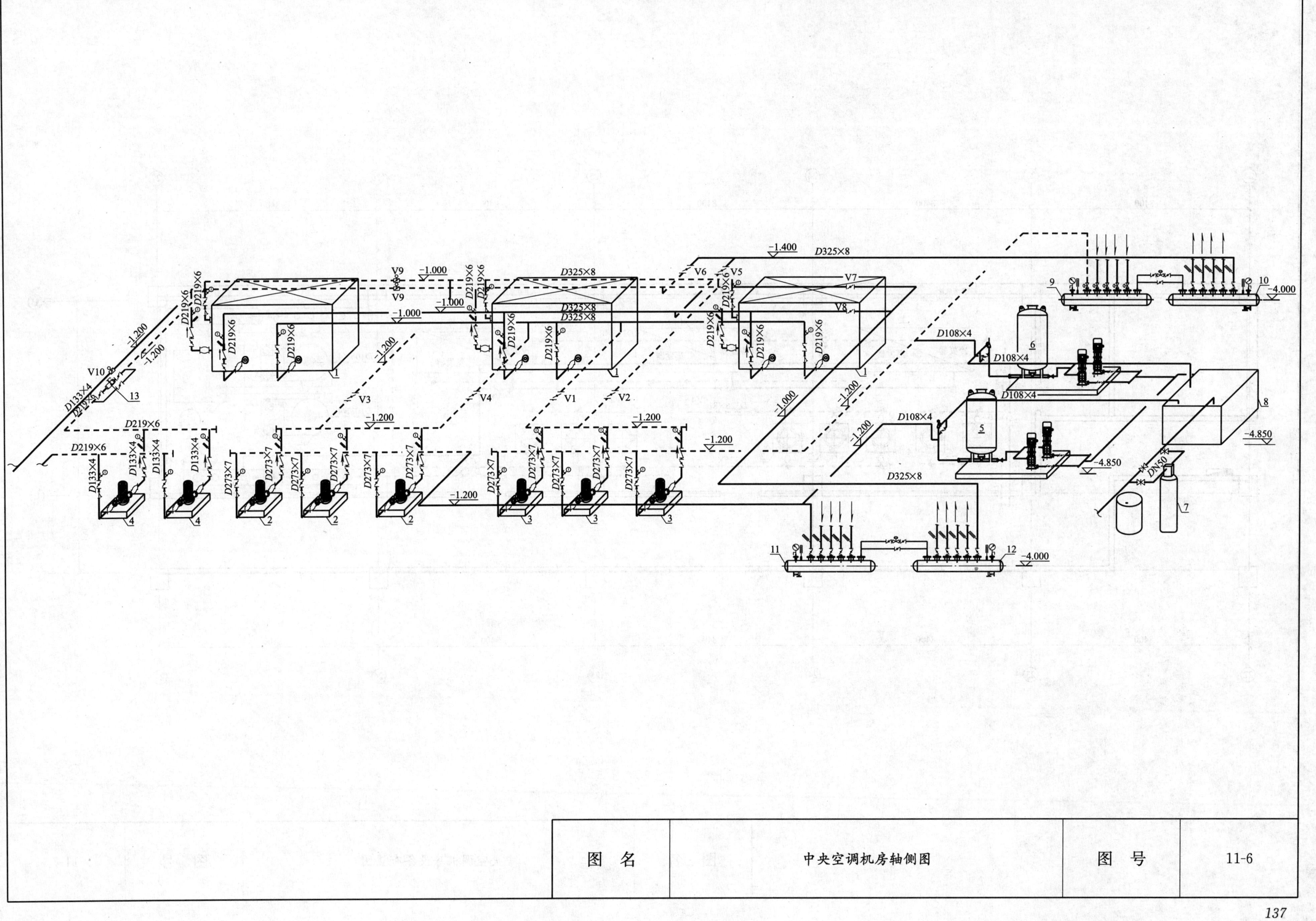

D325×8
D219×6
D133×4
D273×7
D108×4
DN50
−1.400
−1.000
−1.200
−4.000
−4.850
V1
V2
V3
V4
V5
V6
V7
V8
V9
V10
1
2
3
4
5
6
7
8
9
10
11
12
13
图 名
中央空调机房轴侧图
图 号
11-6

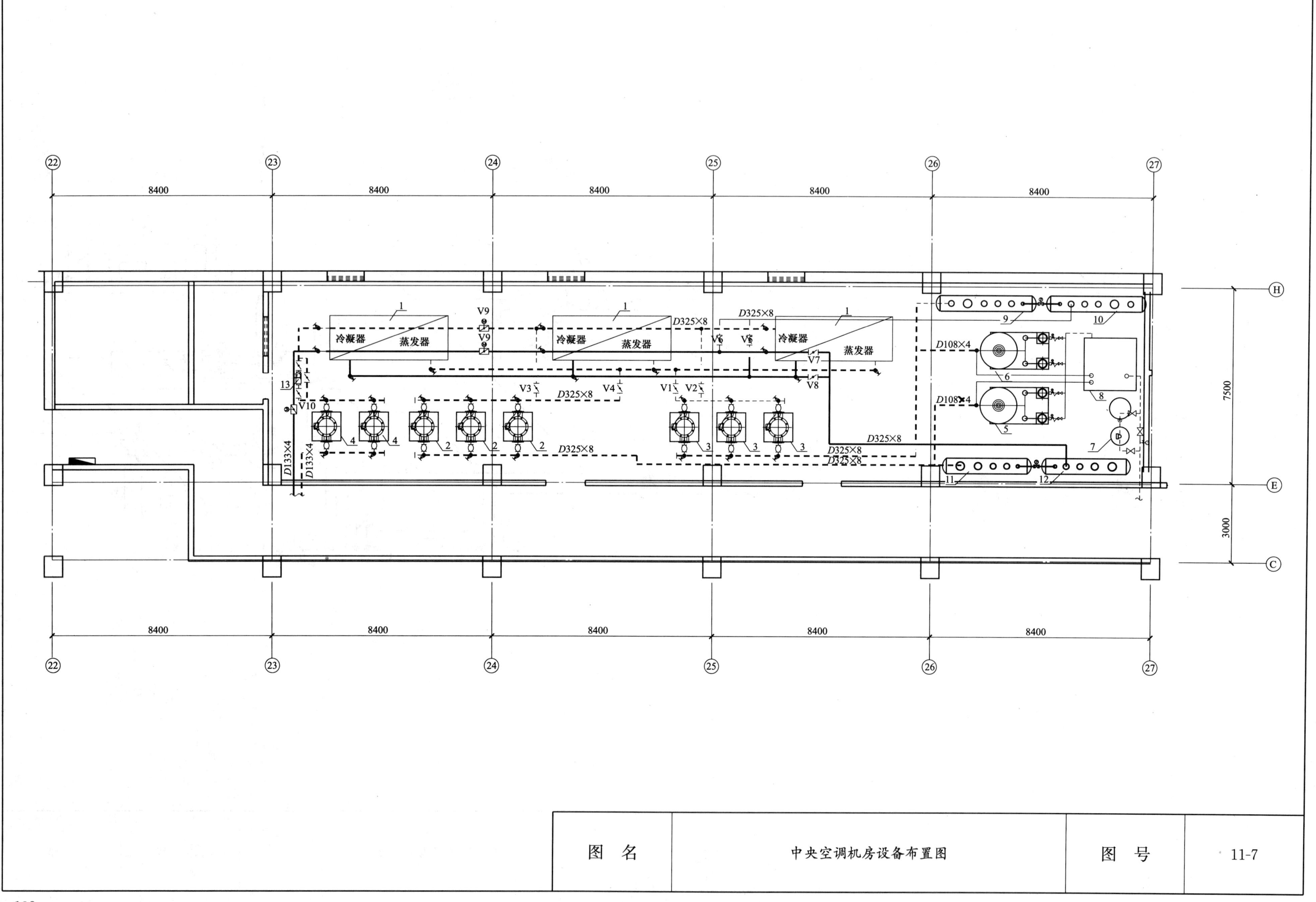

图　名	中央空调机房设备布置图	图　号	11-7

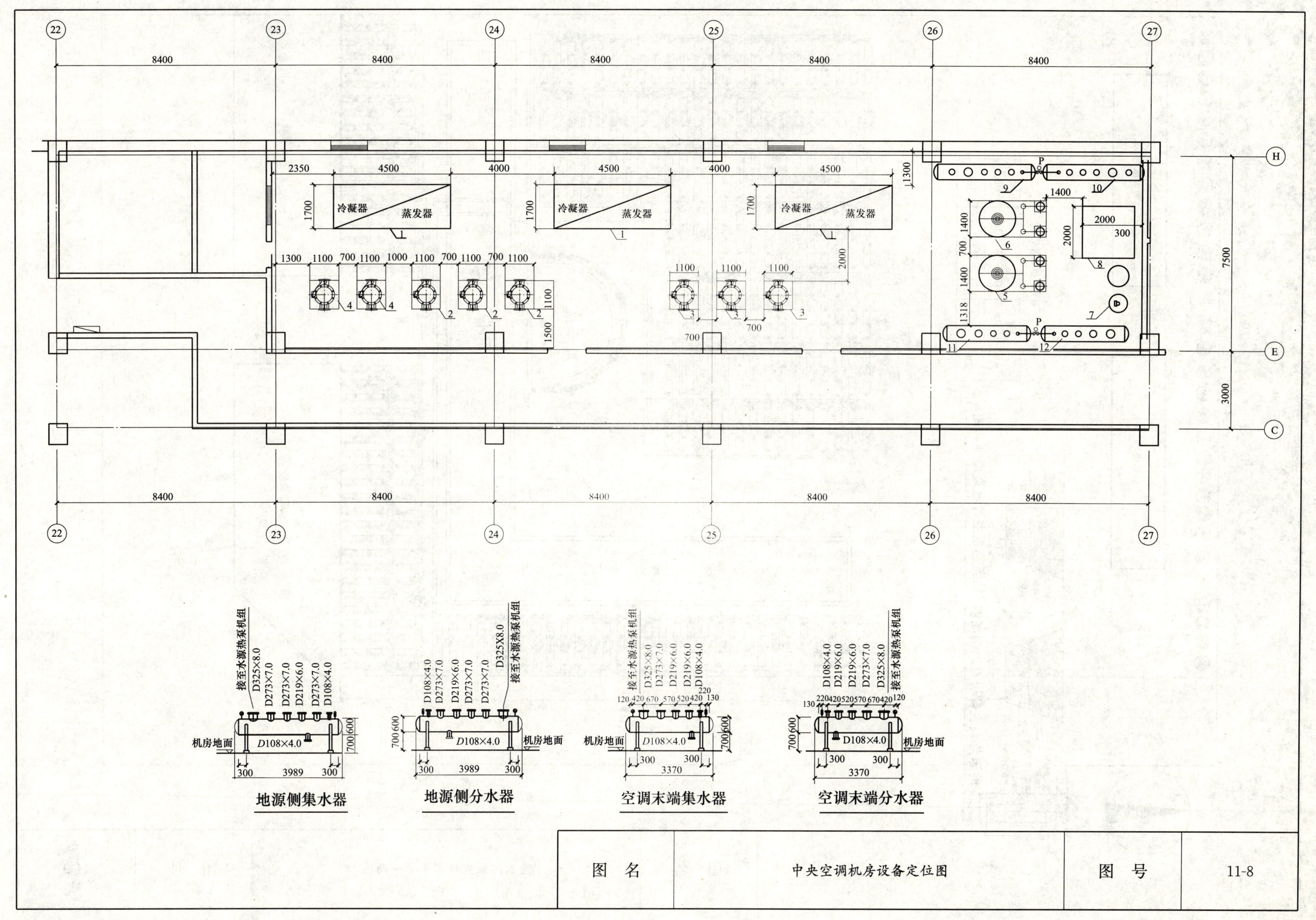
冷凝器
蒸发器
机房地面
D108×4.0
接至水源热泵机组
D325×8.0
D273×7.0
D219×6.0
地源侧集水器
地源侧分水器
空调末端集水器
空调末端分水器
图 名
中央空调机房设备定位图
图 号
11-8

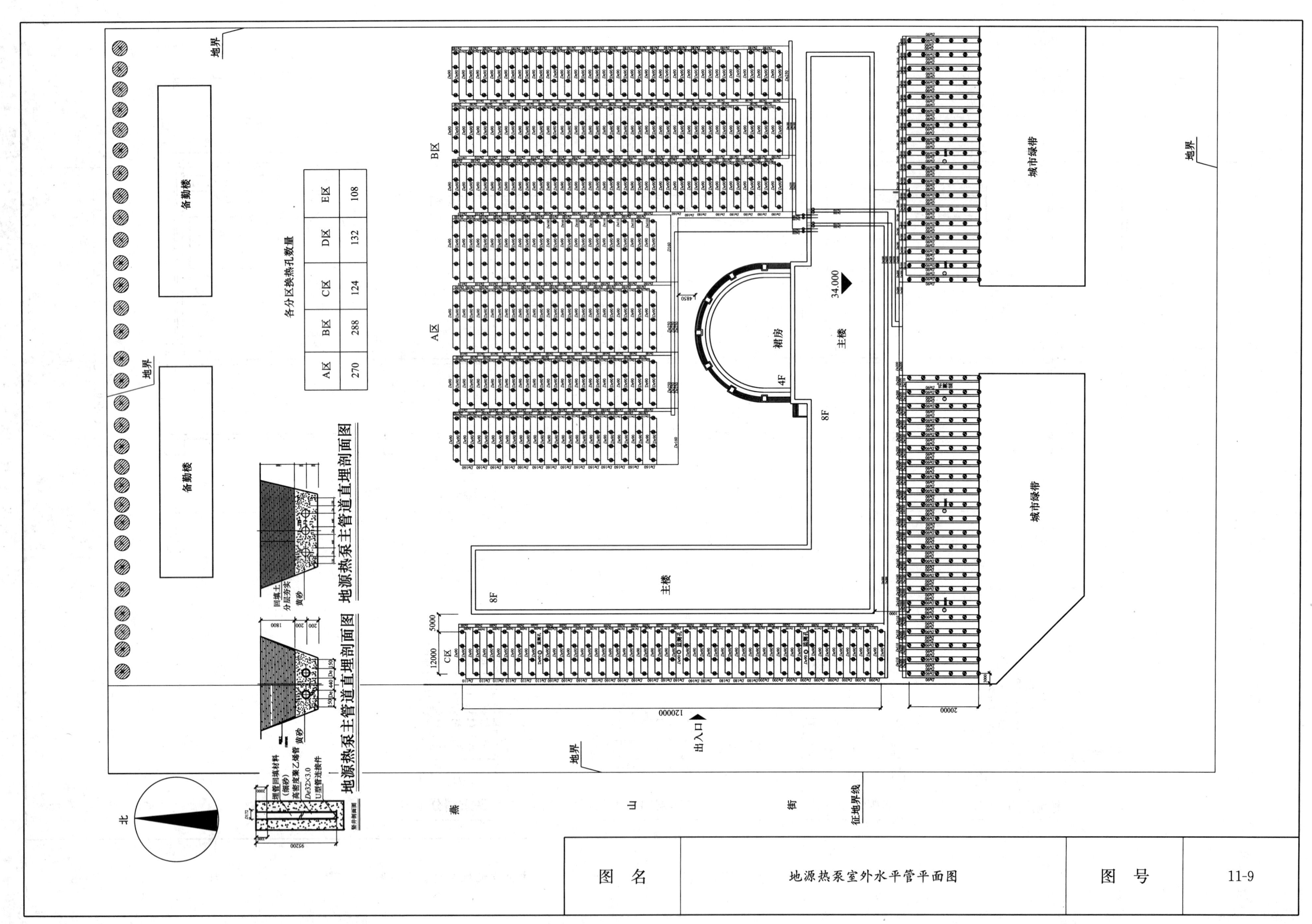

A区	B区	C区	D区	E区
270	288	124	132	108

图 名	地源热泵室外水平管平面图	图 号	11-9

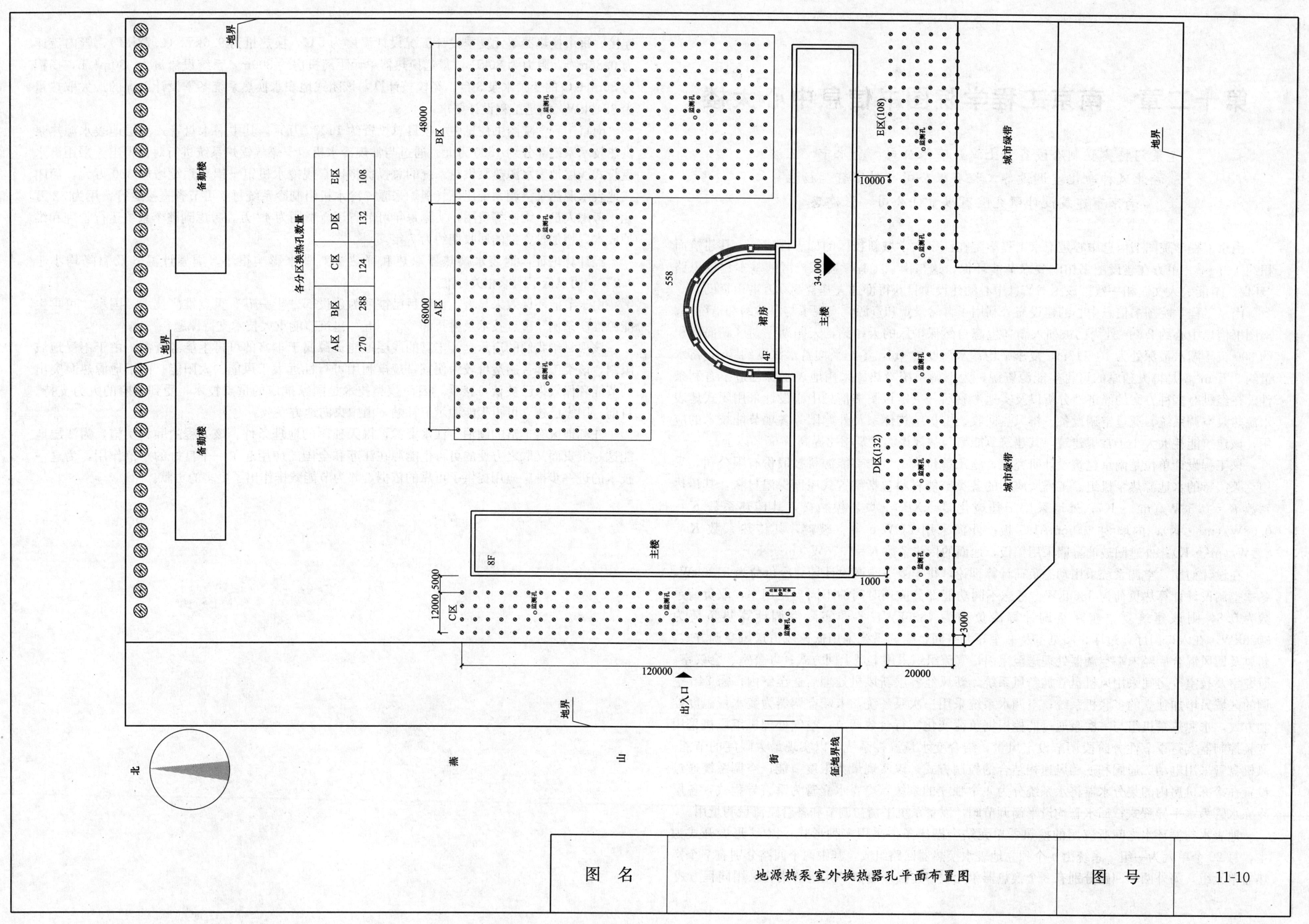

地界
备勤楼
备勤楼
各分区换热孔数量
A区
270
B区
288
C区
124
D区
132
E区
108
48000
B区
68000
A区
监测孔
558
34.000
裙房
主楼
4F
E区(108)
城市绿带
10000
D区(132)
城市绿带
主楼
8F
12000
5000
C区
1000
3000
120000
20000
出入口
燕
山
街
征地界线
北
图　名
地源热泵室外换热器孔平面布置图
图　号
11-10

第十二章　南京工程学院图书信息中心大楼

克莱门特捷联制冷设备（上海）有限公司　金永宁　王波
湖北风神净化空调设备工程有限公司　付家轩　杨生
南京市建筑设计研究院有限责任公司　张建忠

南京工程学院图书信息中心是南京工程学院在江宁大学城新校区的标志性建筑，其建筑面积约 4 万 m^2。甲方在建设图书馆时要求节能环保，这与南京工程学院新校区的基本建设思路“环保、节能、人文”相一致。该图书信息中心的建设项目获得邵逸夫基金 500 万港币资助。

南京工程学院图书信息中心的建设充分利用了自然景观和资源，实现了与自然的和谐统一。离图书信息中心约 200m 处为已被列入湖鸟生态自然保护区的天印湖，天印湖主湖区湖面面积约 300 亩，湖水最深处为 10～12m，夏季平均蓄水深度约 4m，冬季平均蓄水深度约 3m，蓄水量约 5 万 m^3，是得天独厚的可再生能源资源，为空调系统冷热源采用地表水源创造了有利条件。在经过对多种方案的经济性分析以及实地考察后，决定该图书信息中心设计采用闭式地表水源热泵空调系统。通过空调设备、排风热回收、围护结构体系及外遮阳等各项节能技术的应用，该建筑能耗大大小于常规建筑，其建筑节能率与常规该类建筑相比提高了 65%以上。

该工程设计单位是南京建筑设计研究院，施工单位为南京丰盛能源科技股份有限公司。采用克莱门特的水地源热泵机组。工程所应用的各类节能材料包括倒置式屋面保温材料，其传热系数 $K=0.58W/(m^2\cdot K)$；外墙采用干挂玻化砖＋XPS＋页岩模数砖，其传热系数 $K=0.68W/(m^2\cdot K)$；内墙为 200mmALG 板；外窗采用 LOW-e 中空玻璃，其传热系数 $K=2.1W/(m^2\cdot K)$；外遮阳玻璃幕墙采用挡板，地面的传热系数 $K=0.76W/(m^2\cdot K)$。

在设计初期，空调系统采用动态负荷计算理论，得出夏季空调设计计算冷负荷为 6120kW，冬季空调设计计算热负荷为 3860kW。考虑不同功能部分应用时间的不同与使用率，取负荷系数为 0.8，则该建筑夏季实际空调计算冷负荷为 4896kW，冬季实际空调计算热负荷为 3088kW。在入口门厅、过厅、阅览室及书库等大空间，空调系统采用低速风道送风空调方式，新风及回风混合后经末端空调器处理送至室内，气流组织采用上送上回方式；办公室、会议室、研究室及教室等房间采用风机盘管加新风系统，新风经各层新风机处理后送至室内；需 24h 空调的区域另增加独立的多联机系统；空调水系统采用一次泵系统，末端空调器为变水量温度控制方式，水源热泵机组与一次泵通过群控根据负荷变化实行台数调节；空气处理机组风机采用变频控制器实行季节性分阶段调节设定风量，结合变水量温控系统，以实现最大限度的节能；风机盘管采用电动二通阀和三档风速相结合的控制方式，以实现最大限度节能；空调系统通过设置在冷冻机房内的集分水器将水系统分为 4 个独立的系统，冷媒水立管为垂直异程式，各层冷冻水管为水平异程式；回水管均设平衡调节阀，以备系统平衡初调节和各管路流量测量用。

地表水与循环水之间所应用的换热器单元结合湖床条件采用多种形式，以 U 形展开式为主，每 20 个单元为一组，系统由 4 个独立地表水换热器回路组成，其中两个回路分别有 7 个换热器单元组，另外两个回路分别有 8 个换热器单元组，连接换热器单元组的集管采用同程方式连接。每个换热器单元夏季设计工况设计温度为 5℃，换热量为 9.6kW（2.73RT），管内流速为 0.86m/s，阻力为 80kPa。最远换热器单元距离机房约 800m，系统设流量为 330m^3/h，扬程为 35mH_2O 的变频水泵 3 台。经校核计算，该闭式地表水换热系统冬季设计工况的最大取热量为 3840kW，满足工程设计要求。

南京工程学院图书信息中心项目总投资约 14000 万元，其中潜水盘管式浅层地表水源热泵供热技术系统部分约 1600 万元。通过与常规冷水机组＋燃气锅炉系统进行对比得出：采用潜水盘管式浅层地表水源热泵供热系统的总投资将比常规冷水机组＋锅炉系统增加 300 万元，而闭式地表水源热泵空调系统比燃气锅炉采暖＋冷水机组制冷系统每年可节省直接运行费用为 32 万元，考虑人员、维修等费用，实际每年可节省运行费用为 42 万。考虑到整个系统运行管理和维护成本，增加投资额的回收期约为 7 年。

经计算论证，地表水换热器取热和释热量对湖水影响很小，周累计温升及温降均小于 0.2℃，明显低于国家相关标准。

由于节能环保效果显著，该项目已被列为建设部“十一五”重点推广技术、国家“可再生能源推广条例”重点技术及科技部“十一五”建筑节能重大技术支持课题。

该项目给我们的启示是：丰富的浅层地能资源属于丰富的可再生能源资源。由于不受地域限制，该类工程普遍造价较为便宜，规模利用可行性远大于风能、太阳能；由于地源热泵突出的节能环保效果已被认可接受，因而该类技术是国家推广的重点技术，受到政府的大力支持。目前，国家已建立可再生能源示范补贴，由中央向地方发放。

江苏地区有丰富的湖泊、江水资源，得天独厚的地理条件。该工程的顺利实施，为浅层地能这一宝贵而又取之方便的可再生能源在江苏和全国的应用起了一个良好的示范作用，为这一技术的进一步推广应用提供了可靠的依据，并为节能减排作出了更多的贡献。

一、工程概况

本项目为南京工程学院图书信息中心舒适性空调系统，业主要求利用可再生资源、环保节能的地表水地源热泵中央空调系统。本次设计内容为热泵机房及湖水换热器，地上总建筑面 38470m²。

二、设计依据

1. 甲方提供的设计文件和技术要求；
2. 《采暖通风与空气调节设计规范》GB 50019—2003；
3. 《民用建筑节能设计标准（采暖居住建筑部分）》JBJ 26—95；
4. 《民用建筑热工设计规范》GB 30176—93；
5. 《地源热泵系统工程技术规范》GB 50366—2005。

三、设计参数

1. 空调室外计算参数

(1) 夏季空调计算干球温度 35℃；
(2) 夏季空调计算湿球温度 28.3℃；
(3) 冬季空调计算干球温度 2℃；
(4) 冬季空调计算相对湿度 73%。

2. 冬夏季通风室外计算参数

(1) 冬季通风室外计算温度－6℃；
(2) 夏季通风室外计算温度 32℃。

3. 室内设计参数

室内温度(℃)	
夏季	冬季
26±2℃	18±2℃

四、冷热源

空调负荷：夏季空调计算负荷为 6323kW，冬季空调负荷 3694kW。

考虑空调主机的备用性，全部采用水/水热泵主机，夏季供给空调系统 6/12℃的冷冻水，冬季供给 45/39℃的热水，不同季节运行工况的转换靠阀门的切换实现，冷冻水系统供回水管间采用压差旁通调节控制阀。

五、施工说明

1. 水系统管材

(1) 空调水系统：

公称直径 $d \leqslant 150$mm 的管道采用焊接钢管，其中 $d \leqslant 40$mm 为镀锌钢管丝接，$d > 40$mm～150mm 为焊接管焊接；$d > 150$mm 采用无缝钢管焊接。

(2) 地源室外管网：地源室外管网采用高密度聚乙烯管。

2. 保温

冷冻水管、冷却水管（地面部分）及集分水器均做保温，室外管网及湖水换热器全部采用高密度聚乙烯管，不用保温。

当 $DN \leqslant 40$mm 时，$\delta = 25$mm；当 80mm$\geqslant DN \geqslant$50mm 时，$\delta = 30$mm；当 $DN \geqslant 100$mm 时，$\delta = 40$mm；集分水器保温，$\delta = 50$mm。

3. 空调水管上的阀门：当 $DN < 50$mm 时采用铜闸阀；当 $DN \geqslant 50$mm 时采用蝶阀。

4. 在各水管的最高位置要装置自动排气阀；最低位置设置泄水阀，泄水阀接至附近排水沟。

5. 管道活动支、吊、托架的具体形式和设置位置，由安装单位根据现场情况确定，做法参见国标图 03SR417-1。管道的支、吊、托架必须设置于保温层的外部，在穿过支、吊、托架处，应镶以垫木。

6. 管道安装完工后，应进行水压试验，试验压力见 GBJ 242—82 有关规定，试压合格后应对系统进行反复冲洗，直至排出水中不夹带泥砂、铁屑等杂质，且水色不浑浊时方为合格，管路系统冲洗时，水流不得经过所有设备。

7. 水路管道、设备等，在表面除锈后，刷防锈底漆两遍，金属支、吊、托架等，在表面除锈后，刷防锈底漆和色漆各两遍，水路管道均应做色环标志。

六、其他

1. 热泵机组、水泵等设备的安装、试压及操作均按产品说明书进行。
2. 凡本说明未提及的详细做法，均参见《建筑设备施工安装图集》的有关内容。
3. 施工中若遇到与本专业有关的问题，应由甲方、施工单位和设计人员共同协商解决。

图　名	设计施工说明	图　号	12-1

序号	设备材料名称	型号	技术参数	数量
1	地表水地源热泵机组	PSRHH4503	$Q_{冷}$=1695.2kW $N_{冷}$=339.6kW	3台
			$Q_{热}$=1684.2kW $N_{冷}$=407.6kW	
			长×宽×高 4420×1860×2700	
2	冷冻水泵	NBG 150-125-315/336	I=260.4m³/h，H=35.5mH₂O N=45kW	3台
3	冷却水泵	NBG 200-150-400/343	L=388.9m³/h，H=36.5mH₂O N=55kW	3台
4	真空脱气机	S6A		1台
5	辅助电加热器	DF-225	N=225kW	2台
6	旁通水处理仪	TPL-400		1台
7	定压补水装置	N-GP1000-0.6		1台
8	平衡阀	DN300		3只
		DN250		7只
		DN200		6只
9	压差旁通阀	DN150		1只
10	电动蝶阀	D971X-16-450		1只
		D971X-16-300		8只
		D971X-16-250		3只
11	蜗轮蝶阀	D371X-16-400		18只
		D371X-16-300		14只
		D371X-16-250		10只
		D371X-16-200		6只
		D371X-16-150		2只
		D371X-16-50		32只
12	过滤器	DN300		9只

续表

序号	设备材料名称	型号	技术参数	数量
		DN250		3只
		DN200		6只
13	消声止回阀	DN300		3只
		DN250		3只
14	集水器	ϕ600		1只
15	分水器	ϕ600		1只
16	膨胀水箱	1400×1400×1200		1只
17	高密度聚乙烯管	D110×10.0	PE100	288m
18	高密度聚乙烯管	D160×11.8	PE100	300m
19	高密度聚乙烯管	D200×14.7	PE100	300m
20	高密度聚乙烯管	D225×16.6	PE100	3468m
21	高密度聚乙烯管	D32×3.0	PE100	126800m

图名	主要设备材料表	图号	12-2

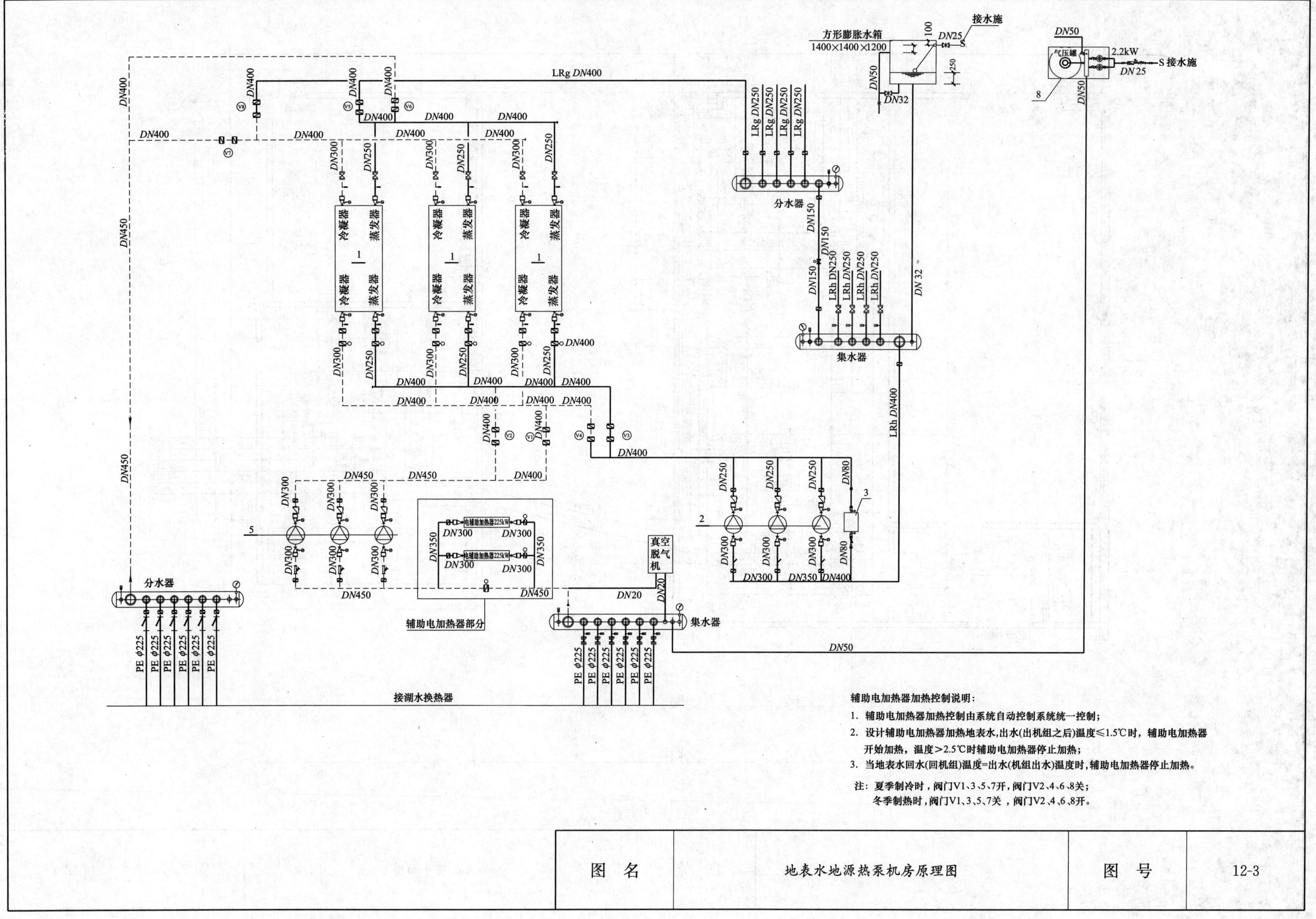

辅助电加热器加热控制说明：

1. 辅助电加热器加热控制由系统自动控制系统统一控制；
2. 设计辅助电加热器加热地表水，出水(出机组之后)温度≤1.5℃时，辅助电加热器开始加热，温度>2.5℃时辅助电加热器停止加热；
3. 当地表水回水(回机组)温度=出水(机组出水)温度时，辅助电加热器停止加热。

注：夏季制冷时，阀门V1、3、5、7开，阀门V2、4、6、8关；
冬季制热时，阀门V1、3、5、7关，阀门V2、4、6、8开。

图名	地表水地源热泵机房原理图	图号	12-3

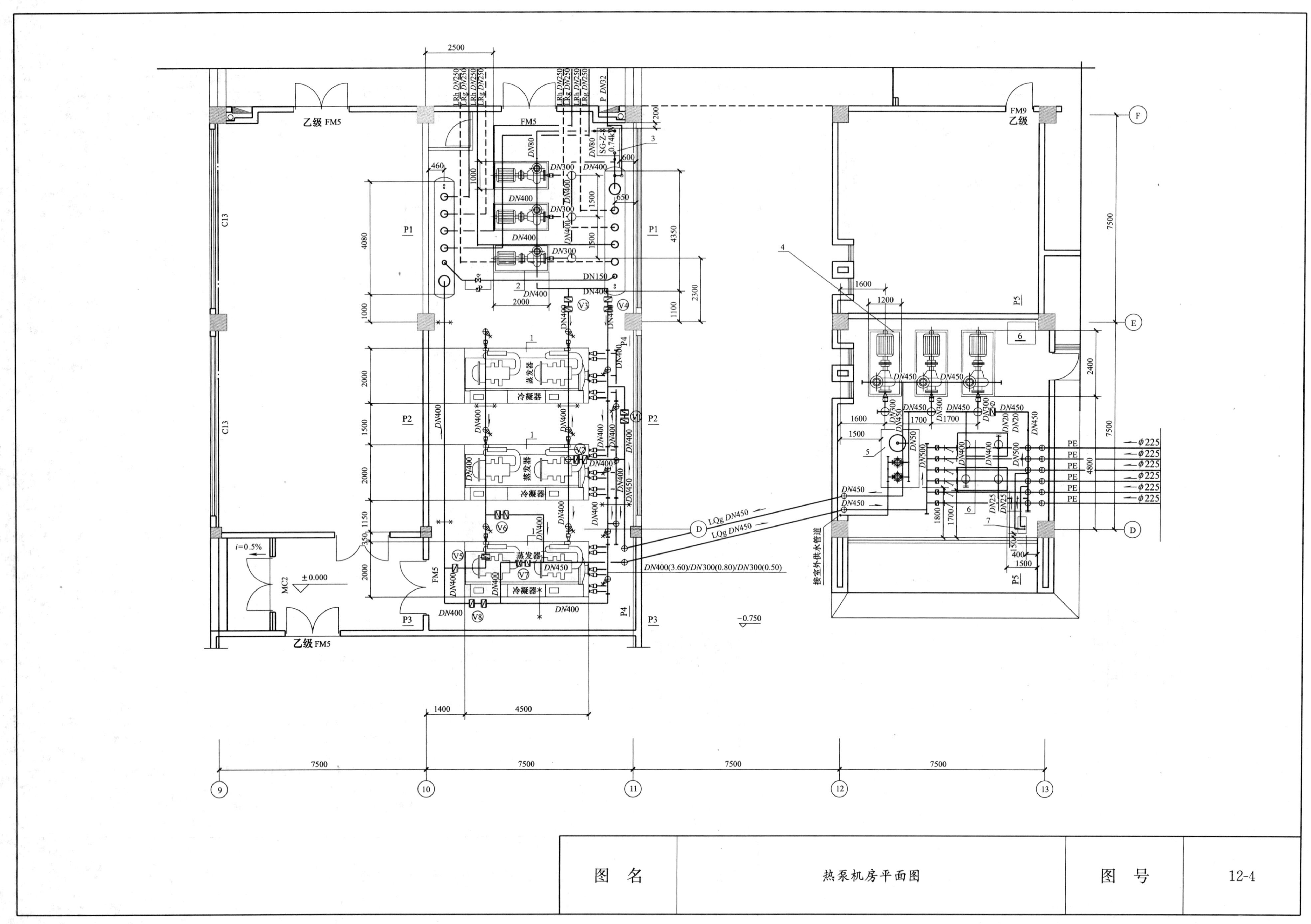

图 名	热泵机房平面图	图 号	12-4

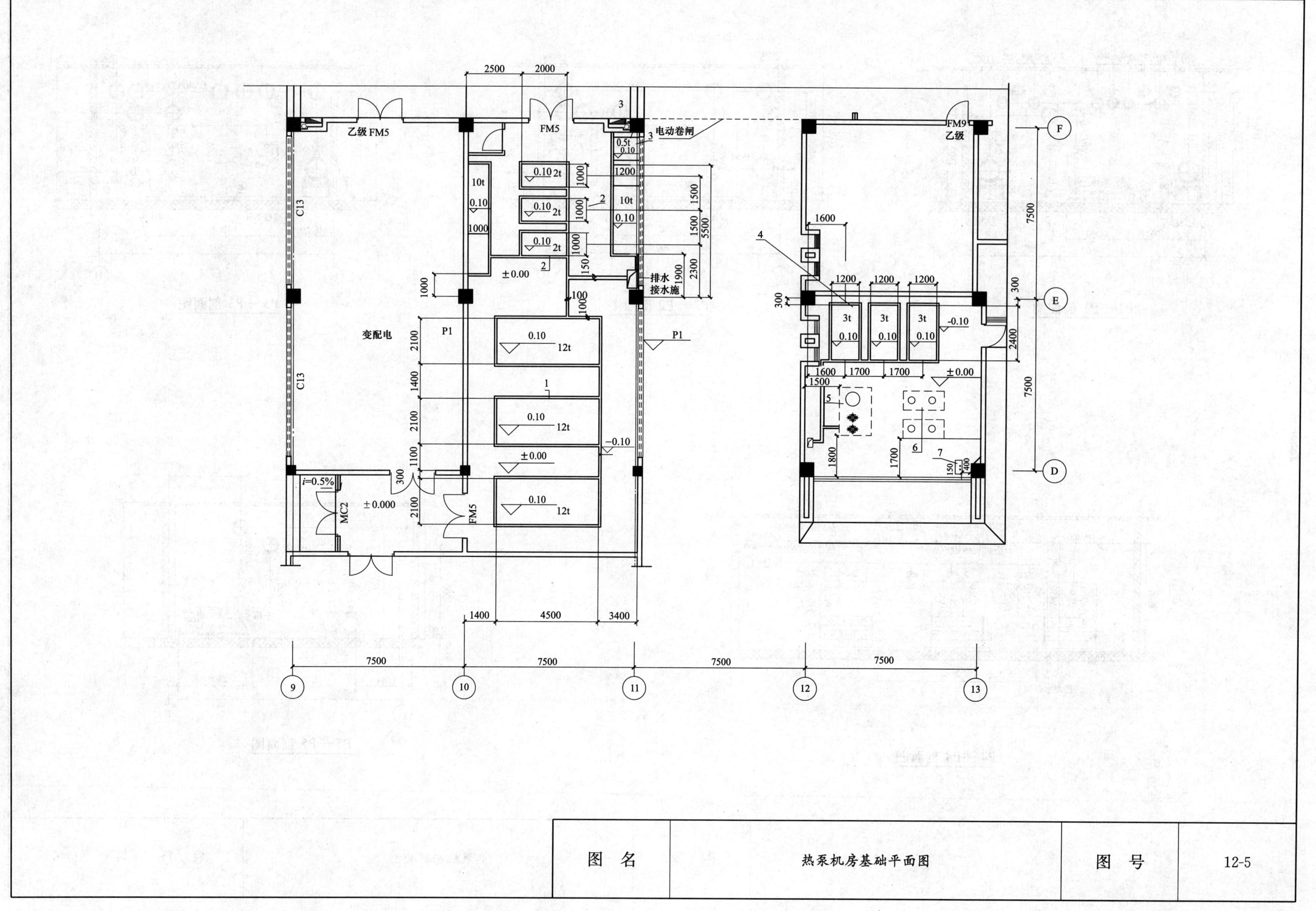
乙级 FM5
FM5
电动卷闸
FM9
乙级
C13
C13
变配电
P1
P1
排水
接水施
MC2
i=0.5%
±0.000
±0.00
−0.10
0.10
10t
2t
12t
3t
0.5t
7500
7500
7500
7500
9
10
11
12
13
F
E
D
图 名
热泵机房基础平面图
图 号
12-5

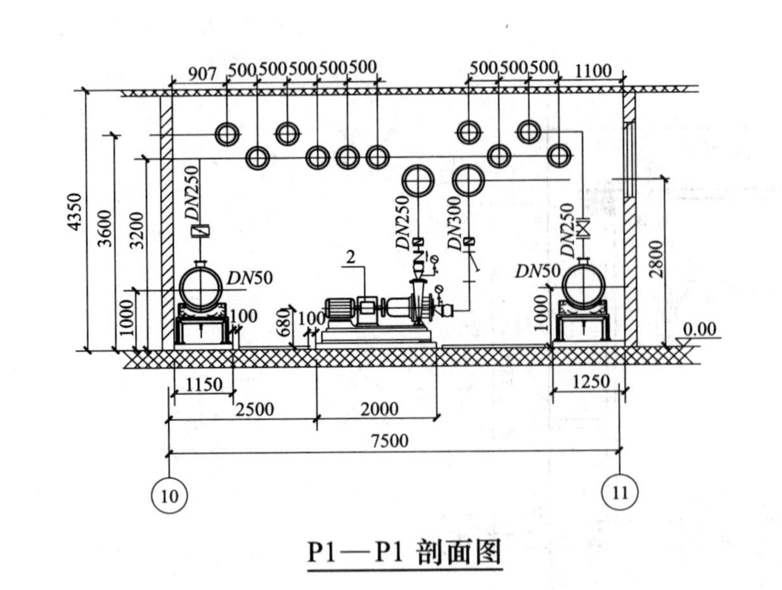

P1—P1 剖面图

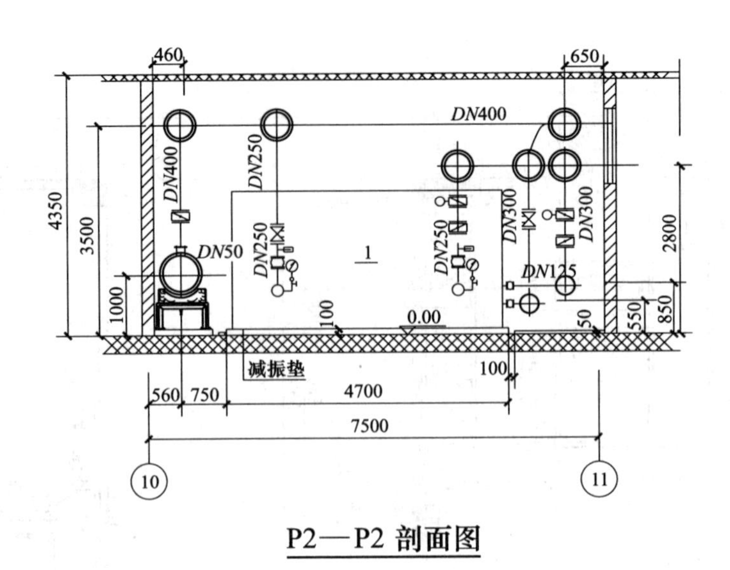

P2—P2 剖面图

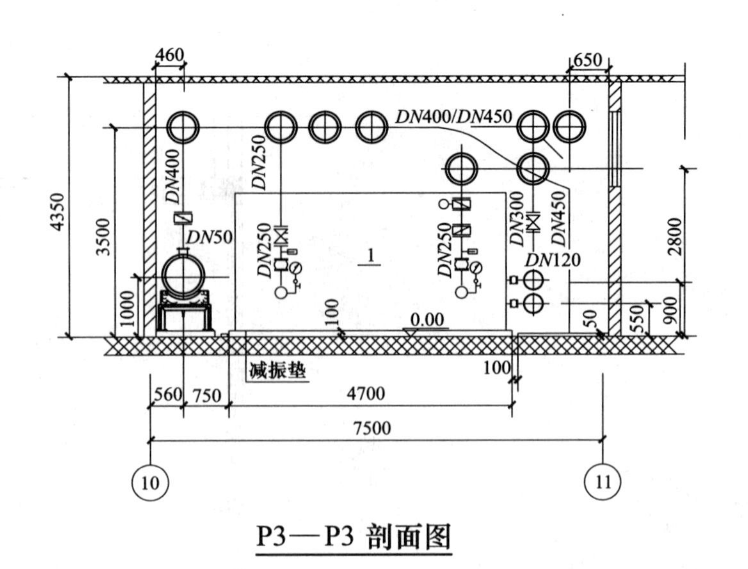

P3—P3 剖面图

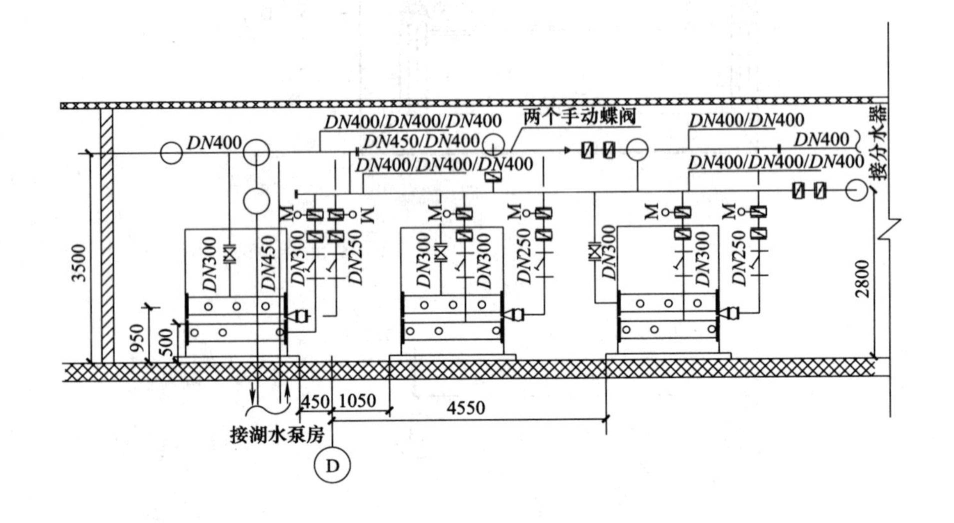

P4—P4 剖面图

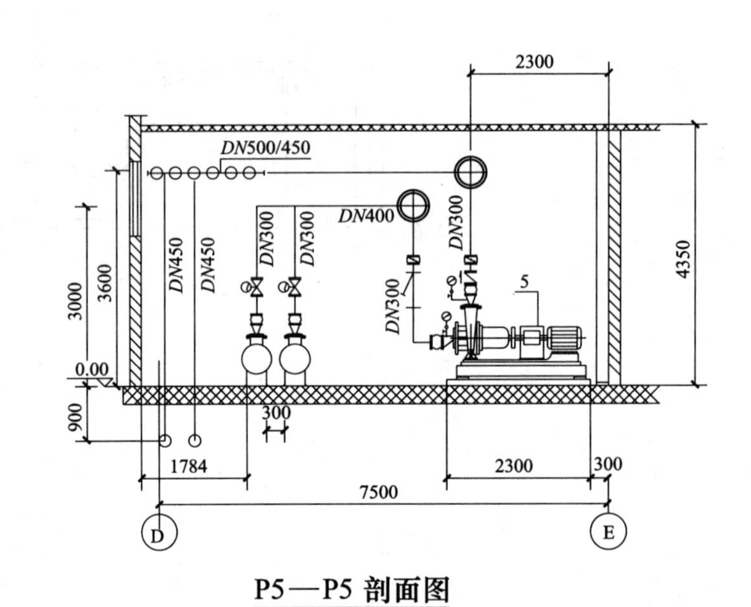

P5—P5 剖面图

图 名	热泵机房剖面图	图 号	12-6

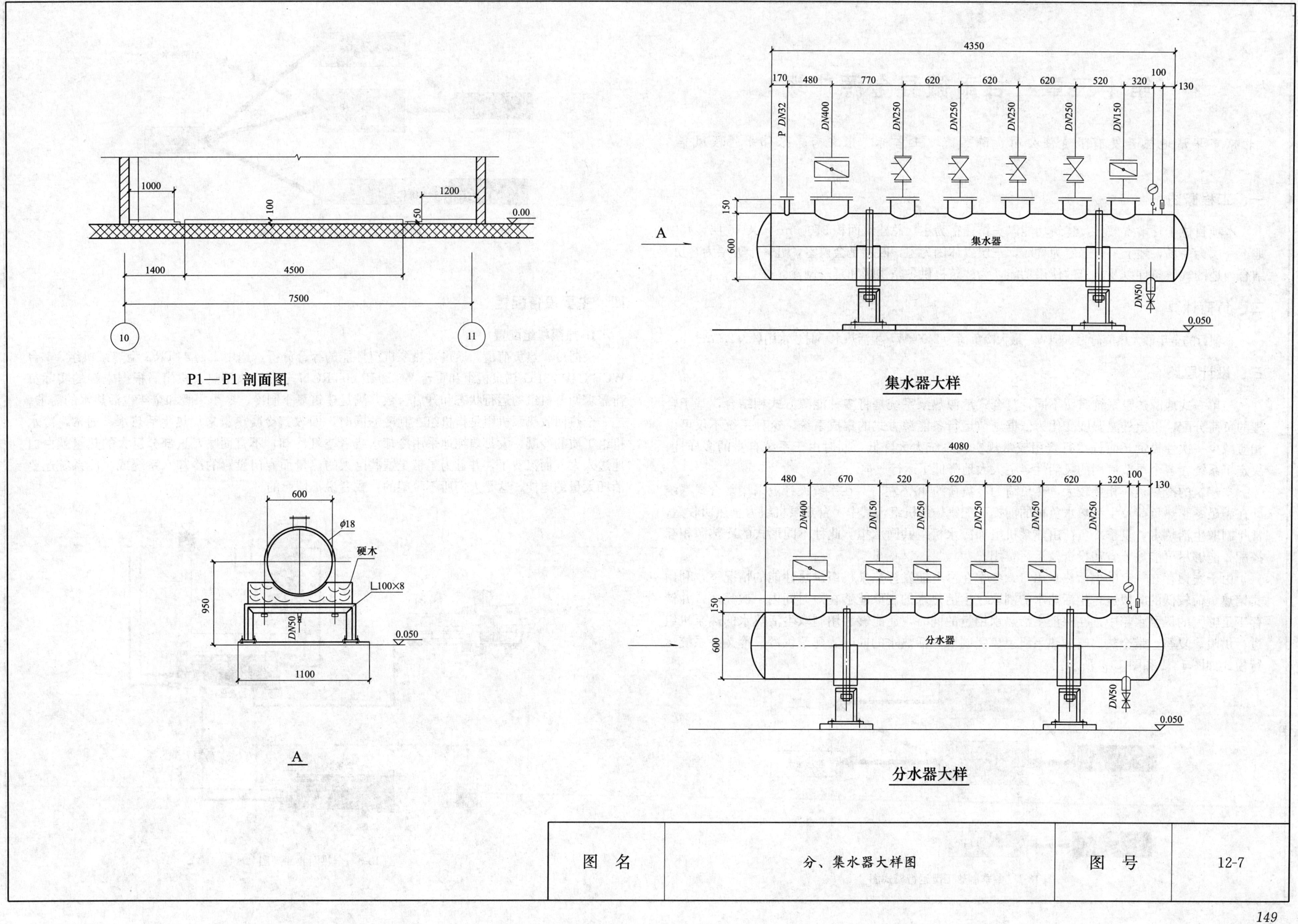

图 名	分、集水器大样图	图 号	12-7

第十三章　甘肃徽县金源广场

北京市华清地热开发有限责任公司　陈燕民　王吉标　张文秀　张伟平　段凤华

一、工程概述

本项目位于甘肃省徽县，建筑功能以宾馆住宿为主，总建筑面积 37000m²，共 15 层，其中地下一层为商场，地上一、二层为餐厅，三层以休闲为主，四层是会议室，五～十五层为客房。结合当地的气候条件以及建筑的使用功能，为建筑提供冬季供暖和夏季制冷。

二、负荷计算

本项目的全年最大热负荷为 965kW，最大冷负荷为 2400kW，生活热水小时热水用量为 2.67m³/h。

三、设计思路

与单一式地源热泵系统有所不同，复合式地源热泵系统是将多种能源方式相结合，基于合理的负荷分配，以室外温湿度变化为依据调节运行各能源方式的集成系统。这种系统不仅可以相应减少一次性投资，而且运行费用较常规空调系统大大降低，同时由于系统自身的多样性，决定了系统在各个季节使用的灵活性，更大大地降低了运行成本。

本建筑的冷热负荷相差较大，热负荷为冷负荷的 40%左右，在系统设计上采用复合式系统即在满足冬季热负荷及生活热水负荷的前提下配置热泵机组，其中 1 台热泵机组为全热回收型，常年制取生活热水，夏季冷负荷由热泵机组和冷水机组共同承担。此种不同形式的冷热源相互搭配，能够尽可能地节省初投资及运行费用。

由于宾馆存在一定的生活热水用量，冬季在尽可能发挥热泵机组供热性能的情况下，利用宾馆热负荷较低的时段进行生活热水的制取。生活热水的制取能够在短时间内一次完成，并储存于足够大的保温水箱中，在保证生活热水用量的同时，还能够利用制取生活热水的热泵机组进行供暖。夏季，带全热回收的热泵机组免费制取生活热水的同时为建筑供冷。冷热源系统运行模式如图 13-1 和图 13-2 所示。

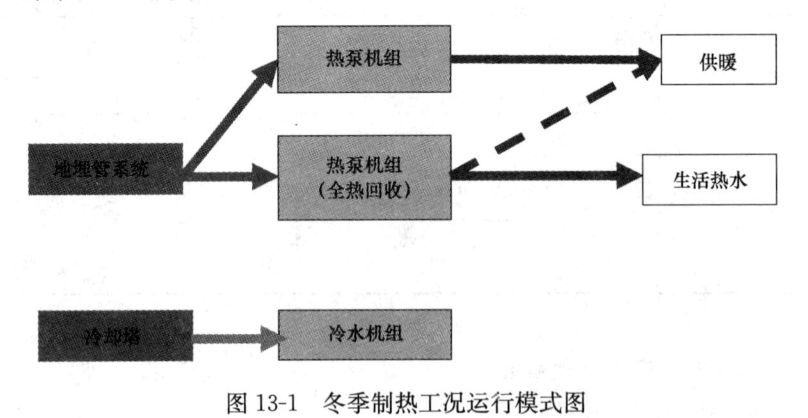

图 13-1　冬季制热工况运行模式图

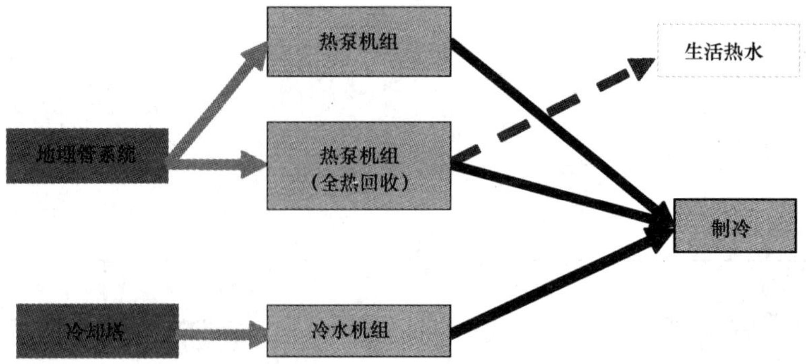

图 13-2　夏季制冷工况运行模式图

四、主要设备配置

1. 热泵机组配置

根据冷、热负荷值，通过对热泵机组性能的综合分析，选用 1 台 41TRG 型热泵机组、1 台 WCFXHP-23RG 热泵机组和 1 台 WCFHP-60TRGN 全热回收型热泵机组。根据末端的实际负荷需求调整机组的运行状态和开启台数，满足建筑夏季制冷、冬季采暖和全年生活热水的需求。

全热回收热泵机组是指机组在制冷的同时，回收其冷凝热量来加热生活热水。通常，冷水机组工质的冷凝，大都单纯地采用冷却水或者空气冷却，不言而喻，这部分巨大的热量就白白地送入大气而浪费了，并且为了带走这些巨大的热量而专门设置的冷却水系统或风冷系统还要消耗大量的电能，这是人们所不希望的，或者说不情愿的。

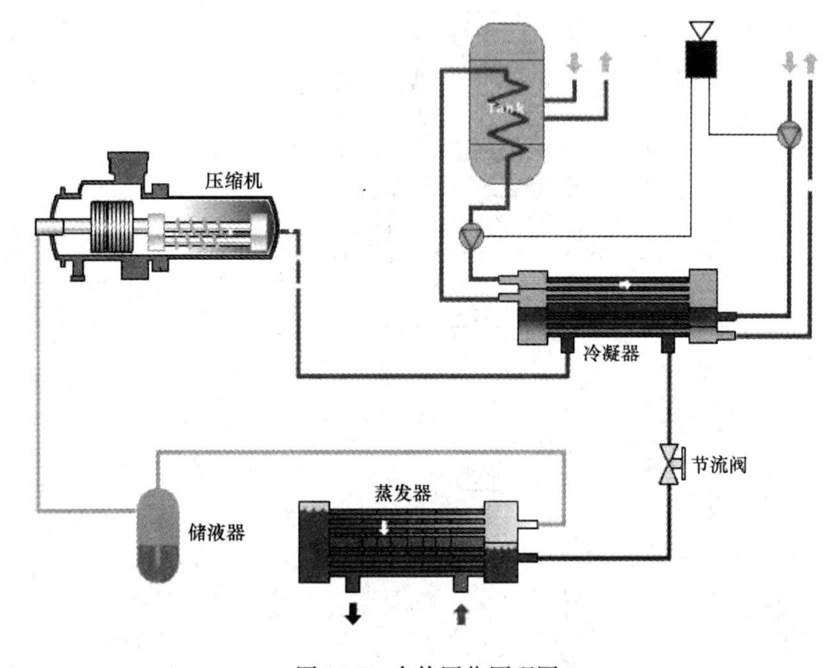

图 13-3　全热回收原理图

热泵机组的设计者们巧妙地将这部分热量加以利用（比如加热生活热水），在高压高温的气态工质进入到冷凝器初端时，再加一套热回收用的热交换装置，再由通常的冷却水系统或者空气冷却系统承担。当然，这部分负担就小多了，而为解决这部分冷凝热而设置的冷却水系统或者空气冷却系统所消耗的能量也将大大减少，不难想象，整个制冷机的冷却效率将大大提高。事实也证明了这一点，夏季热回收时，机组可以免费得到冷凝的排热。全热回收原理如图 13-3 所示。

2. 循环水泵的选用

本项目的站房在建筑物的建筑内部，控制站房的噪声尤为重要。目前市场上的水泵普遍存在噪声过高、振动大的问题，所以该系统的末端循环泵选用了优质屏蔽泵，该泵对泵和电机进行了一体化设计，把泵腔与电机制成了一个绝对密封的整体，一方面，结构上没有动密封，只有在泵的外壳处有静密封，从而彻底解决了水泵因轴封（动密封）损坏而漏水的难题，使水泵不漏，泵房干净整洁；另一方面，去掉了滚动轴承，采用浸渍石墨材质制成的滑动轴承，具有摩擦系数小、自润滑性能好、高耐磨、用输送介质润滑的特点，因而整机呈静音设计，低噪声运行，同时还省略了对轴承的定期加油和保养费用。此外，对叶轮采用了悬浮式设计，使转子在运转中始终处于悬浮状态，降低了转子对石墨轴承的轴向磨损，从而使石墨轴承的使用寿命成倍增加，可以达到 4 万小时以上。

五、土壤换热器系统

1. 土壤换热器及技术参数

根据计算的冬、夏季设计负荷，本项目需要的土壤换热器最大数量为 32000 延米，以单个土壤换热器换热孔深为 100m 计算，则换热孔数量为 320 个；孔径为 ϕ150mm，换热孔间距为 5m×5m，单孔占地面积为 25m^2，则整个建筑物所需的换热孔占地面积约 8000m^2。

2. 土壤换热器技术参数

采用抗高压的高密度聚乙烯管（PE100），原材料为进口材料，技术参数为：管外径 32mm、管壁厚 3mm、承压能力 1.6MPa，其具有接口稳定可靠、抗应力开裂性好、耐化学腐蚀、水流阻力小、耐磨性好、耐老化、使用寿命长（寿命可达 50 年）等多种优点，除了应用在地下换热孔中外，还广泛应用于城镇供水、天然气、煤气输送管道、食品、化工等领域。

3. 土壤换热器纵穿基础底板的专用套管

土壤换热器布置在建筑物的基础底板下，在 7750m^2 的地下车库底板下布置了 320 个 100m 深的 *DN*32 双 U 垂直换热器，孔间距为 5m。

地埋管纵穿建筑基础底板是本项目中的关键施工技术，通过查阅各种资料发现，目前图集和规范中均有穿外墙防水套管做法，但是还没有穿底板的套管做法，此种做法在国内比较罕见。

为了解决此问题，我们专门成立了攻关小组，通过借鉴我公司类似项目（北京当代 MOMA 万国城北区项目）的技术，深入研究目前防水工艺和规范，请教设计院、防水协会专家、防水厂家，经过多个实物模型承压能力对比分析等多种途径，制定了一套切实可行的方案。该方案经专家、设计、监理、业主、施工单位等参加的专题论证会讨论，得到一致认可。在地埋管纵穿建筑基础底板处采用专用防水套管，成功地解决了穿基础底板的防水问题，尤其适用于穿越有严密防水要求，且实施完成后不能修复的结构底板处。该技术已获得国家专利，取得了较好的社会和经济效益。

图　　例

代号	名称	代号	名称
—L1—	空调冷热水供水管	—Z1—	机组蒸发器出水管
—L2—	空调冷热水回水管	—Z2—	机组蒸发器回水管
—C1—	冷却水供水管	—S1—	机组冷凝器出水管
—C2—	冷却水回水管	—S2—	机组冷凝器回水管
—D1—	地源侧供水管	—RJG1—	高区卫生热水供水管
—D2—	地源侧回水管	—RJG2—	高区卫生热水回水管
—W1—	卫生热水加热供水管	—RJD1—	低区卫生热水供水管
—W2—	卫生热水加热回水管	—RJD2—	低区卫生热水回水管
—J—	给水管	—B—	补水管
	靶流开关		减压阀
	电动双位阀		电动调节阀
	止回阀		过滤器
	排气阀		压力表
	温度计	⊘	能量表

设备明细表（1）

代号	名　　称	代号	名　　称
1	地源热泵机组	13	卫生热水加热循环泵
2	地源热泵机组	14	高区卫生热水循环泵
3	地源热泵机组	15	低区卫生热水循环泵
4	空调循环泵(一)	16	电子水处理仪
5	空调循环泵(二)	17	电子水处理仪
6	空调循环泵(三)	18	空调系统分水器
7	地源侧循环泵(一)	19	空调系统集水器
8	地源侧循环泵(二)	20	软化水装置
9	地源侧循环泵(三)	21	空调系统软化水箱
10	逆流型冷却塔	22	空调系统补水泵
11	冷却水循环泵	23	地源系统软化水箱
12	卫生热水储水箱	24	地源系统补水泵

设备明细表（2）

代号	名　　称	型　　号	数量	备　　注
1	全封闭螺杆地源热泵机组	41TRG；制冷工况：889kW，蒸发器温度：7/12℃；冷凝器温度：30/35℃；电量：143.4kW；供热工况：780kW；蒸发器温度：7.5/4℃；冷凝器温度：40/45℃；电量：190.4kW；工质：R134a；满液式	1	供地下商场
2	全封闭螺杆地源热泵机组	WCFXHP-23RG；制热量 441kW；功率 108.8kW；工质：R134a；满液式	1	制取生活热水，也可供冷供热
3	全封闭螺杆地源热泵机组	WCFHP-60TRGN；制冷工况：1391kW；蒸发器温度：7/12℃；冷凝器温度：30/35℃；电量：226.2kW；供热工况：1322kW；蒸发器温度：7.5/4℃；冷凝器温度：40/45℃；电量：300.2kW；双冷凝器，全热回收；工质：R134a；满液式	1	地下室及酒店
4	空调循环泵(一)	KQL125/160-22/2，L=160m^3/h，H=32mH_2O，n=2960r/min，N=22kW	1	
5	空调循环泵(二)	KQL125/315-15/4，L=100m^3/h，H=32mH_2O，n=1480r/min，N=15kW	1	
6	空调循环泵(三)	KQL200/320-37/4(Z)，L=245m^3/h，H=32mH_2O，n=1480r/min，N=37kW	2	一用一备
7	地源侧循环泵(一)	KQL150/320-22/4，L=192m^3/h，H=28mH_2O，n=1480r/min，N=22kW	1	
8	地源侧循环泵(二)	KQL100/150-11/2，L=93.5m^3/h，H=28mH_2O，n=2960r/min，N=11kW	1	
9	地源侧循环泵(三)	KQL200/300-37/4(Z)，L=280m^3/h，H=28mH_2O，n=1480r/min，N=37kW	2	一用一备
10	逆流型冷却塔	LRCM-H200，处理水量 200m^3/h，N=3.7×2kW，外型尺寸：4075×2835×3660(H) 单台运行重量：4040kg	1	
11	冷却水循环泵	KQL150/300-22/4，L=187m^3/h，H=28mH_2O，n=1480r/min，N=22kW	2	一用一备
12	卫生热水储水箱	5000×3000×3000(H)，V=45m^3	1	
13	卫生热水加热循环泵	KQL100/110-7.5/2，L=89m^3/h，H=16mH_2O，n=2960r/min，N=7.5kW	2	与设备 2 配套时开 1 台 与设备 3 配套时开 2 台
14	高区卫生热水循环泵	KQL50/250-11/2，L=12.5m^3/h，H=80mH_2O，n=2960r/min，N=11kW	2	一用一备
15	低区卫生热水循环泵	KQL50/220-7.2/2，L=10.8m^3/h，H=60mH_2O，n=2960r/min，N=7.5kW	2	一用一备
16	电子水处理仪	PZY-JD-8-1.6，DN200×600(L)15W，220V	1	
17	电子水处理仪	PZY-JD-6-1.6，DN150×600(L)12W，220V	1	
18	空调系统分水器	ϕ500-1.25	1	
19	空调系统集水器	ϕ500-1.25	1	
20	软化水装置	KSS-9000B，L=4～5m^3/h，100W，220V，外型尺寸：1500×500×2500(H)	1	
21	空调系统软化水箱	1800×1500×2000(H)	1	
22	空调系统补水泵	KQL40/250-7.5/2，L=4.4m^3/h，H=82mH_2O，n=2960r/min，N=7.5kW	2	一用一备
23	地源系统软化水箱	1500×1500×1500(H)	1	
24	地源系统补水泵	KQL40/125-1.1/2，L=4.4m^3/h，H=21mH_2O，n=2960r/min，N=1.1kW	2	一用一备

图　名	图例及设备明细表	图　号	13-1

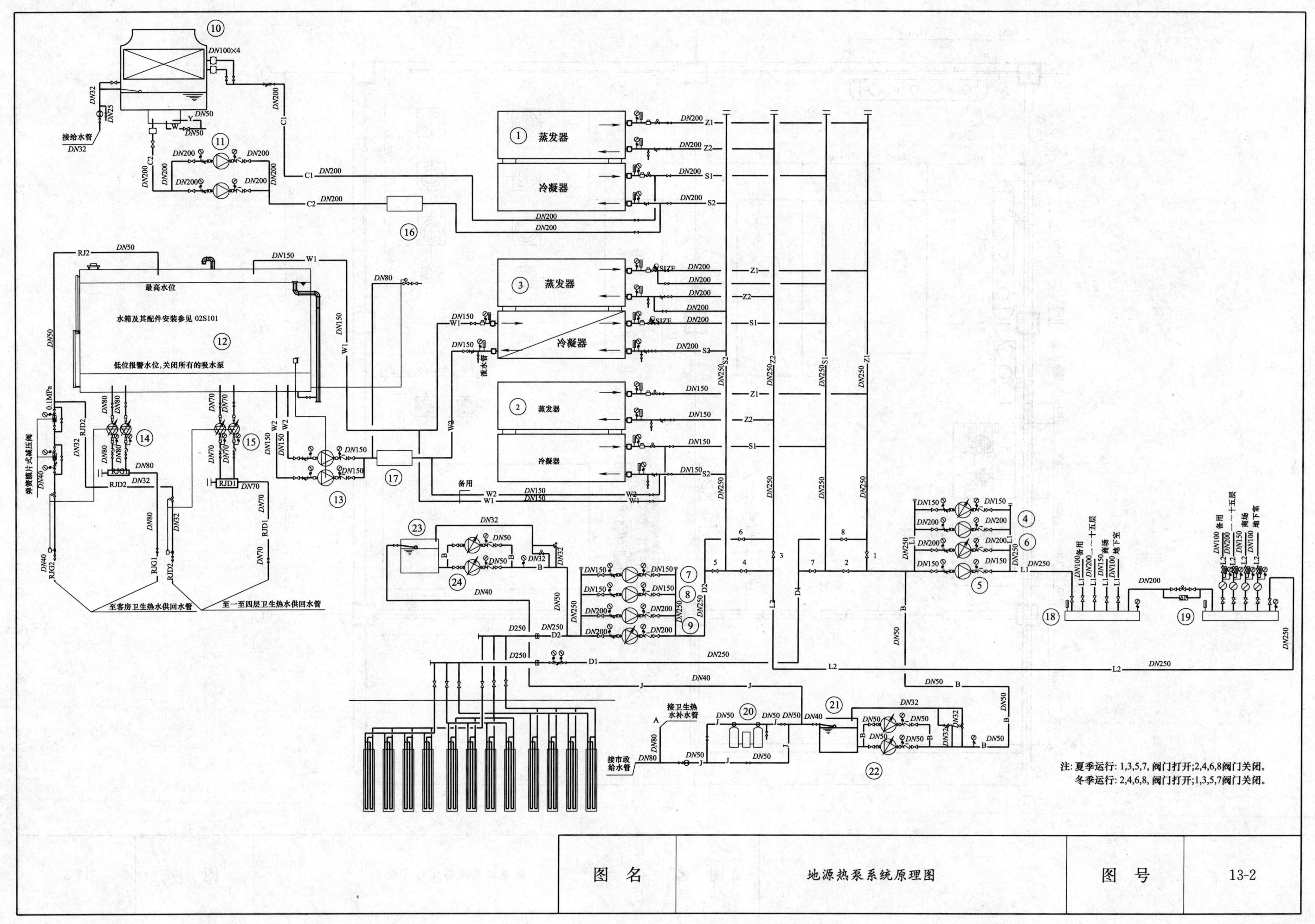

图 名	地源热泵系统原理图	图 号	13-2

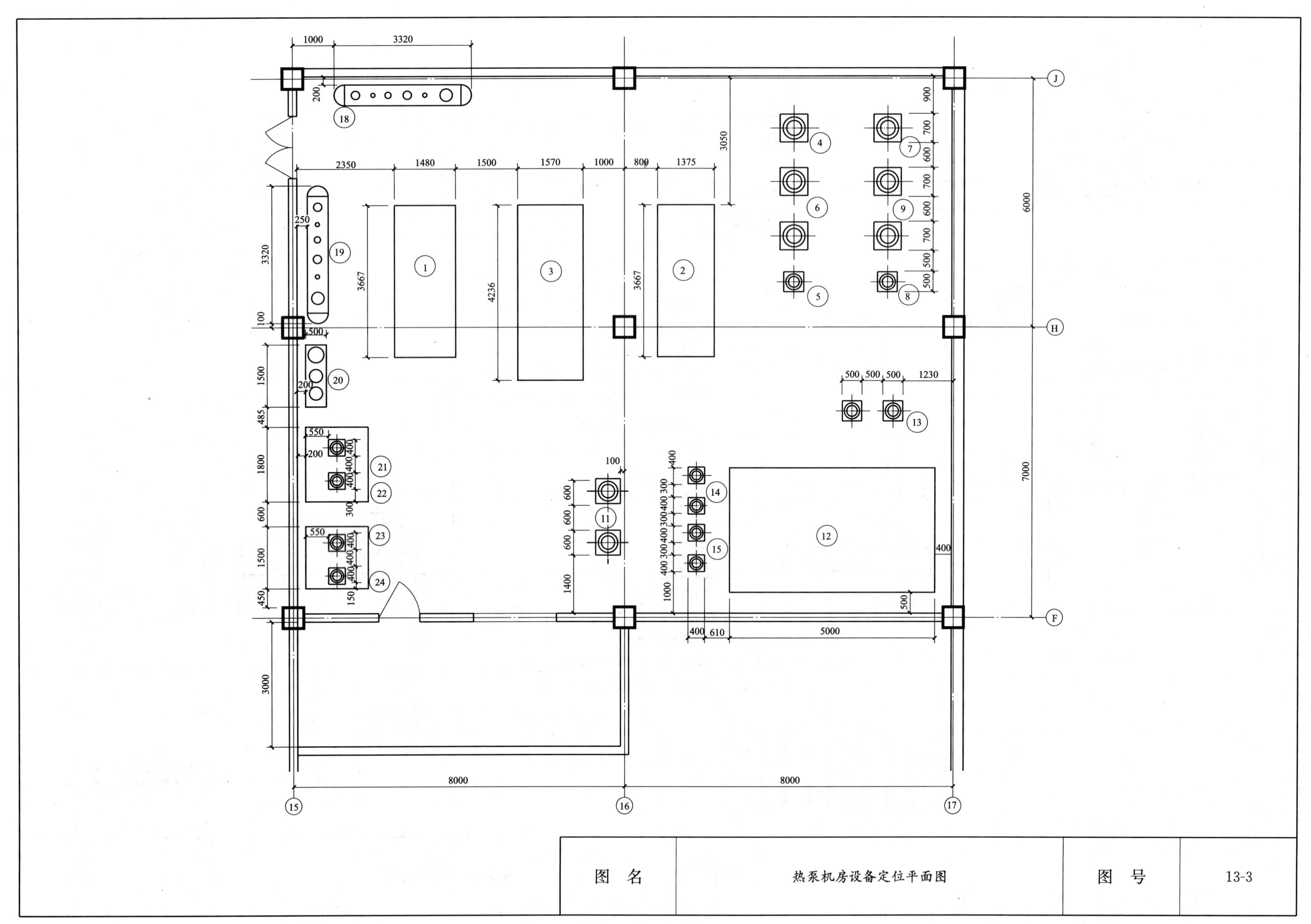

图名：热泵机房设备定位平面图　图号：13-3

第十四章　中共中央党史研究室科研档案图书资料楼

北京市地质矿产勘查开发总公司热泵工程公司　刘谏　曹瑞堂　王士宾
中国建筑科学研究院　张钦　李娜　袁东立

一、工程概况

本工程为中共中央党史研究室科研档案图书资料楼水源热泵改造工程，建筑面积 20300m²。其中，新建建筑面积 4600m²，原有建筑面积 15700m²。改造后，水源热泵系统为整个系统提供冬季供暖，夏季制冷。

二、设计内容

本设计内容为水源热泵机房及室外井水管线的设计。

三、设计依据

1.《采暖通风与空气调节设计规范》GB 50019—2003；
2.《建筑给排水及采暖工程施工质量验收规范》GB 50242—2002；
3.《建筑给水排水设计规范》(GB 50015—2003)；
4. 甲方提供的图纸及有关要求；
5. 当地地下水文、地质分析、水资源的可靠性分析、打井、取水及地下水用后的回灌不在本设计范围内。

四、采暖室内外设计参数

1. 室外设计参数
夏季：空调干球温度 33.2℃，空调湿球温度 26.4℃，室外风速 1.9m/s。
冬季：空调干球温度－12℃，相对湿度 45%，室外风速 4.8m/s。
2. 室内设计参数
夏季室内设计温度 26℃，冬季室内设计温度 20℃。

五、空调系统说明

改造前，系统夏季采用风冷热泵制冷，冬季采用市政供热；改造后，系统利用井水作为空调和采暖冷热源。根据甲方提供的资料，经重新估算，整个系统夏季冷负荷为 1928.5kW，冬季热负荷为 1624kW。采用 2 台 30HXC-250A-HP2 水源热泵机组制取空调用冷水和采暖用热水。冬季利用地下 15℃的恒温水，提取其中的热量，供给供暖系统 55℃左右的采暖水。夏季利用地下水作为热泵机组的冷却水，冷水供/回水温度为 7/12℃，热水供/回水温度为 55/50℃。不同季节运行工况的转换靠阀门的切换来实现。

系统中设置两口抽灌两用水井和一口水量调节池。室外管线及井位布置见图纸。水源热泵系统正常运转状态下，一口抽灌两用井作为抽水井抽水送往机房，另一口抽灌两用井作为回灌井回灌；两口抽灌两用水井可互换使用并互为备用，峰值负荷时所需井水量为 175t/h。

六、空调施工说明

1. 管材
公称直径 $d\leqslant$100mm 的管道采用焊接钢管，其中 $d\leqslant$32mm 的为丝接，$d\geqslant$32mm 的为焊接；$d>$100mm 的采用无缝钢管；焊接。系统设计工作压力为 1.0MPa。
无缝钢管管材与公称尺寸的对照如下：

公称尺寸：	DN100	DN125	DN150	DN200	DN250	DN300
管材 $d\times\delta$：	109×4.5	133×4.5	159×5	219×6	273×7	325×8

2. 保温
冷冻水管、空调冷凝水管均做保温，保温材料均采用橡塑海绵。保温层厚度为：当 $DN\leqslant$50mm 时，δ=25mm；当 $DN>$50mm 时，δ=30mm。
3. 空调供水水平干管的坡向与流向相反，回水水平干管坡向与流向相同，坡度≥0.003。
4. 空调水管上的阀门，当 $DN<$50mm 时，采用铜截止阀；当 $DN>$50mm 时，采用蝶阀(为四氟阀芯)，每个立管供回水上安装截止阀；系统最高点加装放气阀，最低点装泄水阀。
5. 管道吊架采用减振吊杆，管道活动支、托架的具体形式和设置位置，由安装单位根据现场情况确定，做法参见国标图 03SR417-1。管道的支、吊、托架必须设置于保温层的外部，在穿过支、吊、托架处，应镶以垫木。
6. 管道穿过墙壁和楼板处应设置钢制套管，安装在楼板内的套管应高出地面 20mm，底部与底相平，安装在墙壁内的套管，其两端应与饰面相平，穿过厕所厨房等潮湿房间的管道套管应高出地面 50mm，套管与管道之间应填实油麻，所有管道穿墙时应留洞，施工时设备工种应与土建工种密切配合。
7. 站内管道、设备均应进行水压试验。在管道和设备内部达到试验压力并趋于稳定后，10min 内压力降不超过 50kPa 即为合格。
试验压力：冷热水管道不小于 1.5MPa。
试压合格后应对系统进行反复冲洗，直至排出水中不夹带泥沙、铁屑等杂质，且水色不浑浊时方为合格，管路系统冲洗时，水流不得经过所有设备。
8. 水路管道、设备等，在表面除锈后，刷防锈底漆两遍，金属支、吊、托架等，在表面除锈后，刷防锈底漆和色漆各两遍，水路管道均应做色环标志。
9. 所有设备的减振隔噪措施由厂家提供计算、详图、规格及型号。

七、室外管线

直埋管施工要求：
1. 挖沟时为防止地基不均匀下沉，应保持原土地基，如果土质不好，应在管道周围 30cm 范围内换土夯实，并要求各段硬度相同，清除各种尖硬杂物，沟底要平整。
2. 沟底用 30cm 素土（或细砂）铺垫，保温管四周填 30cm 素土，人工夯实作为坚实层(弯头、三通四周先填 10cm 细砂再素土夯实)，而后回填至设计标高。
3. 管道应落实在地基上，当弯头、管道穿过井墙及建筑物基础时，管下掏空部位应用细砂或素土填实。
4. 井水外管线表面应做沥青防腐。

八、其他

1. 设备减振及减振支、吊、托架做法详见标准图。
2. 凡本说明未提及的详细做法，均参见《建筑设备施工安装图集》的有关内容。
3. 施工中若遇到与本专业有关的问题，应由甲方、施工单位和设计人员共同协商解决。

图　名	设计施工说明	图　号	14-1

主要设备材料表

设备名称	设备编号	规格型号	单位	数量	备注
水源热泵机组	1	型号:30HXC-250A-HP2	台	2	2用 水源热泵机组
		制冷量:926kW,输入功率:194kW			
		制热量:971kW,输入功率:280kW			
		制热工况:井水侧15/7℃,热水侧50/55℃			
		制冷工况:井水侧18/29℃,冷水水侧12/7℃			
		水压降:69kPa(制热工况),57kPa(制冷工况)			
		尺寸:$(L\times B\times H)$3924×1015×2060			
末端循环水泵	2	QPG150-400C	台	3	2用1备 立式屏蔽泵
		Q=160m³/h,H=32m,R=1500rpm			
		N=22kW 额定电流:53A			
		尺寸:$(L\times B\times H)$850×590×1200			
深井泵	3	型号:300QJ200-60/3	台	2	1用1备 带变频调速装置
		Q=200m³/h,H=60m			
		R=2900r/min			
		电机功率:YQS=55kW			
空调水补水箱	4	容积:2.2m³ 尺寸:1500×1500×1000 钢板厚度:3mm	个	1	焊接(订购或自制)
定压补水装置	5	型号:QPGL0.66/4-0.6/1	套	1	
		Q=4m³/h,H=66m,功率2.2kW			
		尺寸:$(L\times B\times H)$1344×650×1900			
电子水处理仪	6	型号:YT-I-Z-6-1.6,处理水量:140~210t/h	个	1	
		输入功率:160W			
旋流除砂器	7	型号:YT-I-XC-6-1.6A	个	1	
		处理流量:200t/h,进水压力:>0.25MPa			
		平均除砂率:>95%,外形尺寸$(\phi D\times H)$:480×1280			
软水器	8	型号:YT-300T-A,处理流量:2t/h	套	1	
		储盐罐$(D\times H)$:400×850,树脂罐$(D\times H)$:300×1400			
		放置空间$(L\times W\times H)$:1200×1000×2000			
分水器	9	尺寸:$(\phi\times L)$500×3450,工作压力:1.0MPa	套	1	按压力容器生产
集水器	10	尺寸:$(\phi\times L)$500×3690,工作压力:1.0MPa	套	1	按压力容器生产
压差旁通阀	11	旁通阀通径:DN125,压差:0.3~2.0bar			

图 例

名称	图例
空调供水管	———
空调回水管	- - -
井水抽水管	——JS——
井水回灌管	- - - - -JS- - - - -
蝶阀	
平衡阀	
橡胶软接头	
水表	
除污器	
温度计	
压力表	
压差控制阀	
水泵	(备用)

图名	主要设备材料表及图例	图号	14-2

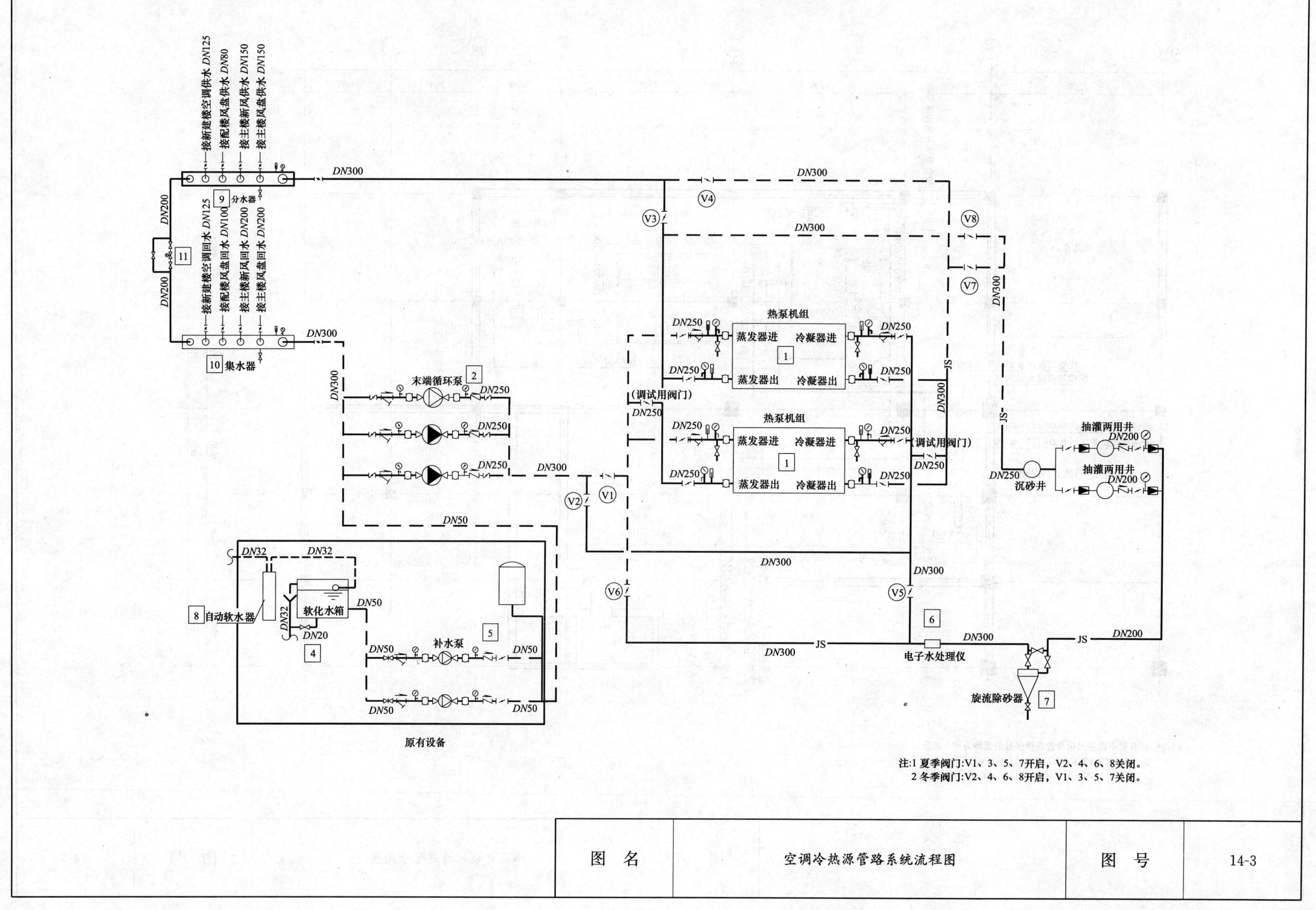

图　名	空调冷热源管路系统流程图	图　号	14-3

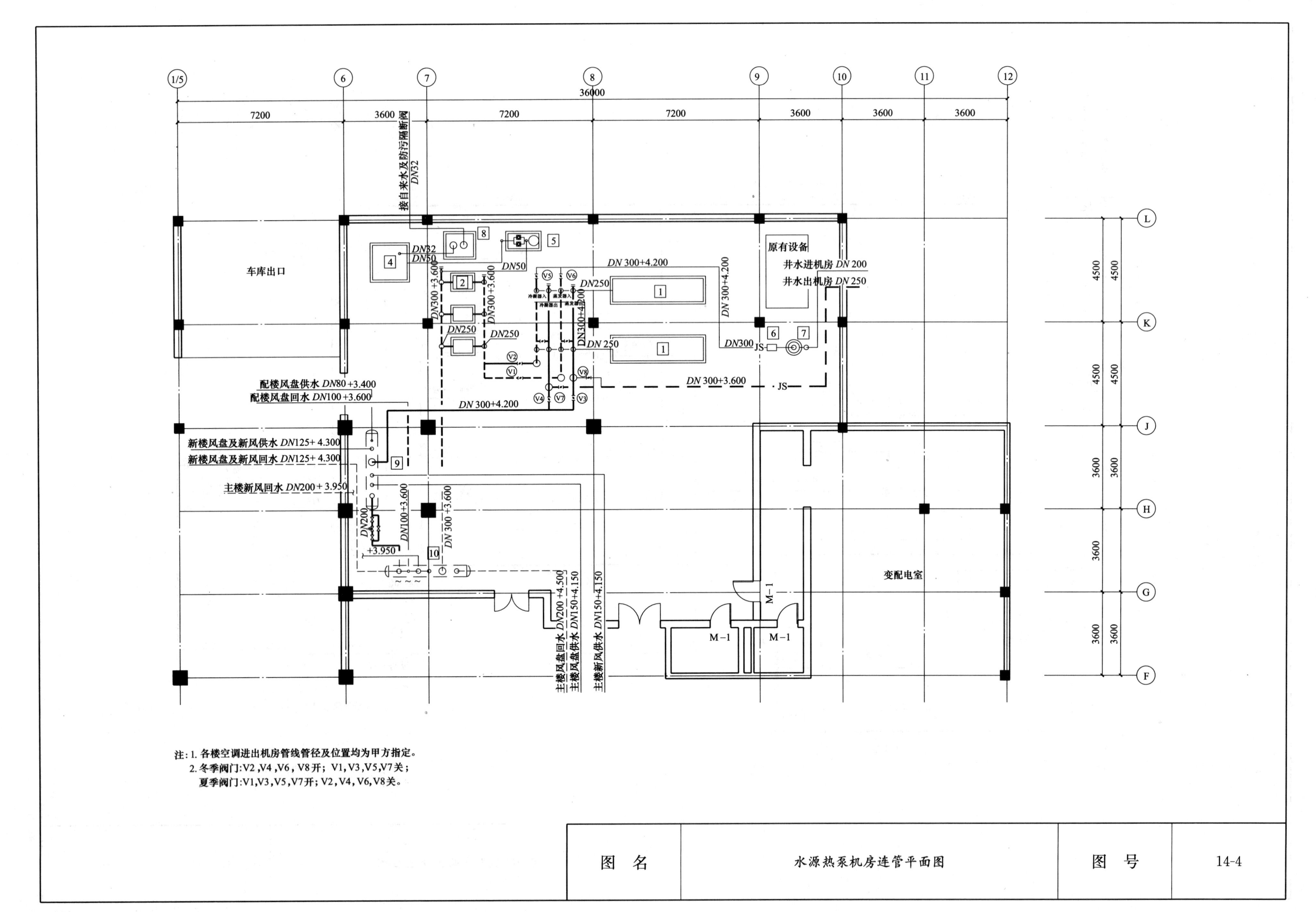

注：1. 各楼空调进出机房管线管径及位置均为甲方指定。
2. 冬季阀门:V2，V4，V6，V8开；V1，V3，V5，V7关；
夏季阀门:V1，V3，V5，V7开；V2，V4，V6，V8关。

图 名	水源热泵机房连管平面图	图 号	14-4

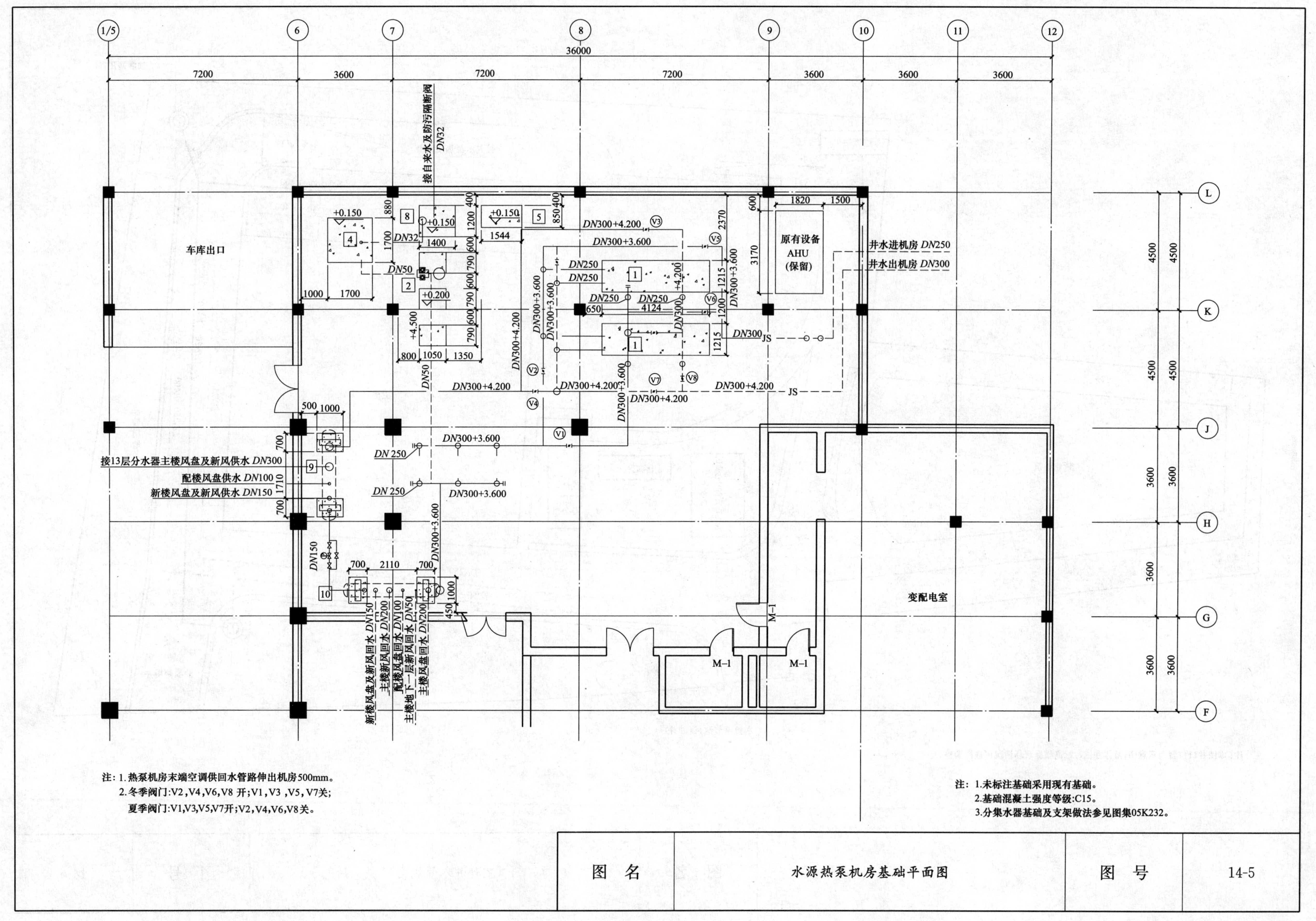

注：1.热泵机房末端空调供回水管路伸出机房500mm。
2.冬季阀门:V2，V4，V6，V8 开;V1，V3 ，V5，V7关;
夏季阀门:V1,V3,V5,V7开;V2，V4，V6，V8关。

注：1.未标注基础采用现有基础。
2.基础混凝土强度等级:C15。
3.分集水器基础及支架做法参见图集05K232。

图 名	水源热泵机房基础平面图	图 号	14-5

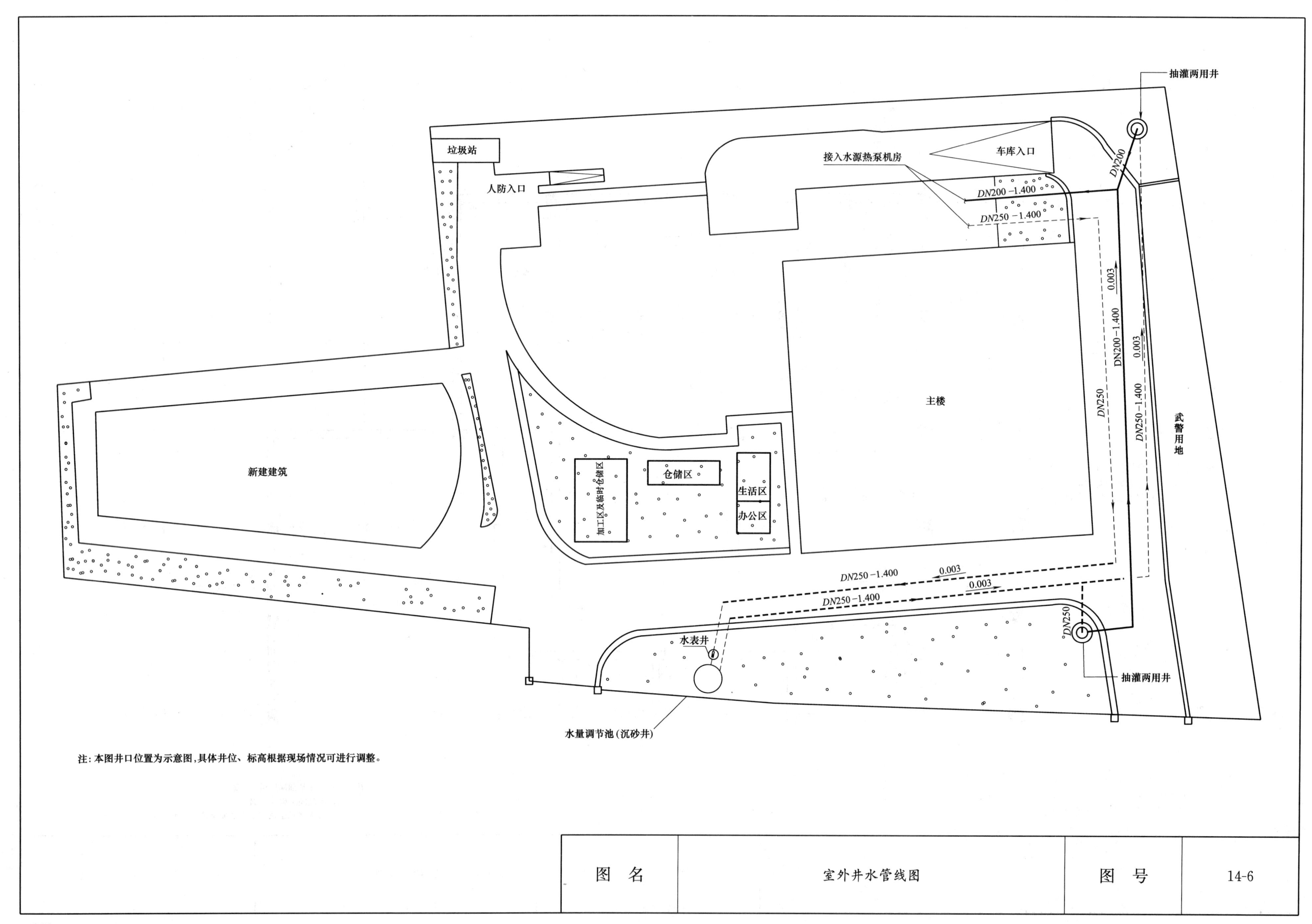

注:本图井口位置为示意图,具体井位、标高根据现场情况可进行调整。

图　名	室外井水管线图	图　号	14-6

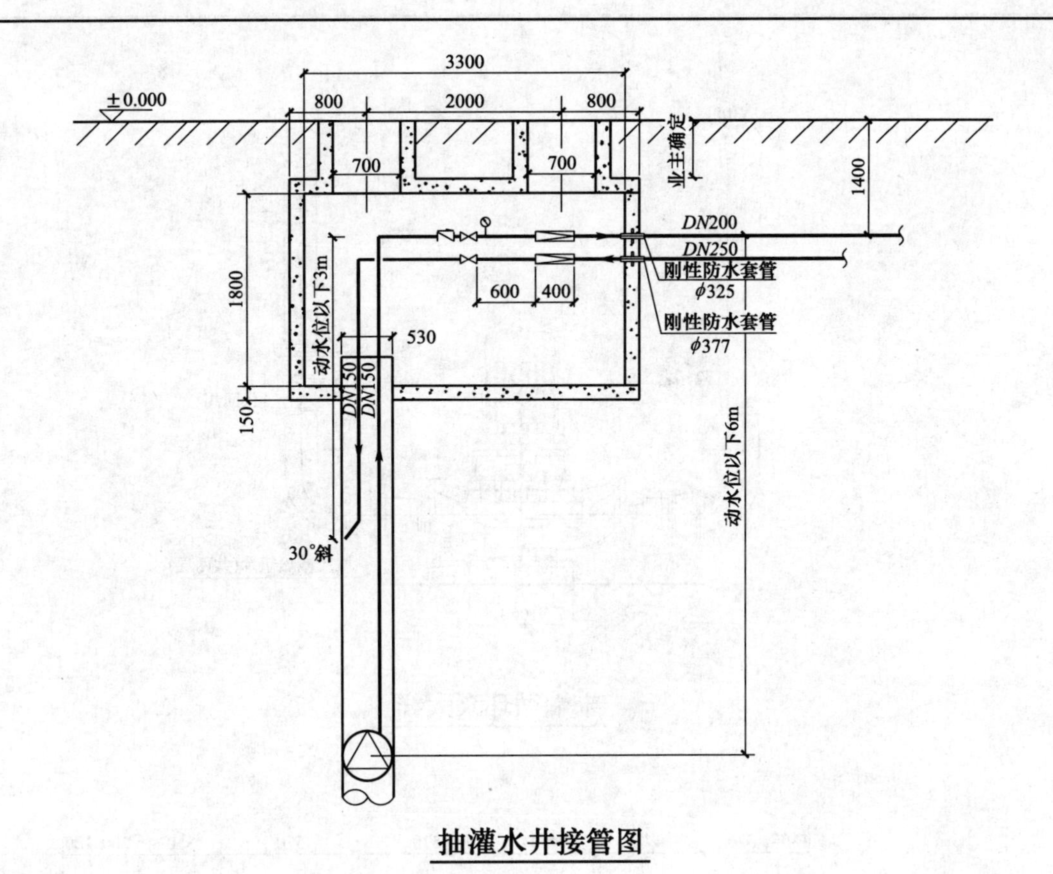

抽灌水井接管图

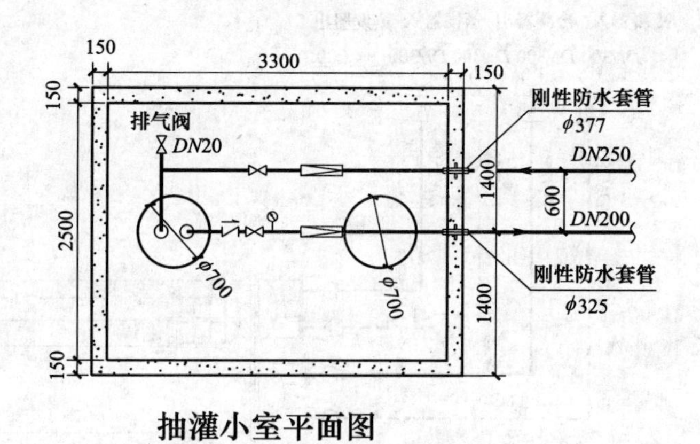

抽灌小室平面图

注：管道穿混凝土墙处设置刚性防水套管。回灌管标高可视现场情况定。做法详见通用图集91SB1-122。

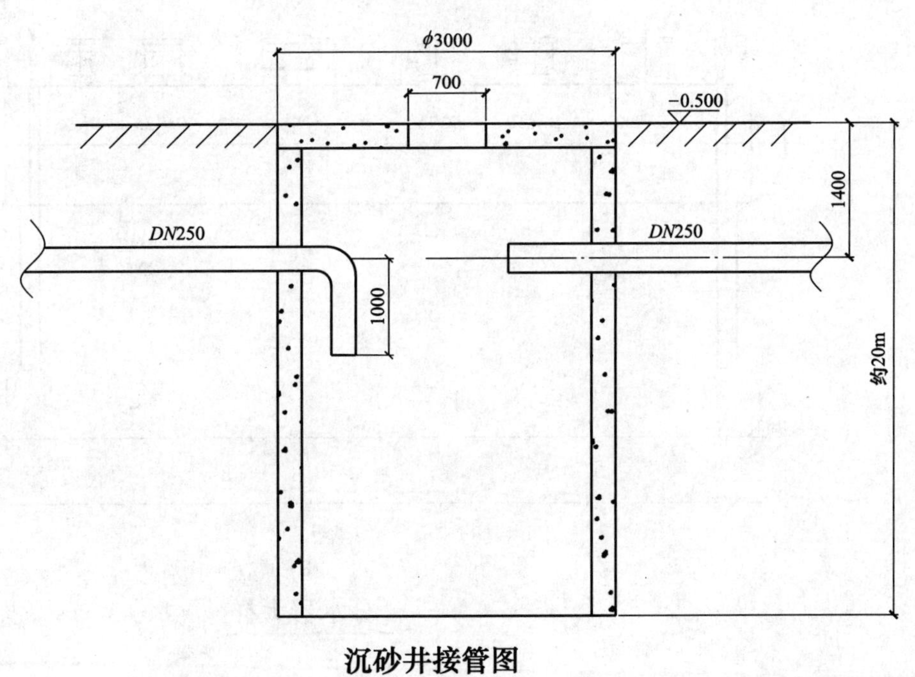

沉砂井接管图

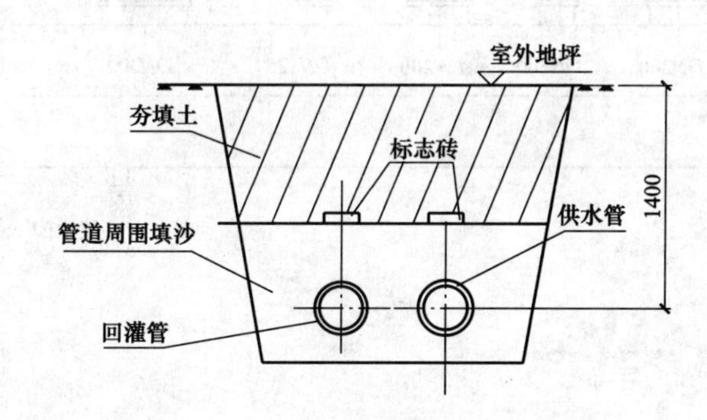

井水管道直埋敷设示意图

图　名	抽灌井、沉砂井小室接管图	图　号	14-7

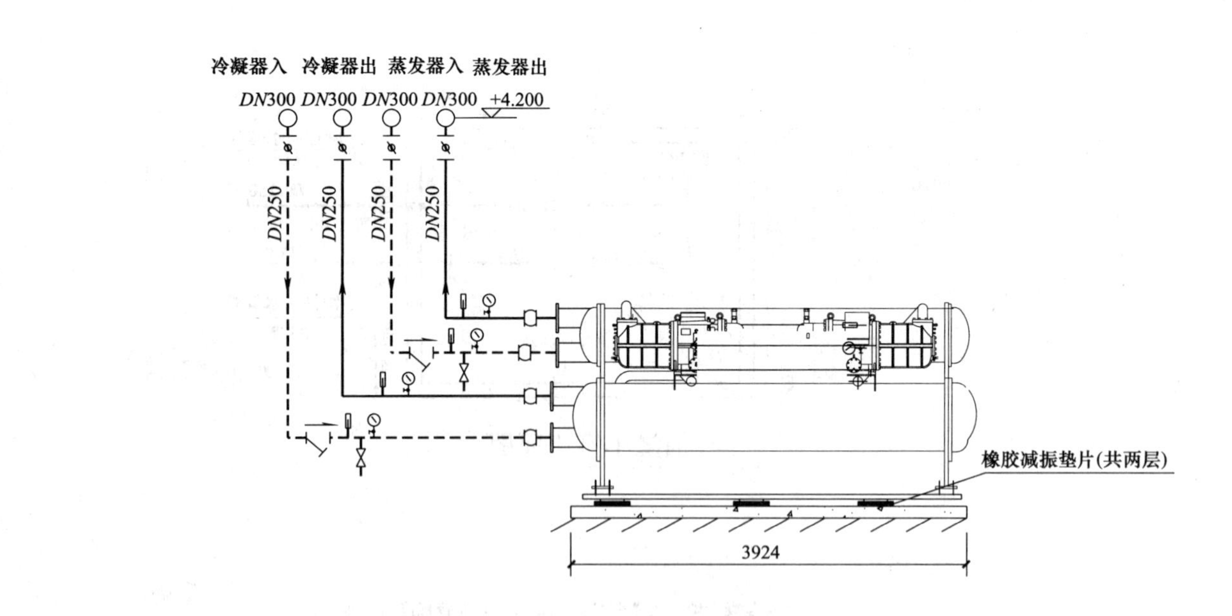

水源热泵主机接管大样

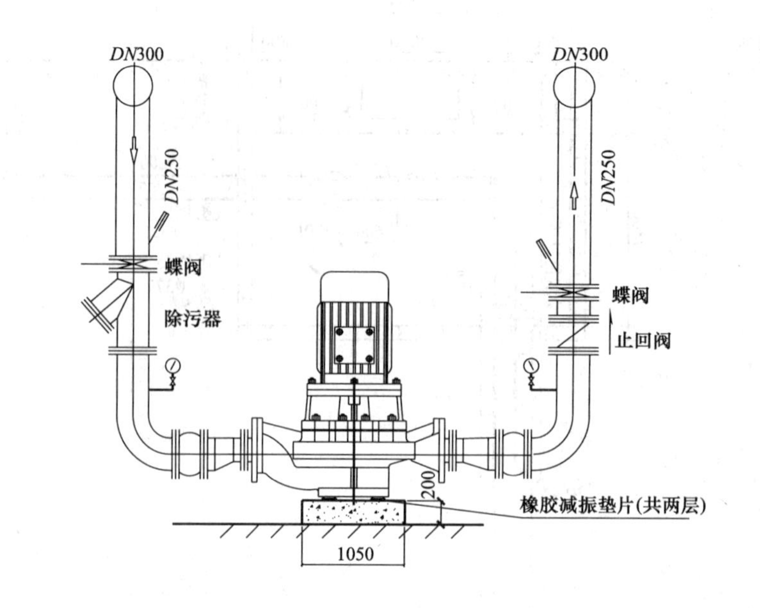

末端循环泵大样

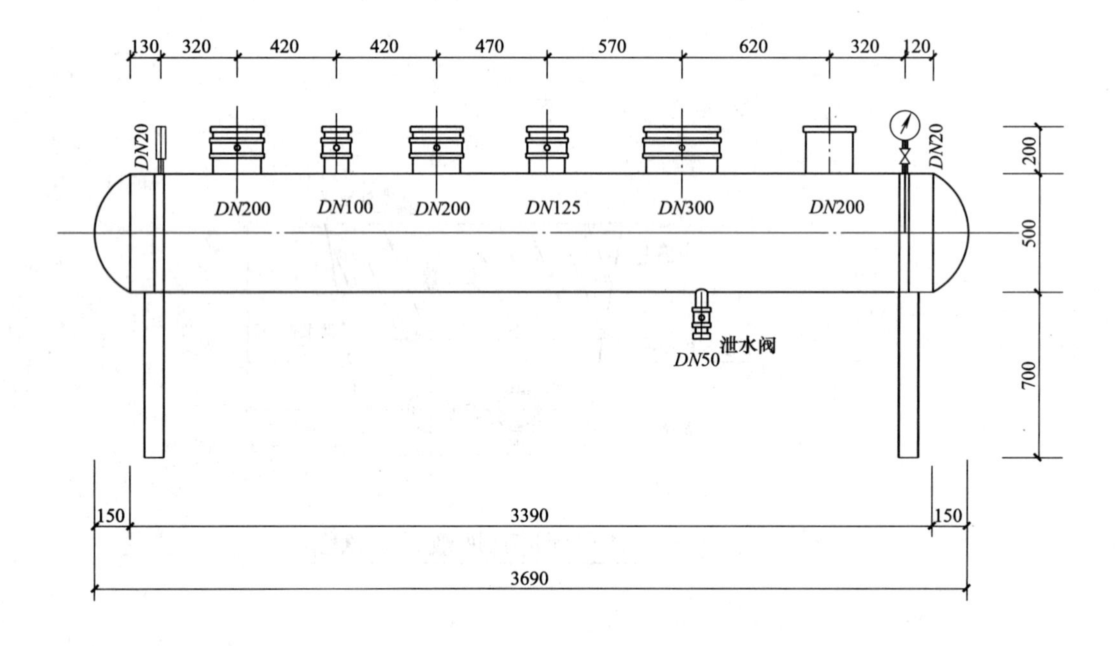

集水器大样

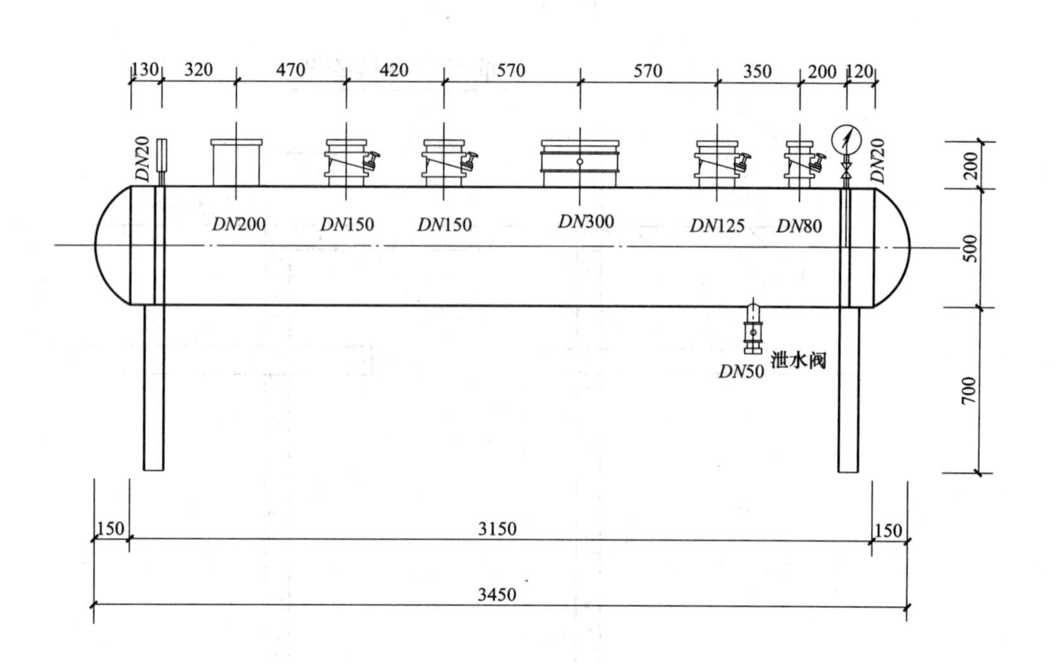

分水器大样

图 名	机房内空调设备接管图	图 号	14-8

第十五章　武警辽宁省总队指挥中心大楼

克莱门特捷联制冷设备（上海）有限公司　杨前红　王彩云
际高建业有限公司　于明丽　冯婷婷

一、设计说明

1. 设计范围：本设计为武警辽宁省总队指挥中心冷热源机房的设计。

2. 设计依据：

(1)《采暖通风与空气调节设计规范》 GB 50019—2003

(2)《通风与空调工程施工质量验收规范》 GB 50243—2002

(3)《建筑给水排水及采暖工程施工质量验收规范》 GB 50242—2002

(4)《锅炉房设计规范》 GB 50041—92

(5)《公共建筑节能设计标准》 DBJ 01-621—2005

(6)《民用建筑设置锅炉房消防设计标准》 DBJ 01-614—2002

(7) 国家颁布的其他现行有关规范及甲方提供的设计任务书。

3. 本指挥中心的建筑面积约为 59000m²，夏季总冷负荷为 4957kW，冬季总的热负荷为 4910kW。冷热源机房设在指挥中心办公大楼的地下一层，设置 3 台 PSRHHY5403 土壤热泵机组和 1 台 DA1680/SB 电锅炉。其中单台热泵机组的制冷量为 1599.9kW，制热量为 1110.0kW；锅炉的制热量为 1646kW。夏季空调冷负荷全部由 3 台热泵主机承担，冬季基载热负荷由土壤热泵主机承担，峰值热负荷由电锅炉承担，实行热泵主机和电锅炉并联运行满足冬天供暖要求。

4. 乙二醇水泵共设置 4 台，采用 3 台运行、1 台备用的运行方式；地下换热器夏季乙二醇供回温度为 30/35℃，冬季为 0/－4℃。

5. 夏季空调循环水泵共设置 4 台，采用 3 台运行、1 台备用的运行方式；空调冷冻水供回水温度为 7/12℃；冬天循环水泵共设置 6 台，其中 2 台为电锅炉使用，采用一用一备，剩下 4 台为热泵主机使用，采用 3 台运行和 1 台备用的运行方式。冬季供回水温度为 60/55℃。

6. 冷热供回水总管均连接到分、集水器上，并从分、集水器分别引出 6 个系统：(1) 办公楼系统；(2) 综合宿舍楼、机关食堂及招待所系统；(3) 礼堂系统；(4) 车库及车队楼系统；(5) 警勤中队食堂及营房、通信中队食堂及营房、车队食堂及营房、北大门系统；(6) 综合馆及南大门系统。其中车库及车队楼系统只供热，其余的 5 个系统既供冷又供热。

7. 冷热水系统采用囊式落地自动补水箱及补水泵定压补水，补水经全自动软水器软化处理，室外定压采用囊式落地自动补水箱及补水泵定压补乙二醇。

二、施工安装

1. 设备基础均应待设备到货且校核其尺寸无误后方可施工。

2. 制冷机房内的管道高点设置放气，低点设置泄水装置。

3. 采暖、空调水管道及集分水器都需要保温，保温材料采用 64kg/m³ 的离心玻璃棉管壳。采暖、空调水管道保温厚度：管径 *DN*100～*DN*400，保温厚度为 45mm；管径 *DN*400～*DN*450，保温厚度为 50mm，集分水器保温厚度为 50mm。

4. 冷热源机房的水管和乙二醇管道均采用无缝钢管，其规格尺寸如下：

公称直径	*DN*100	*DN*125	*DN*150	*DN*200	*DN*250	*DN*300	*DN*400	*DN*450
外径×壁厚	*D*108×4	*D*133×4	*D*159×4.5	*D*219×6	*D*273×7	*D*325×8	*D*426×9	*D*480×9

5. 冷热源机房内的管道均应做流向标志和介质种类的标志。

6. 系统试压：冷热水系统的试验压力为 0.9MPa。

7. 水泵进出口采用柔性波纹管连接，基础采用柔性连接，其规格和数量由水泵厂家配套供货。

8. 水管支吊架与水管间应设置与保温材料等厚的垫木，支吊架形式，参见图标 88R420。

9. 水管所标高为管中的标高，标高以米计，距离以毫米计。

10. 所有用于监控仪表详见厂家的有关说明，除特殊说明外压力表均为弹簧式，温度计为液体膨胀式。压力表的量程为该压力表安装处系统工作压力的 1.5～2.0 倍，表面直径为 100～150mm。地上系统温度计量程为 0～100℃，地下系统温度计量程为－10～60℃。所有仪表安装详见 91SB9-P95-108。

11. 设备试运转及系统调试应在保证设备及管道安装以及连线正确无误的基础上才能进行，所有测试用的仪表均应精确可靠。

12. 凡以上未说明之处，如管道的支吊架间距、管道的焊接、管道穿楼板的防水做法等项，均应按《建筑给水排水及采暖工程施工质量验收规范》GB 50242—2002 和《制冷设备、空气分离设备安装工程施工及验收规范》GB 50274—98 进行验收。

图　例

图　例	名　称	图　例	名　称
— LD1 —	空调冷热水供水管		截止阀
— LD2 —	空调冷热水回水管		压差平衡阀
— LQ3 —	地下换热器供水管		软接头
— LQ4 —	地下换热器回水管		压差阀
--- r ---	软水管		Y 形过滤器
---- y ----	溢流管		泄水丝堵
	安全阀		固定支架
	排污阀		变径管
	闸阀		电动两通调节阀
	调节阀		温度计
	止回阀		压力表
	蝶阀		

图　名	冷热源中心设计及施工说明（一）	图　号	15-1

冷热源中心设备明细表

编号	名　称	参考型号	技术参数	单位	数量	安装位置	备注
1	热泵机组	PSRHHY5403	制冷量:1599.9kW,输入功率:305.8kW;水压降:72.1kPa,夏季地下换热器供回水温度:30/35℃,室内侧供回水温度7/12℃;冷冻水流量:275.4t/h,地下侧流量:326.9t/h; 制热量:1110.0kW,输入功率:455.7kW;水压降:22.2kPa,冬季地下换热器供回水温度:0/-4℃,室内侧供回水温度:60/55℃; 热水流量:194t/h,地下侧流量:159.3t/h	台	3	地下一层	
2	电锅炉	DA1680/SB (间接换热型)	电功率:1680kW,热功率:1646kW 进出口水温60/55℃,承压:1.6MPa	台	1	地下一层	
3	空调水循环泵1	CFW200-400(I)C	流量:320m³/h,扬程:32m,功率:45kW	台	4	地下一层	三用一备
4	空调水循环泵2	CFW200-400(I)C	流量:320m³/h,扬程:32m,功率:45kW	台	2	地下一层	一用一备
5	地下乙二醇循环泵	YG200-400	流量:360m³/h,扬程:38m,功率:55kW	台	4	地下一层	三用一备(变频)
6	室内定压补水装置	NZG1400-1.6	单罐双泵,罐公称直径1400mm,设计压力:1.6MPa,膨胀水容量1.5m³,总容积3.61m³,流量:3.3m³/h,扬程:60m,功率:4kW	套	1	地下一层	
7	地下换热器补水装置	NZG2000-1.0	单罐双泵,罐公称直径2000mm,设计压力:1.0MPa,膨胀水容量:3.5m³,总容积:5.26m³,流量:3.3m²/h,扬程:20m,功率:2.2kW	套	1	地下一层	
8	全自动软化水设备	SYS-4RT	处理水量4.0t/h,单罐单阀控制	套	1	地下一层	
9	软化水箱		长×宽×高(2000×1000×2000),普通钢板	个	1	地下一层	
10	乙二醇水箱		长×宽×高(2000×1400×2000),不锈钢	个	1	地下一层	
11	室内集水器		长5188mm,*DN*600　*P*=1.6MPa	个	1	地下一层	
12	室内分水器		长5188mm,*DN*600　*P*=1.6MPa	个	1	地下一层	
13	地下集水器		长5016mm,*DN*600　*P*=1.0MPa	个	1	地下一层	
14	地下分水器		长5016mm,*DN*600　*P*=1.0MPa	个	1	地下一层	

图　名	冷热源中心设计及施工说明(二)	图　号	15-2

地下换热器设计与施工说明

一、工程概况与设计范围

该工程为武警辽宁省总队指挥中心的地源热泵系统地下换热器设计。

该工程位于沈阳市于洪区八家子村，南临规划松山西路，北临规划千山西路，西侧与东侧为规划道，该工程包括办公楼、礼堂、综合楼、食堂、宿舍楼等，建筑面积约 6 万 m^2。

地下换热器布置于各建筑之间的空地处，共 755 个；制冷机房位于办公大楼地下一层，集中供应各楼的冷热负荷。

二、设计依据

1.《采暖通风与空气调节设计规范》GB 50019—2003；
2.《公共建筑节能设计标准》GB 50189—2005；
3.《地源热泵系统工程技术规范》GB 50366—2005；
4.《埋地聚乙烯（PE）给水管道工程技术规程》CJJ 101—2004；
5.《通风与空调工程施工质量验收规范》GB 50243—2002；
6.《全国民用建筑工程设计技术措施—暖通空调动力》；
7. 甲方提供的图纸。

三、室外设计计算参数

1. 夏季：空调干球温度：31.4℃；空调湿球温度：25.4℃；通风温度：28℃；大气压力：1000.7hPa；室外平均风速：2.9m/s。

2. 冬季：空调干球温度：－22℃；空调湿球温度：25.4℃；通风温度：－12℃；大气压力：1020.8hPa；室外平均风速：3.1m/s；相对湿度：64%；最大冻土深度：148cm。

四、地下换热器设计

1. 地下换热器的布置

地下换热器布置于各楼之间的空地处共 755 个，采用双 U 形，竖直埋设，有效深度 100m。地下换热器采用矩形布置，间距 6×6m。地下换热器内流体介质为 25%乙二醇溶液。

2. 地下换热器的连接

各地下换热器采用并联同程的连接形式，由于地下换热器的数量较多采用分区控制，共设 6 个大的分区，然后在每个大的分区基础上设置 16 个小的分区，每个分区设分集水器，地下换热器通过集管连接到各分区分集水器，各分区分集水器通过总干管连接到机房总分集水器上。地下换热器系统水平埋管采用直埋敷设，管道下垫 150mm 厚沙层，上铺 250mm 厚沙层。

3. 地下换热器的管材及管道连接形式

地下换热器系统管道埋地部分采用 PE100 高密度聚乙烯管，承压 1.6MPa，不埋地部分管道采用无缝钢管。聚乙烯管的连接方式：$d\leqslant90$，承插连接；$d\geqslant110$，对接热熔。无缝钢管采用焊接的连接方式。聚乙烯管与钢管的连接采用钢塑法兰连接。

PE100 聚乙烯管的管道规格对照表

公称管径 dn	32	40	50	63	75	90	110	125	160
PE 管 $d\times\delta$	32×3.0	40×3.7	50×4.6	63×5.8	75×6.8	90×8.2	110×1.0	125×11.4	160×14.6

无缝钢管规格对照表

公称管径 DN	25	32	40	50	70	80	100	125	150	200	250	300
无缝钢管 $D\times\delta$	32×3.0	38×3.0	45×3.0	57×3.5	76×3.5	89×4.0	108×4.0	133×4.0	159×4.5	219×6.0	273×8.0	325×8.0

4. 地下换热器管道的施工

（1）打孔：打孔前进行地下换热器孔的放线定位，确定地下换热器孔的位置。然后进行竖直打孔，孔径 180mm，有效深度 100m，孔的竖向偏差不超过 2%。

（2）下管：下换热器管前应进行水压试验，试验压力 1.6MPa，在试验压力下，稳压至少 15min，稳压后压力降不应大于 3%，且无泄漏现象。将其密封保持有压状态，准备下管。下管前应采用分离定位管卡将四根换热管进行分离定位，分离定位管卡的间距为 3m。下管过程中防止损坏管道，下管要保证到位。下管完毕后在地面以上预留 1m 左右的管道以便以后连管，将换热管进行固定，防止下滑到井内。

（3）回填：U 形管安装完毕后，应立即灌浆回填封孔，隔离含水层。地下换热器孔的回填采用专用回填料回填，确保无回填空隙。回填完后将留在地面的管道管口进行封堵保护并进行标记，防止后续施工造成损坏。

5. 水平管道的施工

（1）埋管：地下换热器水平管埋深为设计地面标高下 2.3m。将各分区内的 U 形管连接成系统，并分别引至机房主机安装位置。施工时水平管下垫沙层 150mm，管道热熔或电熔连接时必须按照厂家施工技术规范标准进行。

（2）管道冲洗试压：将地下换热器分区注水冲洗、排气，系统冲洗约 30min，直至出入水口的流量、清澈度都基本一致，并不再有气泡产生，必要时可用水泵进行冲洗、排气。

（3）水平管道回填：首先调整水平管的间距、平整度。施工时水平管下垫沙层 150mm，连接完毕后管上回填 250mm 厚沙层，再上部用原土回填并进行夯实。然后通知建筑承包商进行下步混凝土垫层及承重层的施工。

五、管道的保温与防腐

1. 地下换热器系统管道不埋地部分管道采用泡沫橡塑保温材料保温，管径小于 DN100 时，保温厚度为 40mm；管径大于等于 DN100 时，保温层厚度 50mm；埋地部分管道采用聚氨酯硬质泡沫塑料保温，管径小于 DN100 时，保温厚度为 40mm；管径大于等于 DN100 时，保温层厚度 50mm。地下换热器部分管道保温，从机房集分水器到二级（1～6 号）集分水器的保温，其余室外地下换热器的管道不用保温。

2. 无缝钢管除锈后，有保温的管道，刷防锈漆两遍；无保温的设备管道防锈漆外刷面漆两遍。

六、系统试压、冲洗及其他

1. 环路集管与机房分集水器连接完成后，回填前应进行第三次水压试验。在试验压力下，稳压 2h，且无泄漏，为合格。地下换热器系统全部安装完毕后，且冲洗、排气及回填完成后，进行第四次水压试验，试验压力同办公大楼的试验压力，在试验压力下，稳压 12h，稳压后压力降不应大于 3%。

2. 管道安装前必须将管内污物及锈蚀清除干净，安装时应保持管道的清洁，严禁施工杂物等落入管内。管道压力试验合格后应进行系统清洗，直至系统排出水色和透明度与入口水目测一致为合格。

3. 水管上返最高点处加自动放气阀。

七、本说明书未尽事宜，按《通风与空调工程施工质量验收规范》GB 50243—2002、《建筑给水排水及采暖工程施工质量验收规范》GB 50242—2002、《地源热泵系统工程技术规范》GB 50366—2005 执行。

图　名	地下换热器设计与施工说明	图　号	15-3

主要设备参数表

序号	主要设备名称	主要设备参数	数量	备　注
1	地下换热器	双U形，管径 $d32\times3.0$，有效深度 100m	755 个	竖直埋设，矩形布置，间距 6×6m
2	1 号分(集)水器	$d250$，$L=1550$mm	2 个	
3	2 号分(集)水器	$d300$，$L=2200$mm	2 个	
4	3 号分(集)水器	$d250$，$L=1620$mm	2 个	
5	4 号分(集)水器	$d300$，$L=2110$mm	2 个	
6	5 号分(集)水器	$d300$，$L=2110$mm	2 个	
7	6 号分(集)水器	$d300$，$L=2700$mm	2 个	
8	7 号分(集)水器	$d200$，$L=1940$mm	2 个	
9	8 号分(集)水器	$d200$，$L=2186$mm	2 个	
10	9 号分(集)水器	$d200$，$L=2360$mm	2 个	
11	10 号分(集)水器	$d200$，$L=2670$mm	2 个	
12	11 号分(集)水器	$d200$，$L=2360$mm	2 个	
13	12 号分(集)水器	$d200$，$L=2090$mm	2 个	
14	13 号分(集)水器	$d200$，$L=1820$mm	2 个	
15	14 号分(集)水器	$d200$，$L=2360$mm	2 个	
16	15 号分(集)水器	$d200$，$L=2360$mm	2 个	
17	16 号分(集)水器	$d200$，$L=2360$mm	2 个	
18	17 号分(集)水器	$d200$，$L=2090$mm	2 个	
19	18 号分(集)水器	$d200$，$L=2400$mm	2 个	
20	19 号分(集)水器	$d200$，$L=2400$mm	2 个	
21	20 号分(集)水器	$d200$，$L=1820$mm	2 个	
22	21 号分(集)水器	$d200$，$L=2090$mm	2 个	
23	22 号分(集)水器	$d200$，$L=2360$mm	2 个	
24	23 号分(集)水器	$d200$，$L=2360$mm	2 个	

图　　例

序　号	名　　称	图　　例
1	地下换热器进水管	
2	地下换热器出水管	
3	地下换热器	
4	压力表	
5	温度计	
6	闸阀	
7	分(集)水器	
8	地下换热器	

图　名	主要设备参数表及图例	图　号	15-4

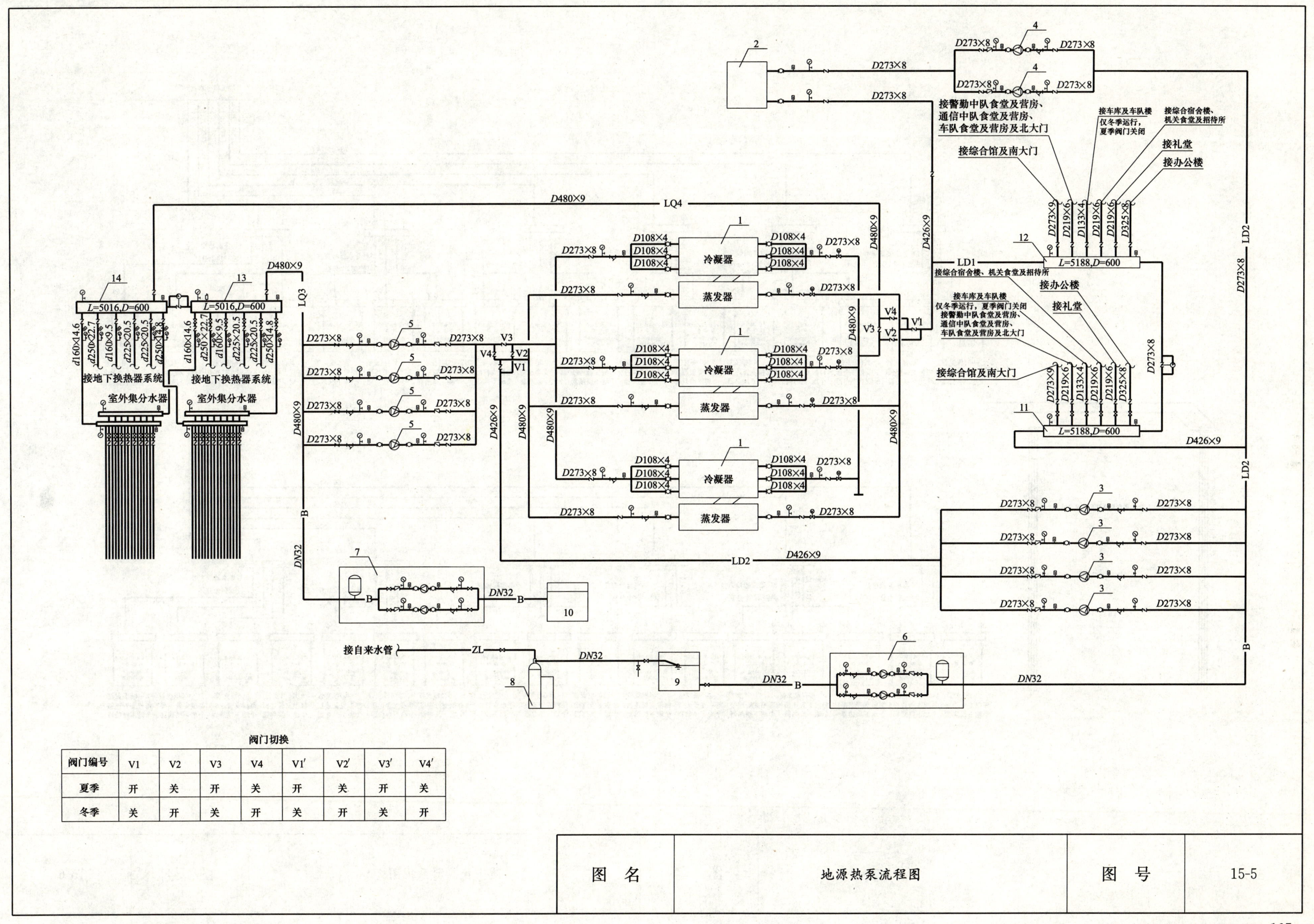

阀门切换

阀门编号	V1	V2	V3	V4	V1′	V2′	V3′	V4′
夏季	开	关	开	关	开	关	开	关
冬季	关	开	关	开	关	开	关	开

图 名	地源热泵流程图	图 号	15-5

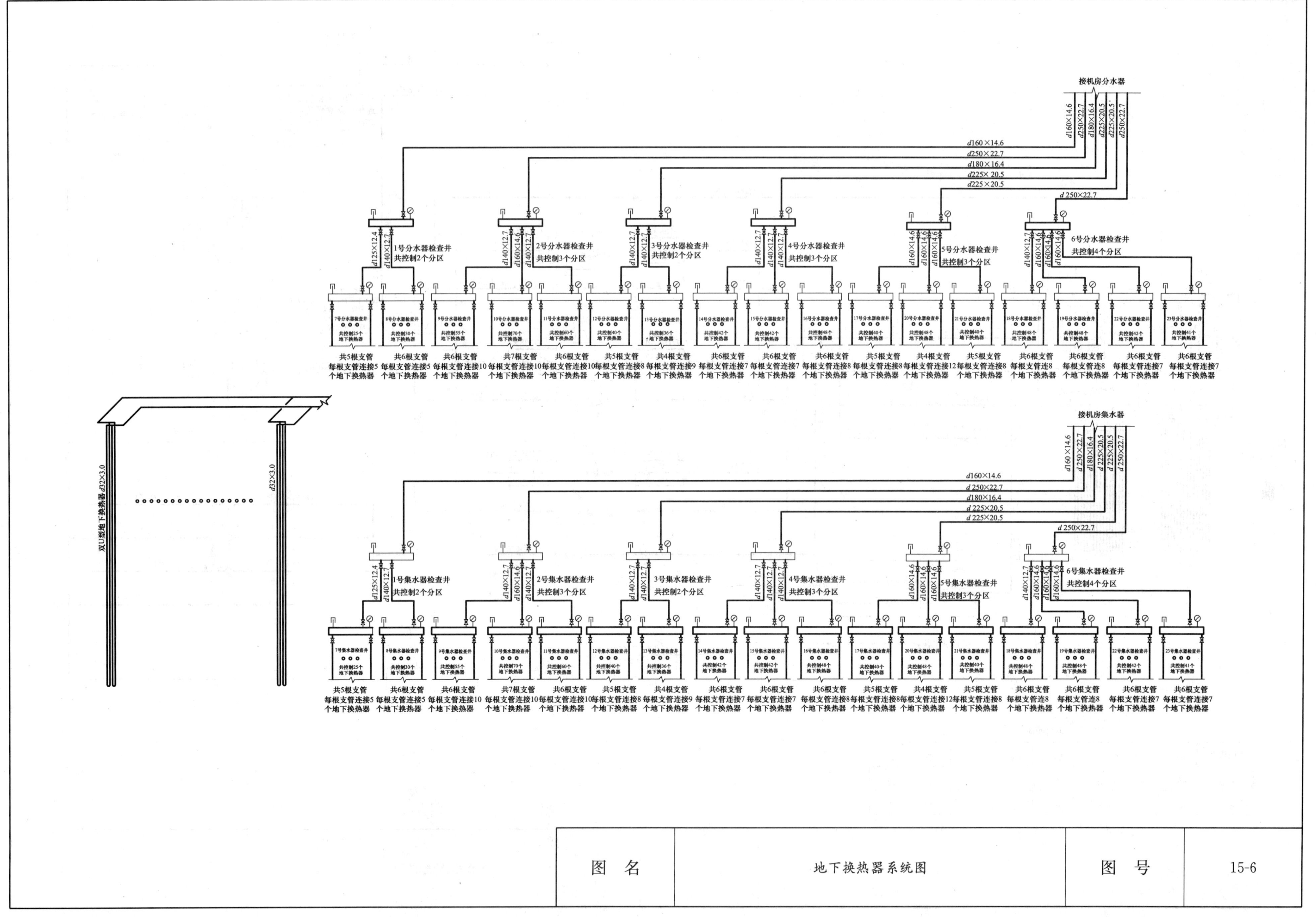

图 名	地下换热器系统图	图 号	15-6

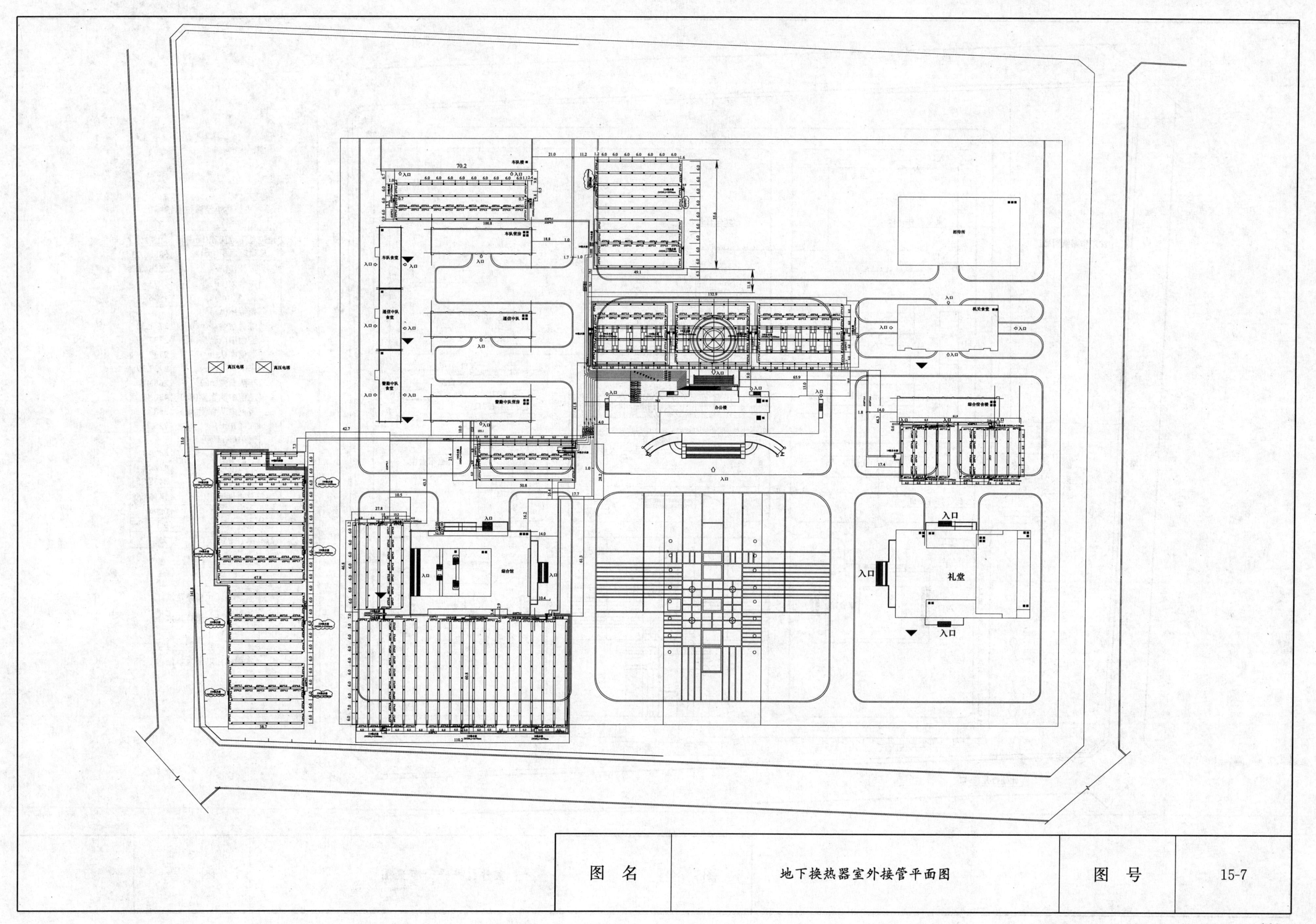
入口
礼堂
图 名
地下换热器室外接管平面图
图 号
15-7

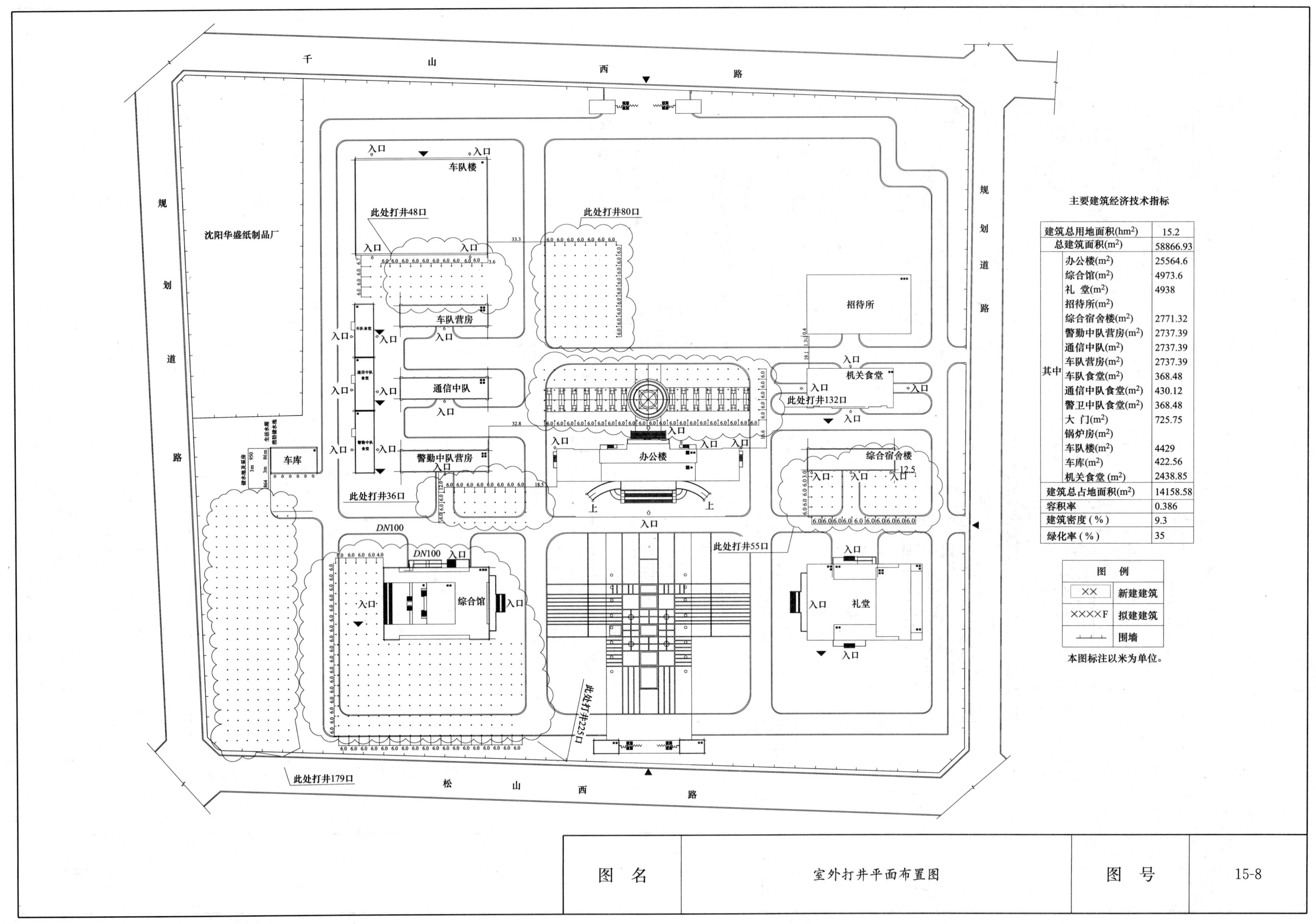

主要建筑经济技术指标

项目		指标
建筑总用地面积(hm^2)		15.2
总建筑面积(m^2)		58866.93
其中	办公楼(m^2)	25564.6
	综合馆(m^2)	4973.6
	礼　堂(m^2)	4938
	招待所(m^2)	
	综合宿舍楼(m^2)	2771.32
	警勤中队营房(m^2)	2737.39
	通信中队(m^2)	2737.39
	车队营房(m^2)	2737.39
	车队食堂(m^2)	368.48
	通信中队食堂(m^2)	430.12
	警卫中队食堂(m^2)	368.48
	大　门(m^2)	725.75
	锅炉房(m^2)	
	车队楼(m^2)	4429
	车库(m^2)	422.56
	机关食堂(m^2)	2438.85
建筑总占地面积(m^2)		14158.58
容积率		0.386
建筑密度(%)		9.3
绿化率(%)		35

图　名	室外打井平面布置图	图　号	15-8

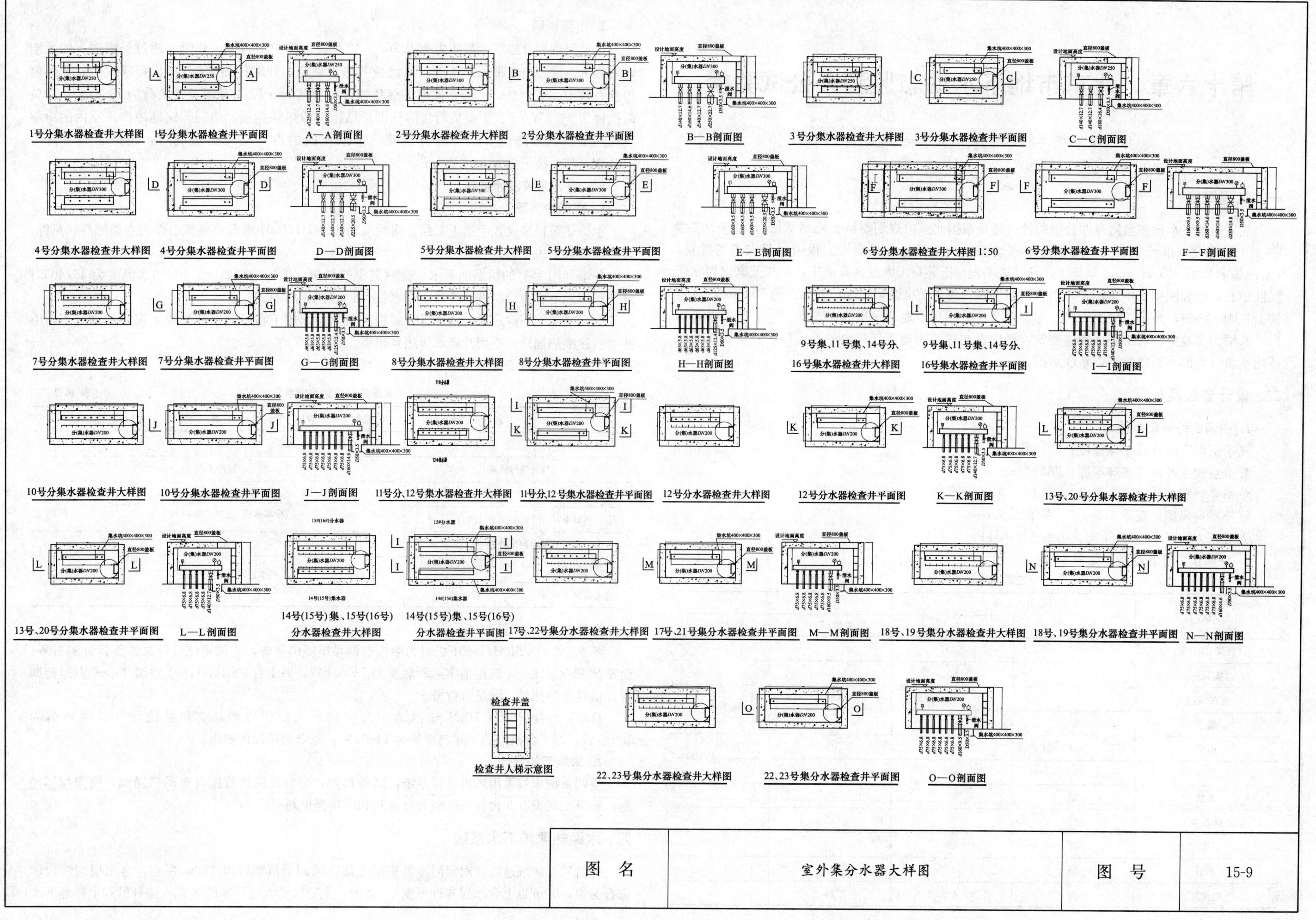

1号分集水器检查井大样图
1号分集水器检查井平面图
A—A剖面图
2号分集水器检查井大样图
2号分集水器检查井平面图
B—B剖面图
3号分集水器检查井大样图
3号分集水器检查井平面图
C—C剖面图
4号分集水器检查井大样图
4号分集水器检查井平面图
D—D剖面图
5号分集水器检查井大样图
5号分集水器检查井平面图
E—E剖面图
6号分集水器检查井大样图 1:50
6号分集水器检查井平面图
F—F剖面图
7号分集水器检查井大样图
7号分集水器检查井平面图
G—G剖面图
8号分集水器检查井大样图
8号分集水器检查井平面图
H—H剖面图
9号集、11号集、14号分、16号集水器检查井大样图
9号集、11号集、14号分、16号集水器检查井平面图
I—I剖面图
10号分集水器检查井大样图
10号分集水器检查井平面图
J—J剖面图
11号分、12号集水器检查井大样图
11号分、12号集水器检查井平面图
12号分水器检查井大样图
12号分水器检查井平面图
K—K剖面图
13号、20号分集水器检查井大样图
13号、20号分集水器检查井平面图
L—L剖面图
14号(15号)集、15号(16号)分水器检查井大样图
14号(15号)集、15号(16号)分水器检查井平面图
17号、22号集分水器检查井大样图
17号、21号集分水器检查井平面图
M—M剖面图
18号、19号集分水器检查井大样图
18号、19号集分水器检查井平面图
N—N剖面图
检查井盖
检查井人梯示意图
22、23号集分水器检查井大样图
22、23号集分水器检查井平面图
O—O剖面图
集水坑400×400×300
直径800盖板
设计地面高度
分(集)水器DN250
分(集)水器DN300
分(集)水器DN200
泄水阀
图名
室外集分水器大样图
图号
15-9

第十六章　北京市地下水动态监测办公试验楼

北京市地质工程勘察院　王立发 孟杉 江剑

一、工程概况

北京市地下水动态监测及办公试验综合楼是根据北京市规划委员会规划意见书（2001-规意字-0194）和北京市计委《关于迁建地下水动态监测站及办公试验楼工程项目建议书的批复》（京计基字2001号）于2006年开工建设。该工程位于北京市海淀区北高庄，北邻爱家世界家居汇展中心，西邻四季青中心小学，东为西四环路，南为汤泉逸墅社区，占地面积5800m²，总建筑面积16193m²，地下二层为厨房、库房以及设备用房，地下一层为车库，一～七层为办公用房，八层为实验室。该工程为新建建筑，机房设在建筑物地下二层，冬季供热、夏季供冷及生活热水负荷均由水源热泵空调系统承担。

二、设计参数及负荷

1. 空调室外计算参数

夏季空调室外计算干球温度：33.2℃；

夏季空调室外计算湿球温度：26.4℃；

冬季空调室外计算干球温度：－12℃；相对湿度45％；

室外平均风速：夏季1.9m/s，冬季2.8m/s；

大气压力：夏季99.86kPa，冬季102.04kPa。

2. 空调室内计算参数（见表16-1）

空调室内计算参数　　表16-1

场所	夏季		冬季	
	温度(℃)	湿度(％)	温度(℃)	湿度(％)
会议、办公室	25	60	20	—
实验室	25	60	20	—
更衣、浴室	25	60	27	—
餐厅	25	60	20	—
厨房	28	—	16	—
展厅	25	60	20	—
大堂	25	60	21	—
休息室	25	60	23	—
卫生间	28	60	16	—
走道	25	60	16	—
电梯厅	25	60	16	—

3. 负荷说明

该项目规划总建筑面积约为16193m²。冷负荷由围护结构传入热量、透过外窗进入的太阳辐射热量、渗透空气带入的热量以及设备散热量确定，外墙传热系数0.58W/(m²·K)，外窗传热系数为2.0W/(m²·K)，屋面传热系数0.55W/(m²·K)，建筑总冷负荷为1368kW，冷负荷指标为84.5W/m²。采暖负荷包括外围护结构的传热耗热量，由门、窗缝隙渗入室内的冷空气耗热量以及加热当外门开启时经外门进入室内的冷空气耗热量确定，建筑总热负荷为913kW，热负荷指标为56.4W/m²。

三、空调系统设计说明

1. 空调冷热源

水源热泵机房设置于地下二层，采用2台PSRHH1801水源热泵机组作为空调的冷、热源，其性能参数见表16-2。

冬季利用16℃的恒温地下水，提取其中的热量，供给空调系统，供/回水温度为45/40℃；夏季利用地下水为冷机进行冷却，冷水供/回水温度为7/12℃。

为提高节能环保效果，增加了一组板式换热器，用于在过渡季和夏季不很热的情况下，由井水直接换热制冷，不用开启水源热泵机组。

不同季节运行工况的转换靠阀门的切换实现。

水源热泵机组性能参数　　表16-2

型号	总制热量(kW)	总制冷量(kW)	台数	总额定功率(kW)
PSRHH1801	1562.8	1460.2	2	343
单台制冷性能		制冷工况		
制冷量kW	730.1	冷冻水进/出口温度:12/7℃ 冷却水进/出口温度:15/23℃		
输入功率kW	127.1			
单台制热性能		制热工况		
制热量kW	781.4	热水进/出口温度:40/45℃ 冷水(井水)进/出口温度:15/8℃		
输入功率kW	171.5			

水源热泵主机运行方案：

冬季：2台PSRHH1801机组为中央空调系统提供热源，空调系统设计总热负荷为913kW，而1台PSRHH1801机组的实际制热量为730.1kW，另1台PSRHH1801机组25％负荷运转即可提供其余的热量，满足负荷需求。

夏季：2台PSRHH1801机组为中央空调系统提供冷源，空调系统设计总冷负荷为1368kW，而2台机组的实际制冷量为1460kW，完全满足设计要求。

2. 末端系统设计

空调系统末端采用风机盘管系统，同程布置，每台风机盘管配有电动二通阀，由温控器控制；地下二层设有3台新风机组为设备间和厨房提供新风。

四、水源热泵地下水系统

项目所在区域地质属永定河冲洪积扇上部，第四系沉积厚度160m左右，含水层岩性以砂砾石为主，90m以上含水层累计厚度50余米，主要接受大气降水的垂直入渗补给和上游地下水径流补给，富水条件好，单井出水量一般为 5000m³/d 左右。地下水含水层季节性回灌再利用工程系该建筑物水源热泵中央空调配套工程的一部分。空调需水量峰值为 140m³/h，设计水源热泵地下水系统方案为 1 口抽水井，2 口回灌井，其设计参数见表 16-3。

抽、灌井设计参数 **表 16-3**

井深	井径	静水位	管长	管径	水量	封井	砾料	水温
90m	850mm	28m	90m	529mm	140m³/h	18m	4～6mm	15℃

五、水源热泵系统控制要求

1. 该系统需要控制的设备有：水源热泵机组、井水潜水泵、末端侧循环泵及冬、夏季切换阀门 8 个。
2. 系统开始运行时，应依次启动井水潜水泵、末端侧循环泵、主机。
3. 当控制系统探得可以减少一台主机时，应先停机组再关闭电动阀。
4. 机房内设置总用电量计量设备，可计算逐时电费及日电费。

机房设备明细表

代号	名称	型号	数量	备注
1	水源热泵机组	PSRHH1801，制冷量730.1kW，蒸发器温度：7/12℃，冷凝器温度：15/23℃，N=127.1kW，制热量781.4kW，冷凝器温度：40/45℃，蒸发器温度：15/8℃，N=171.5kW，大小：3535×915×1950，重量：3050kg	2	
2	板式换热器	BR-03，换热面积60m²，设计压力1.0MPa，重量：1300kg	1	
3	空调系统循环泵	QPG125－315，L=160m³/h，H=32mH₂O，n=1500r/min，N=22kW，重量500kg	3	二用一备
4	旋流除砂器	SYS-200S/D，L=200m³/h，H=2720mm	1	
5	软化水装置	KSS-9000A，L=2～3.5m³/h，100W，220V，1500×500×2500（H）	1	
6	软化水箱	2000×1500×1500（H）	1	
7	空调系统软化水补水泵	QPG40-200A，L=5.9m³/h，H=44mH₂O，n=3000r/min，N=3kW	2	一用一备
8	屋顶膨胀水箱	见空调图	1	
9	空调分水器	ϕ500×2930－1.0	1	
10	空调集水器	ϕ500×3150－1.0	1	
11	地下水换热井吸水泵	300QJ200－60/3，L=200m³/h，H=60m，N=37kW，配变频	1	

图　例

符号	名称	符号	名称
——L1——	空调供水管		压力表
——L2——	空调回水管		温度计
——D1——	地埋管供水管		止回阀
——D2——	地埋管回水管		电动阀
	平衡阀		Y形除污器
	蝶阀	●	地漏
	温控阀		钢塑过渡接头
0.002	坡度、坡向		减压阀
	固定支架		水泵
	自动排气阀		泄水丝堵

图　名	机房设备明细表及图例	图　号	16-1

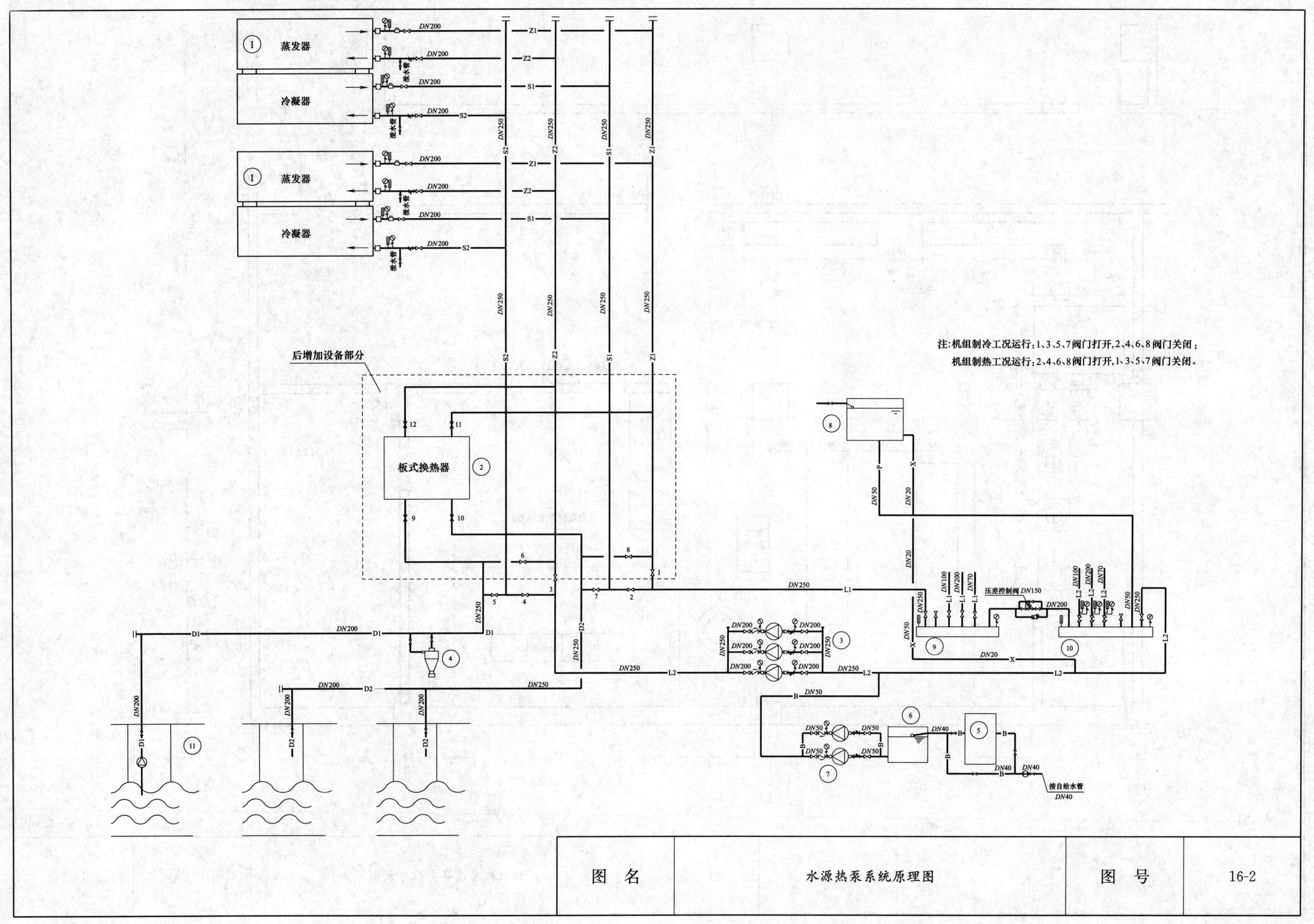

图 名	水源热泵系统原理图	图 号	16-2

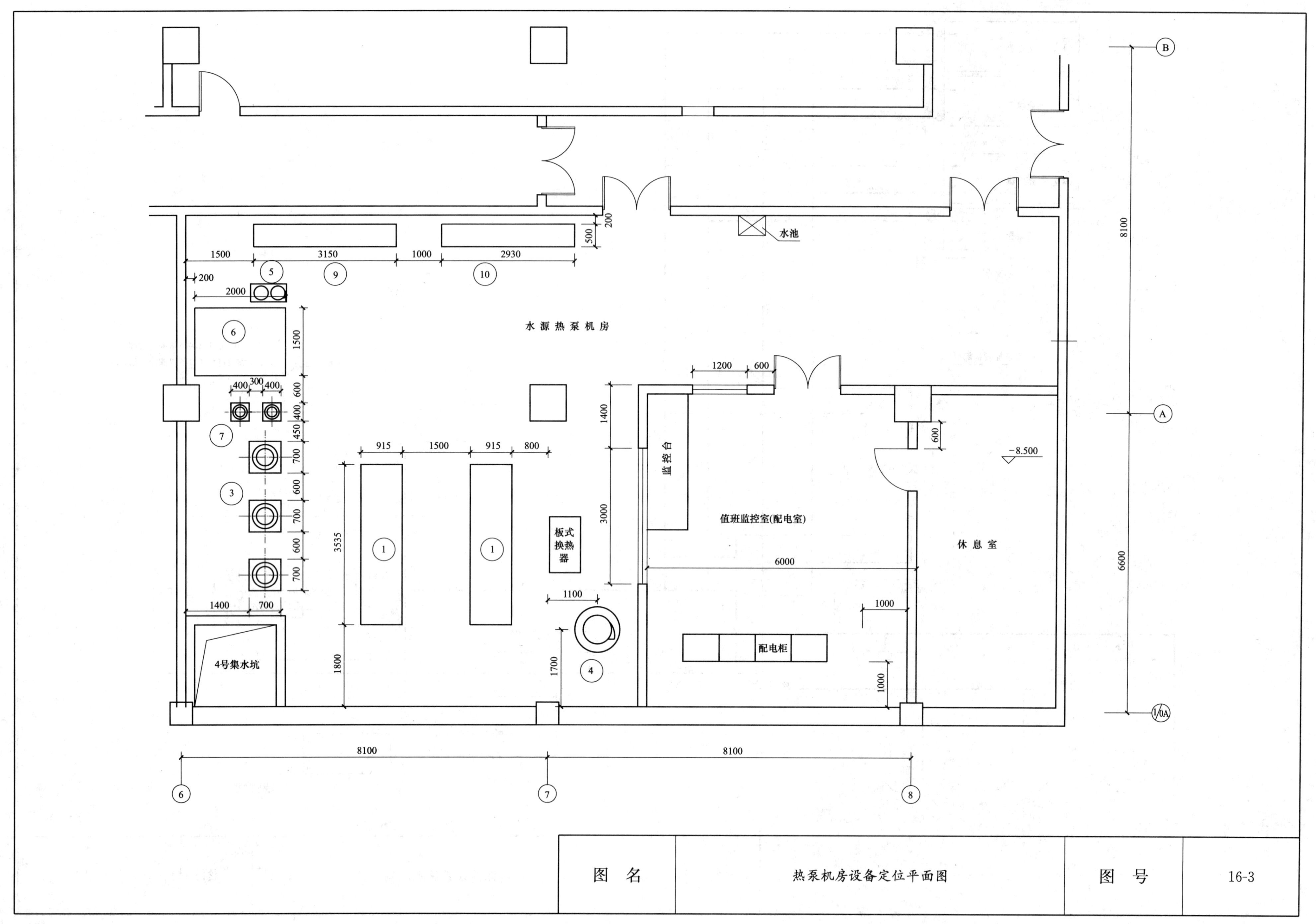

图名	热泵机房设备定位平面图	图号	16-3

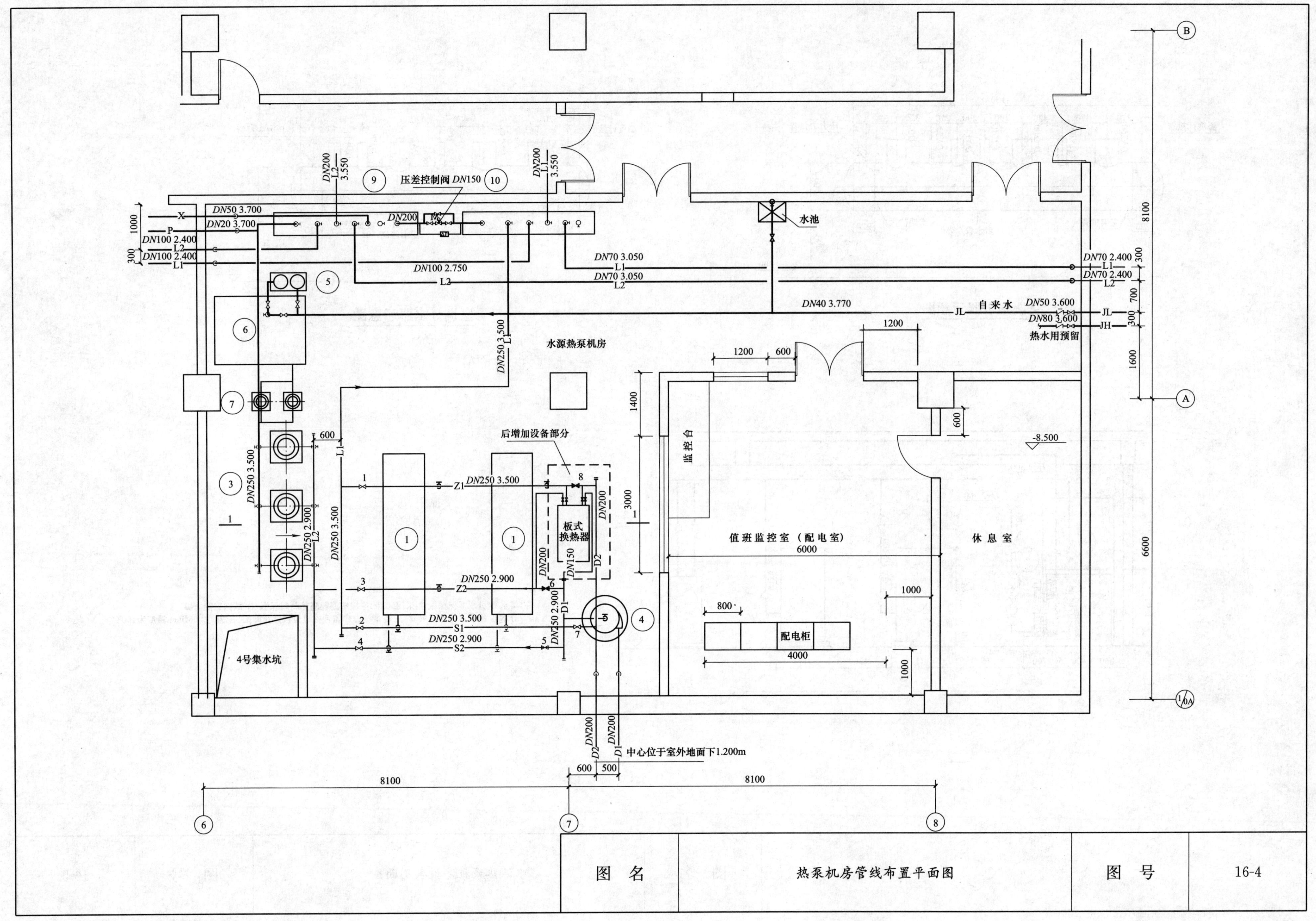

水源热泵机房
压差控制阀 DN150
水池
自来水
热水用预留
后增加设备部分
板式换热器
4号集水坑
监控台
值班监控室（配电室）
休息室
配电柜
中心位于室外地面下1.200m
DN50 3.700
DN20 3.700
DN100 2.400
DN100 2.750
DN70 3.050
DN70 2.400
DN40 3.770
DN50 3.600
DN80 3.600
DN250 3.500
DN250 2.900
DN200
DN150
-8.500
8100
6600
6000
4000
图 名
热泵机房管线布置平面图
图 号
16-4

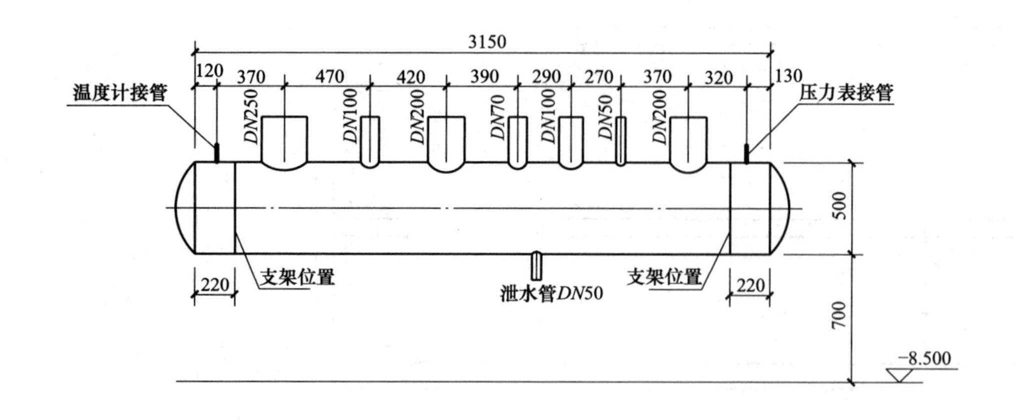

空调集水器示意图

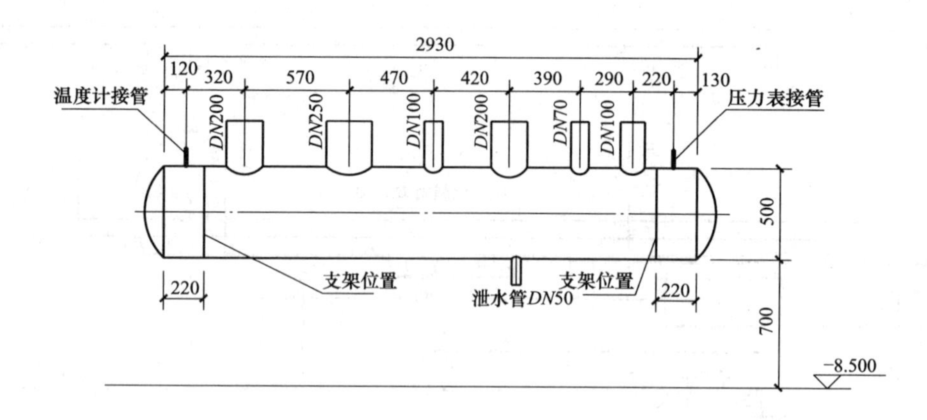

空调分水器示意图

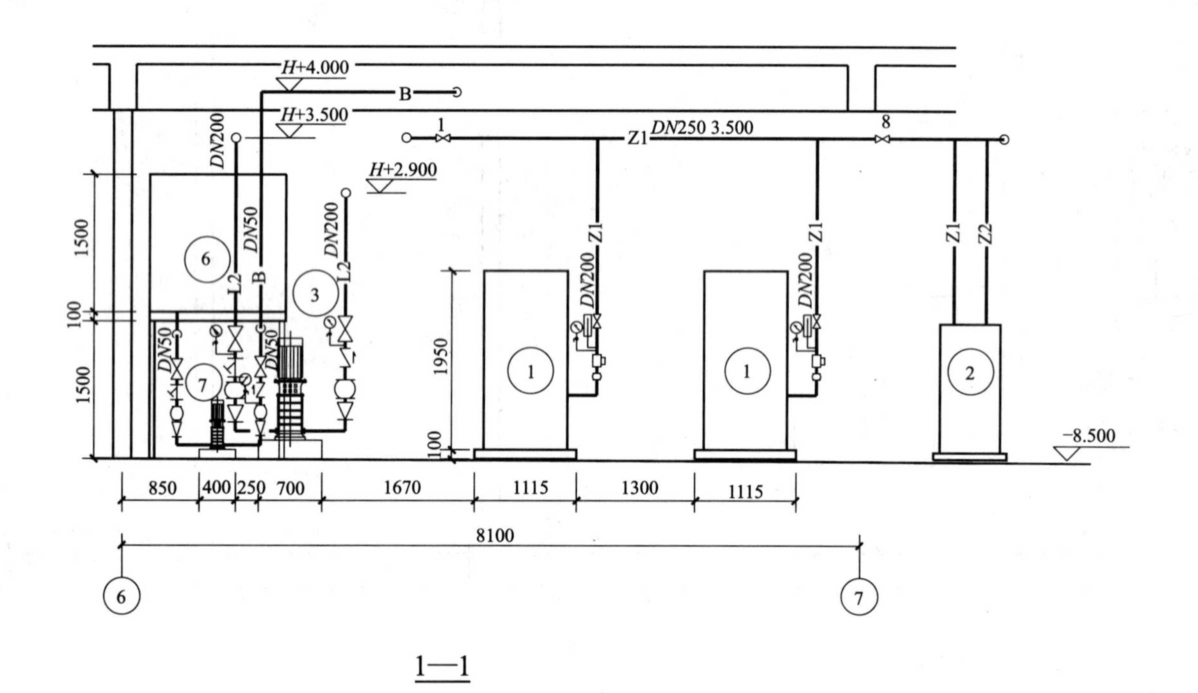

1—1

注：集水器 分水器保温做法：采用50mm厚橡塑海棉隔热材料保温，下做钢支架支撑。
分水器 集水器为压力容器，应该请压力容器合格单位设计及施工，压力为1.0MPa，温度为100℃。

图　名	水源热泵机房设备剖面图	图　号	16-5

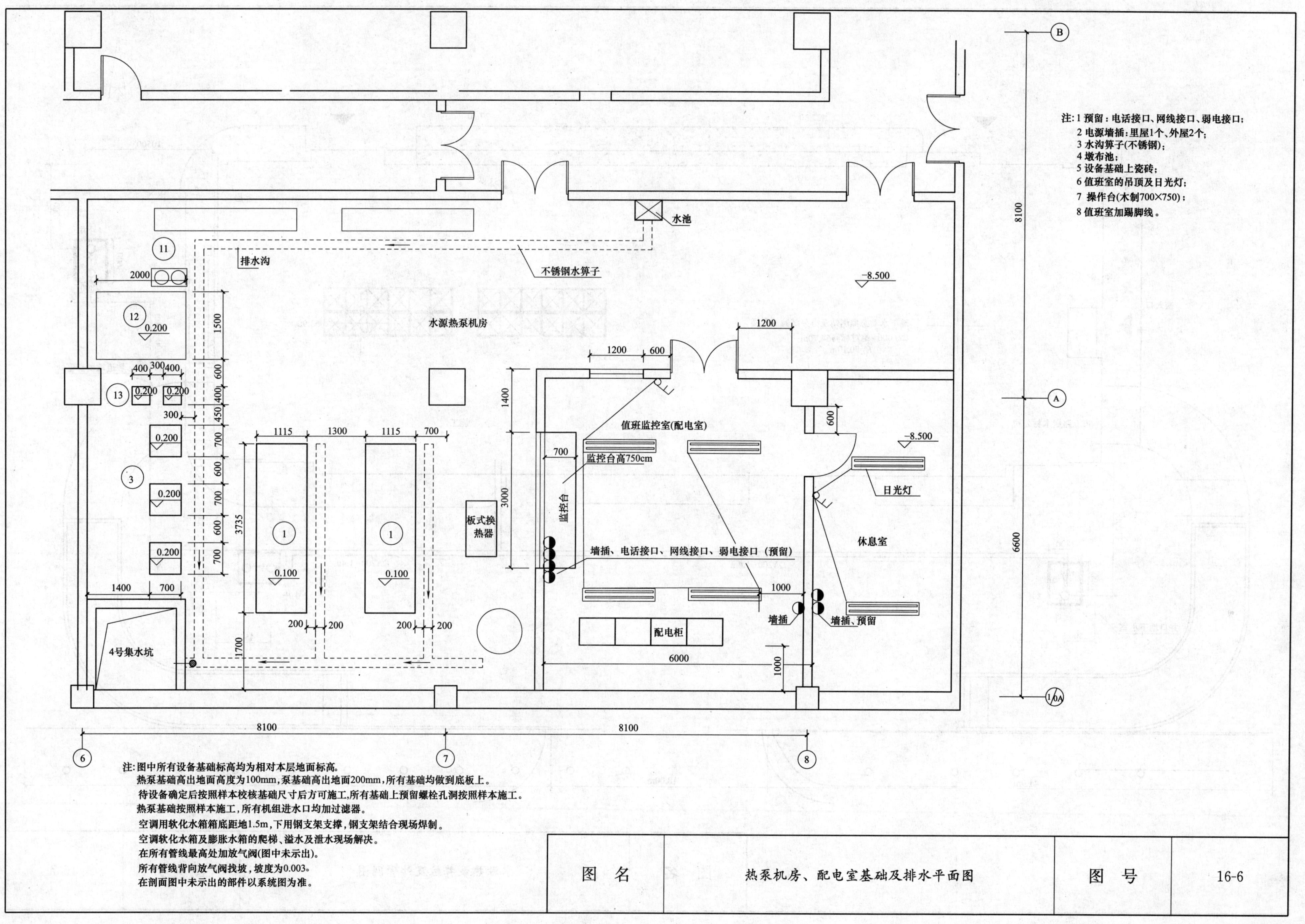
注:1 预留：电话接口、网线接口、弱电接口;
2 电源墙插：里屋1个、外屋2个;
3 水沟箅子(不锈钢);
4 墩布池;
5 设备基础上瓷砖;
6 值班室的吊顶及日光灯;
7 操作台(木制700×750);
8 值班室加踢脚线。
水池
排水沟
不锈钢水箅子
水源热泵机房
−8.500
值班监控室(配电室)
监控台高750cm
监控台
板式换热器
墙插、电话接口、网线接口、弱电接口（预留）
日光灯
休息室
墙插
墙插、预留
配电柜
4号集水坑
8100
6600
8100
8100
注:图中所有设备基础标高均为相对本层地面标高。
热泵基础高出地面高度为100mm,泵基础高出地面200mm,所有基础均做到底板上。
待设备确定后按照样本校核基础尺寸后方可施工,所有基础上预留螺栓孔洞按照样本施工。
热泵基础按照样本施工,所有机组进水口均加过滤器。
空调用软化水箱底距地1.5m,下用钢支架支撑,钢支架结合现场焊制。
空调软化水箱及膨胀水箱的爬梯、溢水及泄水现场解决。
在所有管线最高处加放气阀(图中未示出)。
所有管线背向放气阀找坡,坡度为0.003。
在剖面图中未示出的部件以系统图为准。
图 名
热泵机房、配电室基础及排水平面图
图 号
16-6

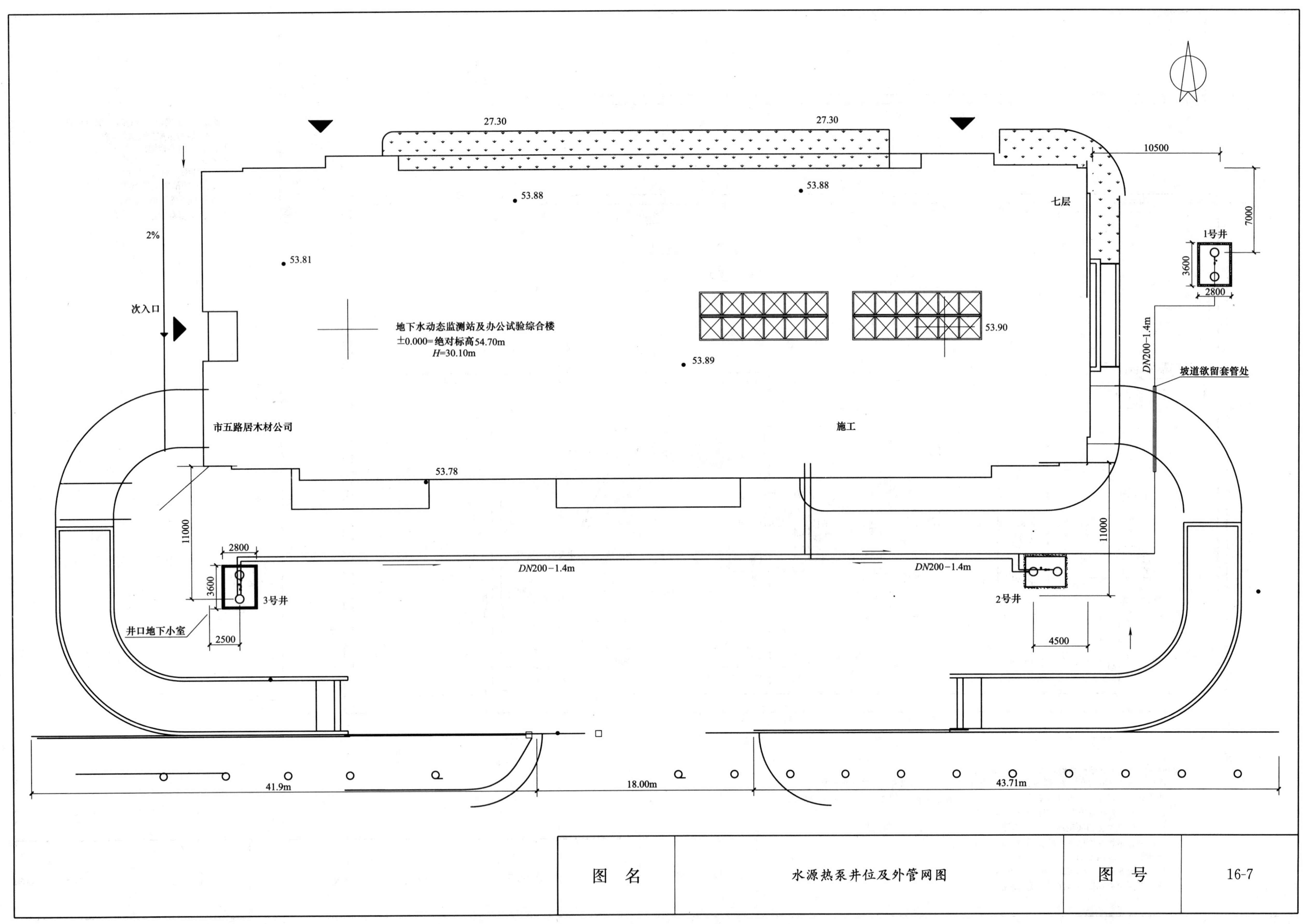

27.30
27.30
10500
53.88
53.88
七层
7000
1号井
3600
2800
2%
53.81
次入口
地下水动态监测站及办公试验综合楼
±0.000=绝对标高54.70m
H=30.10m
53.90
53.89
DN200−1.4m
坡道欲留套管处
市五路居木材公司
施工
53.78
11000
11000
2800
3600
3号井
DN200−1.4m
DN200−1.4m
2号井
井口地下小室
2500
4500
41.9m
18.00m
43.71m
图 名
水源热泵井位及外管网图
图 号
16-7

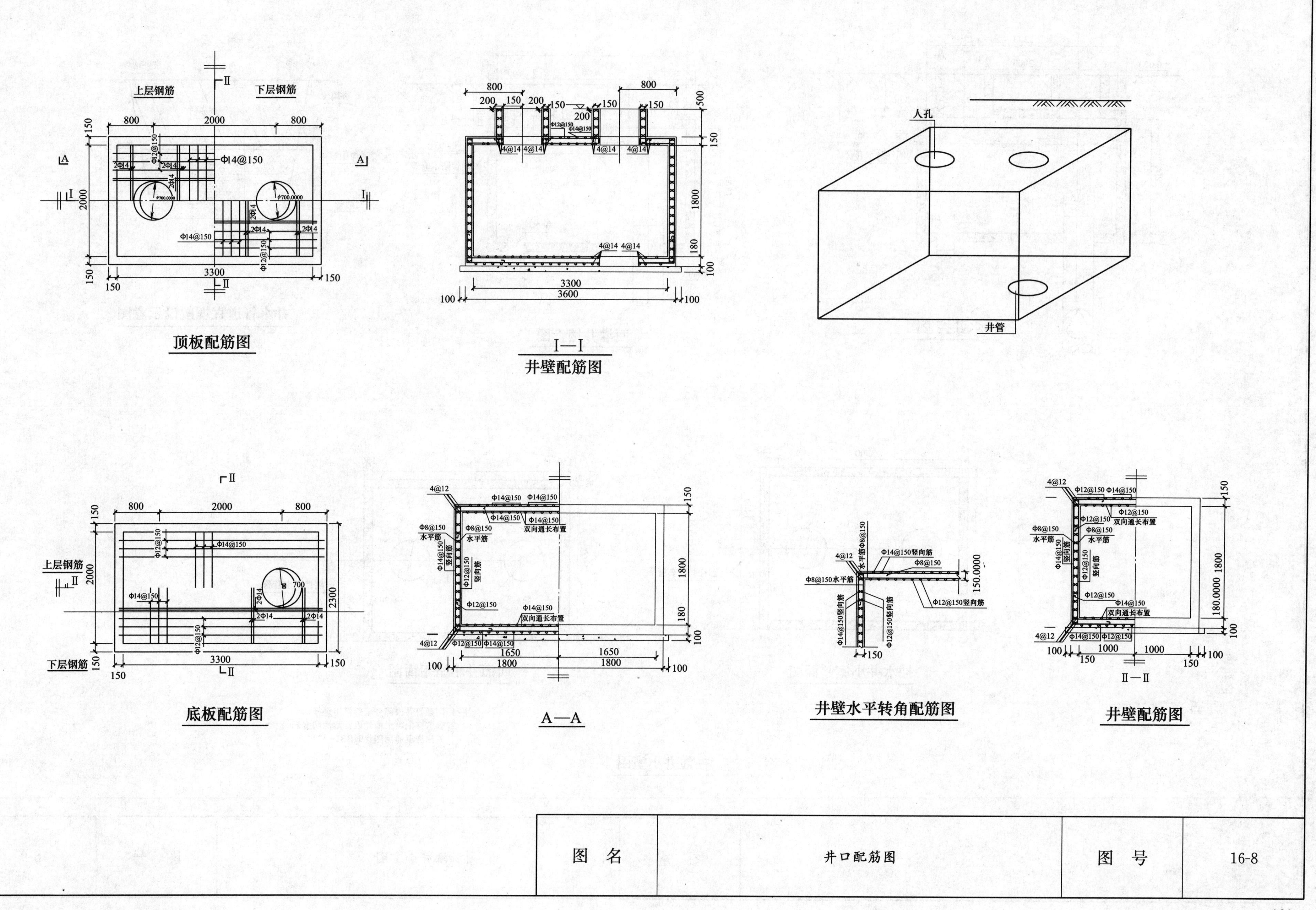

图　名	井口配筋图	图　号	16-8

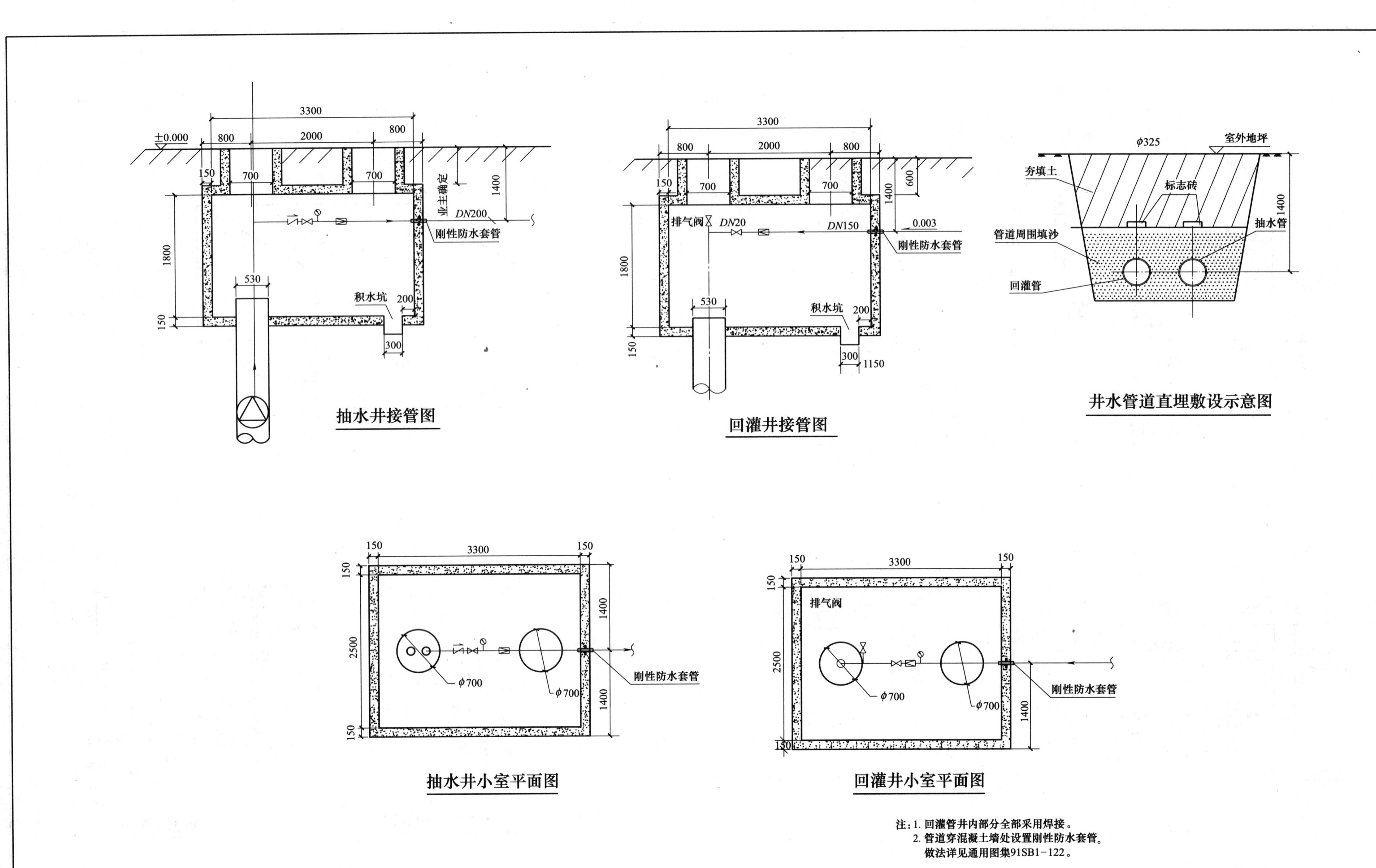

注：1. 回灌管井内部分全部采用焊接。
2. 管道穿混凝土墙处设置刚性防水套管。
做法详见通用图集91SB1－122。

抽灌井小室图

图　名	抽灌井小室图	图　号	16-9

第十七章　宋庆龄故居文物库及附属用房

北京市地质矿产斟查开发总公司热泵工程公司　刘谏　曹瑞堂　刘军

一、概述

1. 工程概述：本工程为宋庆龄故居文物库附属用房建设工程机房，负荷面积 14139m²。其中故居及院内用房的面积 3423m²，保持原有散热器系统形式不变，冬季采暖热负荷为 278kW；文物库、文物库附属用房及社科院面积 10716m²，末端形式为风机盘管系统，冬季采暖热负荷 864kW，夏季制冷冷负荷 911kW，生活热水负荷 65kW。

故居及院内用房选用一台 GSHP310（高温型）水源热泵机组满足冬季采暖需求，系统设计供/回水温度为 60/55℃。文物库、文物库附属用房及社科院选用一台 GSHP1080（普通型）水源热泵机组满足冬季采暖、夏季制冷及日常生活热水的需求。冬季采暖系统设计供/回水温度为 50/45℃，夏季制冷系统设计供/回水温度为 7/12℃。生活热水设计供水温度为 45～50℃。

2. 本工程选用 3 口抽、灌两用井（即可抽水、也可回灌，抽、灌单一使用功能），一口水量调节池（用于回灌）。

二、施工要求

1. 管材：机房内的管道均采用焊接钢管；自来水管及热水管采用热镀锌钢管；机房内的管道管径 $DN\leqslant32$ 采用螺纹连接：$DN>32$ 采用焊接连接；自来水管及热水管采用螺纹连接。

2. 阀门：本工程管径 $DN\leqslant50$ 用铜闸阀，$DN>50$ 用蝶阀。所有阀门及管件工作压力 $P_N=1.0$MPa。

3. 定压补水：采用电接点压力表＋补水箱＋补水泵定压补水的方式。定压为 0.2～0.25MPa，工作压力为 0.6MPa。

4. 防振：为防止固体传声采取以下措施。

（1）水泵下部设橡胶隔振垫。

（2）水源热泵机组与设备基础之间加设橡胶隔振垫，设备基础要找平。

（3）水源热泵机组、循环泵及补水泵与管道连接处采用橡胶软接头。

5. 防腐：焊接钢管保温前刷樟丹防锈漆两道。管道、设备的支吊架在表面除锈后再刷防锈漆两道，裸露部分再刷面漆两道。

6. 保温：管道及设备均采用 20mm 闭孔橡塑（B1 级难燃）保温。

7. 其他：

（1）图中所示标注尺寸单位为 mm，标高为 m。管道标高均指管中标高。

（2）干管坡度≥0.3%，管道坡向要有利于排气。高处采用排气阀放气，低处设置截止阀泄水。

（3）管道穿越楼板和墙体时应设置穿墙套管。不保温管道套管直径比管径大 2 号，保温管道套管为管道直径加 150mm，安装在楼板内的套管，其顶部应高出地面 20mm；安装在卫生间的套管，其顶部应高出装饰面 50mm，底部应与底面相平；安装在墙壁内的套管，其两端应与饰面平齐。套管与管道间填柔性材料封闭。

（4）水源热泵机组及水泵的进出口管及立管上部的横干管必须加设托架和吊架，以免管道受力在橡胶软接头上。

（5）所有设备基础均应待设备到货且校核尺寸无误后，方可进行施工。基础施工时应按设备的要求预留地脚螺栓孔（二次浇筑）。尺寸较大的设备应在其机房外墙未起之前先置于机房内，设备安装时应与水、电、土建专业密切配合。

8. 测温元件安装说明：

（1）测温元件在管道上垂直、斜 45°或肘管上安装时，插入深度不应小于管道公称直径 1/3。应尽量使其感温部分设置在管道中心线上，并迎着介质流动方向。

（2）应把感温元件安装在管道内介质流速较大的地方。

（3）测温元件外露部分需保温，采用 20mm 闭孔橡塑保温。

（4）温度计应加保护套管。

（5）具体安装方法详见《华北地区通用图集》91SB9。

9. 压力表安装说明：

（1）取压管口应与介质流速方向垂直，与设备内壁平齐，不应有凸出物和毛刺。

（2）取压口与压力表之间应加装隔离阀，以备检修压力表用。

（3）对于水平敷设的压力信号导管应有 0.3%的坡度，以便排除导管内积气。

（4）具体安装方法详见《华北地区通用图集》91SB9。

10. 试压及冲洗、调试：

（1）试压要求：水系统管道应以系统最高工作压力的 1.5 倍（但不小于 0.6MPa）进行水压试验。不渗不漏，在 10min 压力降小于等于 0.02MPa 为合格。

（2）冲洗：设备在投入使用时，必须对管道系统进行冲洗，并应将已安装的流量开关、调节阀、温度计等拆除（但保留滤网），待冲洗合格后再装上。冲洗时以系统能达到的最大压力和流量进行。期间应反复拆洗过滤器等除污器件，直到目测的出、入口的水色和透明度一致为合格。

（3）管道系统试压及冲洗时，水流不应流经地能热泵、水泵等设备。

11. 未尽事宜参见下列规范及图集：

（1）《通风与空气调节工程施工及验收规范》GB 50243—2002；

（2）《建筑给排水设计规范》GBJ15—88；

（3）《建筑给排水及采暖工程施工质量验收规范》GB50242—2002；

（4）《中央液态冷热源环境系统设计施工图集》03SR113；

（5）图集 91SB1、91SB3、91SB4、91SB6。

图　例

线型	名称	图例	名称
—LNG1—	末端冷热水供水总管		止回阀
—LNH1—	末端冷热水回水总管		铜闸阀
—LNG2—	故居散热器供水总管		调节阀
—LNH2—	故居散热器回水总管		蝶阀
—C1—	二次循环水回水管		变径
—C2—	二次循环水供水管		水泵
—N1—	机组冷凝器出水管		压力表
—N2—	机组冷凝器进水管		温度计
—L1—	机组蒸发器出水管		橡胶软接头
—L2—	机组蒸发器进水管		除污器
B——	补水管		水表
Z——	自来水		安全阀
RG——	生活热水供水管		盲板
RH——	生活热水回水管		溢流管
GN1——	接高温冷凝器供水管		排水沟
GN2——	接高温冷凝器回水管		排气阀
J1——	井水供水管		浮球阀
J2——	井水回水管		
——o	管道低头		
——o	管道抬头		

序号	设备名称	规格及性能			设备动荷载/台
1	水源热泵机组	GSHP1080（普通型） 热回收量=65kW $Q_{冷}$=916kW，N=162kW $Q_{热}$=1044kW，N=276kW	台	1	4500kg
2	水源热泵机组	GSHP310（高温型） $Q_{热}$=278.57kW，N=95.31kW	台	1	2941kg
3	末端循环泵	QPG100—315 Q=130m³/h，H=24m，n=1500rpm，N=15kW	台	2	380kg
4	末端循环泵	QPG80—160B Q=43.3m³/h，H=24m，n=3000rpm，N=5.5kW	台	2	140kg
5	全自动软水器	YT—250M—BD，W=1～2t/h	套	1	120kg
6	补水箱	1100×1100×1100	个	1	270kg
7	定压补水装置	QPGL0.36/6—1.0/1 Q=6m³/h，H=36m，N=1.5kW	套	1	375kg
8	热水罐	ϕ=1000mm，V=1.87m³	台	1	700kg
9	热水加热泵	QPG50—160B Q=13.5m³/h，H=20.5m，n=3000rpm，N=1.5kW	台	1	95kg
10	热水循环泵	QPG25—130 Q=20m³/h，H=20m，n=3000rpm，N=1.1kW	台	1	45kg
11	分水器	DN500，L=1865mm	台	1	420kg
12	集水器	DN500，L=1865mm	台	1	420kg
13	电子水处理仪	YT—Ⅰ—Z—5—1.6、DN125、流量 100～145m³/h	个	1	51kg
14	电子水处理仪	YT—Ⅰ—C—1.5—0.6、DN40、流量 10～15m³/h	个	1	10kg
15	板式换热器	型号：BR01—1.6—8—E，热换面积：8m²	台	1	240kg
16	除砂器	XCSQ—250/200，流量 160m³/h	台	1	
17	潜水泵（变频）	200QJR80—55/5，N=22kW	台	3	

图　名	设备明细表及图例	图　号	17-2

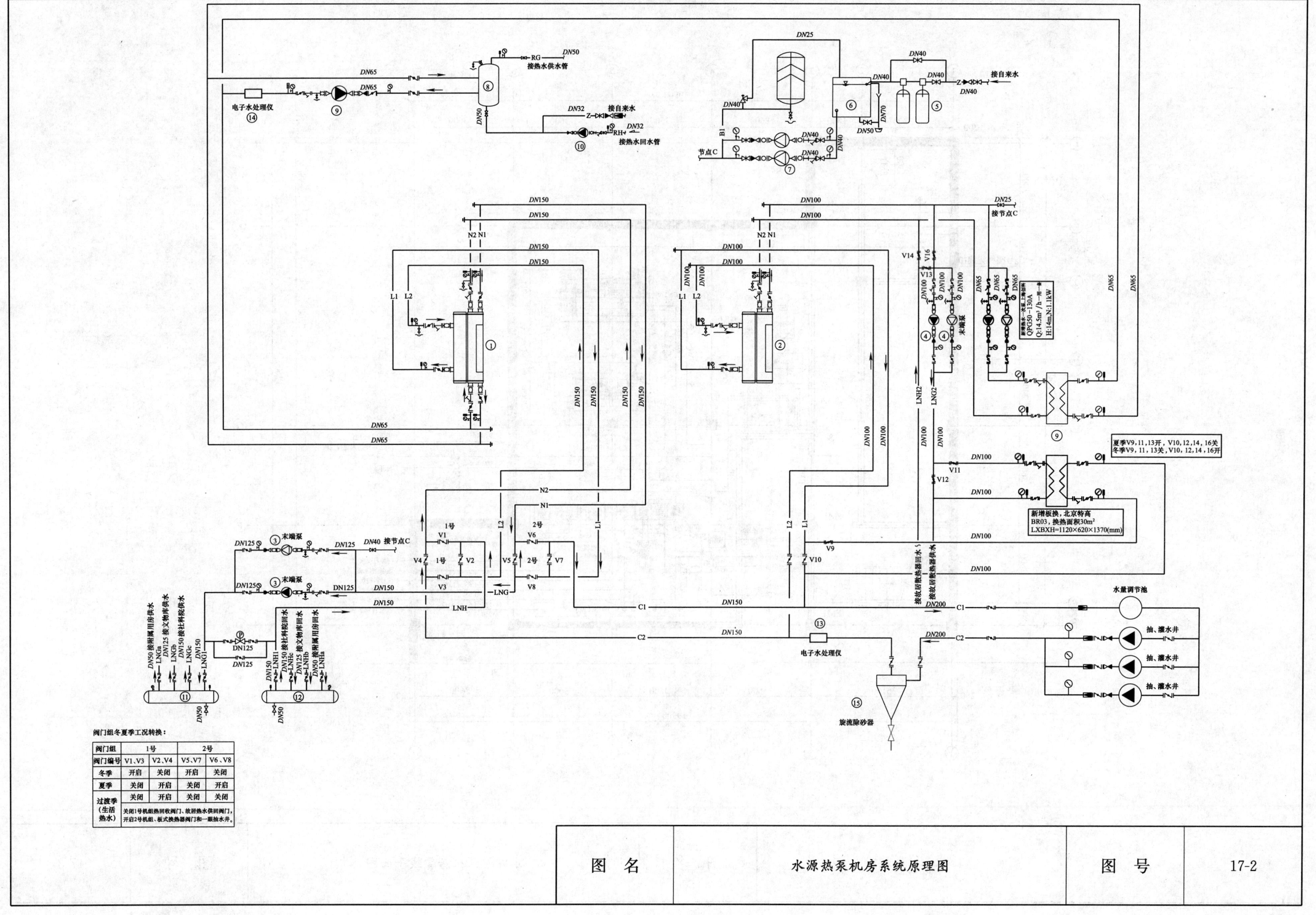

阀门组冬夏季工况转换：

阀门组	1号		2号	
阀门编号	V1、V3	V2、V4	V5、V7	V6、V8
冬季	开启	关闭	开启	关闭
夏季	关闭	开启	关闭	开启
过渡季（生活热水）	关闭	开启	关闭	关闭
	关闭1号机组热回收阀门、故居热水供回阀门，开启2号机组、板式换热器阀门和一眼抽水井。			

图 名	水源热泵机房系统原理图	图 号	17-2

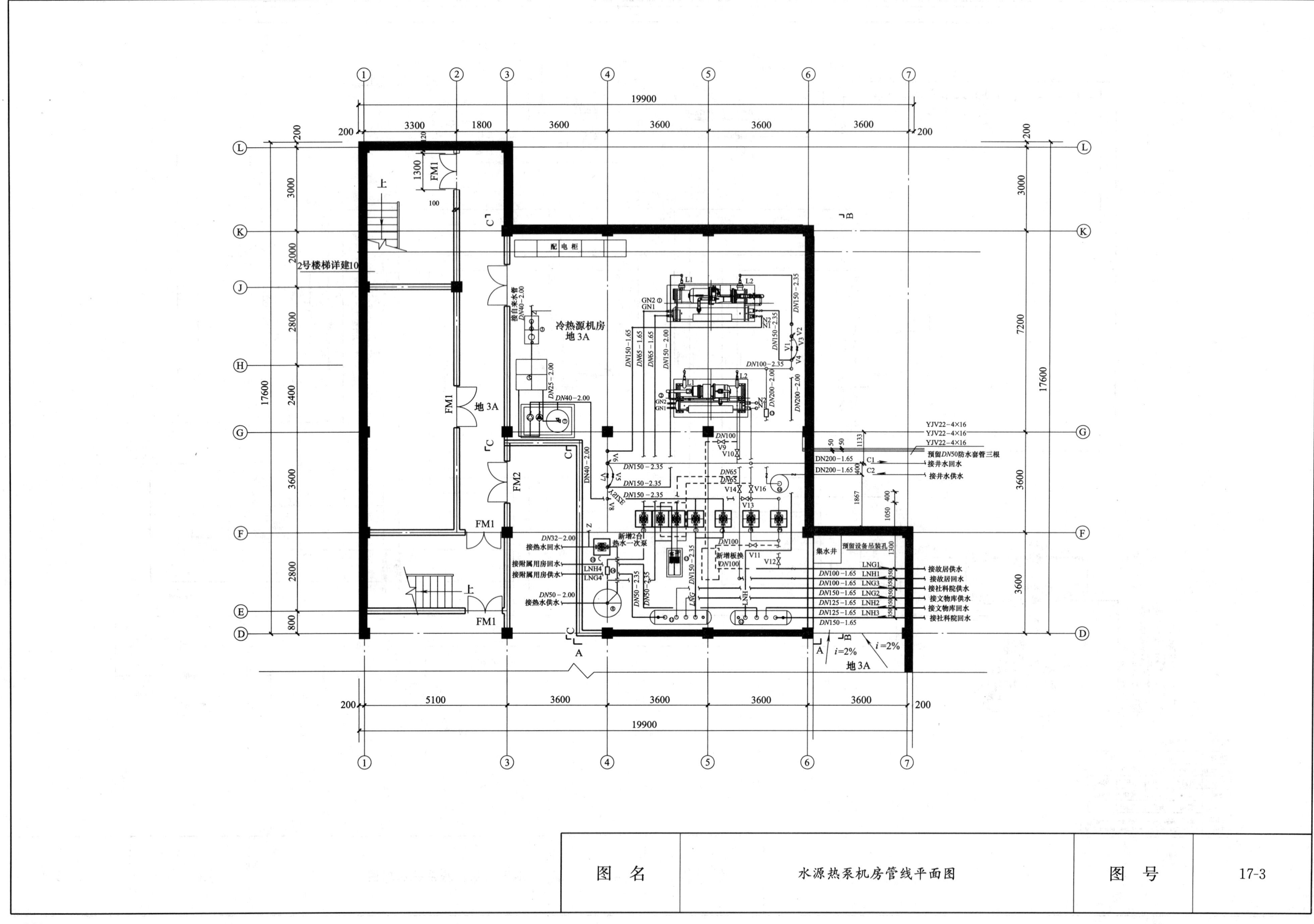

图 名	水源热泵机房管线平面图	图 号	17-3

第十八章　北京八达岭高速路昌平服务区（集宿地）

北京市地质工程勘察院　江剑 王立发 孟杉

一、工程概况

北京八达岭高速路昌平服务区（集宿地）地源热泵工程位于昌平区城南约5km，占地面积近30000m²，总建筑面积12000m²，其中办公室、餐厅、客房、加油站及其他附属建筑的总建筑面积8400m²，临时用房面积约1600m²，预建面积2000m²，共计面积为12000m²。该服务区（集宿地）主要解决周边高速公路服务人员生活、为进京方向车辆提供加油、食宿等服务。

服务区原先采用燃油锅炉供暖，设备已过使用年限，外网管路老化，急需更换。应业主要求，将原有燃油供暖系统进行改造，利用地源热泵中央空调系统进行冬季供暖、夏季制冷，包括供热机房改造及末端系统改造。该工程于2005年8月10日开始施工，2005年11月进行系统调试。

该工程系燃油锅炉改造项目，由于建筑物比较分散，使用功能多样，是地源热泵系统具有一定代表意义的工程之一。

二、设计参数及负荷说明

1. 空调室外计算参数

夏季空调室外计算干球温度：33.2℃；

夏季空调室外计算湿球温度：26.4℃；

冬季空调室外计算干球温度：－12℃；相对湿度45%；

冬季采暖室外计算温度：－9℃；

冬季通风室外计算温度：－5℃；

夏季通风室外计算温度：30℃；

夏季通风室外计算相对湿度：64%。

2. 空调室内计算参数（见表18-1）

空调室内计算参数　　**表18-1**

建筑类型	夏季		冬季	
	温度(℃)	湿度(%)	温度(℃)	湿度(%)
办公室	25～28	≤65	18	≥30
综合楼	25～28	≤65	18	≥30
客房	25～28	≤65	18	≥30
餐厅	25～28	≤65	16	≥30

3. 负荷计算

该工程夏季冷负荷约为796kW，热负荷约为618kW。

三、空调系统设计说明

该工程利用地下恒温土壤作为冷热源，采用2台PSRHH1002水源热泵机组作为空调的冷、热源。冬季利用地下17℃的恒温土壤，提取其中的热量，供给空调系统45℃的采暖水。夏季利用土壤为冷机进行冷却，冷水供/回水温度为7/12℃，热水供/回水温度为45/40℃，不同季节运行工况的转换靠阀门的切换实现。

1. 地源热泵主机性能参数（见表18-2）

地源热泵主机性能参数　　**表18-2**

项目	型号	单机制冷量(kW)	输入功率(kW)	单机制热量(kW)	输入功率(kW)	台数
	PSRHH1002	374.5	69.3	413.4	94.5	2
		总冷热量:749kW		总制热量:826.8kW		
制冷工况	冷冻水进/出口温度:12/7℃;冷却水进/出口温度:30/35℃					
制热工况	热水进出/口温度:40/45℃;蒸发器进/出口温度:10/5℃					
备注	2台热泵机组机头均为双机头螺杆压缩机机组					

2. 机房其他设备选型

(1) 末端循环泵：单台流量为160m³/h，扬程为32m，一用一备；

(2) 地埋侧循环泵：单台流量为182m³/h，扬程为28.8m，一用一备；

(3) 定压补水：空调水及地埋侧通过定压补水装置实现补水、定压、膨胀功能，保证系统水力稳定性。

3. 末端系统设计

该工程除公共卫生间、走廊外，均采用风机盘管系统，整个空调系统采用下供下回异程布置。

(1) 卧式暗装风盘：70台；

(2) 卧式明装风盘：59台；

(3) 吸顶卡式风盘：74台；

(4) 立式明装风盘：72台。

四、地埋侧系统设计

根据工程前期勘察资料，项目位于温榆河上游支流东沙河形成的小冲洪积扇下部，100m左右第四系地层以粉细砂、细砂、黏砂为主，局部深度有砂砾石，底层厚度5～8m左右，全场分布一致，比较适宜地埋管孔的施工。

根据整体地源热泵系统需要，结合工程场区水文地质、工程地质条件，该地埋换热系统共计单U形地埋孔183个，换热管类型为HDPE PE100 $\phi32$，管长100m。每5～6个孔作为一个并联换热单元，汇合后连入机房分、集水器上。每个并联工作单元加装水量调节阀门及水力平衡阀门，以便在不同水力条件下保证每个换热孔的换热效果，也可根据不同的负荷条件对地埋换热管数量进行调节。换热管与管接头采用热熔连接，U形管之间每3～4m设一道固定架，入孔前先试压。入孔时应避免碰撞，垂直U形管安装完毕后，应立即用回填材料封孔。回填材料宜采用粗砂。水平地埋管换热器回填土应细小、松散、均匀且不含石块。回填过程应压实、均匀。地埋管换热器安装前、中、后应进行水压试验。安装前后应对管道进行冲洗，充注防冻和防腐液前，应进行排气。

五、热泵系统控制要求

1. 该系统需要控制的设备有：水源热泵机组、地埋侧循环泵、末端侧循环泵，及冬、夏季切换阀门 8 个。

2. 系统开始运行时，应依次启动地埋侧循环泵、末端侧循环泵、主机。

3. 当控制系统探得可以减少一台主机时，应先停主机，再关闭电动阀。

4. 机房内设置总用电量计量设备，可计算逐时电费及日电费。

六、项目经济性评价

为了对该项目进行全面的经济性评价，下面对方案一（燃油锅炉系统）、方案二（地源热泵系统）进行初投资及运行成本的对比分析。

1. 方案一（燃油锅炉系统）

初投资：由购置燃油锅炉、更新附属陈旧设备及管线、安装调试费用等构成，见表 18-3（数据为业主提供）。

初投资计划表　　表 18-3

设备名称	单价(万元)	数量	合价(万元)
燃油锅炉	18	2 台	36
更换陈旧附属设备及管线	4	1 套	4
安装、调试费用	10	1 套	10
合计			50

运行成本：冬季运行成本由业主根据多年实际运行数据提供，主要由柴油、循环泵耗电量、人工成本等构成，见表 18-4。

冬季运行成本统计表　　表 18-4

名称	消耗量	单价	合价(万元)
柴油	130t	6000 元/t	78
循环泵耗电量	72000kWh	0.79 元/kWh	5.69
人工	900 人	50 元/(天・人)	4.5
合计			88.19
单位面积供暖成本			88.19 元/m^2

说明：柴油按 2007 年 12 月市场价格计算；循环泵功率 20kW/h，每天 24h，150 天；人工工资按 50 元/(天・人)计算，每天 3 班，每班 2 人，共计 150 天(业主提供数据)。

2. 方案二（地源热泵系统）

初投资：业主采用方案二的实际工程结算金额为 440 万元，主要为系统设计、主机购置和安装、地埋管孔施工、风机盘管购置和安装、外管线施工等。

运行成本：方案二已实际运行了两个供暖季，分别为 2005～2006 年供暖季和 2006～2007 年供暖季，运行成本为主机、循环泵、风机盘管实际耗电量成本，见表 18-5。

很明显，方案一初投资较小，但运行成本高昂；方案二初投资大，但运行成本低廉。

为科学评价两种方案，根据费用现值（PC）和费用年值（AC）来计算，其前提是：假定在评价周期内，柴油、电费、人工成本、银行折现率等保持不变。

项目运行成本统计表　　表 18-5

供暖季 \ 耗电设备	主机	循环泵	合计
2005～2006 年采暖季	31.6 万 kWh	18.1 万 kWh	49.7 万 kWh
2006～2007 年采暖季	28.5 万 kWh	16.2 万 kWh	44.7 万 kWh
平均成本	37 万元/年		
备注	电费以 0.79 元/kWh 计算		

根据方案一，燃油锅炉的使用寿命为 7～8 年，每 7～8 年增加锅炉费用为 50 万；根据方案二，地源热泵主机的使用寿命为 15 年，每 15 年增加主机费用 60 万，地埋管使用寿命为 50 年计算；

（1）项目费用现值（PC）计算公式：

$$PC=\sum_{t=1}^{n}(CO)_t(P/E,i,t) \tag{18-1}$$

式中　$(CO)_t$——第 t 期现金流出量；

n——计算期；

i——折现率；

$(P/F,\ i,\ t)$——现值系数，$\left[\frac{1}{(1+i)^n}\right]$。

经计算，方案一、方案二费用现值见表 18-6。需要说明的是，计算过程中在运行的第 7 年，第 15 年，第 22 年，第 30 年，因燃油锅炉使用寿命到期，各增加锅炉费用为 50 万。同样，在运行的第 15 年，第 30 年，地源热泵主机的使用寿命到期，各增加主机费用 60 万。

项目投资方案费用现值表（单位：万元）　　表 18-6

方案	5 年	10 年	15 年	20 年	30 年
一	458	833	1138	1364	1742
二	629	785	948	1054	1231
差距	-171	48	190	310	511

由表 18-6 中可以看出，在假定两种方案采暖效果一致的情况下（也就是未考虑方案二可以夏季使用的情况和方案二的环保、安全效益），在运行后的第 5 年，方案一的费用现值为 458 万元，而方案二的费用现值为 629 万元，方案二高于方案一 171 万元；而第 10 年方案二低于方案一 48 万元。在第 15 年、20 年、25 年、30 年方案二的费用现值低于方案一越来越多，逐步显示出方案二的优越性。

经计算，两方案约在运行后第 8.5 年费用现值相等，方案一、方案二费用现值对比如图 18-1所示。从图中可以看出，在第 15 年和第 30 年，两种方案均更新设备后，也就是两种方案均处于新的工作状态，方案二的费用现值仍低于方案一，显示出方案二的优势。

（2）费用年值（AC）计算公式：

$$AC=\sum_{t-1}^{n}(\mathrm{CO})t(P/F,i,t)\times(A/P,I,t) \tag{18-2}$$

式中　$(A/P,\ I,\ t)$——资金回收系数$\left[\frac{i(1+i^n)}{(1+i)^n-1}\right]$；

其他符号同前。

经计算，两种方案费用年值表见表 18-7。

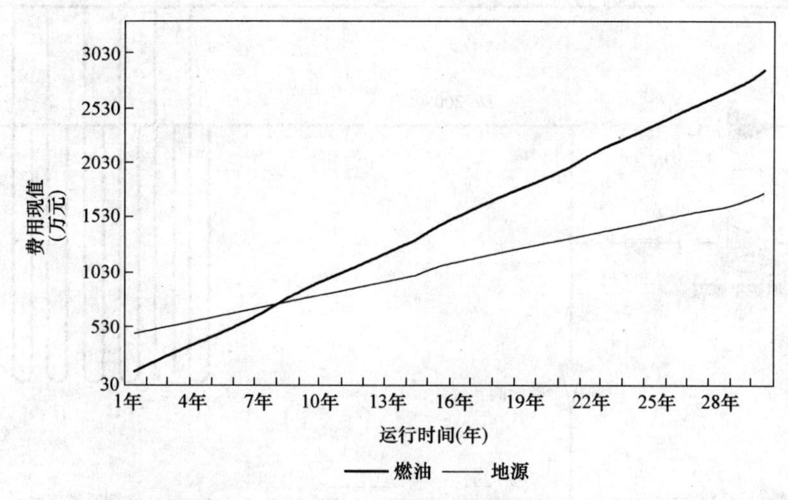

图 18-1　方案一、方案二费用现值对比图

从表 18-7 中同样可以看出，方案二的费用年值在前期较方案一高。随着时间推移，方案二的经济效益逐渐显现出来，在第 15 年方案一的费用年值为 102 万元，而方案二费用年值为 85 万元，节省 17 万元，第 30 年节省 29 万元。

项目投资方案费用年值表（单位：万元）　　表 18-7

方案	5 年	10 年	15 年	20 年	30 年
一	102	102	102	100	100
二	141	96	85	77	71
差距	−38	5	17	22	29

两种方案费用年值对比如图 18-2 所示。

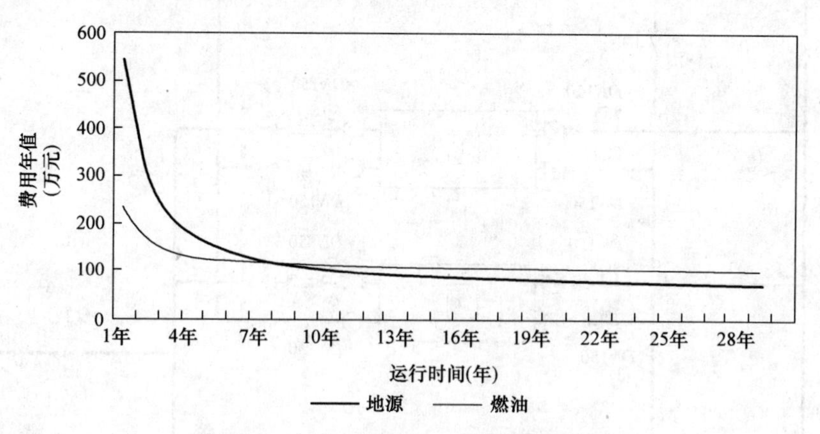

图 18-2　方案一、方案二费用年值对比图

结论已经很清晰，两种方案在费用现值与费用年值的比较中，前期燃油方案费用低于地源方案，后期燃油方案高于地源方案，两种方案在约 8.5 年左右费用平衡。

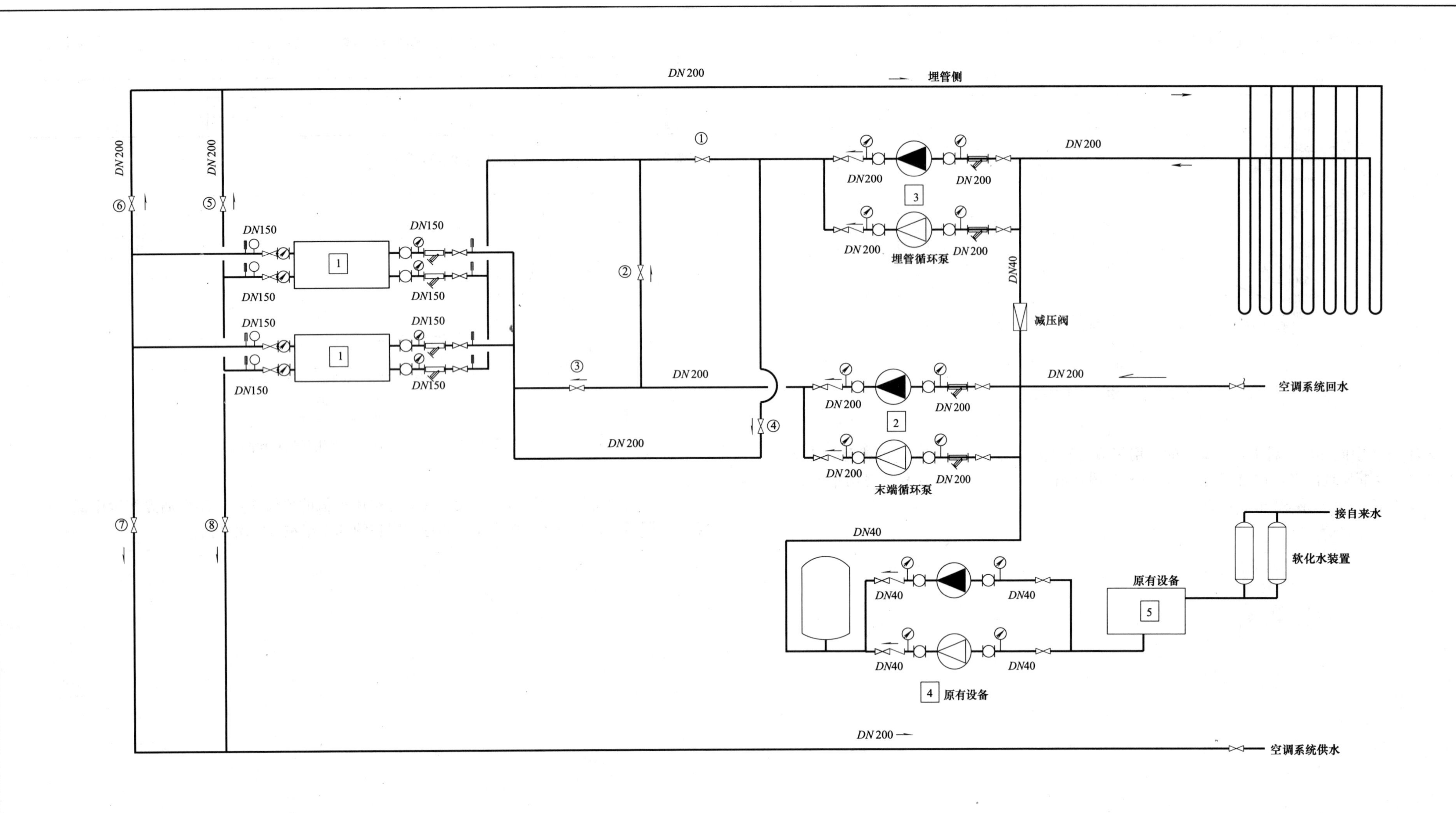

注：冬季阀门：V2，4，6，8开，V1，3，5，7关；
夏季阀门：V1，3，5，7开，V2，4，6，8关。

图 名	地源热泵机房系统原理图	图 号	18-1

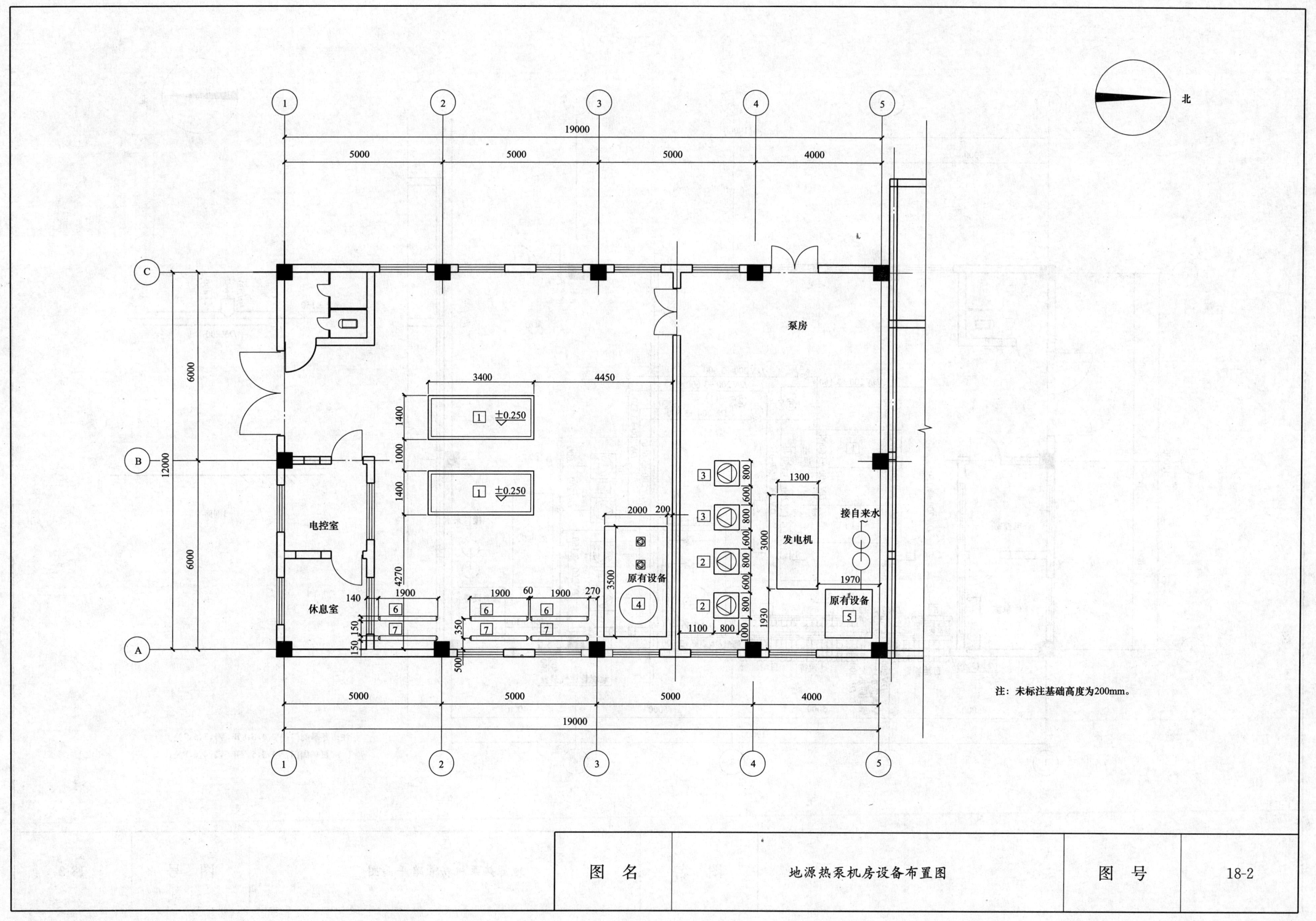
北
19000
5000
5000
5000
4000
泵房
电控室
休息室
发电机
接自来水
原有设备
原有设备
±0.250
±0.250
注：未标注基础高度为200mm。
图 名
地源热泵机房设备布置图
图 号
18-2

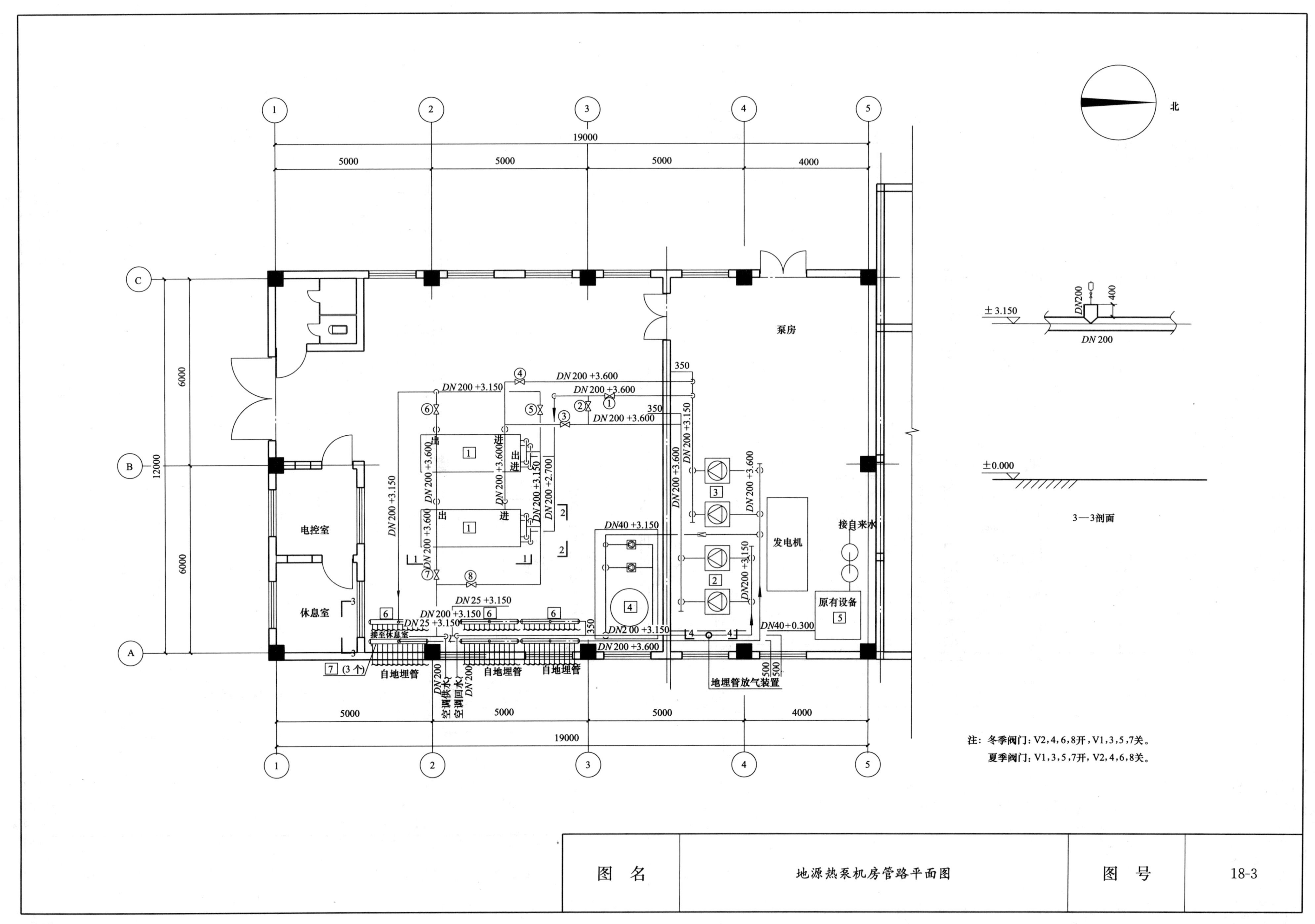

图　名	地源热泵机房管路平面图	图　号	18-3

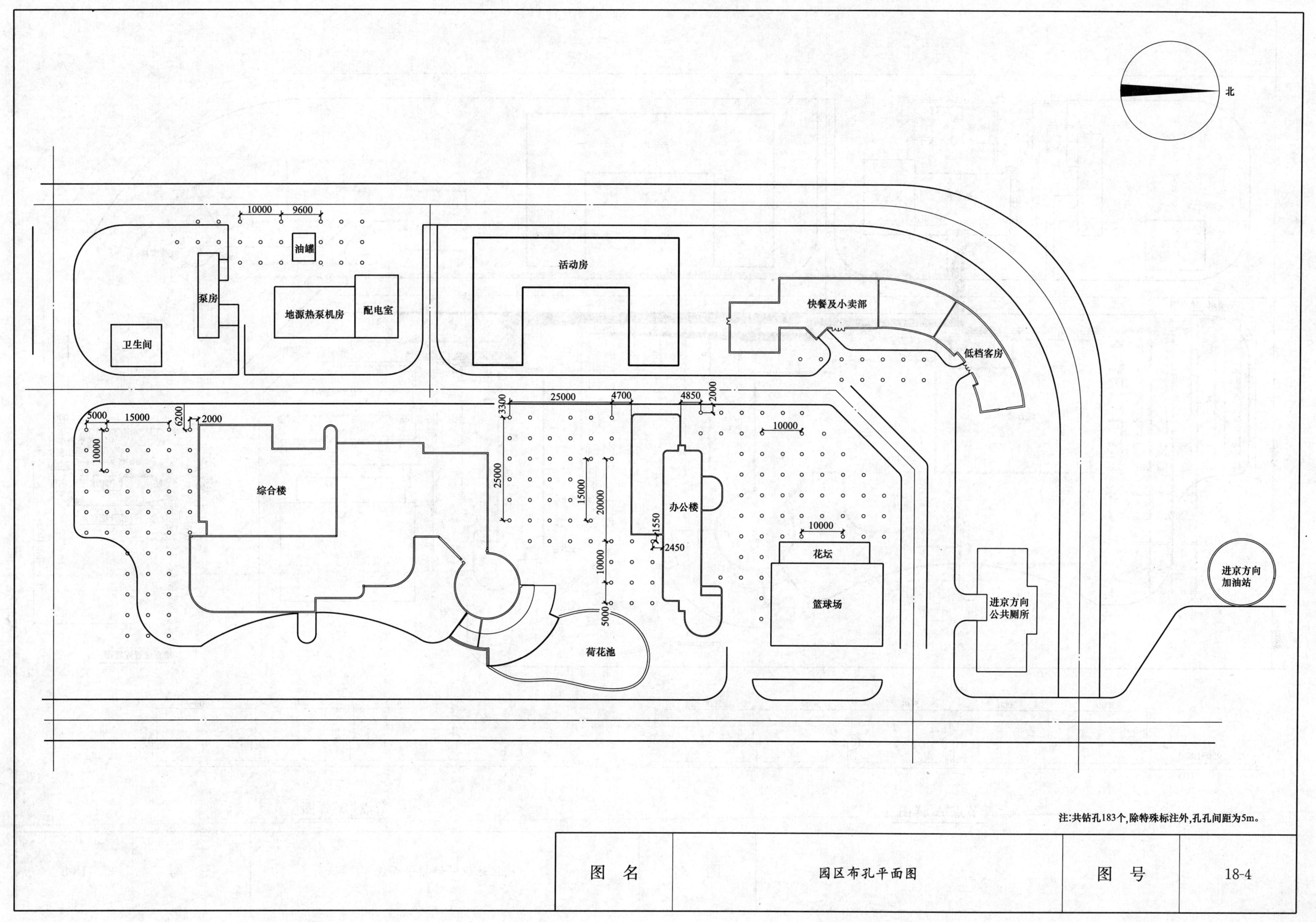

图　名	园区布孔平面图	图　号	18-4

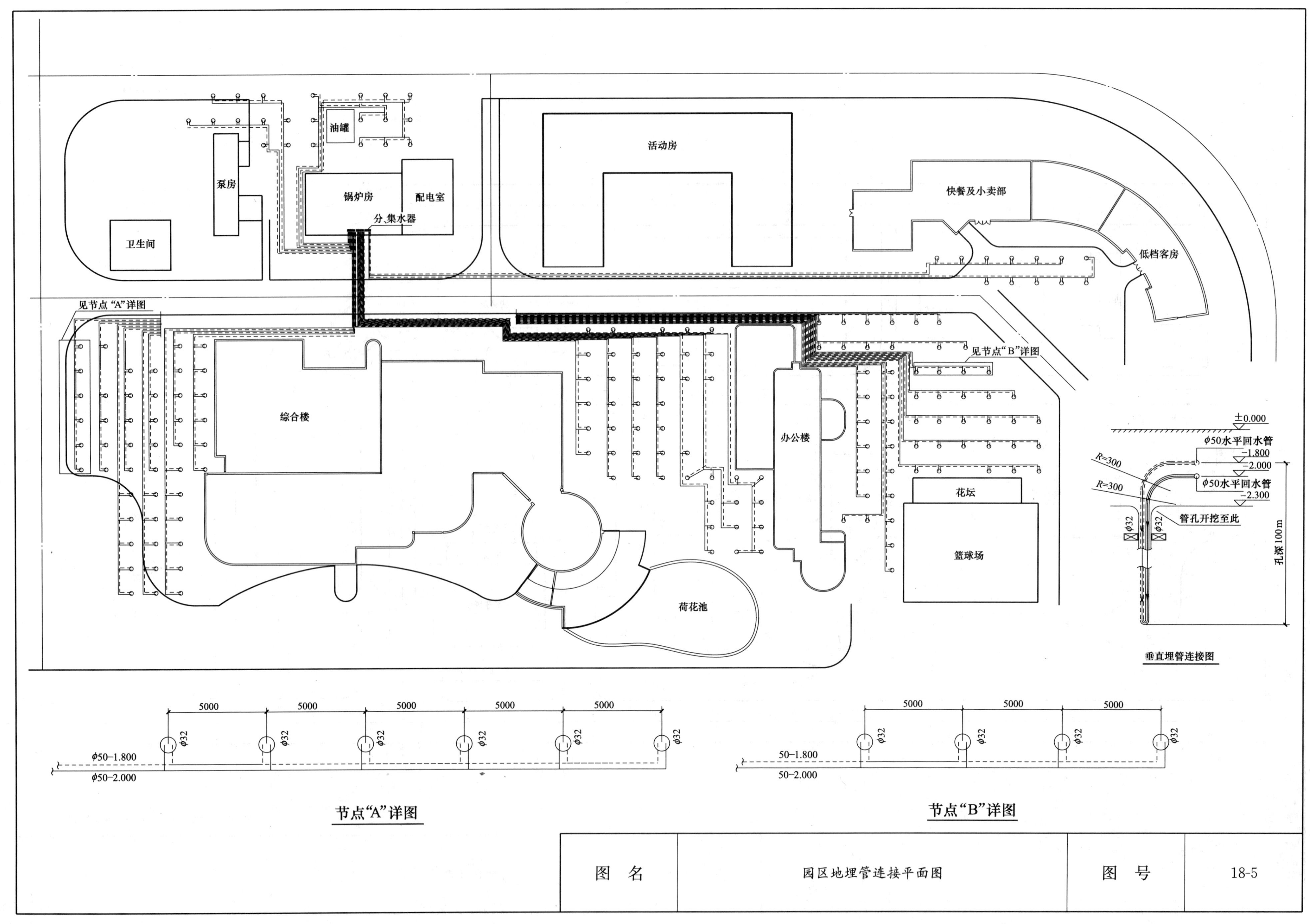

图　名	园区地埋管连接平面图	图　号	18-5

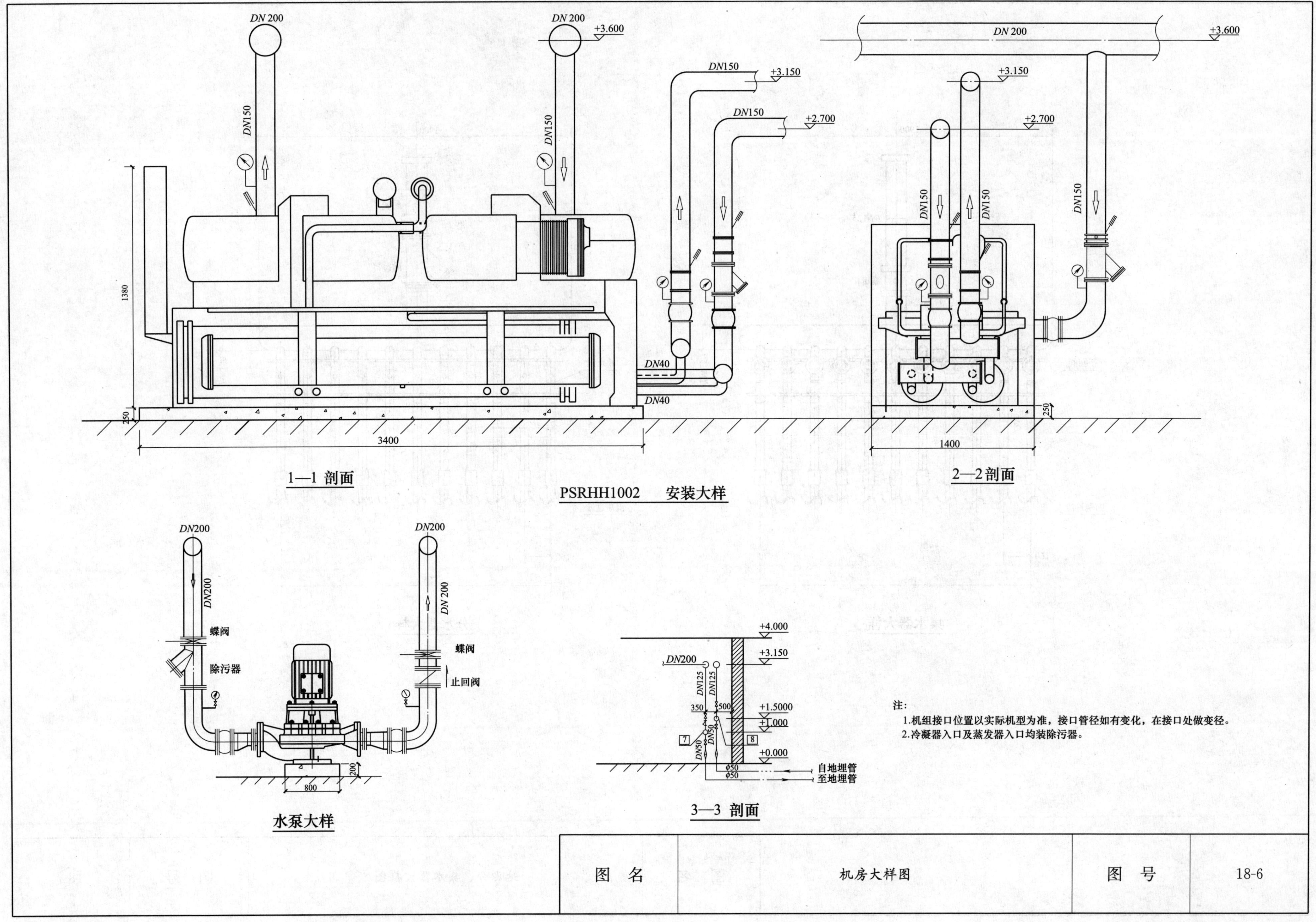

注:

1.机组接口位置以实际机型为准，接口管径如有变化，在接口处做变径。

2.冷凝器入口及蒸发器入口均装除污器。

图 名	机房大样图	图 号	18-6

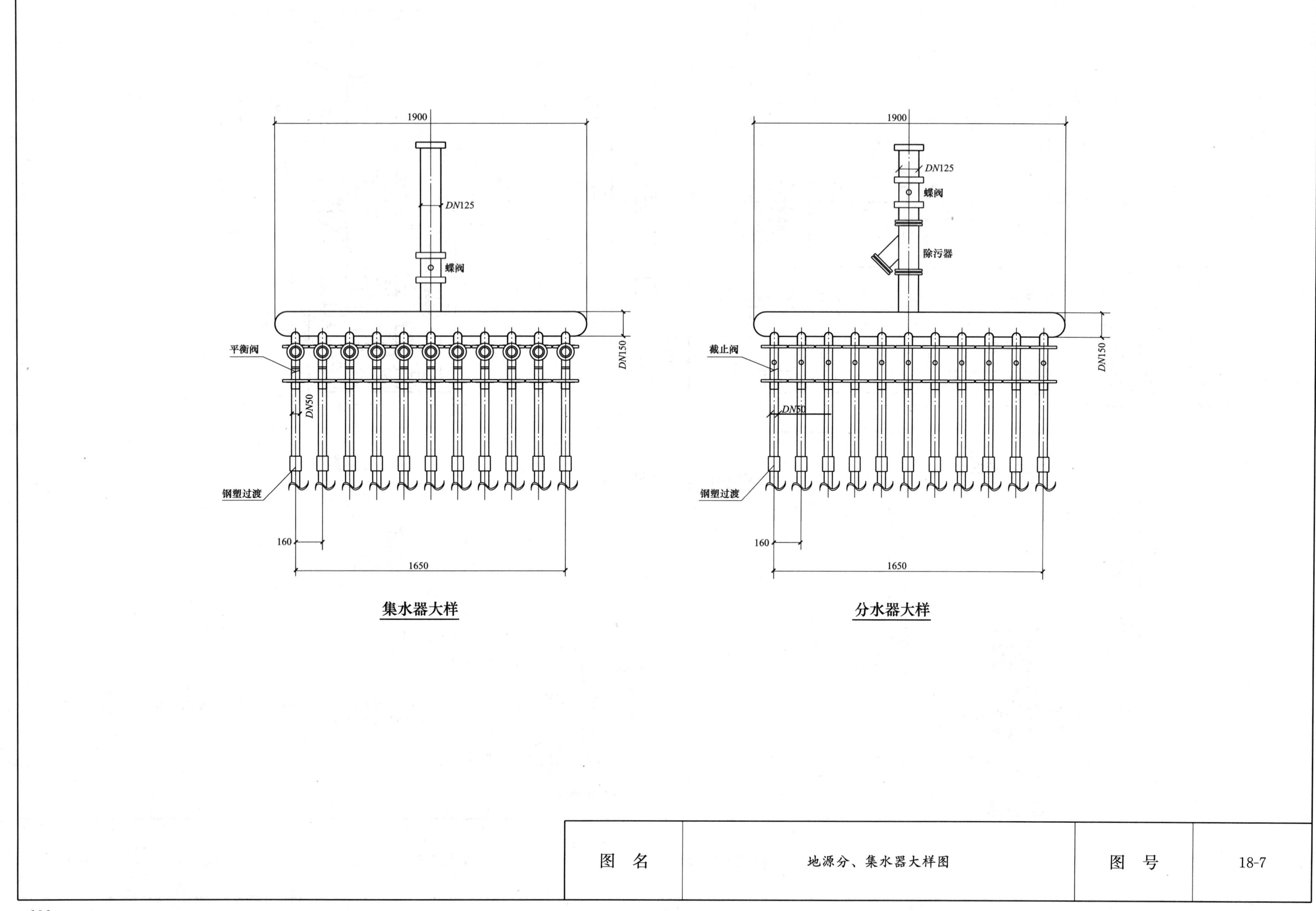

图　名	地源分、集水器大样图	图　号	18-7

第十九章　北京市农林科学院蔬菜研究中心

中国建筑科学研究院　张钦　袁东立

工程概况

北京市农林科学院蔬菜研究中心位于海淀区板井路，总建筑面积 11000m²，包括办公楼和连栋温室。该项目拟拆除建于 20 世纪 80 年代的部分性能落后的老旧温室及大棚，新建一栋用于都市型现代农业高新技术研发与展示的科研温室，包含智能控制系统、节能环保型温室空调系统等。原有温室冬季采用燃油锅炉供暖，为响应北京市政府开发利用新能源的号召，采用水源热泵系统为空调冷热源，为温室提供冬季供暖，为办公楼提供冬季供暖和夏季制冷，温室夏季采用湿帘/风扇降温系统。由于温室内植物及蔬菜要求的特殊性，末端设计改变传统温室圆翼型散热器连接方式，采用双管同程式上供上回系统。通过 2008 年一个冬季的运行，连栋温室室内夜间平均温度达到了 15 度以上，满足了甲方预期的使用效果。运行费用比原有燃油锅炉降低 50%。

北京市农林科学院蔬菜研究中心室内图

一、工程概况

本工程为北京都市型现代农业高新技术研发温室水源热泵工程。水源热泵系统仅承担温室大棚冬季采暖负荷，夏季采用湿帘/风扇降温系统由甲方另行委托。系统采暖热负荷为1570kW。

二、设计内容

本设计内容为水源热泵机房及温室大棚室内采暖末端的设计。

三、设计依据

1.《采暖通风与空气调节设计规范》GB 5019—2003；
2.《建筑给排水及采暖工程施工质量验收规范》GB 50242—2002；
3.《建筑设计防火规范》GBJ 16—87；
4. 甲方提供的空调负荷、图纸及有关要求。

四、采暖室内外设计参数

1. 室外设计参数
冬季：空调干球温度−12℃，相对湿度45%，室外风速4.8m/s。
2. 室内设计参数
冬季室内设计温度15℃。

五、空调系统说明

本系统利用井水作为空调和采暖冷热源，采用2台WPS210.1B水源热泵机组制取冬季采暖用热水。利用地下15℃的恒温水，提取其中的热量，供给供暖系统50℃左右的采暖水。采暖热水供/回水温度为50/40℃。应甲方要求，观光部分散热器采用水源热泵和燃油锅炉交换供暖。

六、采暖系统形式及散热器选型

除2～9轴东侧散热器及供回水主管地沟内敷设外，其余系统为上供上回双管同程式系统。圆翼型散热器在水源热泵系统设计供回水温度下每米散热量为300W。图中所标2m×4表示圆翼型散热器4根串连，每根长度2m。

七、空调施工说明

1. 管材
公称直径$d\leqslant100$mm的管道采用焊接钢管，其中$d\leqslant32$mm为丝接，$d>32$mm为焊接；$d>100$mm采用无缝钢管；焊接。系统管材管件承压等级为1.6MPa。
无缝钢管管材与公称尺寸的对照如下：

公称尺寸	DN125	DN150	DN200	DN250	DN300
管材 $d\times\delta$	133×4	159×4.5	219×6	273×8	325×8

2. 保温
冷冻不管、空调冷凝水管均做保温，保温材料均采用橡塑海绵。室外管路采用聚氨酯保温，保温层厚度为：当$DN\leqslant50$mm时，$\delta=20$mm；当$DN>50$mm时，$\delta=30$mm。
3. 供水水平干管顺水流方向设上升坡度，回水水平干管顺水流方向设下降坡度，坡度≥0.003。
4. 供回水管上的阀门：当$DN<50$mm时，采用铜截止阀；当$DN\geqslant50$mm时，采用蝶阀（为四氟阀芯），每个采暖立管供回水上安装截止阀；系统最高点加装放气阀，最低点装泄水阀。
5. 管道活动支、吊、托架的具体形式和设置位置，由安装单位根据现场情况确定，做法参照国标03SR417-1，管道的支、吊、托架必须设置于保温层的外部，在穿过支、吊、托架处，应镶于垫木。
6. 管道穿过墙壁和楼板处应设置钢制套管，安装在楼板内的套管应高出地面20mm，底部与底相平，安装在墙壁内的套管，其两端应与饰面相平，穿过厕所、厨房等潮湿房间的管道，套管与管道之间应填实油麻，所有管道穿墙时应留洞，施工时设备工种应与土建工种密切配合。
7. 站内管道、设备均应进行水压试验。在管道和设备内部达到试验压力并趋于稳定后，10min内压力降不超过50kPa即为合格。
试验压力：冷热水管道不小于0.6MPa。
试压合格后应对系统进行反复冲洗，直至排出水中不夹带泥沙、铁屑等杂质，且水色不浑浊时方为合格，管路系统冲洗时，水流不得经过所有设备。
8. 水路管道、设备等，在表面除锈后，刷防锈底漆两遍，金属支、吊、托架等，在表面除锈后，刷防锈底漆和色漆各两遍，水路管道均应做色环标志。

八、室外管线

直埋管施工要求：
1. 挖沟时为防止地基不均匀下沉，应保持原土地基，如果土质不好，应在管道周围30cm范围内换土夯实，并要求各段硬度相同，清除各种尖硬杂物，沟底要平整。
2. 沟底用30cm素土（或细砂）铺垫，保温管四周填30cm素土，人工夯实作为坚实层（弯头、三通四周先填10cm细砂再素土夯实），而后回填至设计标高。
3. 管道应落实在地基上，当弯头、管道穿过井墙及建筑物基础时，管下掏空部位应用细砂或素土填实。
4. 井水外管线表面应做沥青防腐，直埋的井水管不考虑保温。

九、其他

1. 设备减振及减振支、吊、托架做法详见标准图。
2. 凡本说明未尽的详细做法，均参见《建筑设备施工安装图集》的有关内容。
3. 施工中若遇到与本专业有关的问题，应由甲方、施工单位和设计人员共同协商解决。

图名	工程施工设计说明	图号	19-1

主要设备材料表

序号	设备编号	名称	规格与型号	单位	数量	备注
1	①	水源热泵机组	型号：WPS210.1B 制热量：851.3kW 制冷量：783.4kW 输入功率：182.7kW(冬)/133.5kW(夏) 运行重量：3350kg 尺寸：$(L\times B\times H)$3718×1267×1896	台	2	2用 水源热泵机组
2	②	末端循环水泵	型号：DFG125-315A/4/22 流量：Q=149m³/h 扬程：H=29m 转速：R=1450rpm 功率：N=22kW 尺寸：$(L\times B\times H)$760×500×964	台	3	2用1备 立式
3	③	深井泵	型号：250QJ80-60/3 流量：Q=80m³/h 扬程：H=60m 转速：R=2875rpm 功率：N=22kW	台	4	2用2备 带变频调速装置
4	④	水箱	尺寸：$(L\times B\times H)$1200×1200×1500	个	1	钢板厚度：3mm
5	⑤	定压补水装置	型号：QPGL0.33/4-0.6/1 Q=4m³/h，H=33m，N=1.1kW 尺寸：$(L\times B\times H)$1344×650×1900	套	1	
6	⑥	电子水处理仪	型号：WHW-8H-1.6 经济流量：Q=260t/h 功率：N=0.2kW 尺寸：$(A\times \phi\times H)$1250×377×602	台	1	进出口管径： *DN*200
7	⑦	旋流除砂器	SYS-100S/D　处理水量：100t/h	个	2	2用
8	⑧	水处理设备	自动软化水，处理量：3t/h	套	1	钢板厚度：3mm
9	⑨	分、集水器	*DN*400	个	2	
10	⑩	散热器	圆翼型铸铁散热器，工作压力0.8MPa 每米散热量：300W(供/回水温度：50/40℃)	米	4464	

图例

名　称	图　例	名　称	图　例
供热供水管	— R1 — ●	空调供水管	— L1 —
供热回水管	--- R2 --- ○	空调回水管	---- L2 ----
井水抽水管(进机组)	--- JS ---	水泵(系统图)	(备用)
井水回灌管(出机组)	— JS —	温度计	
补水管	— B —	压力表	
蝶阀		橡胶软接头	
平衡阀		除污器	
水表		减压阀	
压差调节阀		泄水阀	
止回阀		自动排气阀	

图　名	主要设备材料表及图例	图　号	19-2

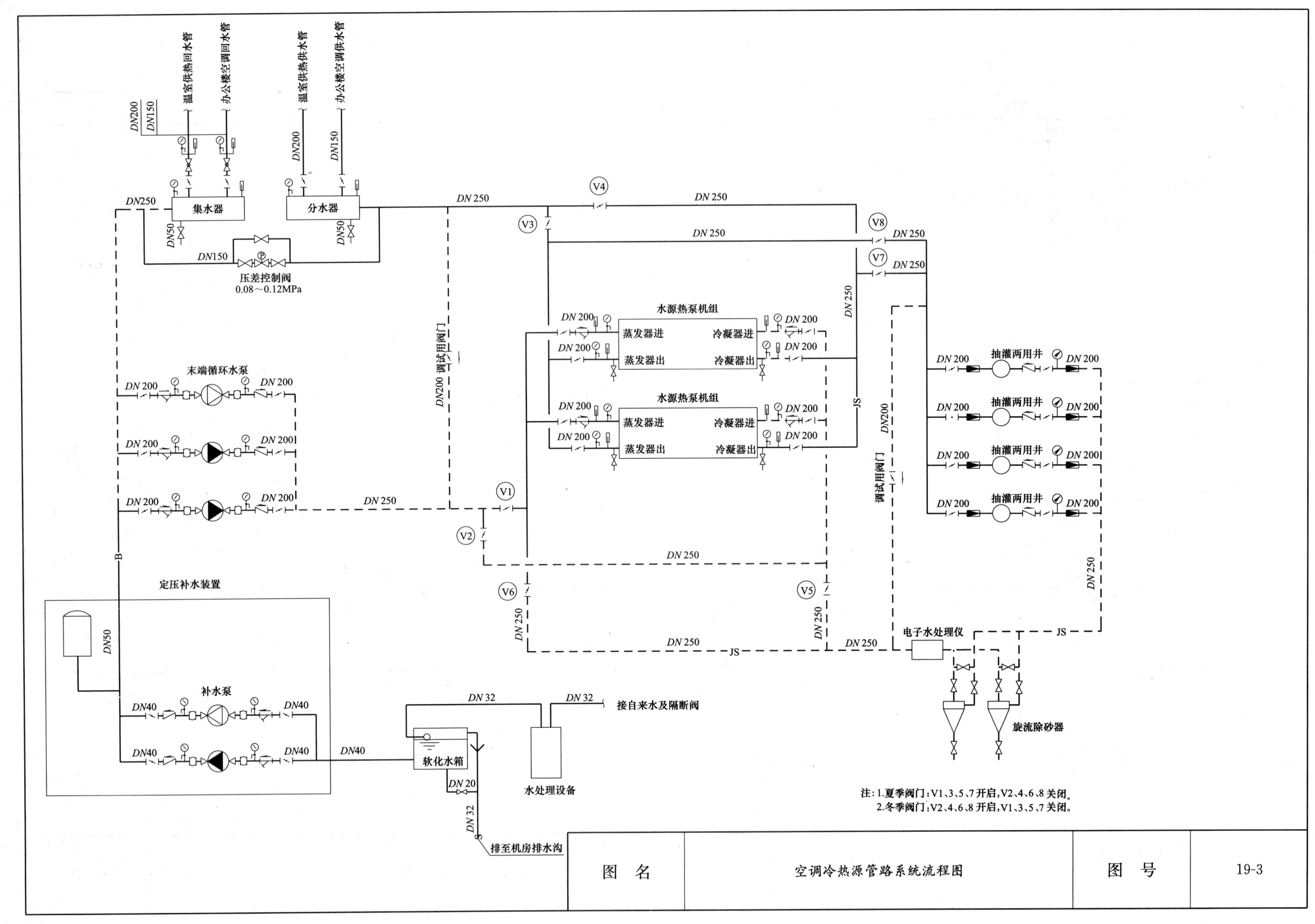
温室供热回水管
办公楼空调回水管
温室供热供水管
办公楼空调供水管
DN200
DN150
DN250
集水器
分水器
DN50
DN150
压差控制阀
0.08～0.12MPa
DN 250
V1
V2
V3
V4
V5
V6
V7
V8
水源热泵机组
蒸发器进
蒸发器出
冷凝器进
冷凝器出
DN 200
末端循环水泵
调试用阀门
DN200
JS
抽灌两用井
B
定压补水装置
补水泵
DN40
DN 32
接自来水及隔断阀
软化水箱
DN 20
水处理设备
排至机房排水沟
电子水处理仪
旋流除砂器
注：1.夏季阀门：V1、3、5、7开启，V2、4、6、8关闭。
2.冬季阀门：V2、4、6、8开启，V1、3、5、7关闭。
图 名
空调冷热源管路系统流程图
图 号
19-3

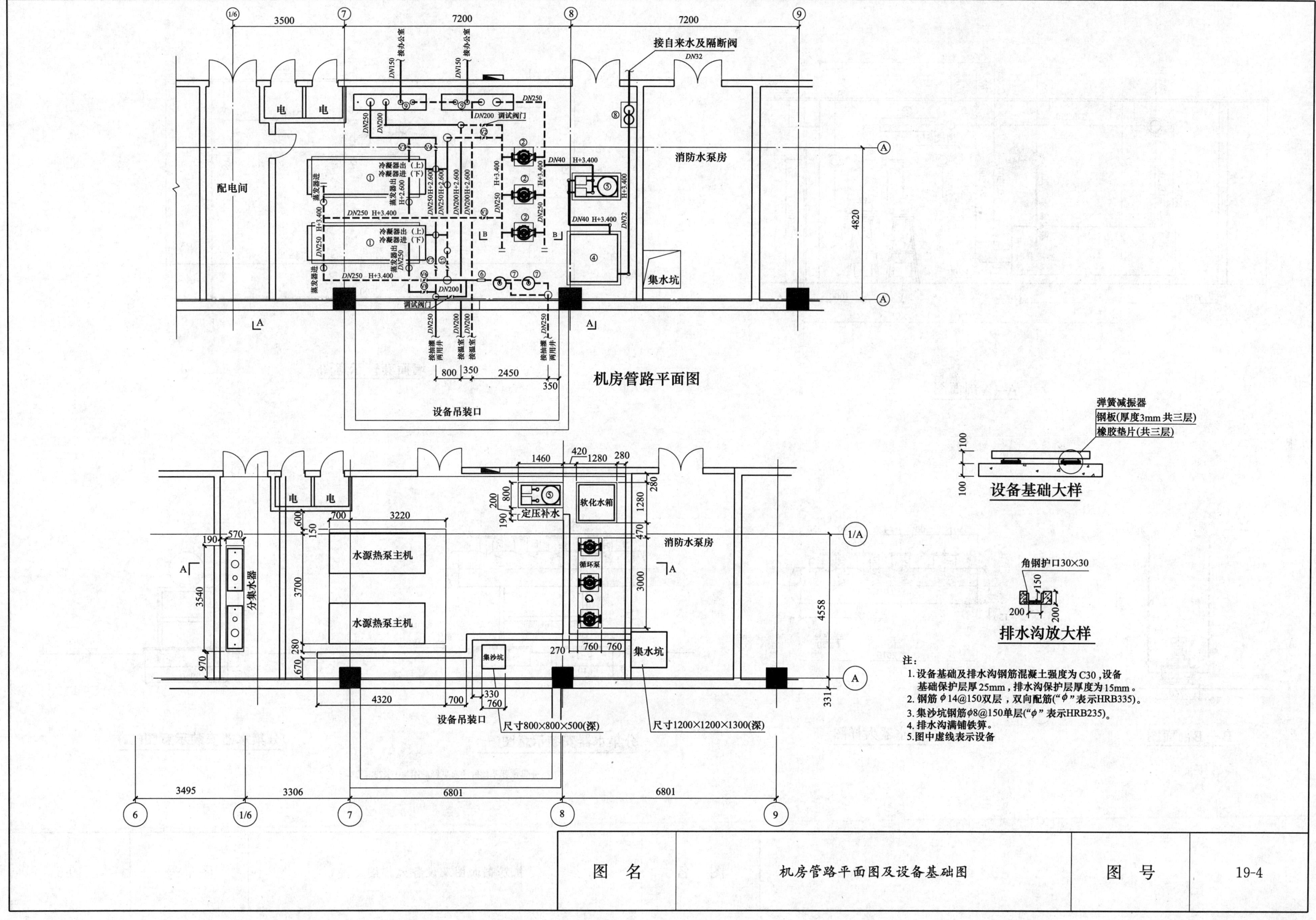

接自来水及隔断阀
接办公室
配电间
电
电
消防水泵房
冷凝器出（上）
冷凝器进（下）
蒸发器出
蒸发器进
调试阀门
集水坑
接抽灌两用井
接温室
机房管路平面图
设备吊装口
弹簧减振器
钢板(厚度3mm共三层)
橡胶垫片(共三层)
设备基础大样
定压补水
软化水箱
水源热泵主机
水源热泵主机
分集水器
循环泵
集沙坑
尺寸800×800×500(深)
尺寸1200×1200×1300(深)
角钢护口30×30
排水沟放大样
注:
1. 设备基础及排水沟钢筋混凝土强度为C30，设备基础保护层厚25mm，排水沟保护层厚度为15mm。
2. 钢筋φ14@150双层，双向配筋("φ"表示HRB335)。
3. 集沙坑钢筋φ8@150单层("φ"表示HRB235)。
4. 排水沟满铺铁箅。
5. 图中虚线表示设备
图 名
机房管路平面图及设备基础图
图 号
19-4

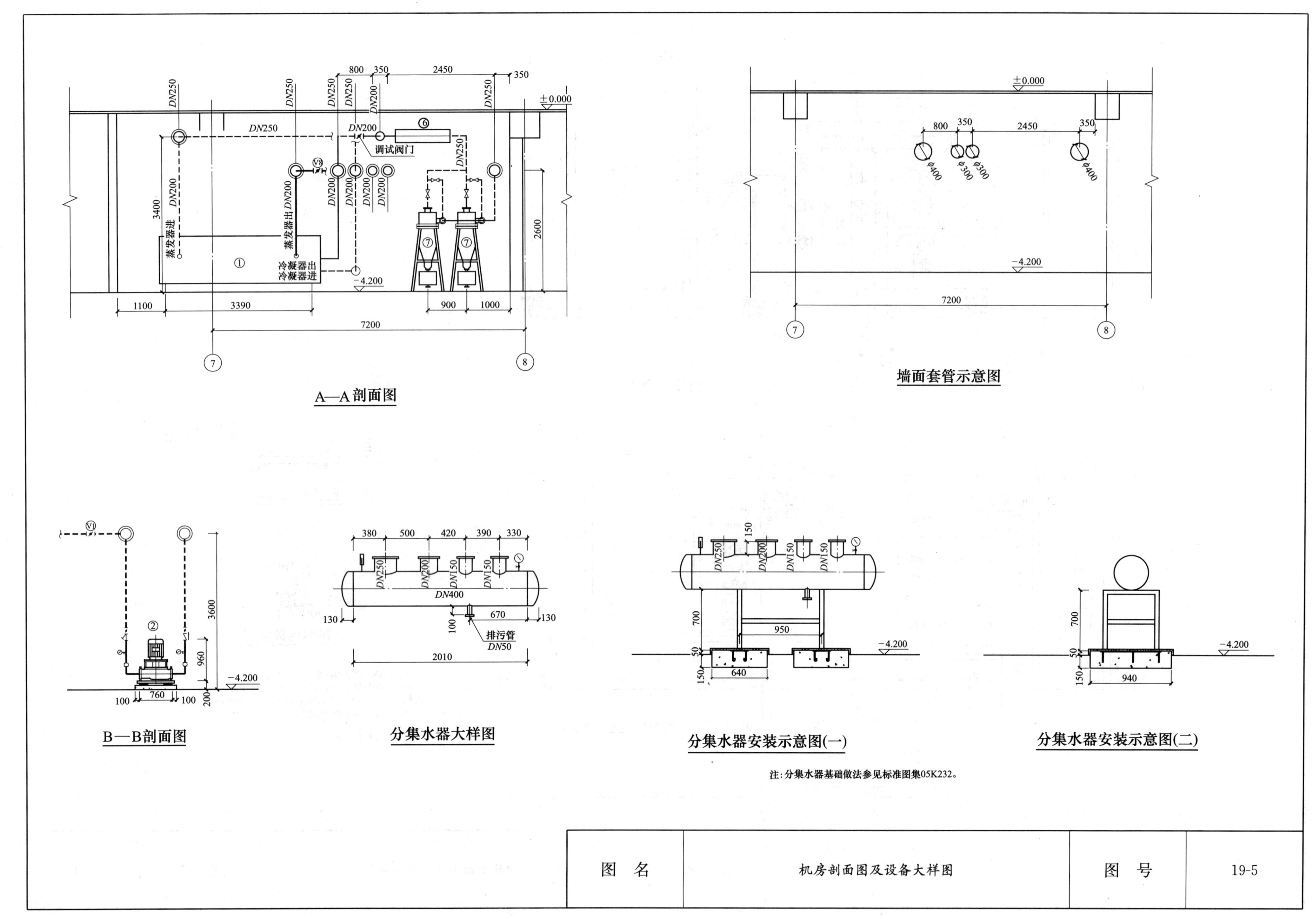

注:分集水器基础做法参见标准图集05K232。

图　名	机房剖面图及设备大样图	图　号	19-5

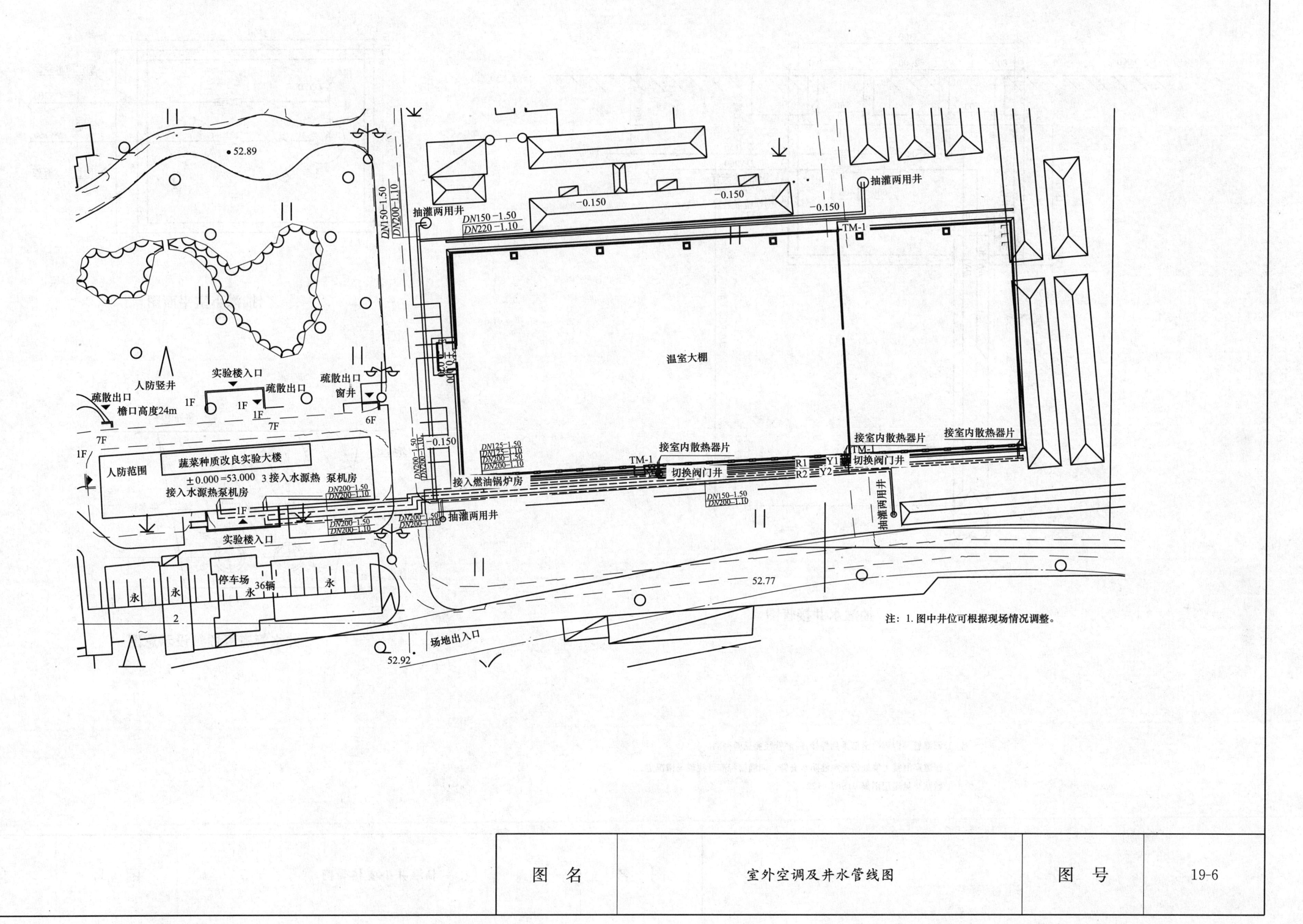

图 名	室外空调及井水管线图	图 号	19-6

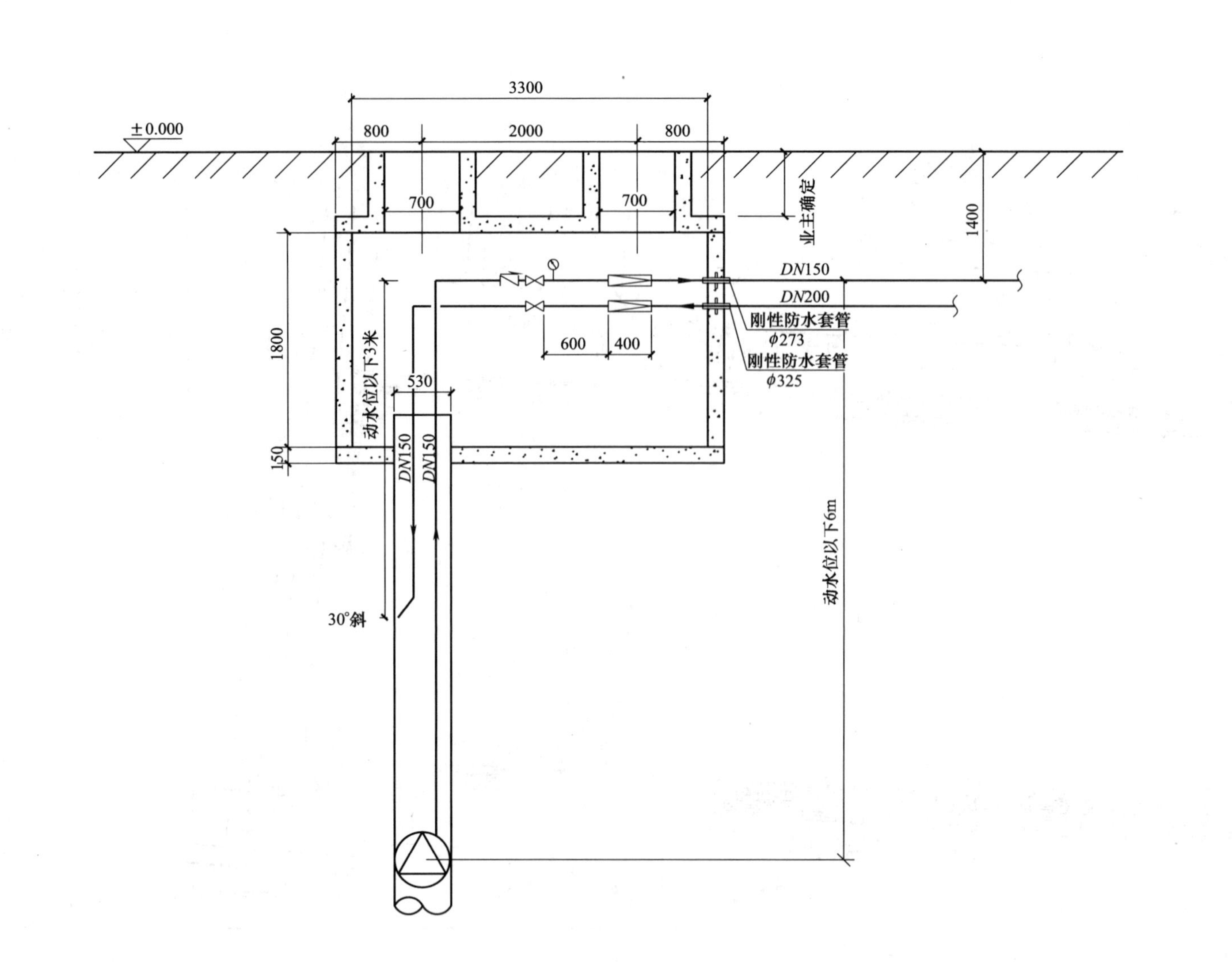

抽灌水井接管图

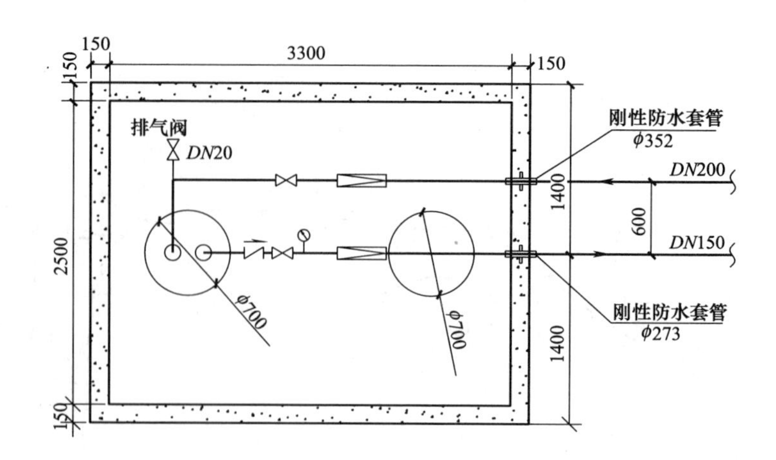

抽灌小室平面图

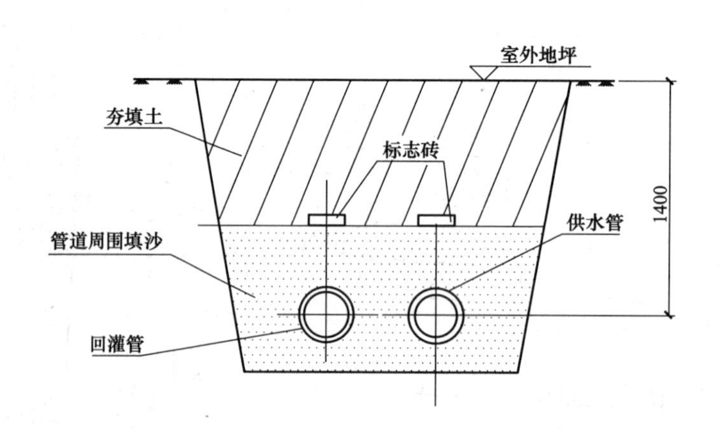

井水管道直埋敷设示意图

注：1. 回灌管井内部分全部采用焊接，回灌管径参见管网图。

2. 管道穿混凝土墙处设置刚性防水套管。回灌管标高可视现场情况定。做法详见通用图集 91SB1-122。

图　名	抽灌井小室接管图	图　号	19-7

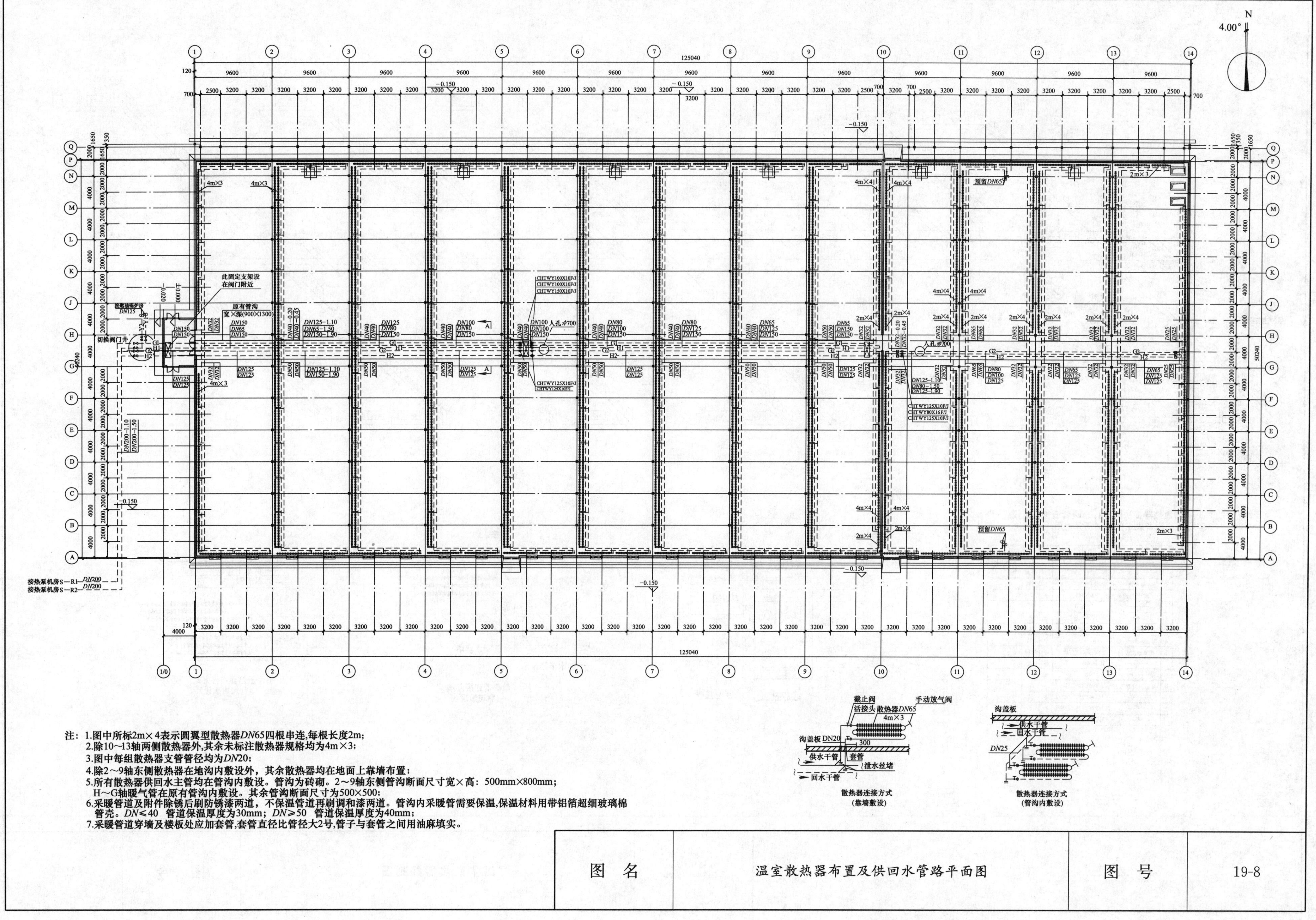

注：1.图中所标2m×4表示圆翼型散热器DN65四根串连,每根长度2m;
2.除10~13轴两侧散热器外,其余未标注散热器规格均为4m×3;
3.图中每组散热器支管管径均为DN20;
4.除2~9轴东侧散热器在地沟内敷设外，其余散热器均在地面上靠墙布置;
5.所有散热器供回水主管均在管沟内敷设。管沟为砖砌。2~9轴东侧管沟断面尺寸宽×高：500mm×800mm;
H~G轴暖气管在原有管沟内敷设。其余管沟断面尺寸为500×500;
6.采暖管道及附件除锈后刷防锈漆两道，不保温管道再刷调和漆两道。管沟内采暖管需要保温,保温材料用带铝箔超细玻璃棉管壳。DN≤40 管道保温厚度为30mm；DN≥50 管道保温厚度为40mm;
7.采暖管道穿墙及楼板处应加套管,套管直径比管径大2号,管子与套管之间用油麻填实。
散热器连接方式
(靠墙敷设)
散热器连接方式
(管沟内敷设)
图名
温室散热器布置及供回水管路平面图
图号
19-8

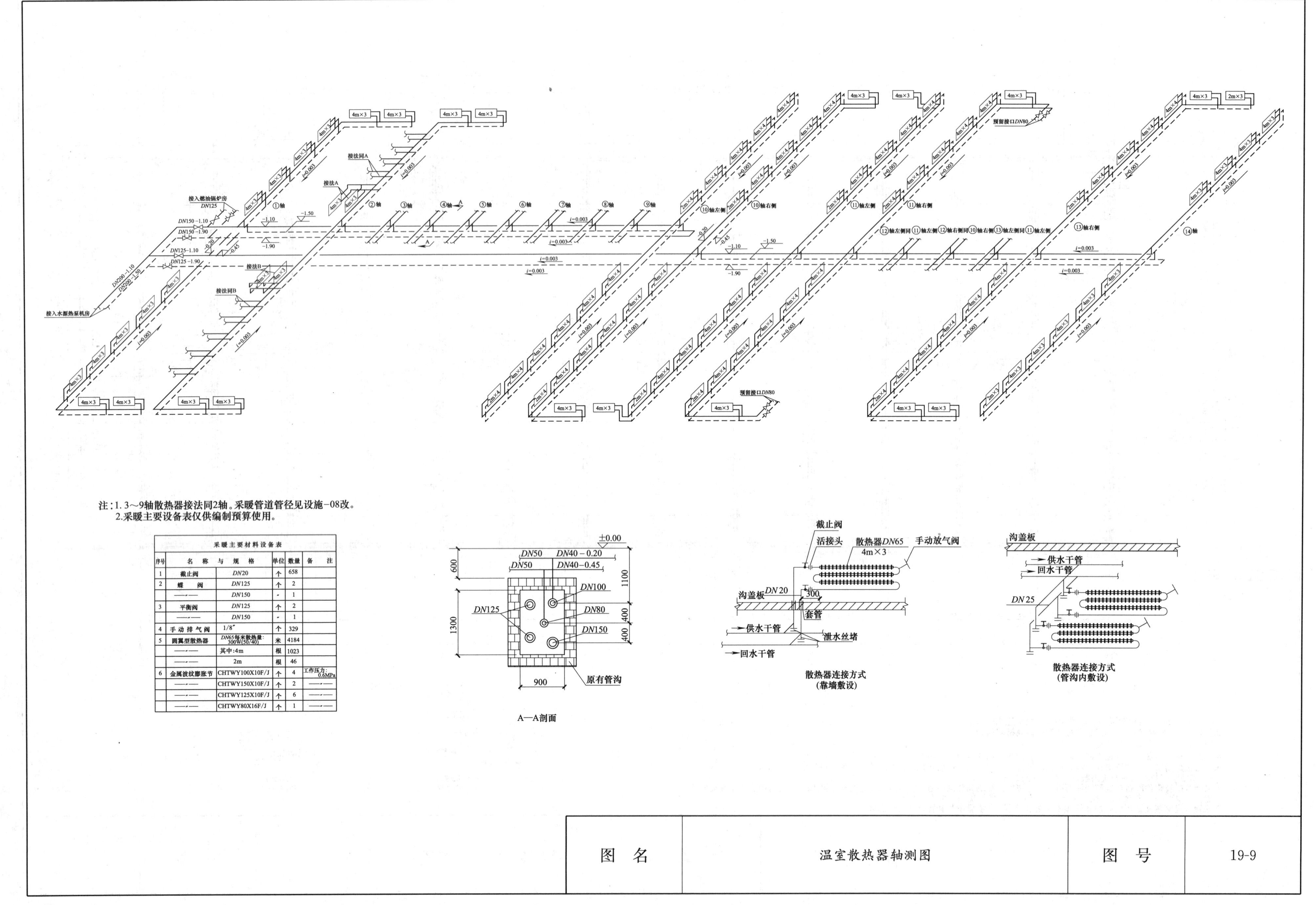

注：1. 3～9轴散热器接法同2轴。采暖管道管径见设施－08改。
2.采暖主要设备表仅供编制预算使用。

采暖主要材料设备表

序号	名称与规格		单位	数量	备注
1	截止阀	DN20	个	658	
2	蝶阀	DN125	个	2	
	——〃——	DN150	〃	1	
3	平衡阀	DN125	个	2	
	——〃——	DN150	〃	1	
4	手动排气阀	1/8″	个	329	
5	圆翼型散热器	DN65每米散热量：300W(50/40)	米	4184	
	——〃——	其中:4m	根	1023	
	——〃——	2m	根	46	
6	金属波纹膨胀节	CHTWY100X10F/J	个	4	工作压力：0.6MPa
	——〃——	CHTWY150X10F/J	个	2	——〃——
	——〃——	CHTWY125X10F/J	个	6	——〃——
	——〃——	CHTWY80X16F/J	个	1	——〃——

第二十章　北京市朝教培训中心（客房楼）

北京市地质工程勘察院　孟杉　江剑　王立发

一、工程概述

北京市朝教培训中心位于北京市顺义区沙浮村东侧，拟采用地源热泵系统为原有培训中心客房1～4号楼提供夏季空调冷源、冬季空调热源及客房全年生活热水，以实现节能、环保和可持续发展。四栋客房楼总建筑面积约8600m²，每栋建筑面积约2150m²。

客房楼原有供暖、制冷方式为燃油锅炉供暖加分体空调，设备已过使用年限，外网管路老化，急需更换。应业主要求，将原有燃油供暖系统改造，利用地源热泵中央空调系统进行冬季供暖、夏季制冷，包括供热机房改造及末端系统改造。该工程于2008年8月开始施工，2008年11月完工进行系统调试。

二、设计参数及负荷

1. 空调室外计算参数

夏季空调室外计算干球温度：33.2℃；

夏季空调室外计算湿球温度：26.4℃；

冬季空调室外计算干球温度：－12℃，相对湿度45％；

室外平均风速：夏季1.9m/s，冬季2.8m/s；

大气压力：夏季99.86kPa，冬季102.04kPa。

2. 空调室内设计参数（见表20-1）

空调室内设计参数　　表20-1

建筑类型	夏季	冬季
	温度(℃)	温度(℃)
客房楼	26±1	18±1

3. 负荷计算

经过计算，该工程夏季冷负荷为643kW，冬季热负荷为556kW。同时，要求为213个房间提供全年生活热水，经过计算，生活热水设计小时用水量为9.4m³/h。

三、空调系统设计说明

该工程利用地下恒温土壤作为冷热源，根据夏季冷负荷及冬季热负荷，同时考虑客房的同时使用率，选用2台PSRHH1001螺杆式地源热泵机组，夏季提供7/12℃的冷水，冬季提供45/40℃的热水；1台PSRHH-Y0802高温地源热泵机组提供全年生活热水。高温机组夏季提供生活热水的同时，还可为空调系统提供空调冷水。地源热泵机组设置在新建的设备机房内，夏季供冷、冬季供热和提供全年生活热水。高温地源热泵机组的冷凝器侧出水温度为55℃，实现可以满足生活用水的供水温度，另外，设置2台半容积式换热器，以供储存生活用水，并且利用生活用水的低谷期进行蓄热，其储热量可以达到410kW。

1. 地源热泵机组

空调、生活热水地源热泵主机参数如表20-2和表20-3所示。

空调地源热泵主机参数　　表20-2

项目	型号	单机制冷量(kW)	输入功率(kW)	单机制热量(kW)	输入功率(kW)	台数
	PSRHH1001	377.8	67.3	381.7	88.4	2
		总制冷量：755.6kW		总制热量：763.4kW		
制冷工况	冷冻水进出口温度：12/7℃；冷却水进出口温度：30/35℃					
制热工况	热水进出口温度：40/45℃；蒸发器进出口温度：8/4℃					
备注	2台热泵机组机头均为单机头螺杆压缩机机组					

生活热水高温地源热泵主机参数　　表20-3

项目	型号	单机制冷量(kW)	输入功率(kW)	单机制热量(kW)	输入功率(kW)	台数
	PSRHH-Y0802	194.3	55.8	202.4	39.3	1
制热工况	热水进出口温度：50/55℃；蒸发器进出口温度：8/4℃					
备注	高温机组机头为双机头螺杆压缩机					

2. 水泵

(1) 空调水系统循环泵：单台流量67m³/h，扬程36m，r=2900r/min，两用一备；

(2) 地源管系统循环泵：单台流量89m³/h，扬程36m，r=2900r/min，两用一备；

(3) 高温地源热泵蒸发器侧循环泵：单台流量34.8m³/h，扬程35m，r=2900r/min，一用一备；

(4) 高温地源热泵冷凝器侧循环泵：单台流量41.2m³/h，扬程24m，r=2900r/min，一用一备；

(5) 生活热水循环泵：流量2.4m³/h，扬程12m，r=2900r/min，一用一备。

四、地埋侧系统设计

根据工程前期勘察资料，该项目位于温榆河上游支流东沙河形成的小冲洪积扇下部，100m左右第四系地层以粉细砂、细砂、黏砂为主，局部深度有砂砾石，底层厚度5～8m左右全场分布一致，比较适宜地埋管孔的施工。

根据整体地源热泵系统需要，结合工程场区水文地质、工程地质条件，该地埋换热系统共计单U形地埋孔172个（其中2个测试孔），换热管类型为HDPE PE100 Φ32，管长100m。每5～6个孔作为一个并联换热单元，汇合后连入机房分、集水器上。每个并联工作单元加装水量调节阀门及水力平衡阀门，以便在不同水力条件下保证每个换热孔的换热效果，也可根据不同的负荷条件对地埋换热管数量进行调节。换热管与管接头采用热熔连接，U形管之间每3～4m设一道固定架，入孔前先试压，入孔时应避免碰撞，管入孔后立即回填，回填填料为中细、黏土及膨润土。回填完成后再次试压。

五、热泵系统控制要求

1. 该系统需要控制的设备有：水源热泵机组、地埋侧循环泵、末端侧循环泵及冬、夏季切换阀门8个。

2. 系统开始运行时，应依次启动地埋侧循环泵、末端侧循环泵、水源热泵机组。

3. 当控制系统探得可以减少一台主机运行时，应先停主机，再关闭电动阀。

4. 机房内设置总用电量计量设备，可计算逐时电费及日电费。

地源热泵机房设备表

编号	设备名称	设备型号及性能参数	功率(kW)	数量	安装位置	功能用途	备注
1	普通地源热泵机组	PSRHH1001 制冷工况：蒸发器侧 L=65t/h，压降=60.5kPa，进出口温度为12/7℃； Q_L=377.8kW，N=67.3kW 冷凝器侧 L=76.3t/h，压降=59.9kPa，进出口温度为30/35℃； 制热工况：蒸发器侧 L=88.4t/h，压降=65.7kPa，进出口温度为8/4℃； Q_R=381.7kW，N=88.4kW 冷凝器侧 L=66.3t/h，压降=45.3kPa，进出口温度为40/45℃； 外形尺寸：3210×915×1970	88.4	2台	热泵机房	空调水系统	
2	高温地源热泵机组	PSRHH-Y0802 制冷工况：蒸发器侧 L=34.8t/h，压降=22.8kPa，进出口温度为12/7℃； Q_L=202.4kW，N=39.3kW 冷凝器侧 L=41.2t/h，压降=63.5kPa，进出口温度为30/35℃； 高温制热工况：蒸发器侧 L=28.6t/h，压降=15.4kPa，进出口温度为8/4℃； Q_R=194.3kW，N=55.8kW 冷凝器侧 L=36.1t/h，压降=49kPa，进出口温度为50/55℃； 外形尺寸：3200×1200×1500	55.8	1台	热泵机房	生活热水系统	
3	空调水系统循环泵	流量：67m³/h，扬程：36m，r=2900r/min	15	3台	热泵机房	空调水系统	2用1备
4	地源管系统循环泵	流量：89m³/h，扬程：36m，r=2900r/min	15	3台	热泵机房	地埋管系统	2用1备
5	高温地源热泵蒸发器侧循环泵	流量：34.8m³/h，扬程：35m，r=2900r/min	7.5	2台	热泵机房	夏季：空调水系统 冬季：地埋管系统	1用1备
6	高温地源热泵冷凝器侧循环泵	流量：41.2m³/h，扬程：24m，r=2900r/min	5.5	2台	热泵机房	生活热水系统	1用1备
7	空调水系统定压补水装置	罐体直径为 DN500 1个，两台稳压泵 Q=1.8m³/h，H=160kPa 补水泵启动压力：135kPa，补水泵停泵压力：178.2kPa，电磁阀启动压力：198kPa，安全阀开启压力：220kPa	0.37	1套	热泵机房	空调水系统	初期补水同时启动
8	地埋管系统定压补水装置	罐体直径为 DN500 1个，两台稳压泵 Q=1.5m³/h，H=200kPa 补水泵启动压力：135kPa，补水泵停泵压力：259.2kPa，电磁阀启动压力：288kPa，安全阀开启压力：320kPa	0.55	1套	热泵机房	地埋管系统	初期补水同时启动
9	软化水箱	拼装钢板水箱，1000×1000×1500(H)，有效容积 1m³		1个	热泵机房	空调水系统	
10	全自动软水器	单阀单罐单盐箱型全自动软水器，L=3m³/h，流量控制型		1套	热泵机房	空调水系统	
11	立式半容积式换热器	B1FGVL：罐体直径：1800mm，罐体容积：7.0m³，换热面积：18.0m²，高度：3500mm		2个	热泵机房	生活热水系统	
12	膨胀罐	CRNL400：罐体直径 DN400mm，储水调节容积 0.12m³，P_1=0.3MPa，P_2=0.315MPa		1个	热泵机房	生活热水系统	
13	生活热水循环泵（管道泵）	流量：2.4m³/h，扬程：12m，r=2900r/min	0.37	2台	热泵机房	生活热水系统	1用1备
14	膨胀水箱	钢板水箱，1000×1000×800mm		1个	热泵机房	生活热水系统	放置在机房高位

图例

图例	名称
—LN1—	空调冷热水供水管
—LN2—	空调冷热水回水管
—GSS—	地埋管供水管
—GSR—	地埋管回水管
— B —	空调补水管
— J —	市政自来水管
— r —	软水管
— RJ —	生活热水供水管
— RH —	生活热水回水管
	闸阀
	截止阀
	Y型除污器
	压力表
	温度计
	软连接
	止回阀
	防污隔断阀
	平衡阀
	水泵

图名	地源热泵机房设备表及图例	图号	20-1

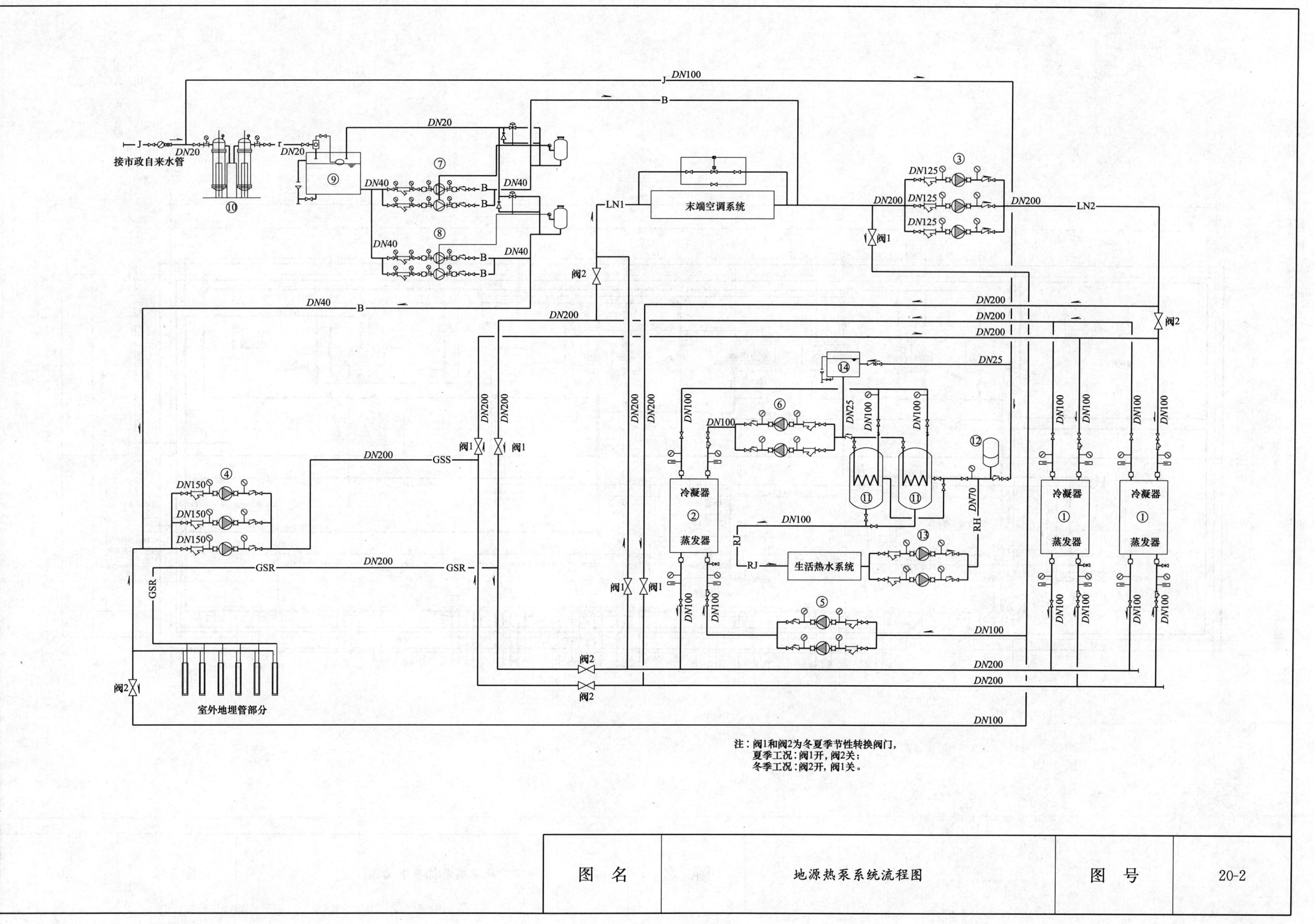

图 名	地源热泵系统流程图	图 号	20-2

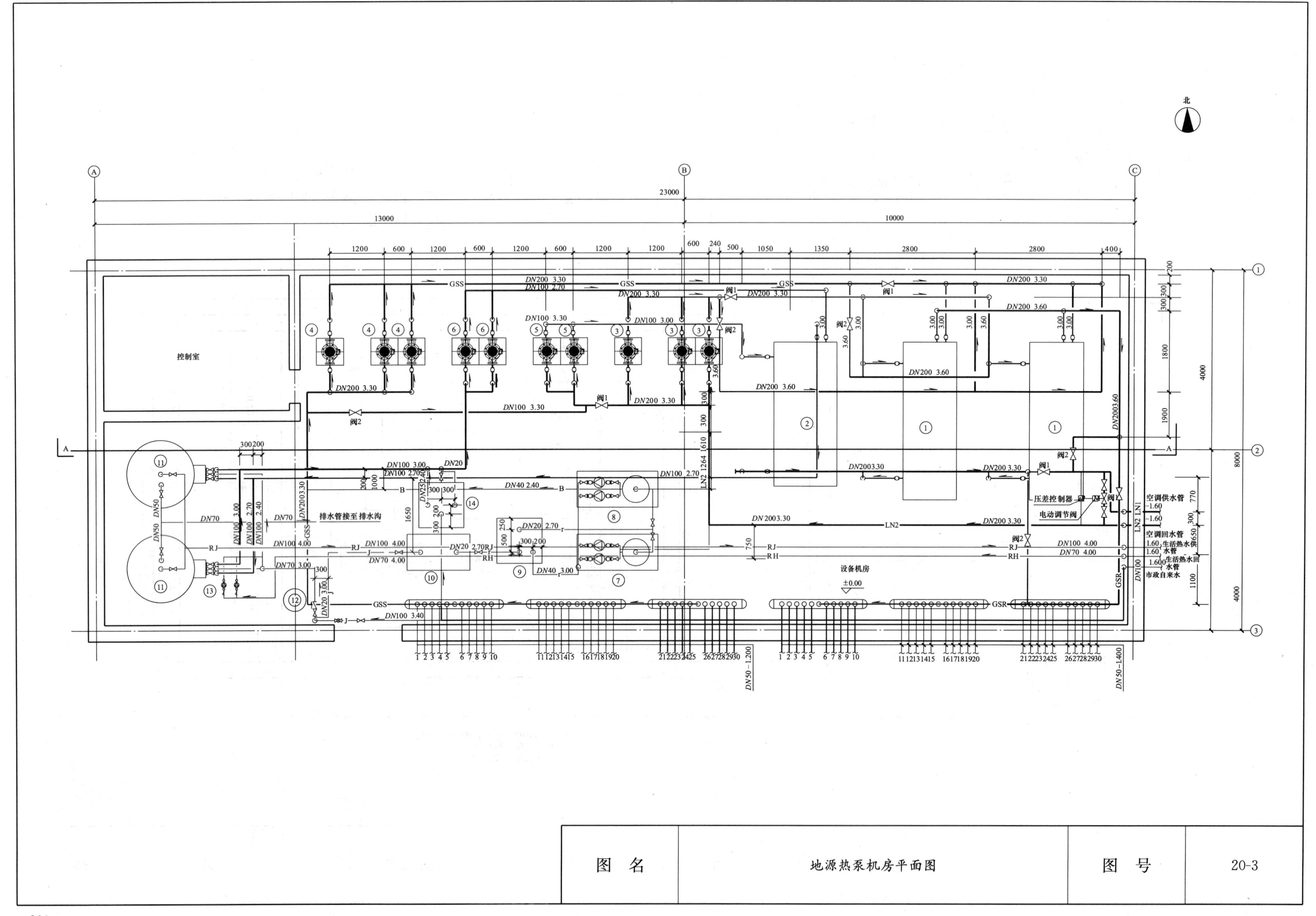

北
23000
13000
10000
控制室
设备机房
±0.00
排水管接至排水沟
压差控制器
电动调节阀
空调供水管
空调回水管
生活热水供水管
生活热水回水管
市政自来水
阀1
阀2
GSS
GSR
LN1
LN2
RJ
RH
DN200 3.30
DN200 3.60
DN100 3.30
DN100 2.70
DN100 3.00
DN100 4.00
DN70 4.00
DN70 3.00
DN40 2.40
DN20 2.70
DN100 3.40
DN50-1.200
DN50-1.400
图 名
地源热泵机房平面图
图 号
20-3

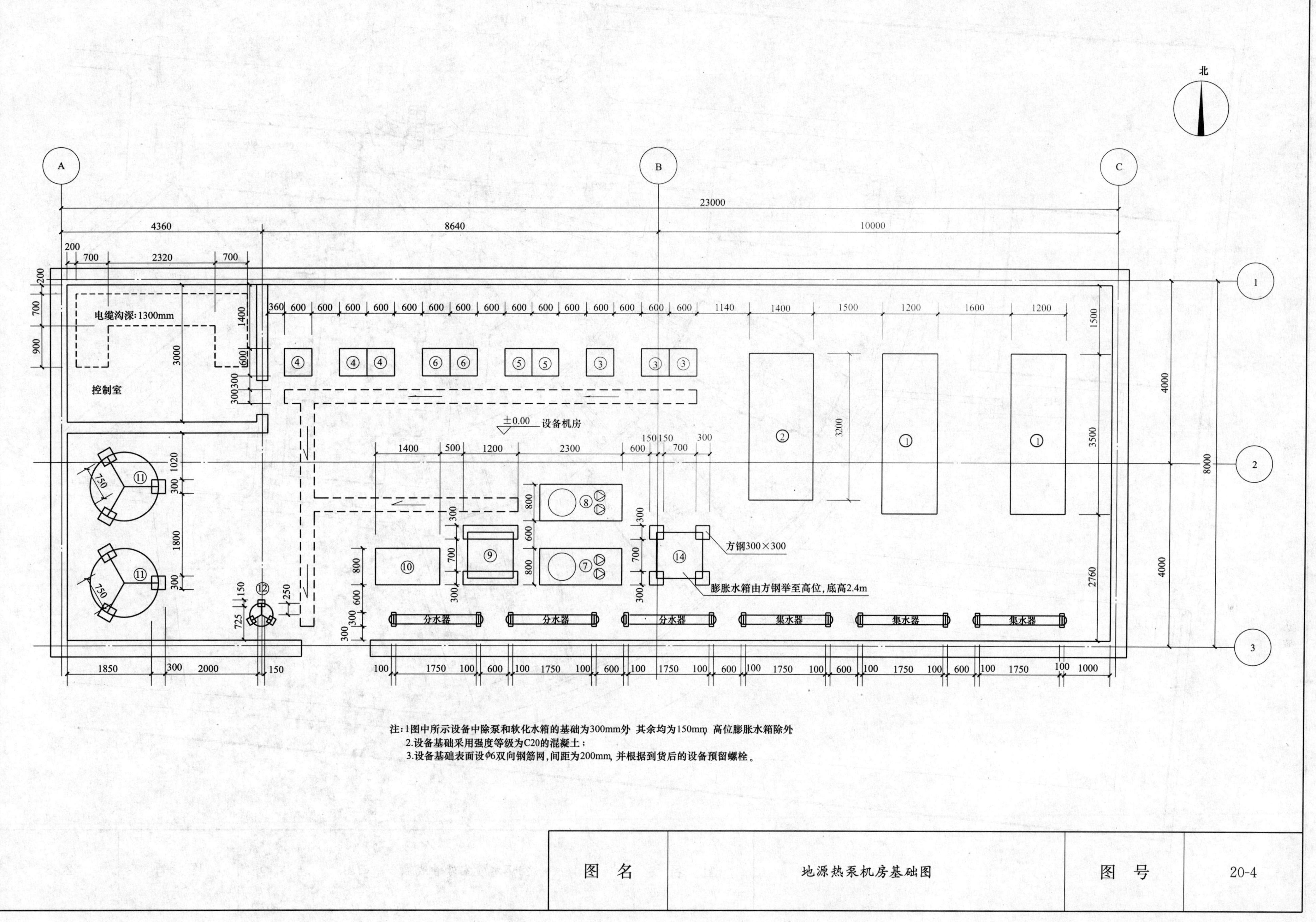
北
电缆沟深:1300mm
控制室
±0.00 设备机房
方钢300×300
膨胀水箱由方钢举至高位,底高2.4m
分水器
分水器
分水器
集水器
集水器
集水器
注:1图中所示设备中除泵和软化水箱的基础为300mm外 其余均为150mm, 高位膨胀水箱除外
2.设备基础采用强度等级为C20的混凝土;
3.设备基础表面设φ6双向钢筋网,间距为200mm, 并根据到货后的设备预留螺栓。
图 名
地源热泵机房基础图
图 号
20-4

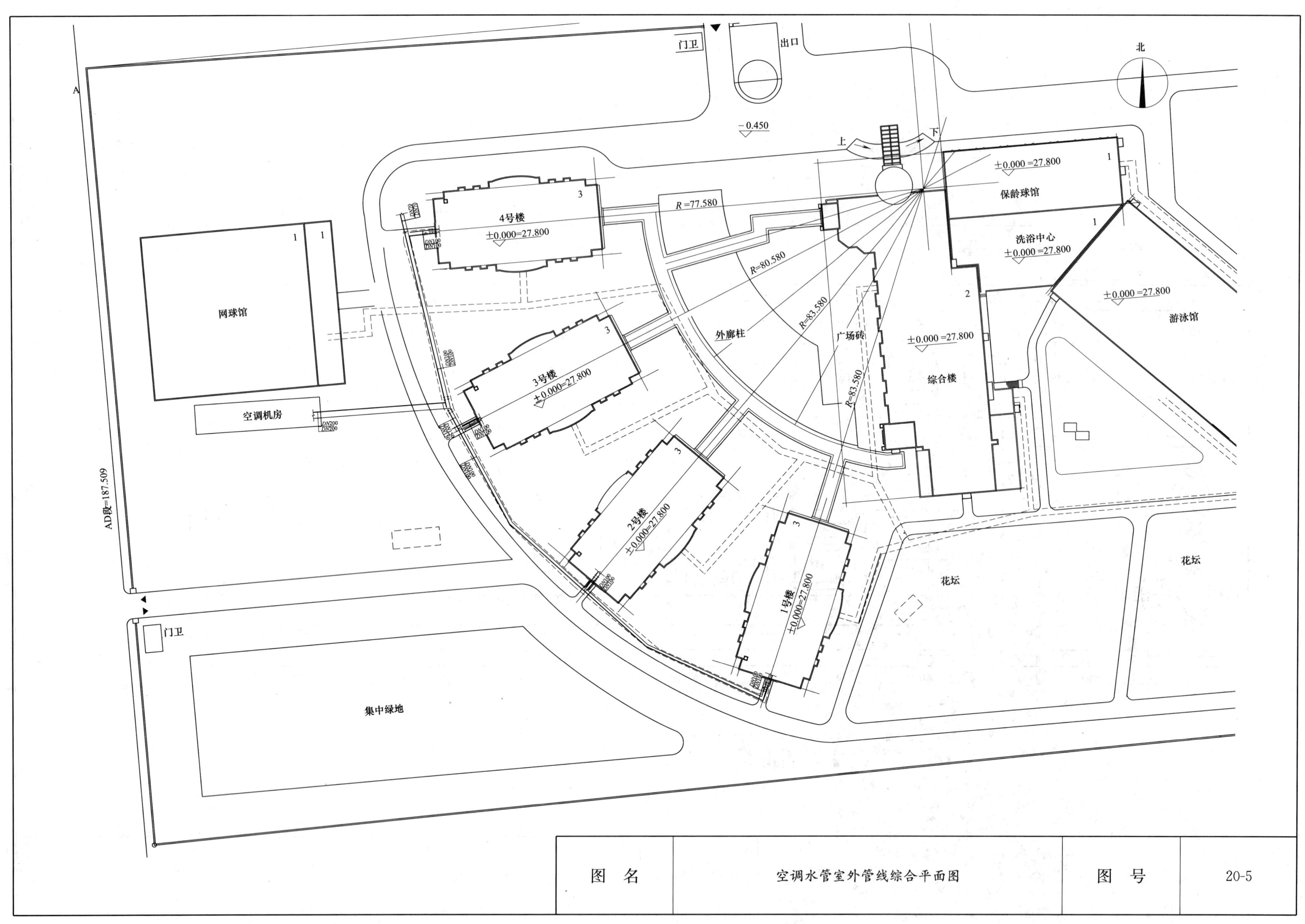

图 名	空调水管室外管线综合平面图	图 号	20-5

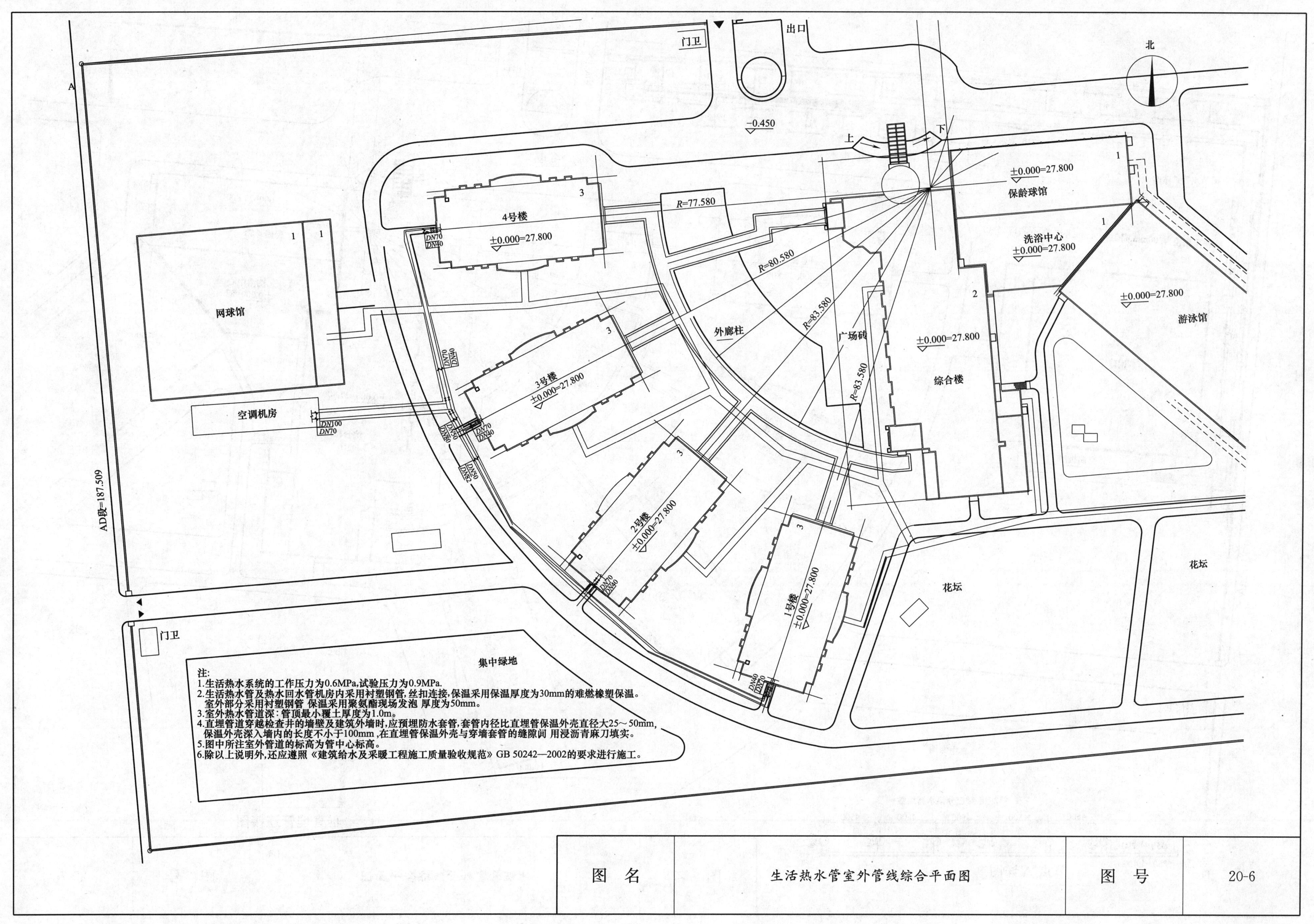

门卫
出口
北
-0.450
上
下
±0.000=27.800
保龄球馆
洗浴中心
±0.000=27.800
4号楼
±0.000=27.800
R=77.580
R=80.580
R=83.580
R=83.580
网球馆
外廊柱
广场砖
综合楼
±0.000=27.800
±0.000=27.800
游泳馆
3号楼
±0.000=27.800
空调机房
DN100
DN70
2号楼
±0.000=27.800
1号楼
±0.000=27.800
AD段=187.509
花坛
花坛
门卫
集中绿地
注:
1.生活热水系统的工作压力为0.6MPa,试验压力为0.9MPa.
2.生活热水管及热水回水管机房内采用衬塑钢管,丝扣连接,保温采用保温厚度为30mm的难燃橡塑保温。
室外部分采用衬塑钢管 保温采用聚氨酯现场发泡 厚度为50mm。
3.室外热水管道深:管顶最小覆土厚度为1.0m。
4.直埋管道穿越检查井的墙壁及建筑外墙时,应预埋防水套管,套管内径比直埋管保温外壳直径大25～50mm,
保温外壳深入墙内的长度不小于100mm ,在直埋管保温外壳与穿墙套管的缝隙间 用浸沥青麻刀填实。
5.图中所注室外管道的标高为管中心标高。
6.除以上说明外,还应遵照《建筑给水及采暖工程施工质量验收规范》GB 50242—2002的要求进行施工。
图 名
生活热水管室外管线综合平面图
图 号
20-6

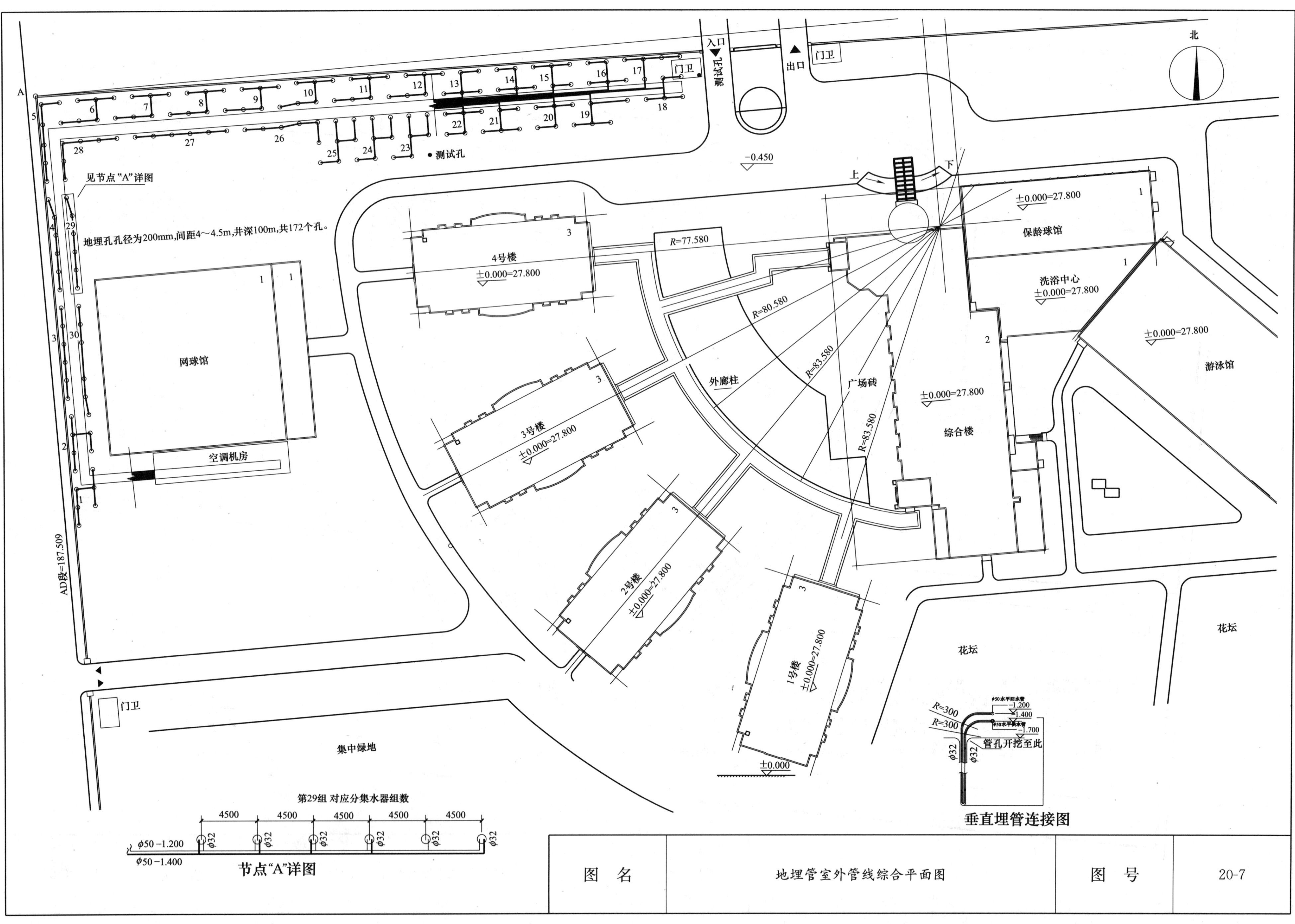
北
入口
出口
门卫
测试孔
A
见节点"A"详图
地埋孔孔径为200mm,间距4～4.5m,井深100m,共172个孔。
网球馆
空调机房
AD段=187.509
4号楼
±0.000=27.800
3号楼
±0.000=27.800
2号楼
±0.000=27.800
1号楼
±0.000=27.800
R=77.580
R=80.580
R=83.580
R=83.580
外廊柱
广场砖
综合楼
±0.000=27.800
保龄球馆
±0.000=27.800
洗浴中心
±0.000=27.800
游泳馆
±0.000=27.800
−0.450
上
下
花坛
花坛
集中绿地
±0.000
第29组 对应分集水器组数
4500
4500
4500
4500
4500
φ50 −1.200
φ50 −1.400
φ32
节点"A"详图
R=300
R=300
φ32
φ32
管孔开挖至此
垂直埋管连接图
图 名
地埋管室外管线综合平面图
图 号
20-7

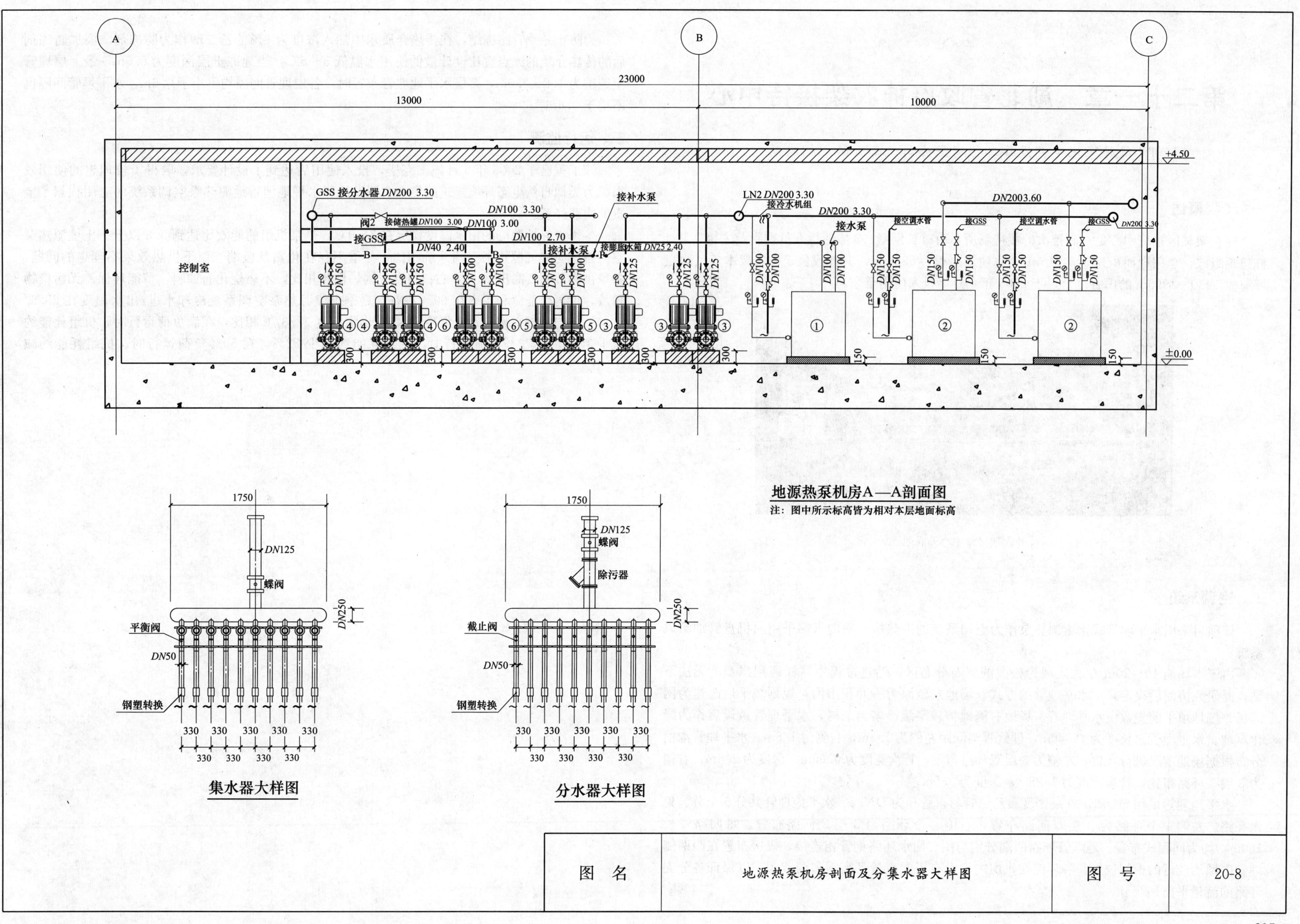

图 名	地源热泵机房剖面及分集水器大样图	图 号	20-8

第二十一章　湖北省政府神农架接待中心

湖北风神净化空调设备工程有限公司　郁云涛　胡志高

一、工程概述

神农架林区接待中心是一高档次的接待场所，由首长别墅、2栋随行人员别墅及主楼，共4栋建筑组成，总用地面积为3.34万m²，总建筑面积为5259m²。其地段位于神农架木鱼镇酒壶坪海拔1930～1995m的山谷之上，于2006年6月年投入使用至今。

神农架接待中心外观图

二、空调系统

该项目采用水平埋管式土壤源热泵作为空调系统的冷热源，室内末端采用风机盘管加新风系统。

由于本场地10～20m左右区域为松散的飘石分布区，钻进过程中钻杆遇到飘石就无法下钻，经研究协商后决定采用水平埋管的方式。场地左侧原为一冲积山沟，规划填平后改建为网球场，场地填平前先敷设水平埋管。场地右侧地势较平缓，多为杂树，水平埋管敷设后作为绿化草坪。水平埋管总长度为16000m，埋管管沟间距左侧为1.5m，右侧为1.8m。水平埋管沟槽分布根据场地情况进行布置，左侧为3层双环路布置，管沟宽度为0.65m、深度为2.8m；右侧为3层3环路布置，管沟宽度为1.25m、深度为3.5m。

水平地埋管采用HDPE100高密度聚乙烯管材，管径为*DN*32。水平地埋管共分5个分、集水环路，左侧4个环路为3层双回路布置，右侧一个环路为3层3回路布置。每回路管长150m，均为同程式布置。地埋管环路两端分别与供、回水环路集管相连接，机房布置在距两侧埋管区域均较近的中间位置。各环路在机房内均设有压差流量平衡阀和调节阀，以保证各分支环路的流量平衡和调节。

为防止冬季管路冻结，在传热介质水中加入浓度为9%的乙二醇作为防冻剂。添加防冻剂后的传热介质的冰点宜比设计最低使用水温低3～5℃。当地冻土层深度为0.6m，最上层埋管覆盖层为1.8～2.0m，多层水平地埋管布置时，各层埋管间隔均不小于0.6m，水平埋管间隔也不小于0.6m。

三、运行监测

该工程已于2006年6月施工完毕，投入使用后达到了设计要求，取得了较理想的使用效果，为类似自然生态环境建筑的集中空调设计和水平地埋管地源热泵空调系统的应用积累了宝贵的实践经验。

冬季最终地源侧的出水温度稳定在7～9℃，热泵机组的能效比达到3.2以上。土壤源热泵空调系统与空气源热泵空调系统相比，冬季不存在化霜及极端气温下供热效果不理想的问题，冬季供热效率要高出20%左右；与燃气锅炉供热相比，不燃烧化石原料，节能环保、无污染物排放，可再生能源利用率在60%左右。夏季土壤源热泵空调系统冷却水进/出水温度在28.6/33.5℃，与常规空调冷水机组冷却水进/出水温度32/37℃相比，在满负荷运行时，机组耗能约减少10%，在70%负荷运行时，机组耗能约减少22%，在50%负荷运行时，机组耗能约减少40%。

一、地埋管换热系统设计说明

1. 地埋管施工时，应避让并严禁损坏其他地下管线及构筑物。

2. 地埋管换热器安装完成后，应在埋管区域做出标志或表明管线的定位带，并以现场的两个永久目标进行定位。

3. 地埋管管材及管件应符合以下规定：

(1) 地埋管采用高密度聚乙烯管（HDPE80 或 HDPE100），管件与管材宜为相同材料。

(2) 地埋管质量应符合国家现行标准中的各项规定，管材的公称压力及使用温度应满足设计要求，管材的公称压力不应小于 1.0MPa。

(3) 埋入岩土体中的地埋管中间不应有机械接口及金属接头。

4. 为防止冻结，在传热介质水中加入浓度为 9%的乙二醇作为防冻剂。

5. 选择防冻剂时，添加防冻剂后的介质的冰点宜比设计最低使用水温低 3～5℃。

6. 水平地埋管换热器应水平铺设，可不设坡度。最上层埋管覆盖层应在冻土层以下 0.6m，且不小于 1.5m。

多层布置时，各层埋管间隔应不小于 0.6m，水平埋管间隔应不小于 0.6m。

7. 地埋管换热器管内流体应保持紊流，水平管坡度宜为 0.002。

8. 地埋管环路两端应分别与供、回水环路集管相连接，且宜同程布置。根据场地情况分为 5 个分集水环路，机房左侧布置 4 个环路，机房右侧布置 1 个环路，每对供、回水集管连接的地埋管环路数宜相等。

9. 地埋管换热器安装位置应远离水井及室外排水设施，并宜靠近机房或以机房为中心设置。铺设供、回水集管的管沟宜分开布置；供、回水集管的间距应不小于 0.6m。

10. 地埋管换热系统应设自动充液及泄漏报警系统。

11. 地埋管换热系统应根据地质特征确定回填料配方，回填料的导热系数应不低于钻孔外和沟槽外岩土体的导热系数。

12. 地埋管换热系统应设置反冲洗系统，冲洗流量应为工作流量的 2 倍。

13. 地埋管换热系统设计：

(1) 地埋管为水平埋管方式，埋管长度为 16000m，埋管管沟间距左侧为 1.5m，右侧为 1.8m。

(2) 水平埋管沟槽分布根据场地情况进行布置、左侧为三层双环路布置，管沟宽度为 0.65m、深度为 2.8m；右侧为三层三环路布置，管沟宽度为 1.25m、深度为 3.6m。

(3) 各环路均设置压差流量平衡阀和分隔阀，以保证各分支环路的流量平衡和调节。

(4) 根据需要可设置必要的检查井，检查井的位置及规格可根据场地情况确定，并保证排水通畅。

二、地埋管换热系统施工说明

1. 地埋管换热系统施工前应了解埋管场地内已有地下管线、其他地下构筑物的功能及其准确位置，并应进行地面清理，铲除地面杂草、杂物和浮土，平整地面。

2. 地埋管及管件应符合设计要求，且应具有质量检验报告和生产厂的合格证。施工过程中，应严格检查并做好管材保护工作。

3. 管道连接应符合以下规定：

(1) 所有埋地管道应采用热熔或电熔连接。管道连接应符合《埋地聚乙烯给水管道工程技术规程》CJJ101 的有关规定。

(2) 地埋管换热器的 U 形弯管接头，宜选用定型的 U 形弯头成品件，不宜采用直管道煨制弯管接头。组对好的 U 形管的两开口端部，应及时密封。

(3) 水平地埋管换热器安装时，应防止块石等重物撞击管身。管道不应有折断、扭结等问题，转弯处应光滑，且应采取固定措施。

(4) 水平地埋管换热器回填土应细小、松散、均匀且不含石块及土块。回填压实过程应均匀，回填土应与管道接触紧密，且不得损伤管道。

(5) 地埋管换热器安装过程中应进行水压试验。安装前后应对管道进行冲洗，充注防冻液前，应进行排气。

(6) 室外环境温度低于 0℃时，不宜进行地埋管的施工。

4. 水压试验应符合以下规定：试验压力 1.5MPa。

水压试验步骤：

(1) 水平地埋管换热器放入沟槽前，应做第一次水压试验。在试验压力下，稳压至少 15min，压力降应不大于 3%，且无泄漏现象。

(2) 水平地埋管换热器与环路集管装配完成后，回填前应进行第二次水压试验。在试验压力下，稳压至少 30min，压力降应不大于 3%，且无泄漏现象。

(3) 环路集管与机房分集水器连接完成后，回填前应进行第三次水压试验。在试验压力下，稳压至少 2h，且无泄漏现象。

(4) 地埋管换热系统全部安装完毕，且冲洗、排气及回填完成后，应进行第四次水压试验。在试验压力下，稳压至少 12h，压力降应不大于 3%。

5. 水压试验宜采用手动泵缓慢升压，升压过程中应随时观察与检查不得有渗漏；不得以气压试验代替水压试验。

6. 对回填过程的检验应与安装地埋管换热器同步进行。

7. 本说明未尽之处参照《地源热泵供热空调技术规程》严格执行。

图　名	地埋管理热系统设计及施工说明	图　号	21-1

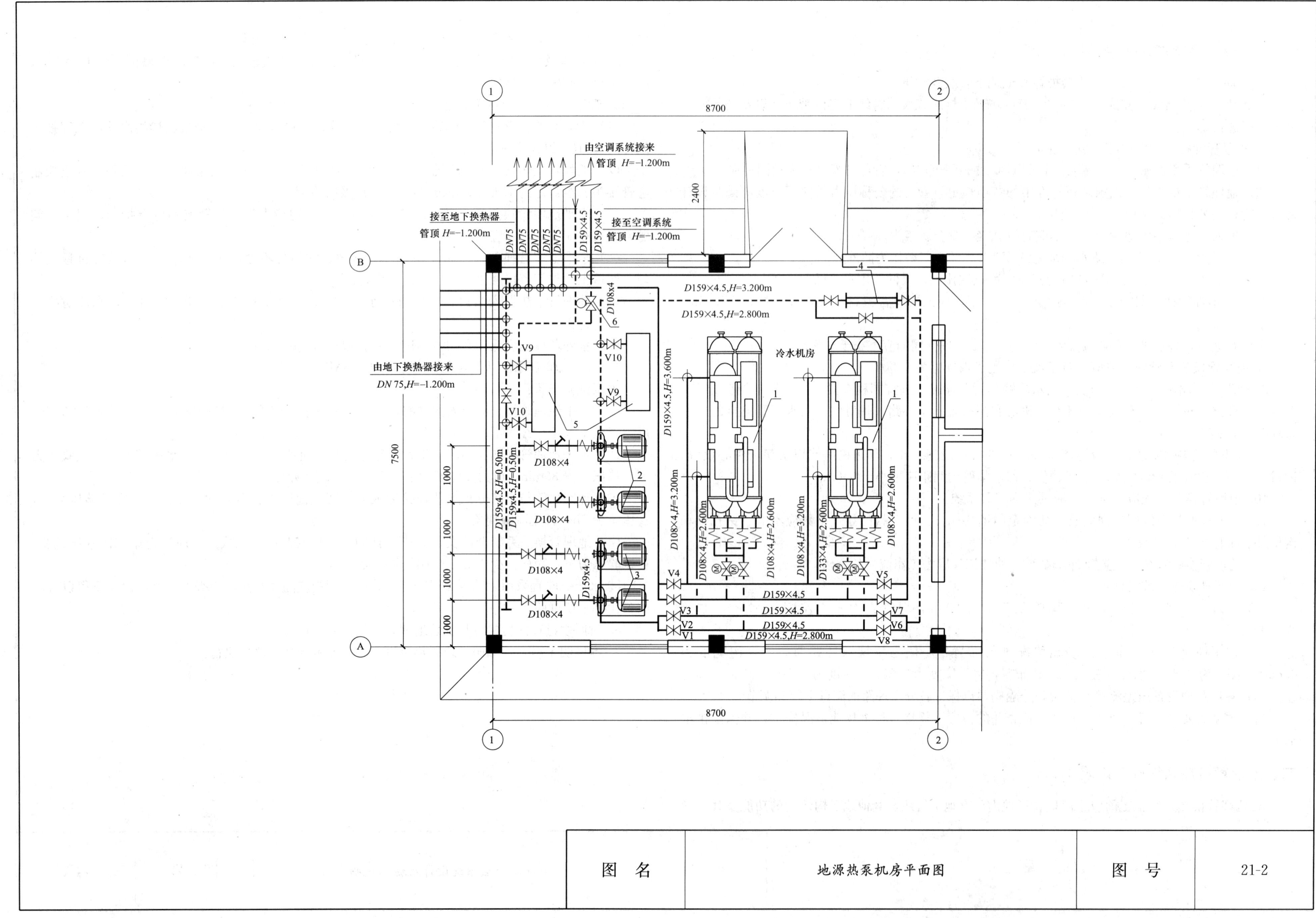

图名 地源热泵机房平面图 图号 21-2

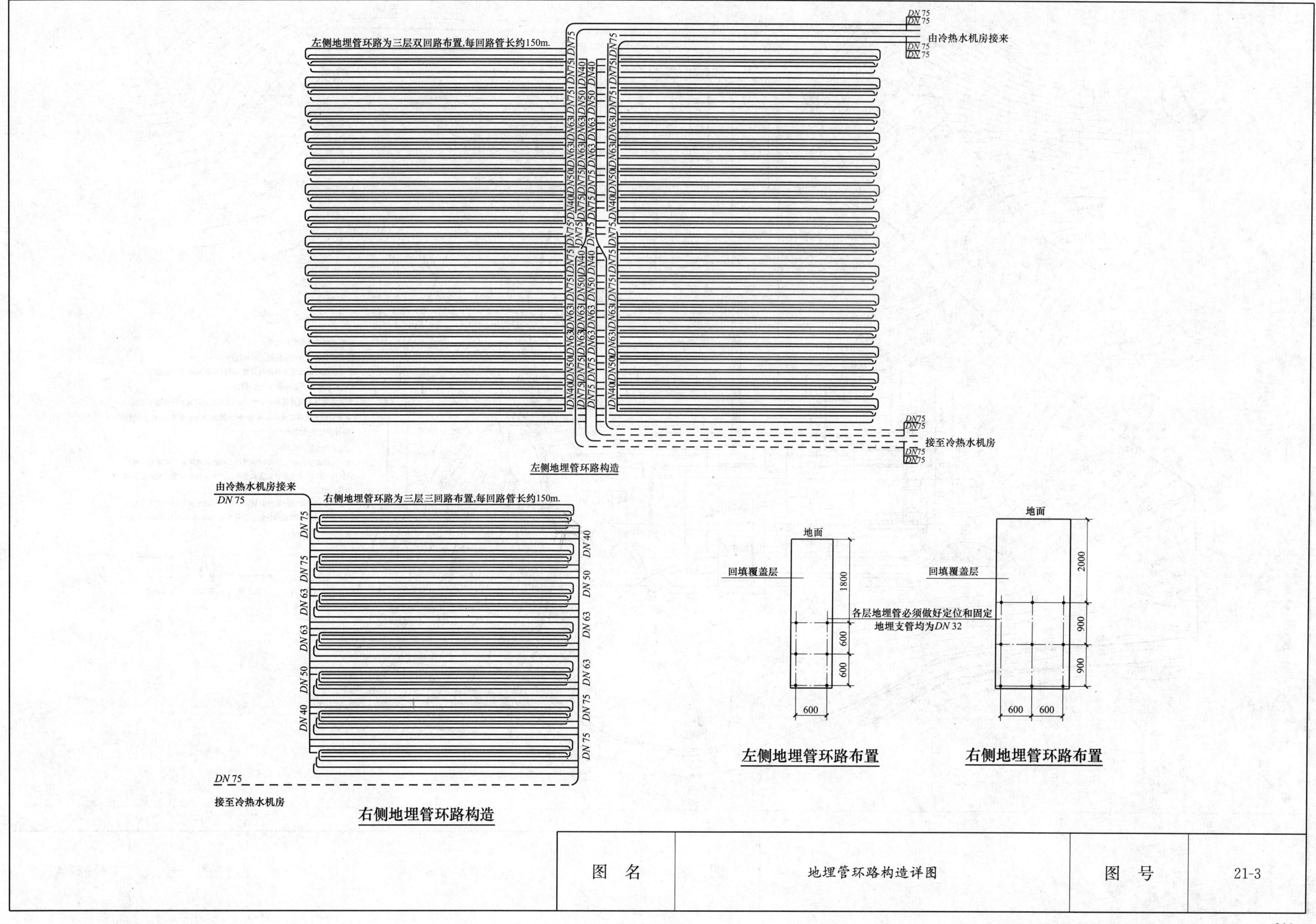
左侧地埋管环路为三层双回路布置,每回路管长约150m.
由冷热水机房接来
DN 75
接至冷热水机房
DN75
左侧地埋管环路构造
由冷热水机房接来
DN 75
右侧地埋管环路为三层三回路布置,每回路管长约150m.
DN 40
DN 50
DN 63
DN 75
接至冷热水机房
右侧地埋管环路构造
地面
回填覆盖层
各层地埋管必须做好定位和固定
地埋支管均为DN 32
1800
600
600
2000
900
900
左侧地埋管环路布置
右侧地埋管环路布置
图 名
地埋管环路构造详图
图 号
21-3

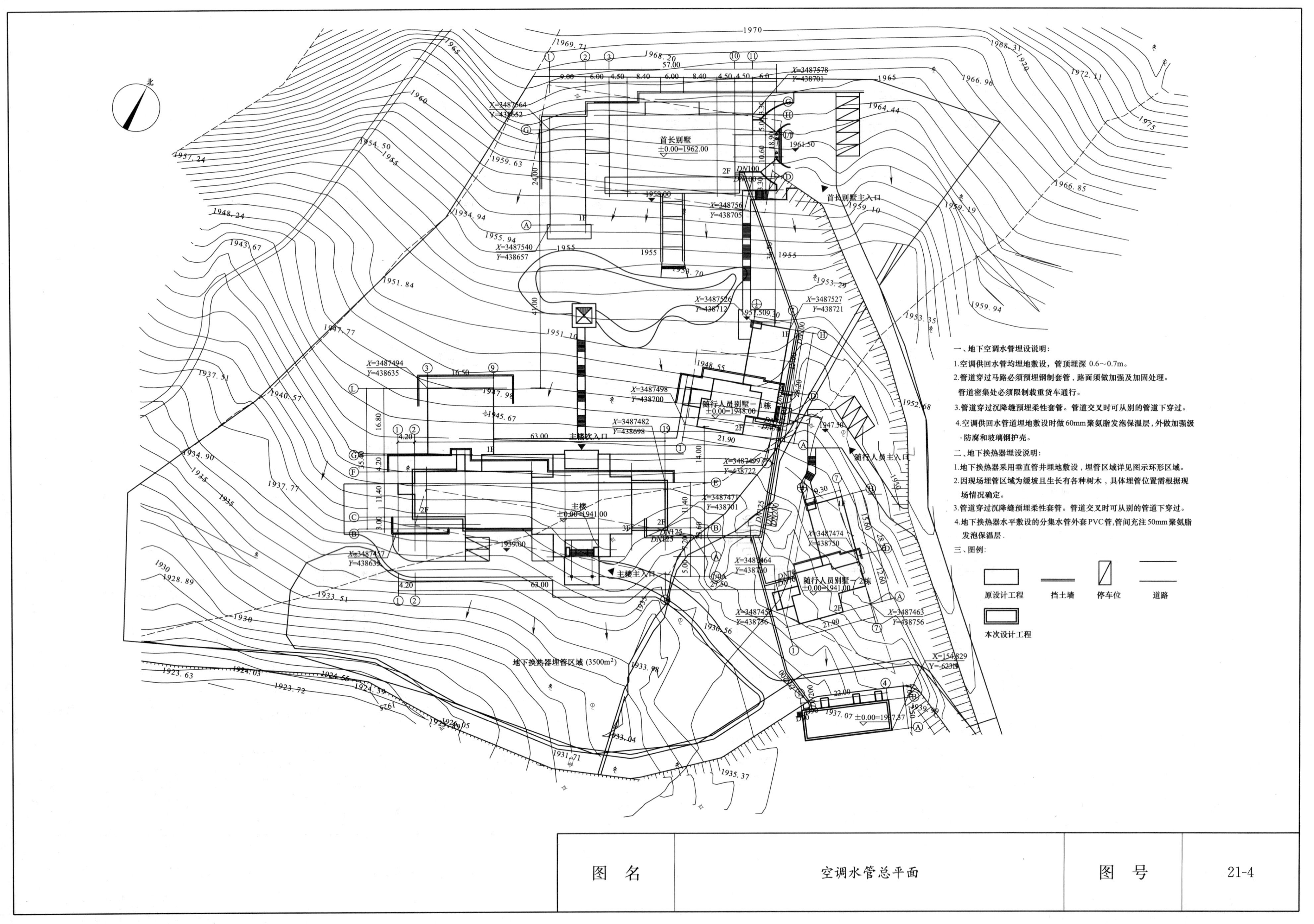
北
首长别墅
±0.00=1962.00
首长别墅主入口
主楼
±0.00=1941.00
主楼主入口
主楼次入口
随行人员别墅一1栋
±0.00=1948.00
随行人员别墅一2栋
±0.00=1941.00
随行人员主入口
地下换热器埋管区域 (3500m²)
一、地下空调水管埋设说明:
1.空调供回水管均埋地敷设，管顶埋深 0.6～0.7m。
2.管道穿过马路必须预埋钢制套管，路面须做加强及加固处理。
管道密集处必须限制载重货车通行。
3.管道穿过沉降缝预埋柔性套管。管道交叉时可从别的管道下穿过。
4.空调供回水管道埋地敷设时做60mm聚氨脂发泡保温层，外做加强级防腐和玻璃钢护壳。
二、地下换热器埋设说明:
1.地下换热器采用垂直管井埋地敷设，埋管区域详见图示环形区域。
2.因现场埋管区域为缓坡且生长有各种树木，具体埋管位置需根据现场情况确定。
3.管道穿过沉降缝预埋柔性套管。管道交叉时可从别的管道下穿过。
4.地下换热器水平敷设的分集水管外套PVC管,管间充注50mm聚氨脂发泡保温层.
三、图例:
原设计工程
挡土墙
停车位
道路
本次设计工程
图名
空调水管总平面
图号
21-4

第二十二章　天津塘沽区农村城市化西部新城社区服务中心

北京清华城市规划设计研究院建筑分院　郭庆沅

一、设计依据

《公共建筑节能设计标准》GB 50189—2005；

《天津市公共建筑节能设计标准》DB 29—153—2005；

《采暖通风与空气调节设计规范》GB 50019—2003；

《建筑设计防火规范》GB 50016—2006；

《地源热泵系统工程技术规范》GB 50366—2005；

《全国民用建筑工程设计技术措施　暖通空调·动力》（2003 年版）；

《全国民用建筑工程设计技术措施　节能专篇》（2007 年版）；

《办公建筑设计规范》JGJ 67—2006；

甲方提供的设计任务书及有关设计要求的文件；

建筑专业提供的总平面图及单体平、立、剖面图。

二、设计基础资料

室外设计参数：

夏季室外日平均温度：28.5℃；

夏季空调计算干球温度：31.4℃；

夏季空调计算湿球温度：26.4℃；

夏季通风计算干球温度：28℃；

冬季采暖计算温度：－8℃；

冬季空调计算干球温度：－10℃；

冬季室外计算相对湿度：62%。

三、设计说明

1. 系统设计

（1）本工程空调系统冷、热源采用地源热泵＋蓄能罐的系统形式。系统设计计算总冷负荷为 450kW，设计计算总热负荷为 378kW。

（2）地源热泵系统主机选用地源热泵机组 GSHP500B1 台，额定工况制冷量为 460kW，制热量为 490kW。夏季提供 8/16℃冷水，冬季提供 43/35℃热水，热泵主机为双压机、双系统。

（3）室内侧水系统及地源侧水系统均为闭式系统，介质均为清水。水系统采用一次泵系统。采用定压装置作为定压补水设备，水箱单独设置，采用软水装置对水系统进行软水处理。

（4）机房内空调水系统采用两管制。机房内空调水系统冬夏共用，即空调冷热水共用管道系统、定压装置及水处理装置。

（5）本设计选用的地源热泵机组制冷剂为 R134a。

2. 节能设计

（1）合理确定空调系统负荷，选用高效节能设备，其各项技术性能满足《天津市公共建筑节能设计标准》的相关要求。

（2）冷、热源系统采用水蓄冷和土壤源热泵相结合的系统形式，实现了可再生能源的利用。

（3）空调系统设置自动控制系统。

（4）水管采用 30mm 厚的橡塑保温材料。

3. 环保设计

水泵设减振基础，管道用软接头与泵连接，管道安装采用弹性支、吊架。

4. 系统控制

（1）地源热泵系统

1）热泵系统的启动顺序为：水泵首先启动，热泵机组依据自我保护程序启动机组，同时，具备在故障情况下保护性停机的能力。

2）热泵系统的关闭顺序为：先关闭热泵机组，延时两分钟后关闭水泵。

（2）地源热泵机组

热泵机组以恒定供水温度的方式，自动实现负荷调节。

（3）循环泵

地源侧循环泵和一次循环泵为定频泵。二次循环泵为变频泵，水泵流量控制 30%。

四、施工说明

1. 空调水系统管道管径＞*DN*150 均采用无缝钢管焊接，管径均采用焊接钢管焊接，系统补水采用镀锌钢管丝扣连接。
2. 空调水系统管道安装时按照规范要求设置固定支架；均采用 30mm 厚的橡塑海绵材料保温。
3. 在管道的高点安装自动排气阀。
4. 其他未尽说明之处依照国家相关规范执行。

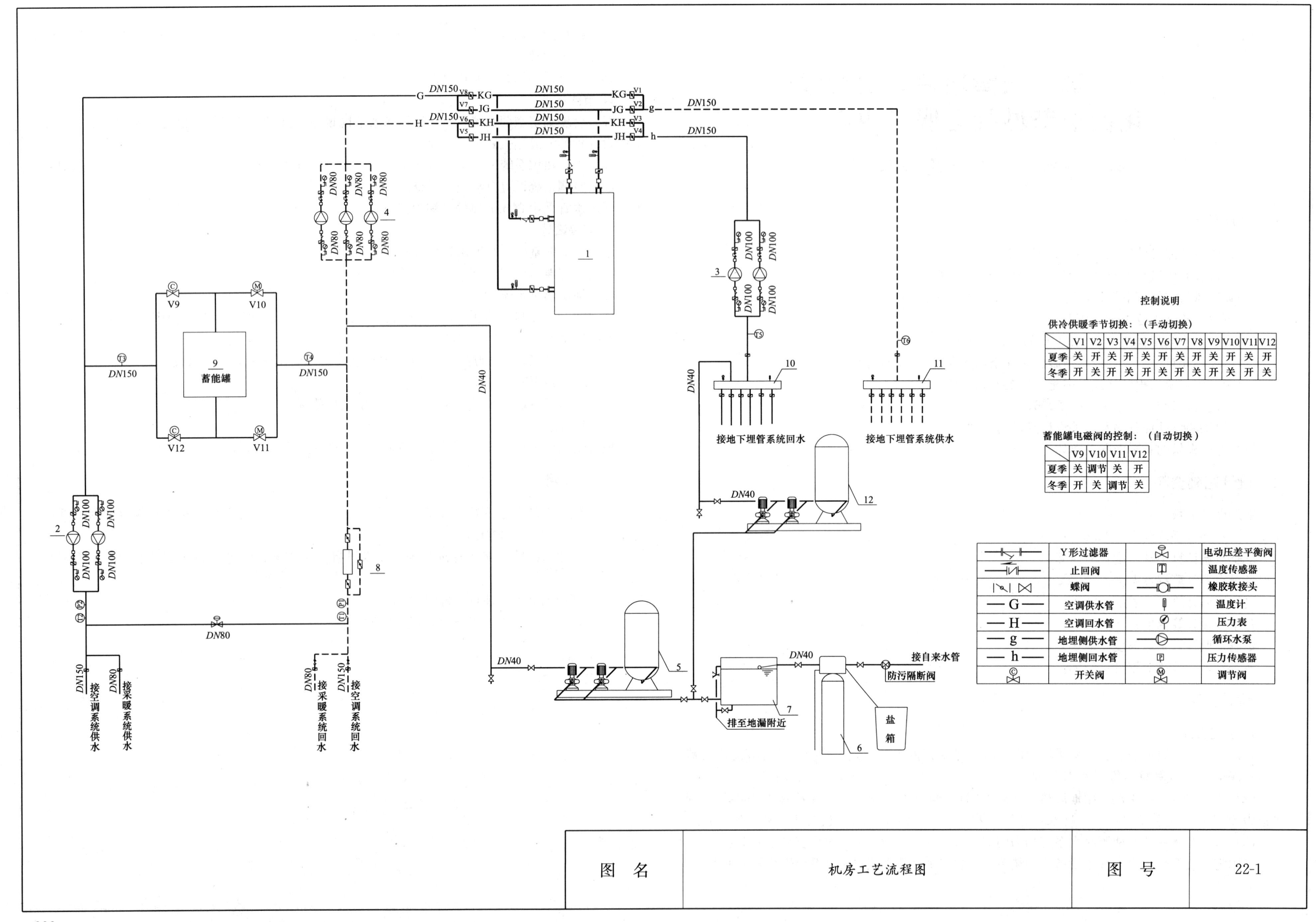

控制说明

供冷供暖季节切换：（手动切换）

	V1	V2	V3	V4	V5	V6	V7	V8	V9	V10	V11	V12
夏季	关	开	关	开	关	开	关	开	关	开	关	开
冬季	开	关	开	关	开	关	开	关	开	关	开	关

蓄能罐电磁阀的控制：（自动切换）

	V9	V10	V11	V12
夏季	关	调节	关	开
冬季	开	关	调节	关

图例	名称	图例	名称
	Y形过滤器		电动压差平衡阀
	止回阀		温度传感器
	蝶阀		橡胶软接头
—G—	空调供水管		温度计
—H—	空调回水管		压力表
—g—	地埋侧供水管		循环水泵
—h—	地埋侧回水管		压力传感器
	开关阀		调节阀

图 名	机房工艺流程图	图 号	22-1

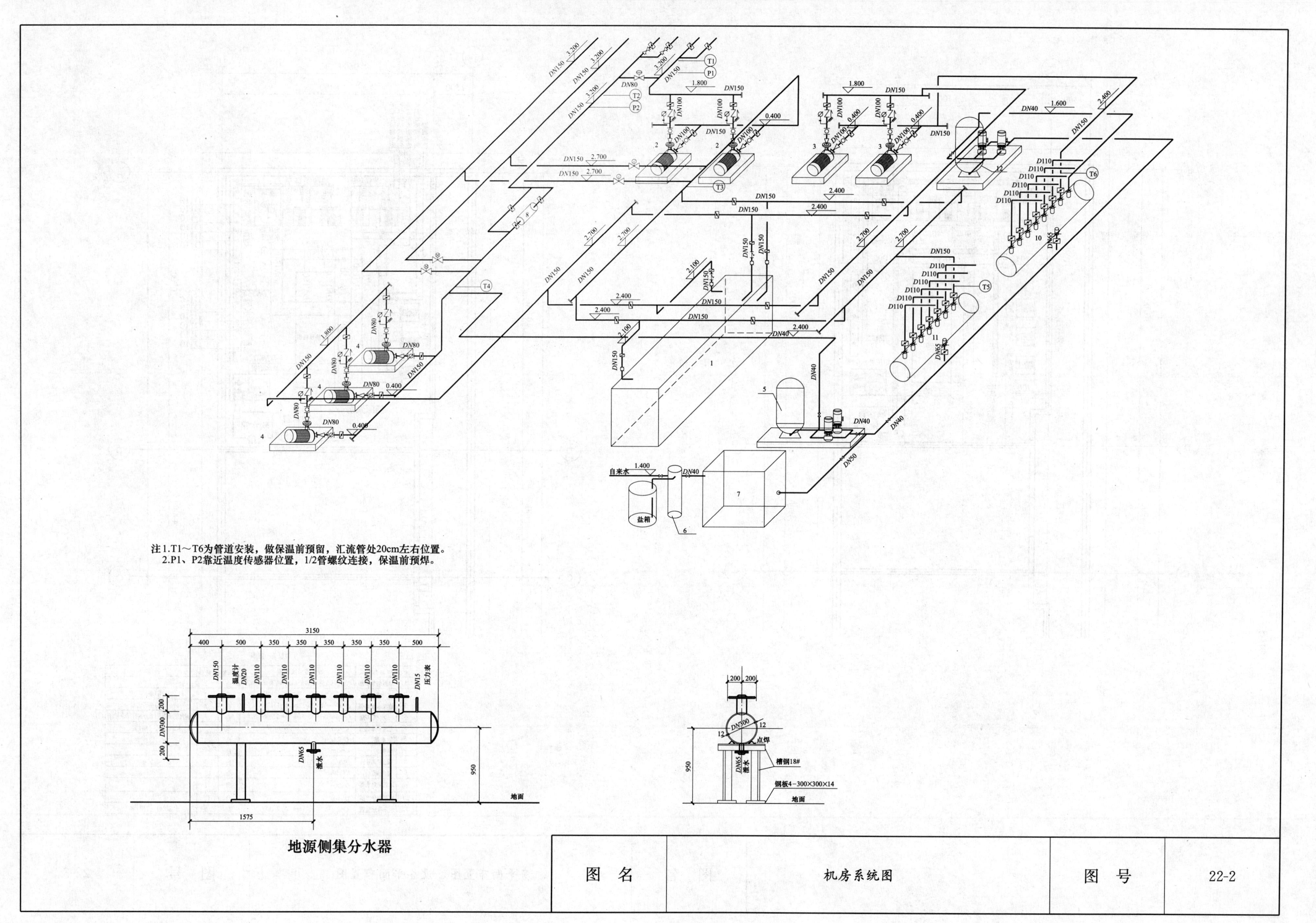
注1.T1～T6为管道安装，做保温前预留，汇流管处20cm左右位置。
2.P1、P2靠近温度传感器位置，1/2管螺纹连接，保温前预焊。
自来水
盐箱
地源侧集分水器
3150
400 500 350 350 350 350 350 500
DN150 温度计 DN20 DN110 DN110 DN110 DN110 DN110 DN110 DN15 压力表
DN300
DN65 泄水
950
1575
地面
200 200
12 DN300 12
点焊
槽钢18#
铜板4-300×300×14
图 名
机房系统图
图 号
22-2

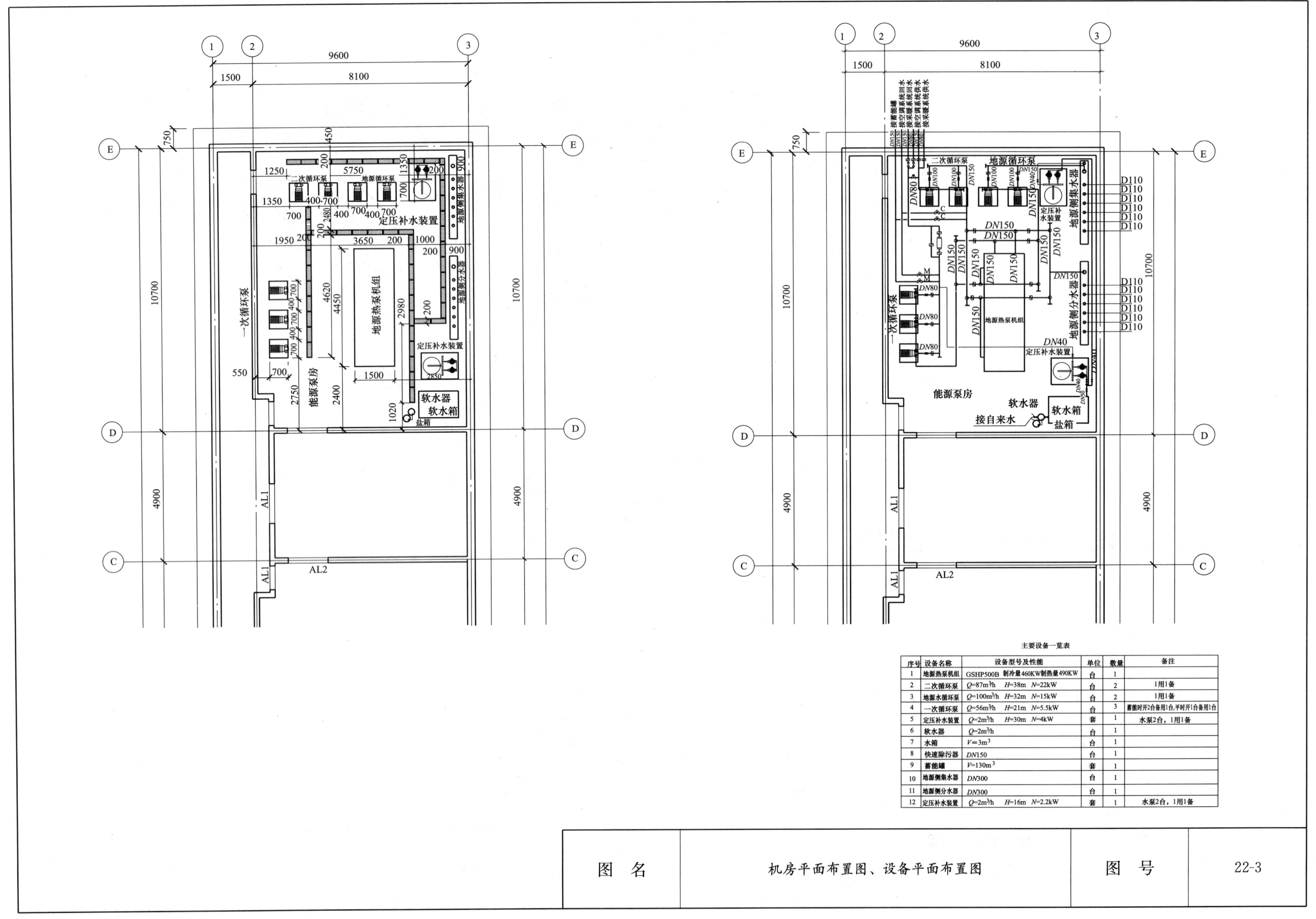

主要设备一览表

序号	设备名称	设备型号及性能	单位	数量	备注
1	地源热泵机组	GSHP500B 制冷量460KW制热量490KW	台	1	
2	二次循环泵	Q=87m³/h H=38m N=22kW	台	2	1用1备
3	地源水循环泵	Q=100m³/h H=32m N=15kW	台	2	1用1备
4	一次循环泵	Q=56m³/h H=21m N=5.5kW	台	3	蓄能时开2台备用1台,平时开1台备用1台
5	定压补水装置	Q=2m³/h H=30m N=4kW	套	1	水泵2台，1用1备
6	软水器	Q=2m³/h	台	1	
7	水箱	V=3m³	台	1	
8	快速除污器	DN150	台	1	
9	蓄能罐	V=130m³	套	1	
10	地源侧集水器	DN300	台	1	
11	地源侧分水器	DN300	台	1	
12	定压补水装置	Q=2m³/h H=16m N=2.2kW	套	1	水泵2台，1用1备

图　名	机房平面布置图、设备平面布置图	图　号	22-3

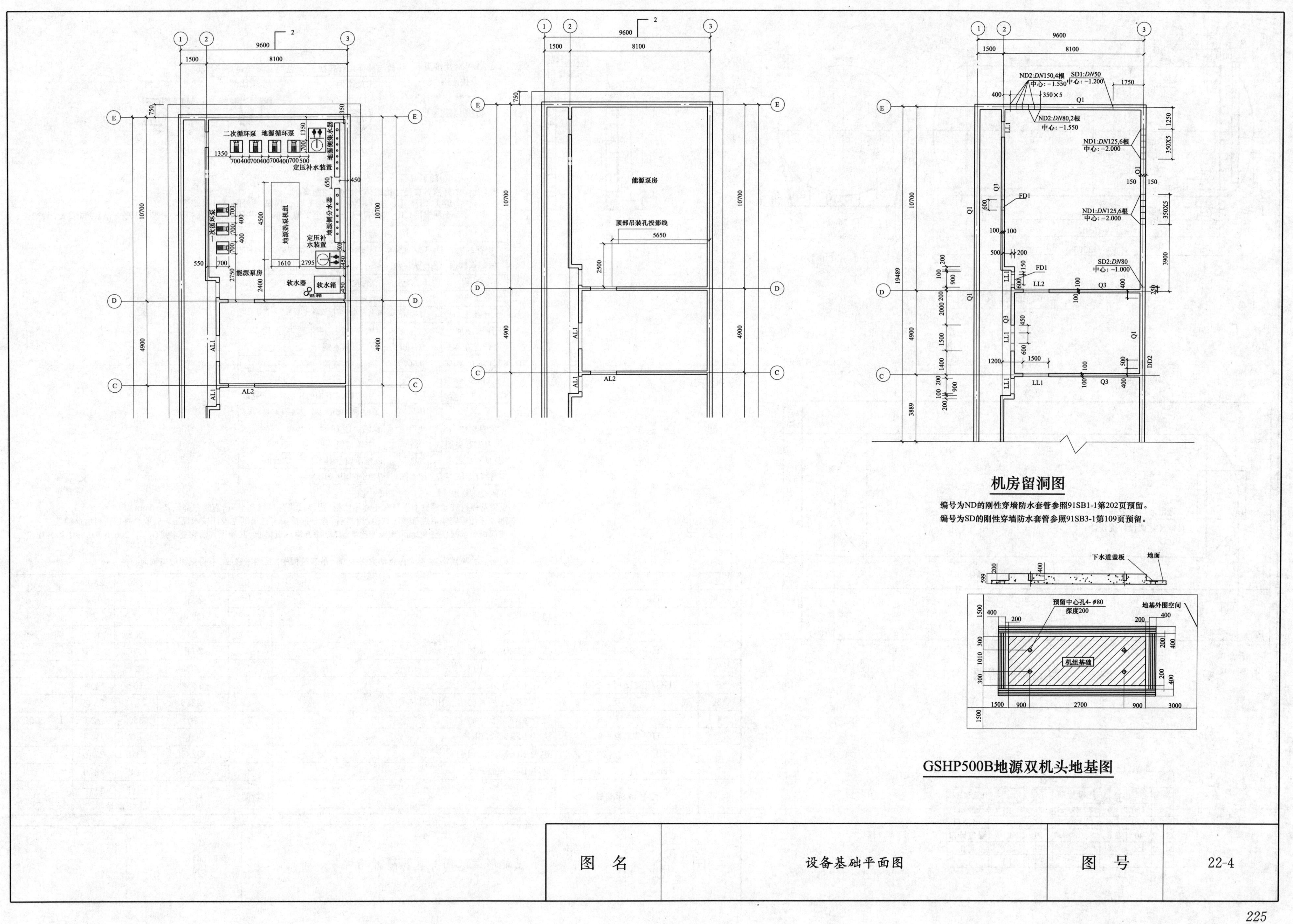

二次循环泵
地源循环泵
地源侧集水器
定压补水装置
一次循环泵
地源热泵机组
地源侧分水器
定压补水装置
能源泵房
软水器
软水箱
能源泵房
顶部吊装孔投影线
机房留洞图
编号为ND的刚性穿墙防水套管参照91SB1-1第202页预留。
编号为SD的刚性穿墙防水套管参照91SB3-1第109页预留。
下水道盖板
地面
预留中心孔4-ϕ80
深度200
地基外围空间
机组基础
GSHP500B地源双机头地基图
图 名
设备基础平面图
图 号
22-4

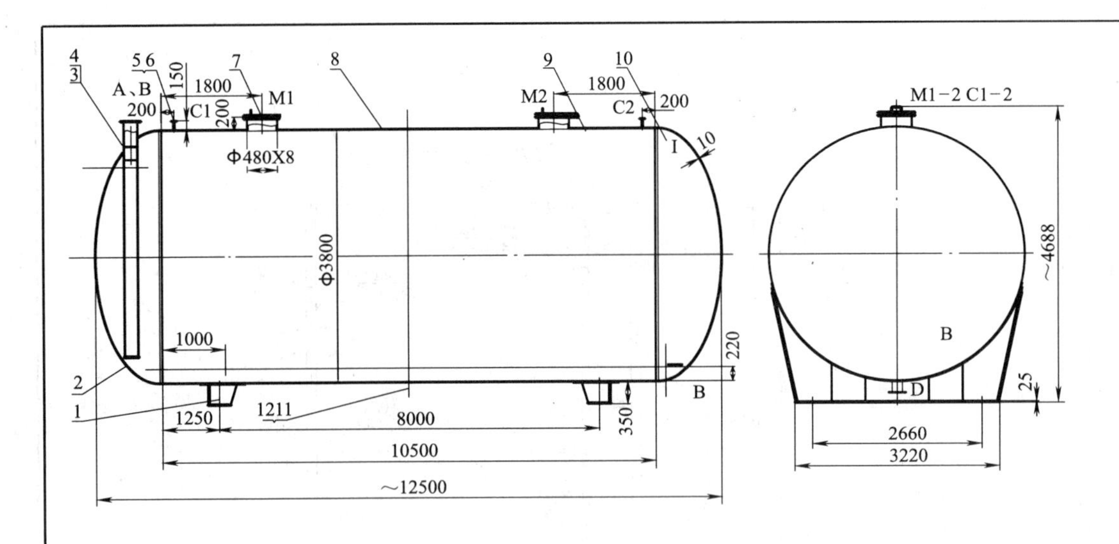

蓄能罐装配图

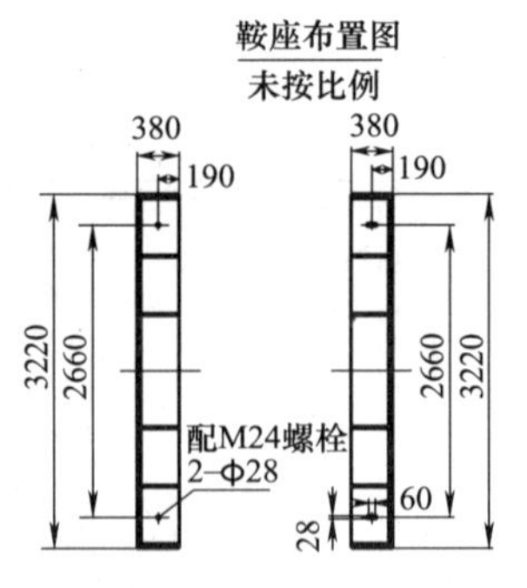

AB类对接接头
未按比例

接管与筒体角焊接接头
未按比例

法兰与接管角焊接接头
未按比例

I
未按比例

施工说明

1.开槽各边尺寸比罐体多出1m的距离。
2.施工工序:工厂制作罐体—运至工地—保温—外防腐—吊装进槽。
3.工期安排:工厂制作25天,运输至工地卸车2天—现场做保温4天—外防腐3天—吊装进槽3天,共37天。

设计数据表				
设计制造与验收标准	JB/T 4731—2005《钢制卧式容器》HG/T 20678—2000《衬里钢壳设计技术规定》GB 150—1998《钢制压力容器》			
介 质	水溶液	焊接规程		按JB/T 4709规定
介质特性		焊接接头型式与尺寸		除注明外按GB 985/986 86—88 全焊透
工作温度(℃)	4～50	除注明外角焊缝腰高 mm		按较薄件厚度且不小于6
工作压力(MPa)	0.6	管法兰与接管焊接标准		按相应法兰标准,采用全焊透形式
设计温度(℃)	0～60	焊条型号	碳素钢	J422
设计压力(MPa)	0.66		碳素钢	J422
腐蚀裕量(mm)	1		碳素钢	J422
焊接接头系数ϕ	0.85		其他未注明的按JB/T4709选取	
水压试验压力(MPa)	0.76	无损检测	焊接接头类别	方法−检测率 / 标准−级别
全容积(m^3)	130		AB 容器	X射线-20% / JB/T 4730—2005−III
压力容器类别	类外	主体材料		Q235
表面防腐要求	外表面除锈刷防锈漆两遍	设备净质量(kg)		22000
管口方位	按本图	其中不锈钢质量(kg)		

其他技术要求:

1.设备基体衬玻璃钢侧不许存在不连续结构,焊接接头与母材齐平,所有转角部位$R\geqslant 6$mm。
2.钢壳体制造完毕后进行水压试验,合格后,设备内壁按《衬里钢壳设计技术规定》验收合格后再衬玻璃钢。
3.玻璃钢要求衬三层0.2mm无碱无捻玻璃布,涂五遍环氧树脂,其施工方法和要求按HG/T 20696—1999中相关规定。
4.设备衬完玻璃钢后,不允许再动火,在运输、吊装过程中,要轻吊轻放,不得损坏玻璃钢面。

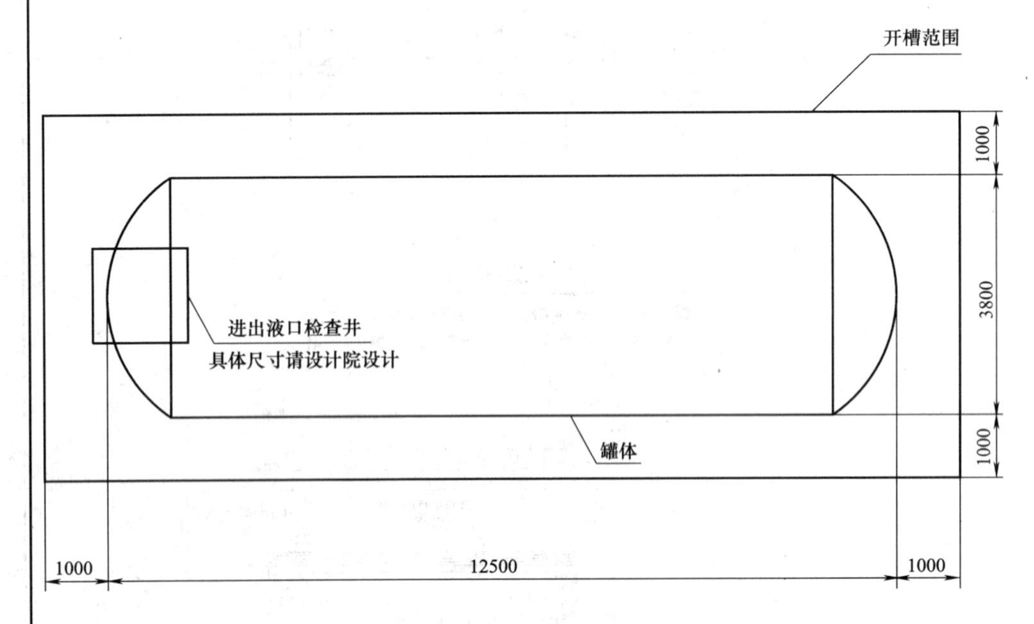

蓄能罐开槽图

管口表						
符号	公称尺寸	公称压力	连接标准	法兰形式	连接面形式	用途和名称
A	150	1.6	HG 20592—97	PL	RF	进液口
B	150	1.6	HG 20592—97	PL	RF	出液口
C1−2	40	1.6	HG 20592—97	PL	RF	温度计口
M1−2	450	0.6		PL	RF	人孔
				PL	RF	

件号	图号或标准号	名 称	数量	材料	单件重量	总计重量	备注
12		折流板	10	20	280	2800	h~2600
11	HG 20592—97	法兰 PL150-1.6RF	1	20 Ⅱ		7.7	
10		堵板 ϕ162×8	2	Q235	3	6	
9		接管 ϕ45×3	2	20	0.8	1.6	L~160
8	HG 20592—97	法兰 PL20-1.6RF	2	20 Ⅱ	0.95	1.9	
7		支撑板 200×110×10	2	Q235	2	4	
6	HG/T 21516—2005	人孔 RF Ⅱ 450-0.6	2	组合件	102	204	
5		筒体 DN3800×10 L=10500	1	Q235		9834	
4		接管 ϕ159×6	2	20	360	720	L~20000
3	HG 20592—97	法兰 PL150-1.6RF	2	20 Ⅱ	9.7	19.4	
2	JB/T 4746—2002	封头 EHA3800×10	2	Q235	1370	2740	
1	JB/T 4712.1—2007	鞍座 BⅡ 3800-F (S)	2	Q235-B	1435	2870	

图 名	蓄能罐装配图 蓄能罐开槽蚪	图 号	22-5

第二十三章　杭州市能源与环境产业园绿色建筑科技馆

克莱门特捷联制冷设备（上海）有限公司　牛贺兰　王付立
杭州市城建设计研究院　王逸凯
杭州樱杭空调工程有限公司　洪永延

一、工程概述

杭州市能源与环境产业园绿色建筑科技馆为杭州市重点项目，获得浙江省建筑节能专项资金 20 万元，杭州市政府 2007 年度杭州市适度发展新型重化工业专项资金 250 万元，已被列入“建设部 2007 年建筑节能和可再生能源利用示范试点项目”。

科技馆一～四层为展览馆，设有一个单层高的地下室，为无钢结构建筑，总建筑面积 4679m²，建筑节能标准 65%，节煤量 350 吨标准煤/年，预计投资回收期 6 年。该建筑应用了八大先进系统：无动力通风系统（国内外最先进节能环保技术、是建筑的核心系统）、温湿度独立控制空调系统、毛细管三维辐射采暖制冷系统、地源热泵系统、风光互补发电系统、太阳能光热系统、雨水回收利用系统、智能控制系统。建成后，将成为夏热冬冷地区绿色建筑的样板工程。

能源与环境产业园绿色建筑科技馆效果图

二、设计参数

1. 室外设计参数

夏季空调室外计算干球温度：35.7℃；

夏季空调室外计算湿球温度：28.5℃；

冬季空调室外计算干球温度：－4℃；

冬季空调室外计算相对湿度：77%。

2. 室内设计参数

展览室采暖室内设计温度：16～18℃。

3. 设计依据

建筑面积：4679m²；

空调使用时间：5～10 月、1～2 月，9：00～5：00。

4. 建筑使用功能

科技展览馆。

5. 设计采用规范

《采暖通风与空气调节设计规范》GB 50019—2003；

《建筑设计防火规范》GB 50016—2006；

《公共建筑节能设计标准》GB 50189—2005；

《文化馆建筑设计规范》JGJ 41—87 等。

三、空调冷热源设计

绿色科技馆从节能环保的理念出发，选用目前最为节能的冷热源形式——地源热泵系统。

地源热泵系统是一种以大地能源作为低温热源的热泵空调技术，相比常规供热空调系统可节能 50%左右，是一种可利用再生能源的高级节能、无污染的供暖制冷新型空调系统。

该建筑除利用土壤作为冷热源的稳定节能外，还利用余热或者废热的方式提供建筑的生活热水，机组采用部分热回收热泵机组，一方面减少热排放，另一方面还利用废热制取生活热水，用于科技馆内卫生热水，一举两得，实现真正意义上的节能。系统原理如图 23-1 所示。

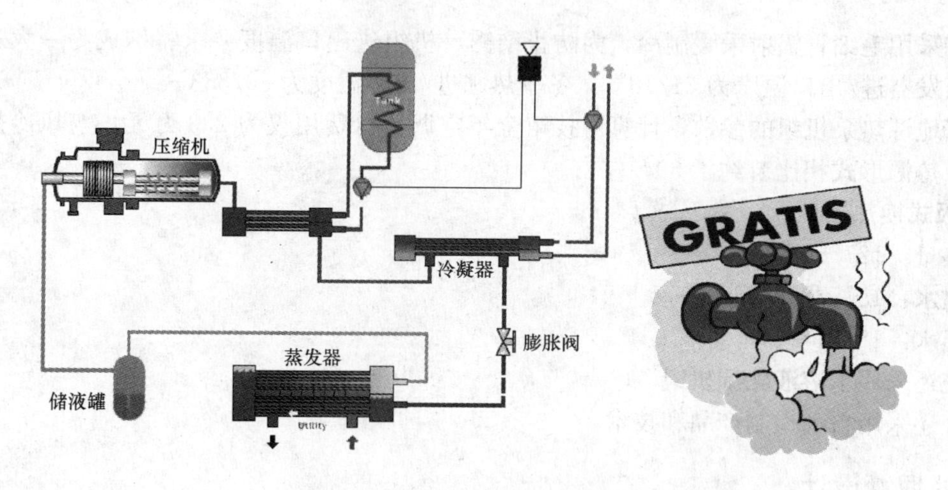

图 23-1　地源热泵部分热回收机组运行原理图

四、设备选型

1. 末端

系统采用毛细管辐射采暖制冷系统，和常规的对流式空调系统相比，毛细管系统主要是通过辐射方式进行换热（毛细管辐射顶板系统夏季供/回水温度为18/21℃，冬季系统供/回水温度为30/33℃）。

室内末端采用干式风机盘管，设计工况为：室内回风27℃（DB），19.5℃（WB）；盘管进/出水温度为18/21℃，共53台。

2. 主机

由于杭州地区夏季冷负荷远远大于冬季热负荷，设计根据夏季冷负荷选型。根据设计采用1台PSRHH0401-D-Y地源热泵机组，技术参数见表23-1。

主机技术参数表　　表23-1

制冷时工况		制热时工况	
冷冻水进/出口温度	21/18℃	热水进/出口温度	30/33℃
冷凝器进/出口温度	30/35℃	蒸发器进/出口温度	12/7℃
制冷量(kW)	99.1×1.35=133.7	制热量(kW)	103.7×1.14=118.2
输入功率(kW)	19.8×1.08=21.6	输入功率(kW)	23.3×0.8=18.6
蒸发器水流量(m^3/h)	38.3	蒸发器水流量(m^3/h)	17.3
蒸发器水阻力(kPa)	116.6	蒸发器水阻力(kPa)	23.5
冷凝器水流量(m^3/h)	27	冷凝器水流量(m^3/h)	33.9
冷凝器阻力(kPa)	73.3	冷凝器阻力(kPa)	112.7

末端采用毛细管辐射采暖制冷，为防止结露，机组进出口温度要求特殊成为一大难点，机组夏季蒸发器进/出口温度为21/18℃，冬季热水进/出口温度为30/33℃。

根据地源热泵机组的参数，计算科技馆全年空调运行费用仅为2.3万元，与风冷热泵机组等其他冷热源形式相比节约了30%左右。

3. 板式换热器

换热量：127.8kW；

低温水：15.5/20.5℃；

高温水：18/21℃。

系统还采用了溶液除湿机组。

系统还采用自动控制产品和技术。

五、室外埋管设计

根据绿色建筑科技馆地质报告，设计室外埋管有效孔深60m，孔数64个，埋管之间间距5.5m，占地1636m^2。

埋管采用桩基埋管，有效节省了占地面积。

六、总结

杭州市能源与环境产业园绿色建筑科技馆是一个典型的节能建筑示范工程，地源热泵系统和其他七大先进节能系统的综合应用，大大降低了整个建筑的运行费用，经济节能效果十分明显，为倡导绿色建筑、节能环保意识起到了积极示范作用。

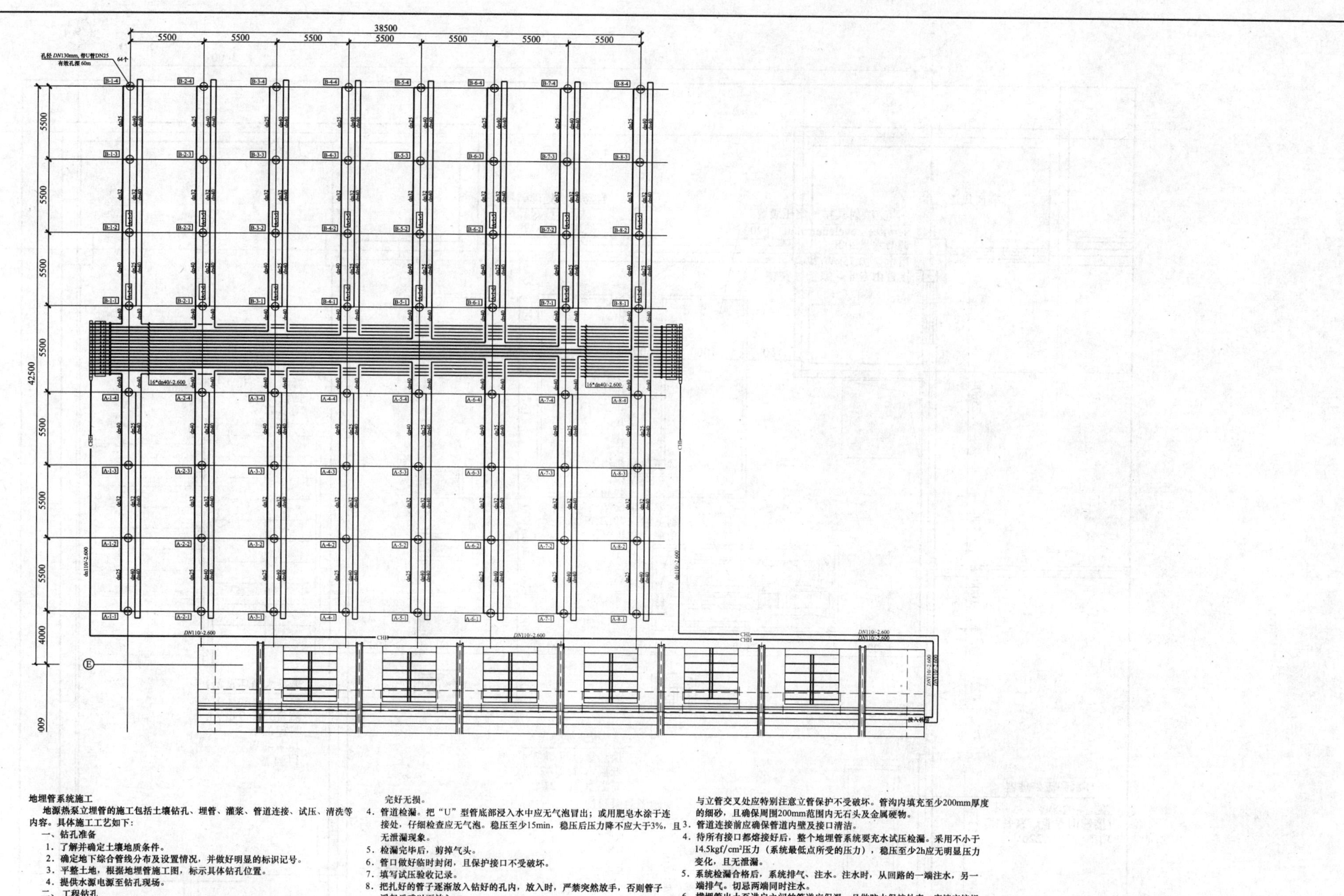

地埋管系统施工

地源热泵立埋管的施工包括土壤钻孔、埋管、灌浆、管道连接、试压、清洗等内容。具体施工工艺如下:

一、钻孔准备

1. 了解并确定土壤地质条件。
2. 确定地下综合管线分布及设置情况，并做好明显的标识记号。
3. 平整土地，根据地埋管施工图，标示具体钻孔位置。
4. 提供水源电源至钻孔现场。

二、 工程钻孔

1. 根据工程实际情况，随时填写记录表并及时分析土壤实际状况。钻孔直径130mm。
2. 确保钻孔深度62m。钻孔深度以设计为准，并做好记录，每个孔的实际钻孔深度必须严格记录。
3. 钻孔完毕后，应及时埋设管道并灌浆。

三、 地埋立管施工

1. 管材采用HDPE高密度聚乙烯材料(SDR11)，所有的聚乙烯管都要用专用的热熔设备进行热熔连接。必须根据生产厂家的说明进行施工
2. 埋管。根据钻孔深度确定立埋管的长度，采用单U型埋管，每孔2根管。
3. 管内充水，并在口上加压力表，使用14.5kgf/cm²压力试压，确保管道完好无损。
4. 管道检漏。把“U”型管底部浸入水中应无气泡冒出；或用肥皂水涂于连接处，仔细检查应无气泡。稳压至少15min，稳压后压力降不应大于3%，且无泄漏现象。
5. 检漏完毕后，剪掉气头。
6. 管口做好临时封闭，且保护接口不受破坏。
7. 填写试压验收记录。
8. 把扎好的管子逐渐放入钻好的孔内，放入时，严禁突然放手，否则管子浮起后难以再放入。
9. 放好埋管、灌浆前，应固定埋管，防止上浮。
10. 严格做好到管口临时封闭。防止杂物进入管内。

四、 灌浆

1. 钻孔结束，放好立埋管后，马上采用膨润土和细砂的混合物灌浆回填。
2. 灌浆宜采用专用设备（灌浆泵）进行灌浆。
3. 浆液膨胀凝固需24小时，此前严禁进入下一步施工。

五、 地埋横管施工

1. 根据图纸及现场要求备料。管道连接同样需用原厂提供专用热熔器对管路进行熔接焊接。
2. 立埋管施工完成后，根据设计开挖横埋管沟槽，深度1.7m以下。沟槽与立管交叉处应特别注意立管保护不受破坏。管沟内填充至少200mm厚度的细砂，且确保周围200mm范围内无石头及金属硬物。
3. 管道连接前应确保管道内壁及接口清洁。
4. 待所有接口都熔接好后，整个地埋管系统要充水试压检漏。采用不小于14.5kgf/cm²压力（系统最低点所受的压力），稳压至少2h应无明显压力变化，且无泄漏。
5. 系统检漏合格后，系统排气、注水。注水时，从回路的一端注水，另一端排气。切忌两端同时注水。
6. 横埋管出土至进户之间的管道应保温，且做防水保护外壳。穿墙应按规范设置穿墙套管。
7. 地埋管换热系统安装完毕，且冲洗、排气及回填完成后，应进行水压试验，采用不小于14.5kgf/cm²压力。稳压至少12h，稳压后压力降不应大于3%。

六、 回填

1. 系统试压合格，确认无漏后，才可以回填土壤。
2. 回填土首层应为至少200mm厚度的细砂，且确保其中无石头及其他硬物；200mm以外用一般软土回填。

七、 系统清洗

系统清洗在水系统设备和管道全部连接完毕后进行。

图　名	地下室地埋管平面图	图　号	23-1

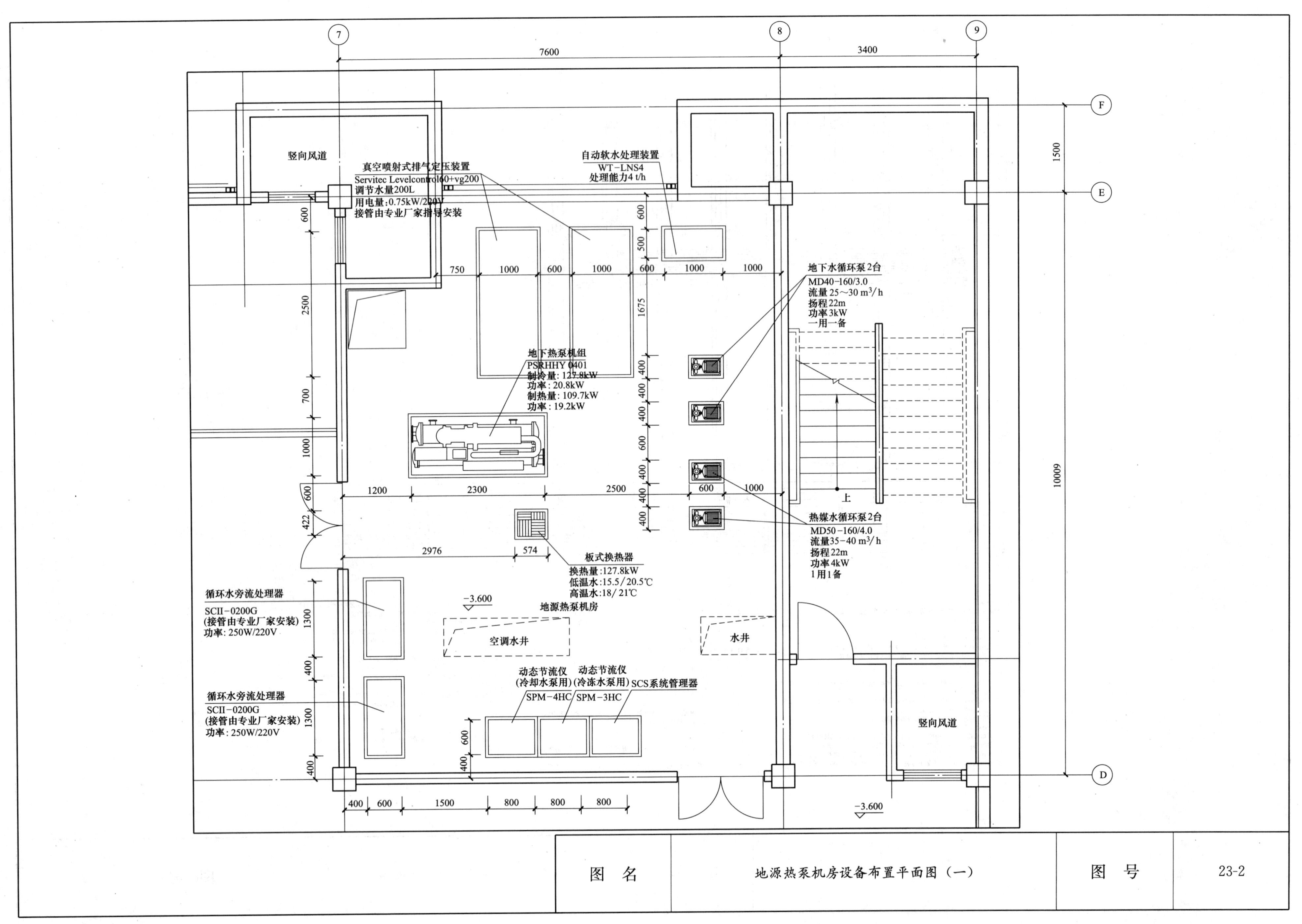

图　名	地源热泵机房设备布置平面图（一）	图　号	23-2

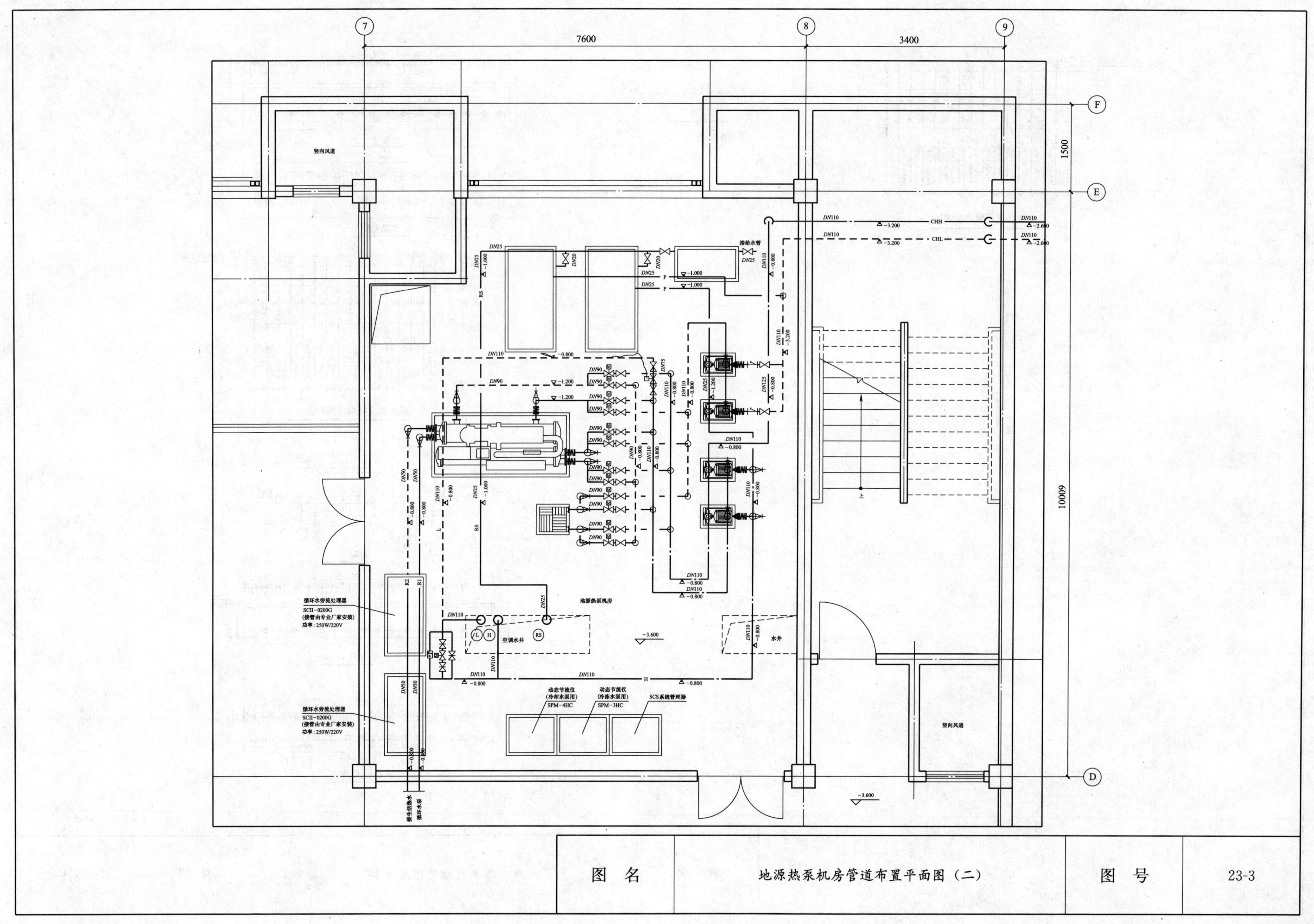

7
8
9
7600
3400
F
E
D
1500
10009
竖向风道
接给水管
CHH
CHL
地源热泵机房
空调水井
水井
−3.600
上
循环水旁流处理器
SCII−0200G
(接管由专业厂家安装)
功率：250W/220V
循环水旁流处理器
SCII−0200G
(接管由专业厂家安装)
功率：250W/220V
动态节流仪
(冷却水泵用)
SPM−4HC
动态节流仪
(冷冻水泵用)
SPM−3HC
SCS系统管理器
竖向风道
图　名
地源热泵机房管道布置平面图（二）
图　号
23-3

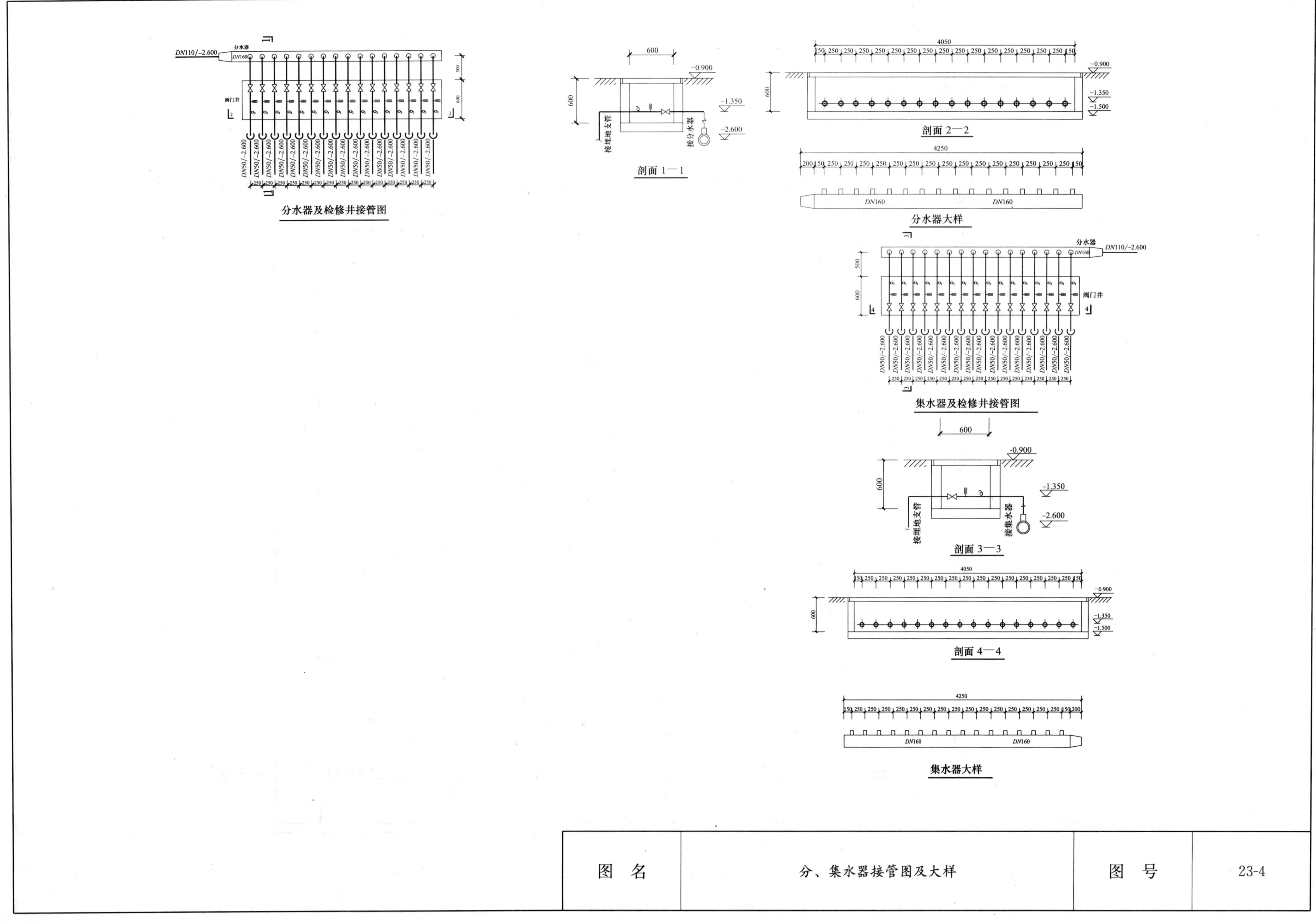

图 名	分、集水器接管图及大样	图 号	23-4

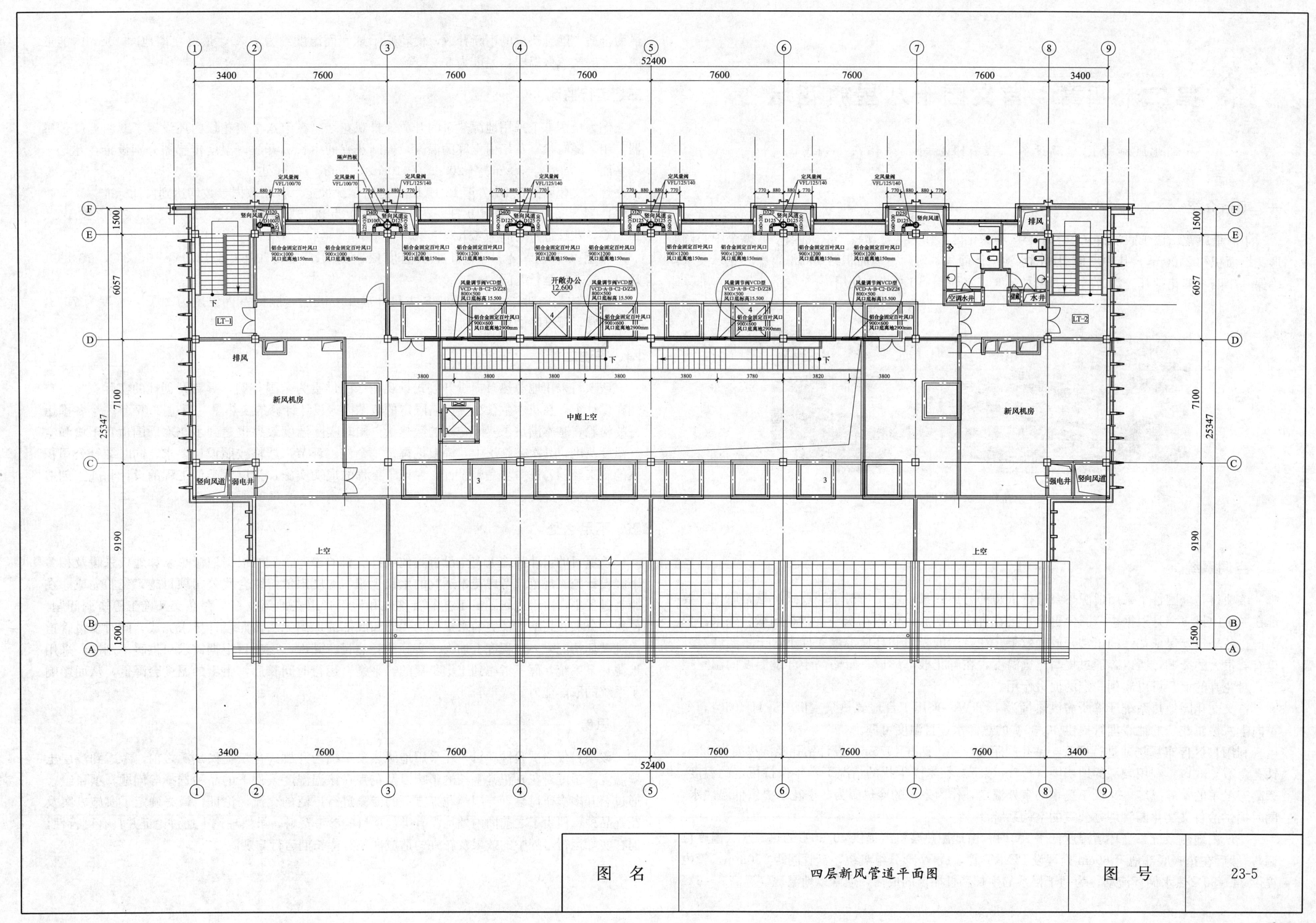

图名	四层新风管道平面图	图号	23-5

第二十四章　首义园十八星旗花坛

湖北风神净化空调设备工程有限公司　茅伟东　胡志高

一、项目介绍

十八星旗花坛位于武汉首义广场中心广场绿化区，作为“江城首个欧式园林”，整个中心圆形花坛面积约2400m²，其中考虑到周围水池水体面积，实际占地面积约900m²，中心花坛要求确保一年四季鲜花常开。2007年5月开始施工，2007年10月投入使用。

十八星旗花坛外观图

二、空调系统

该项目是全国首个采用地源热泵进行供暖的开放式景观花坛。对于开放式花坛，原则上要求在一年中每三个月根据季节需要更换一批花卉定期摆放，保障花坛一年四季的绿色效果。但关键在冬季，要保证花卉的正常开放和效果，在自然的光照和环境温度条件下，土壤温度对其也有着很大的影响。所以，通过提高土壤温度，在鲜花根部形成一定略高于环境温度的温室空间，对花卉的盛开可以起到一定的促进作用。

首义文化园地热系统计算所需供热量为180kW。采用1台地源热泵主机PSRHH0501，冬季向十八星旗花坛的地暖埋管提供40/30℃的热源水，且温度可调。

利用C区停车场场地进行埋管，钻孔间距4×4m，钻井4975m，设计钻孔经济深度为32m，钻孔总数156口。利用较深的地层中（－5m以下）在未受干扰的情况下常年保持恒定的温度，远高于冬季的室外温度，又低于夏季的室外温度，作为系统的冷热源为冬季花坛提供低温热水，同时提供给首义文化园管理办公室的空调系统。

花坛内地热系统，当环境温度低于5℃时，由地源热泵机组提供40/30℃的热源水（温度可调），然后在花卉底部地下60cm处埋设PE-RT管，成W形分组盘绕，盘管间距150mm，管内提供34～36℃热水循环流动；为利于根系的生长和扦插苗的成活，通常以地温比气温高3～6℃最为合适。随着热量的不断释放，使花卉下地表面温度约为10℃，最终在离地面15cm内能形成一定的气流保温层，温度为5～10℃。

三、运行监测

作为全国首个采用地源热泵的开放式景观花坛，在十八星旗花坛内还设置了6组温度传感器，用于随时检查花坛内土壤的温度，控制花卉的生长和开放，温度传感器分别设置在花坛土壤平面－40cm、－30cm、－20cm、－10cm、10cm、20cm处。

首义文化园截至2007年12月10日运行情况稳定，各项数据参数均达到设计标准。

1. 截至2007年12月9日，花坛温度依次为20.6℃、18.4℃、16.8℃、15.7℃、15.0℃、14.6℃，花坛运行时间为48h。

截至2007年12月10日花坛温度依次为21.8℃、20.6℃、18.9℃、18.3℃、16.8℃、15.1℃，花坛运行时间为60h。

2. 室内空调部分，在地源热泵主机开启10min后，测得室内温度为20℃，湿度为70%，温度正常，湿度略微偏大。

四、成功之处

该项目采用地源热泵提供开放式景观花坛的供暖为全国首例，具有开创性的实际意义。首先在设计上，在花木生长温度严格限定的范围内，设计计算的换热量，通过2007年一个冬季运行的检验，基本满足了实际花坛的散热量，同时实际温度效果也达到了花木周围适宜土壤和空气温度范围；其次在施工中，谨慎把握每一个施工环节，严格按照设计要求，同时结合公司积累的施工经验，进一步完善设计，保证了工程的成功实施，为以后类似工程的设计和施工创造了宝贵的实际经验。

五、不足之处

该项目的设计和施工完全没有其他项目资料的参考，只能根据地源热泵和地板采暖及相关采暖设计施工规范，考虑花木适宜的生长土壤、温度限值，结合我公司项目施工经验完成。在施工过程中，由于花坛施工工艺的特殊性和地暖管道关键部位施工存在交叉施工等协调问题，使得部分与花坛结构冲突的水平管沟四周和底部的保温无法按照设计要求完成，同时少量管道出现破坏情况，一定程度上加大了实际的耗热量。其次，该项目根据需求只供暖不制冷，采用地源热泵系统，而不考虑到土壤冬夏的热平衡，运行时间长后，土壤的温度会降低，从而影响了系统的取热能力。

六、思考

该项目仅为试验性项目，在采用地源热泵系统为开放式花坛提供热源之前，考虑到浅层土壤温度、湿度对花卉正常生长的影响以及花卉在该温湿度条件下的品种选择等问题，项目组曾通过召开多次研讨会，与园林花卉方面的专家进行广泛的交流、论证，最终确定了实施方案及花卉品种，但由于之前国内外均没有类似项目的参考资料，虽然理论上通过论证并具有可行性，但在实际运行过程中的效果及花卉的适应性还有待长期运行与观测。

设计说明

一、项目概况和设计范围

十八星旗花坛位于首义广场中心广场绿化区，中心花坛面积约 1520m² 左右，为了保障花坛一年四季鲜花常开，光照、温度及湿度是必不可少的决定因素。本项目设计范围为中心花坛地暖采暖及热源设计以满足花坛土壤温度要求，为满足热源需求，需要的热源负荷约为 182kW。

二、空调通风及热水供应方式

1. 根据双方考察和商讨意见，采用土壤源热泵空调系统。

2. 主机采用地源热泵主机，地源热泵机组主要是冬季向十八星旗花坛的地暖埋管提供 40/30℃的热源水，且温度可调；夏季可向园区内部分建筑提供 7/12℃的冷冻水，以提供冷量。

三、土壤换热器

1. 本工程土壤换热器采用垂直钻孔埋管的方式，垂直埋管区域位于湖北剧场北侧建筑围墙以内。

2. 根据地质勘探报告和相关资料计算，土壤换热器热干扰半径为 4m 左右。

3. 钻孔间距为 4m×4m，共钻孔 156 个，孔径 ϕ130，钻孔深度为 30m，单位取热量为40W/延米。

4. 垂直换热器采用单 U 埋管，埋管材料采用高密度聚乙烯管（HDPE80）*DN*20。

5. 水平埋管汇总管采用成品聚氨酯保温管直埋敷设，埋深为室外地面下 1.8m。

6. 土壤换热器回填采用膨胀率为 50 倍的膨润土和砂混合料进行回填，比例根据回填实际情况进行调整。

7. 地埋管施工时，应避让并严禁损坏其他地下管线及构筑物。

8. 地埋管换热器安装完成后，应在埋管区域做出标志或表明管线的定位带，并以现场的两个永久目标进行定位。

9. 地埋管管材及管件应符合以下规定：

（1）地埋管采用高密度聚乙烯管（HDPE80），管件与管材宜为相同材料。

（2）地埋管质量应符合国家现行标准中的各项规定，管材的公称压力及使用温度应满足设计要求。管材的公称压力不应小于 1.25MPa。

（3）埋入岩土体中的地埋管中间不应有机械接口及金属接头。

10. 地埋管换热器管内流体应保持紊流流态。

11. 地埋管换热系统应根据地质特征确定回填料配方，回填料的导热系数应不低于钻孔外和沟槽外岩土体的导热系数。

四、地暖埋管

1. 地暖埋管采用 DN20 的 PE-X 管，PE 管间距为 150mm。

2. 为了达到保暖要求，花坛竖向采用多层结构，详细结构见剖面图。根据要求，采暖区域包括花坛外围花坛区域、十八星和花坛东侧的两个区域，系统从花坛外围供水，共分两路：外围区域和外圈九星为一路，中心九星和东侧采暖区域为一路。第一路的集分水器安装于外九星的内侧，且内侧设可开启部分便于检修，具体结构根据花坛设计而定；第二路的集分水器安装于中心环形。花坛壁及水池壁均贴保温板。且地暖埋管结构中包含保温层，以防止采用地热系统后温度向四周散发，而重点把温度向上成梯度散失。集、分水器规格均为 *DN*32，进出水管管径为 *DN*25，每个集分水器上设温度计、压力表、自动放气阀等。

3. 花坛东侧采暖区域以所在地地面标高为准，按照地暖埋管剖面图设计，管径采用 *DN*40，尺寸由现场施工确定。

五、控制系统

1. 地源热泵主机由主机自带的电脑控制器根据负荷变化自动调节运行。

2. 地暖埋管水温由园林工人根据园林工艺进行手动调节。

3. 地暖埋管在温度在 5℃时开始供暖。

六、地埋管换热系统施工说明

1. 地埋管换热系统施工前应了解埋管场地内已有地下管线、其他地下构筑物的功能及其在地面的准确位置，并应进行地面清理，铲除地面杂草、杂物和浮土，严格检查并做好管材保护工作。

2. 地埋管及管件应符合设计要求，且应具有质量检验报告和生产厂的合格证。施工过程中，应严格检查并做好管材保护工作。

3. 管道连接应符合以下规定：

（1）所有埋地管道应采用热熔或电熔连接。管道连接应符合《埋地聚乙烯给水管道工程技术规程》CJJ 101 的有关规定。

（2）地埋管换热器的 U 形弯管接头，宜选用定型的 U 形弯头成品件，不宜采用直管道煨制弯管接头。组对好的 U 形管的两开口端部，应及时密封。

（3）地埋管换热器安装过程中应进行水压试验。安装前后应对管道进行冲洗，充注防冻液前，应进行排气。

4. 垂直地埋管换热器安装应在钻好且孔壁固化后立即进行，需采用灌浆回填时，应将灌浆管和 U 型管一起插入孔中直至孔底。下管过程中，U 形管内宜充满水，并宜采取措施使 U 形管两支管处于分开状态。

5. U 形管安装完毕后，应立即用灌浆材料回灌封孔。当埋管深度超过 40m 时，回灌应在周围临近钻孔均钻凿完毕后进行。

6. 灌浆材料宜采用膨润土和细砂（或水泥）的混合浆或专用灌浆材料。当地埋管换热器设在密实或坚硬的岩土体中时，宜采用水泥基料灌浆。

7. 对回填过程的检验应与安装地埋管换热器同步进行。

8. 本说明未尽之处请严格按照《地源热泵系统工程技术规范》执行。

图　名	设计说明	图　号	24-1

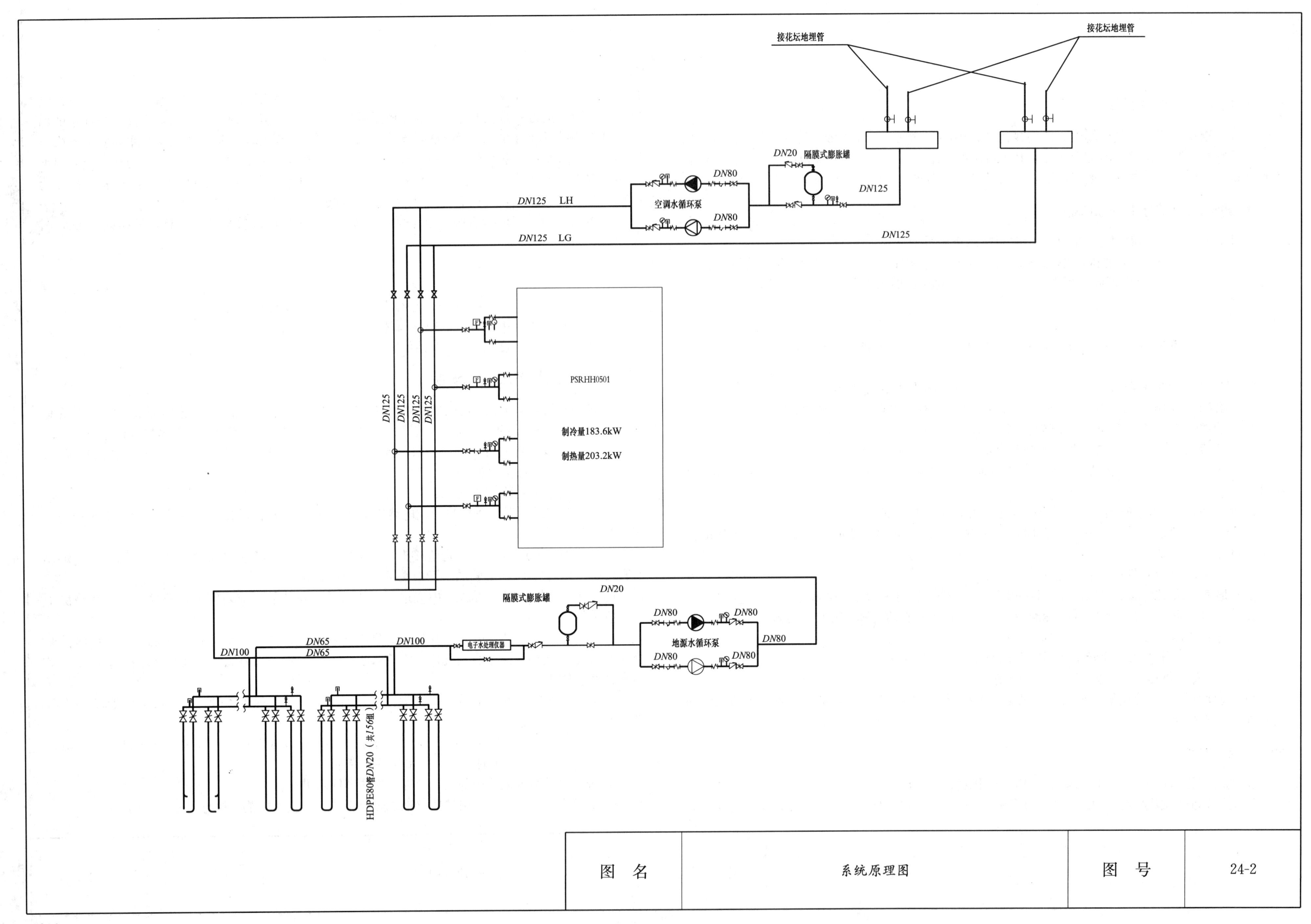

图 名	系统原理图	图 号	24-2

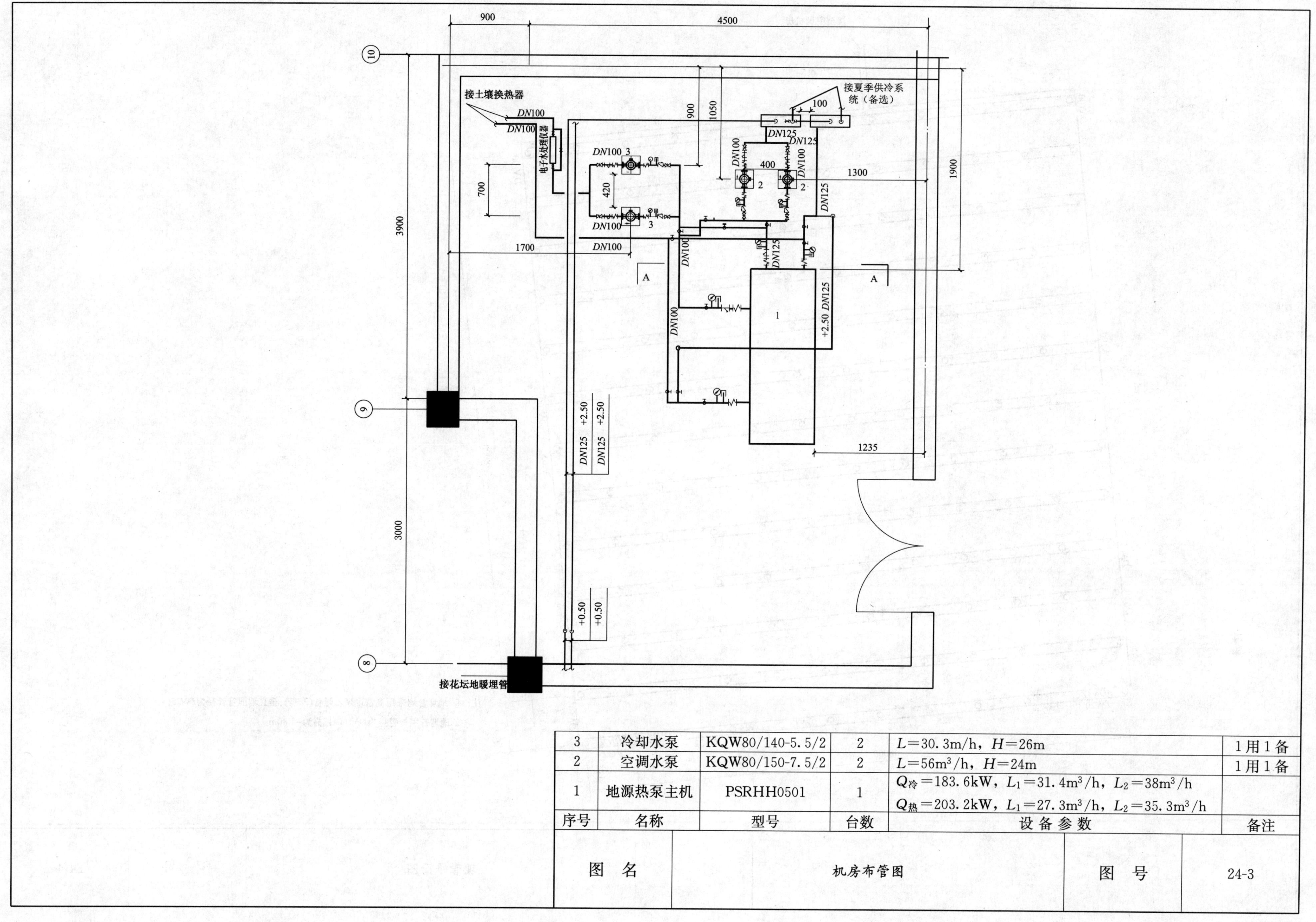

序号	名称	型号	台数	设备参数	备注
3	冷却水泵	KQW80/140-5.5/2	2	L=30.3m/h，H=26m	1用1备
2	空调水泵	KQW80/150-7.5/2	2	L=56m^3/h，H=24m	1用1备
1	地源热泵主机	PSRHH0501	1	$Q_{冷}$=183.6kW，L_1=31.4m^3/h，L_2=38m^3/h $Q_{热}$=203.2kW，L_1=27.3m^3/h，L_2=35.3m^3/h	

图名	机房布管图	图号	24-3

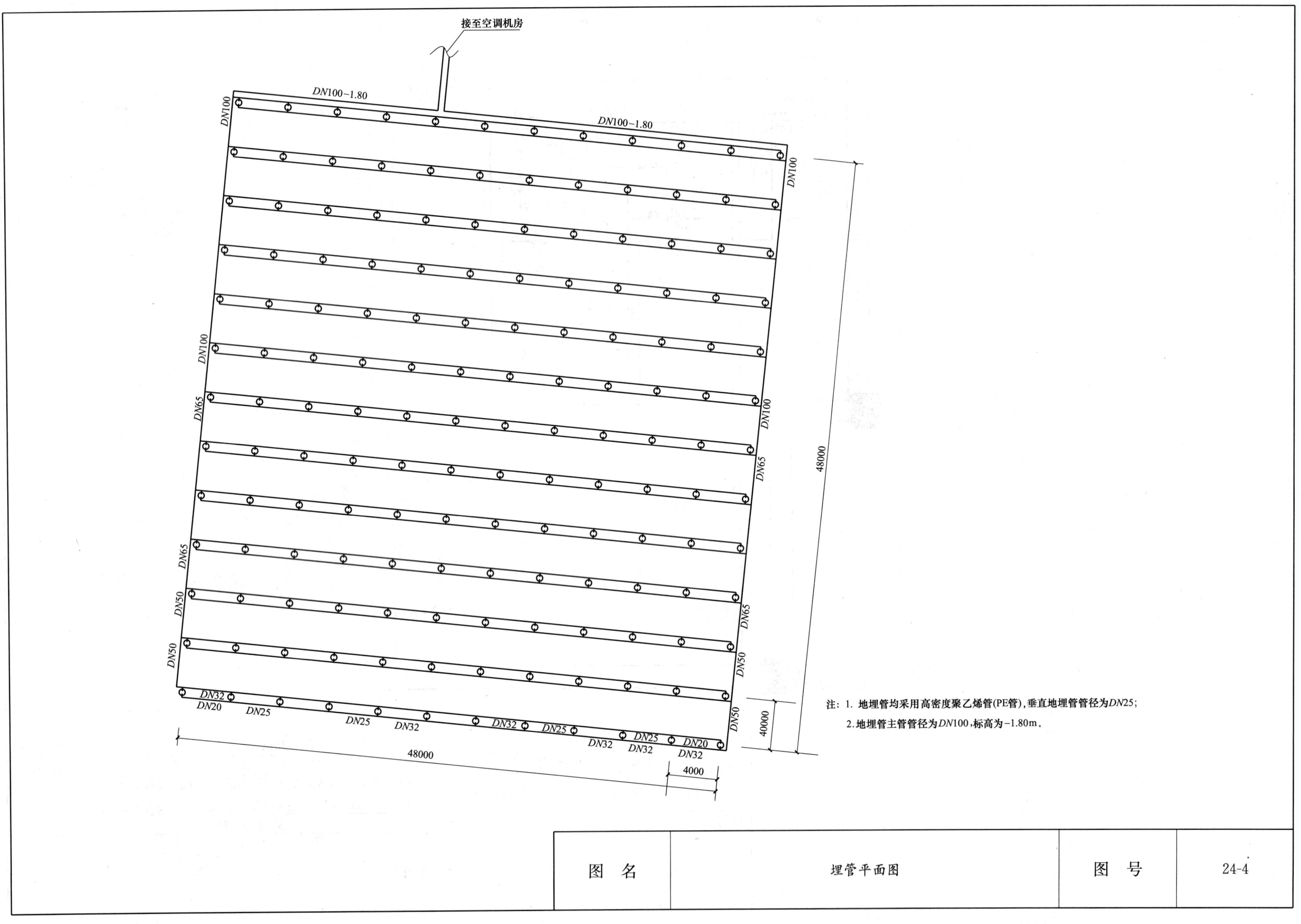
接至空调机房
DN100-1.80
DN100-1.80
DN100
DN100
DN100
DN100
DN65
DN65
DN65
DN65
DN50
DN50
DN50
DN50
DN32
DN20
DN25
DN25
DN32
DN32
DN25
DN32
DN32
DN25
DN20
DN32
48000
48000
40000
4000
注：1. 地埋管均采用高密度聚乙烯管(PE管)，垂直地埋管管径为DN25；
2. 地埋管主管管径为DN100，标高为-1.80m。
图 名
埋管平面图
图 号
24-4

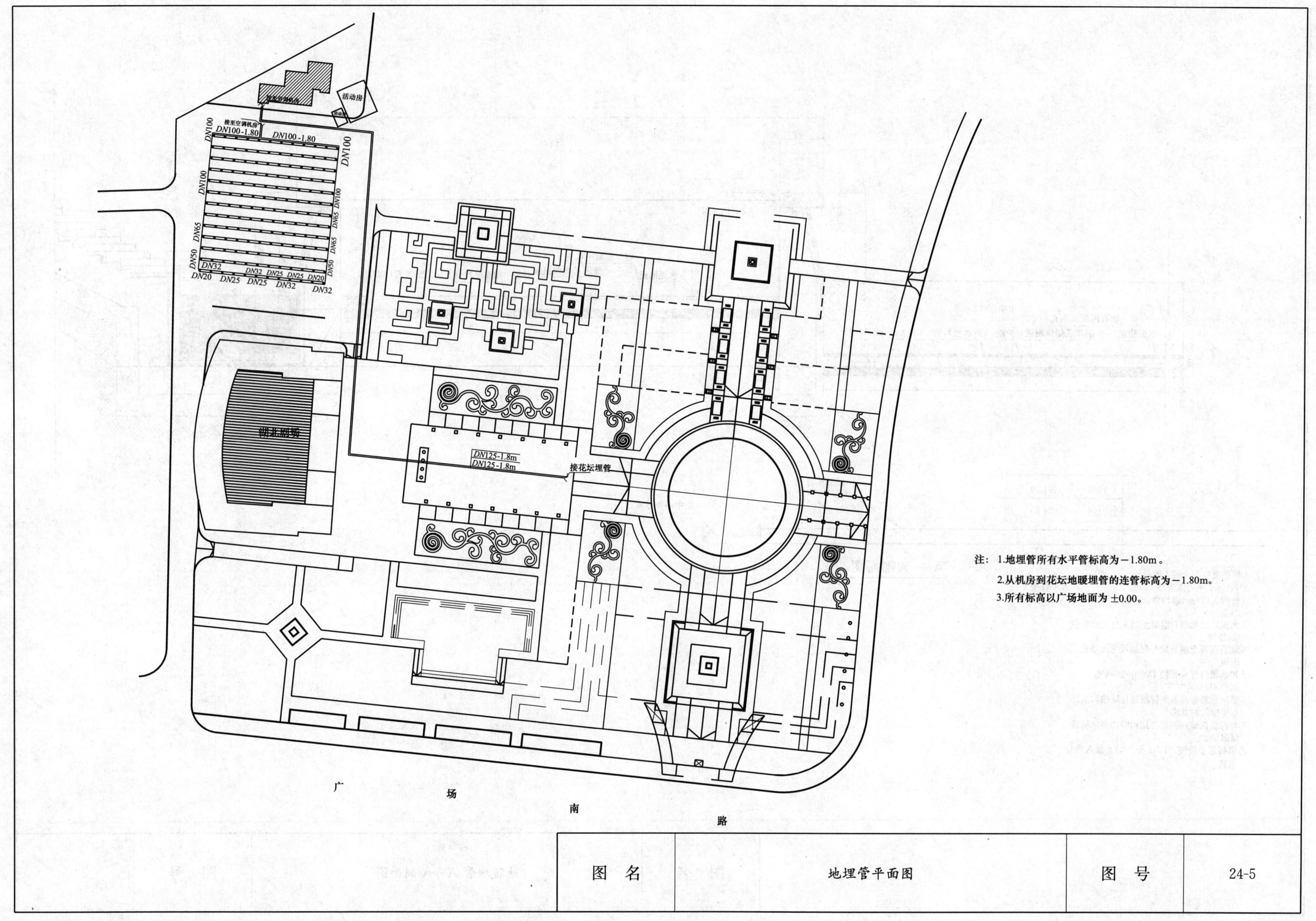
活动房
接至空调机房
DN100
DN100-1.80
DN100-1.80
DN100
DN100
DN100
DN65
DN65
DN65
DN65
DN50
DN50
DN32
DN32
DN32
DN32
DN20
DN20
DN25
DN25
DN25
DN25
湖北剧场
DN125-1.8m
DN125-1.8m
接花坛埋管
注：1.地埋管所有水平管标高为－1.80m。
2.从机房到花坛地暖埋管的连管标高为－1.80m。
3.所有标高以广场地面为 ±0.00。
广 场 南 路
图 名
地埋管平面图
图 号
24-5

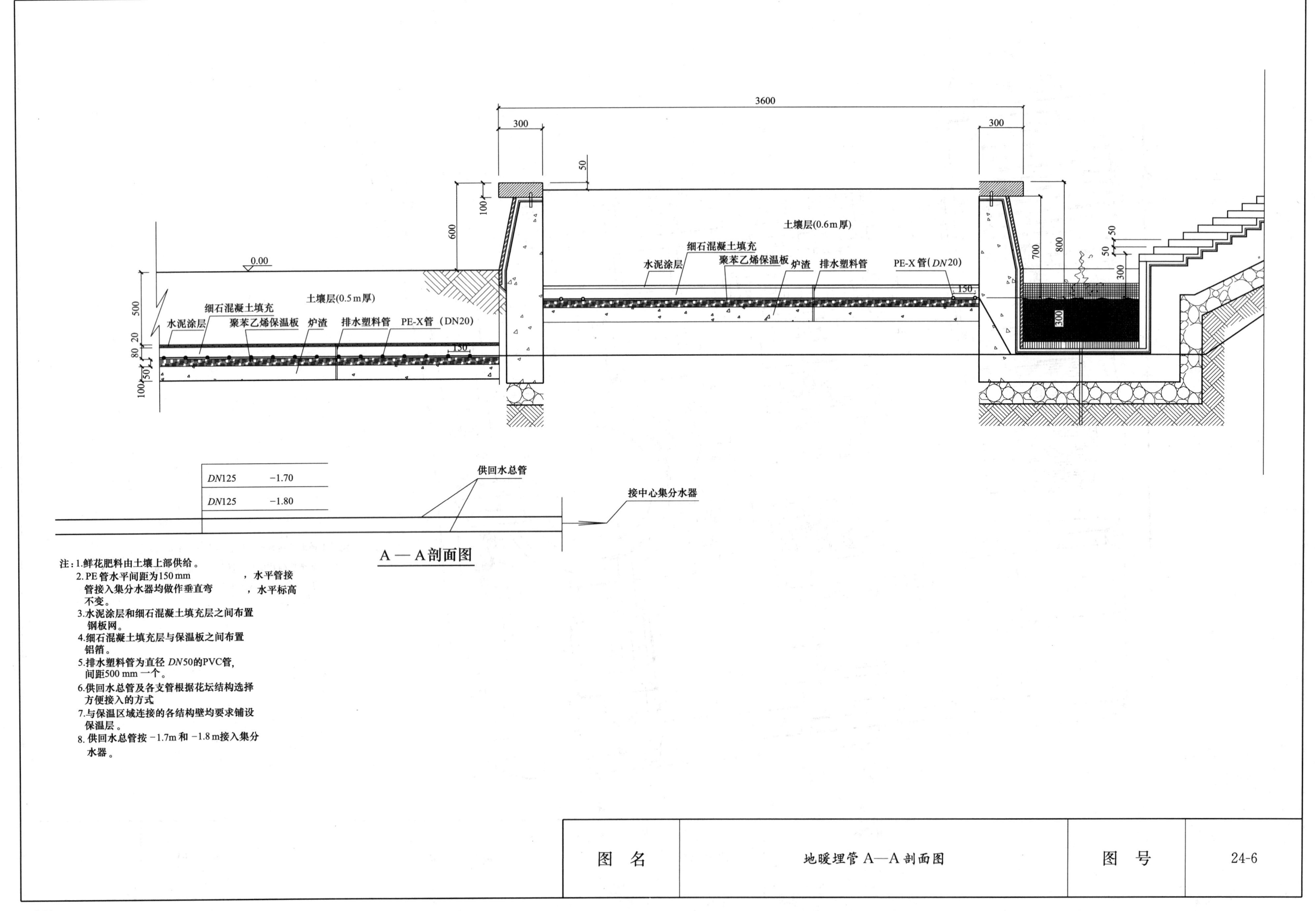

A—A剖面图

注：1.鲜花肥料由土壤上部供给。
2. PE管水平间距为150 mm，水平管接管接入集分水器均做作垂直弯，水平标高不变。
3.水泥涂层和细石混凝土填充层之间布置钢板网。
4.细石混凝土填充层与保温板之间布置铝箔。
5.排水塑料管为直径 *DN*50的PVC管，间距500 mm 一个。
6.供回水总管及各支管根据花坛结构选择方便接入的方式
7.与保温区域连接的各结构壁均要求铺设保温层。
8. 供回水总管按 −1.7m 和 −1.8 m接入集分水器。

图　名	地暖埋管 A—A 剖面图	图　号	24-6

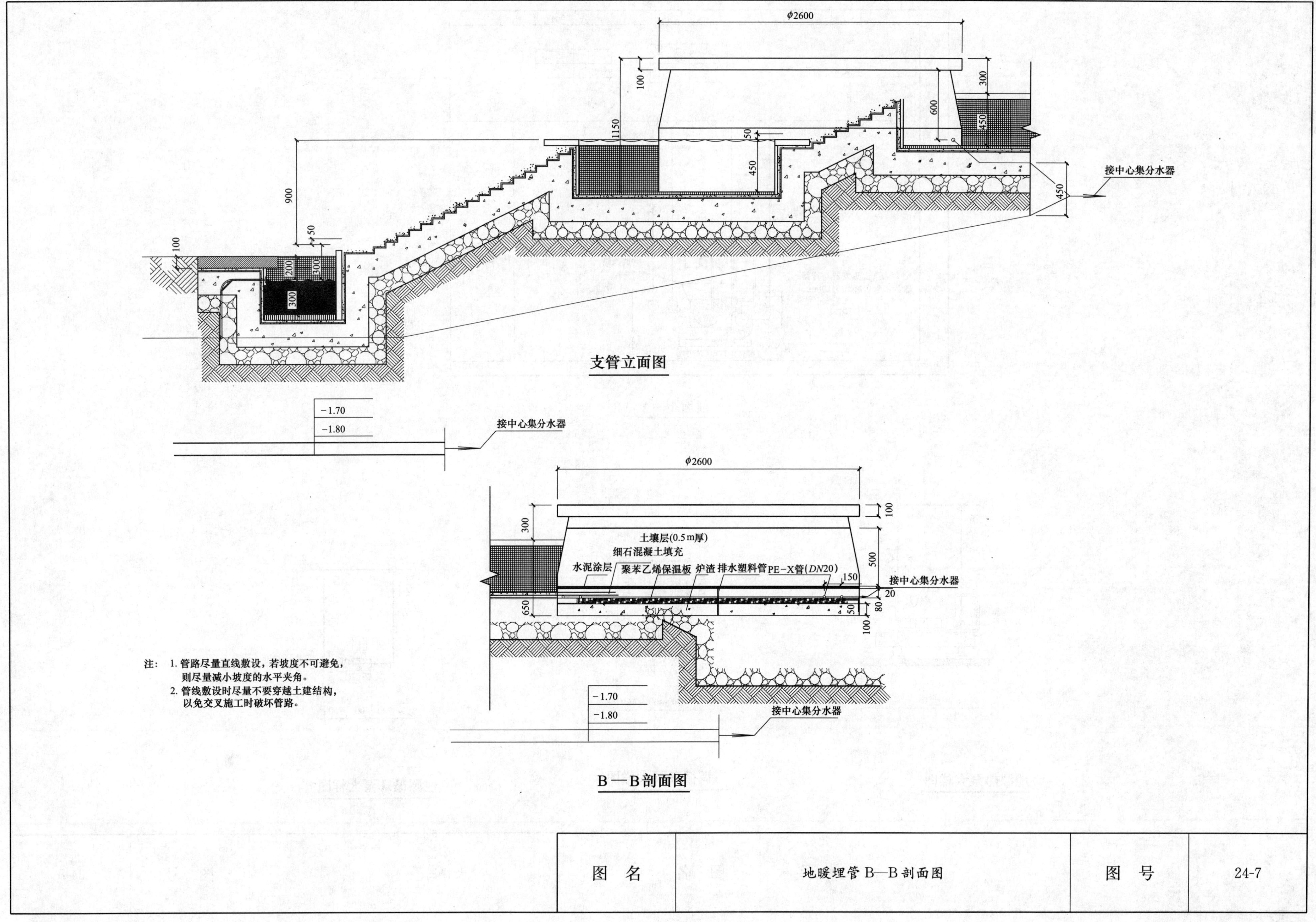

注：1. 管路尽量直线敷设，若坡度不可避免，则尽量减小坡度的水平夹角。
2. 管线敷设时尽量不要穿越土建结构，以免交叉施工时破坏管路。

图　名	地暖埋管 B—B 剖面图	图　号	24-7

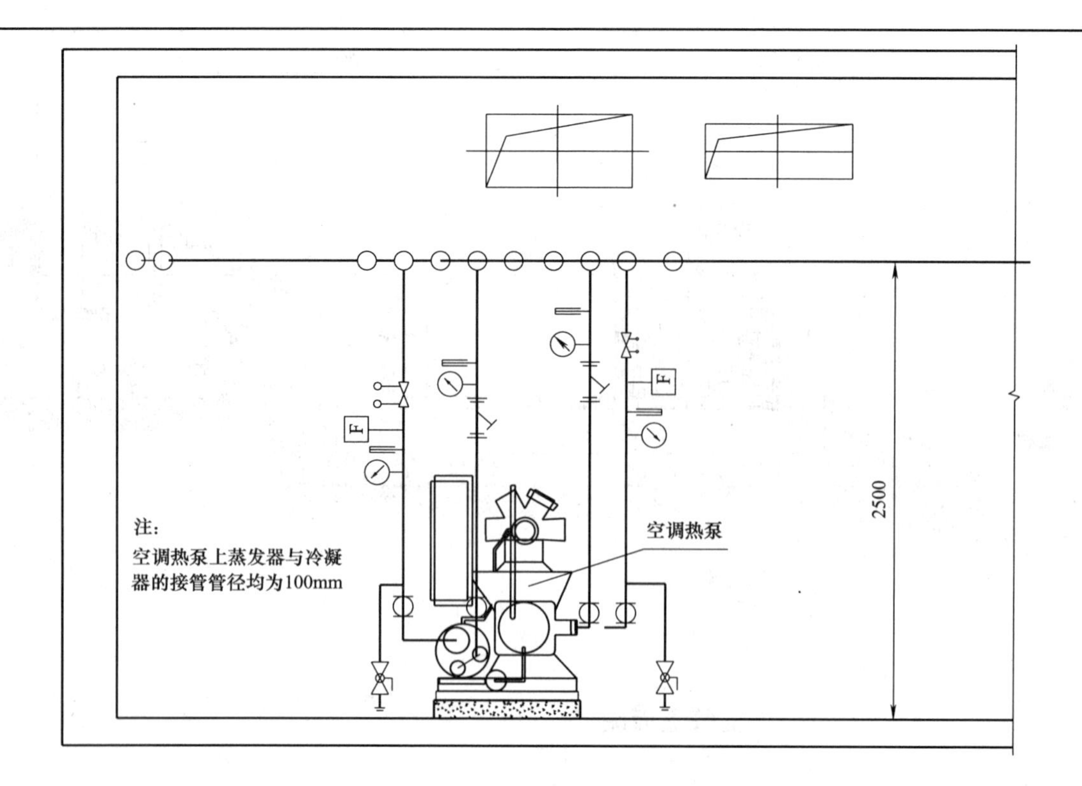

剖面A—A

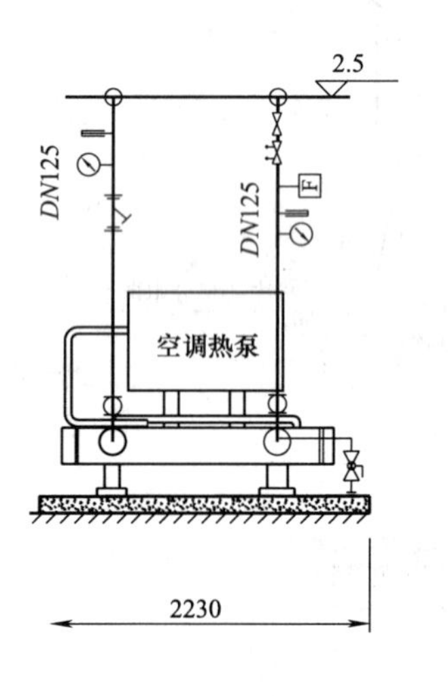

地源热泵大样图

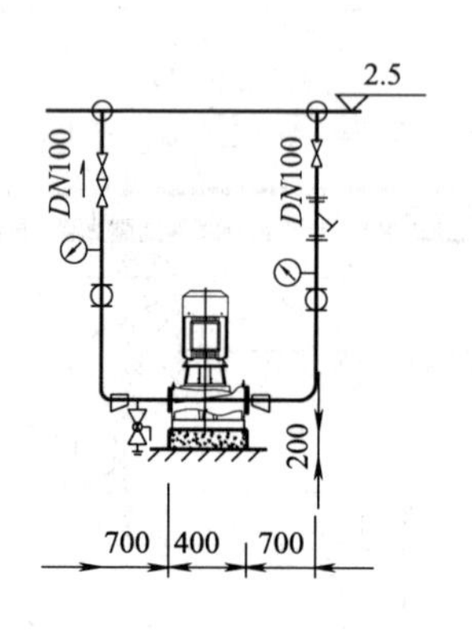

空调循环泵大样图

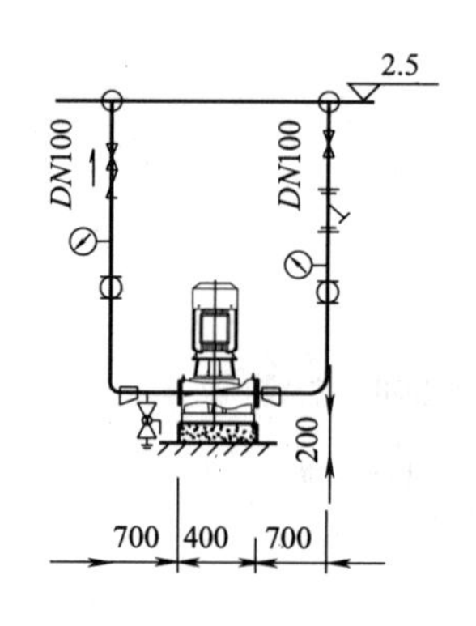

地源循环泵大样图

图　名	大样图	图　号	24-8

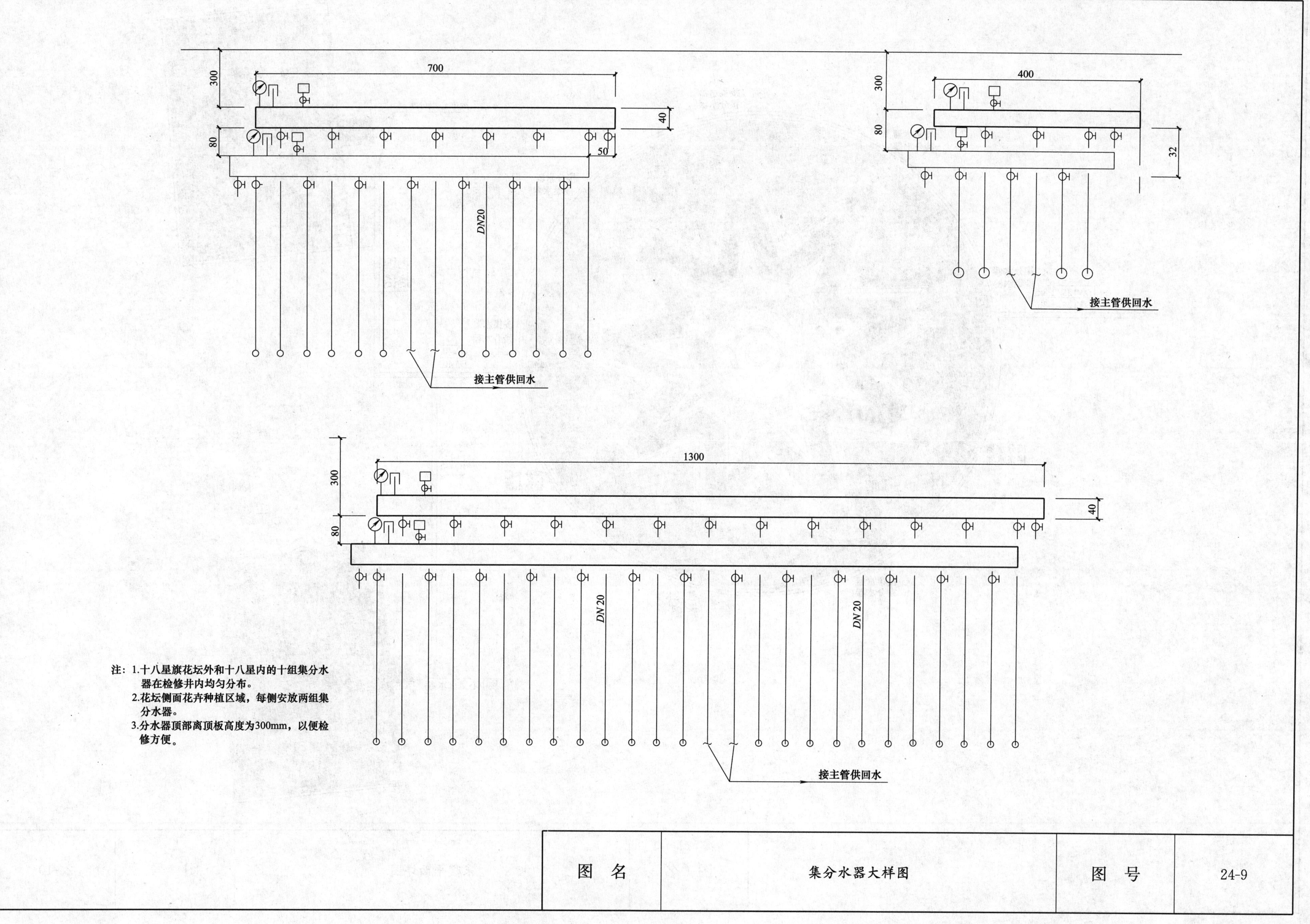

注：1.十八星旗花坛外和十八星内的十组集分水器在检修井内均匀分布。
2.花坛侧面花卉种植区域，每侧安放两组集分水器。
3.分水器顶部离顶板高度为300mm，以便检修方便。

图　名	集分水器大样图	图　号	24-9

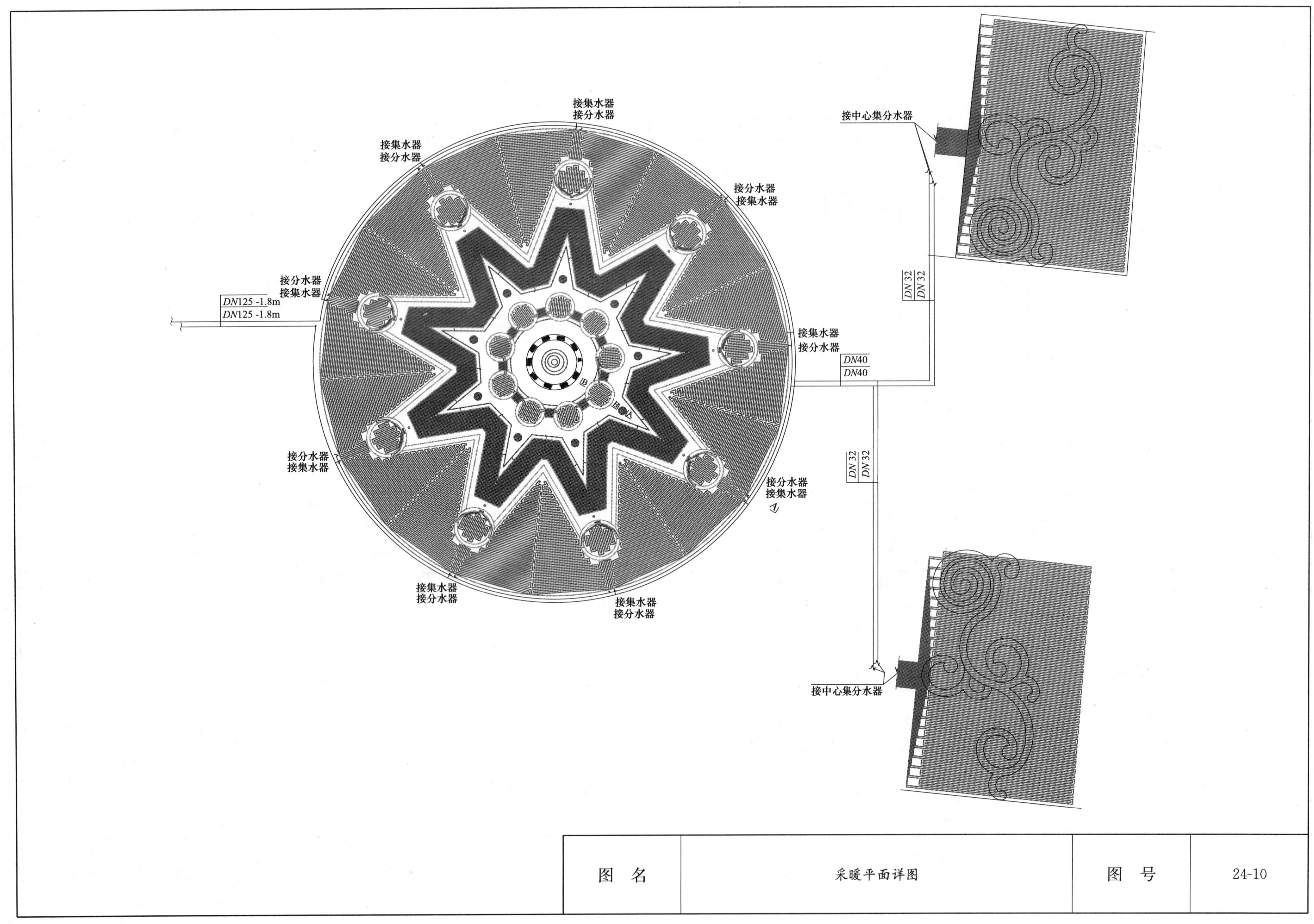

图　名	采暖平面详图	图　号	24-10

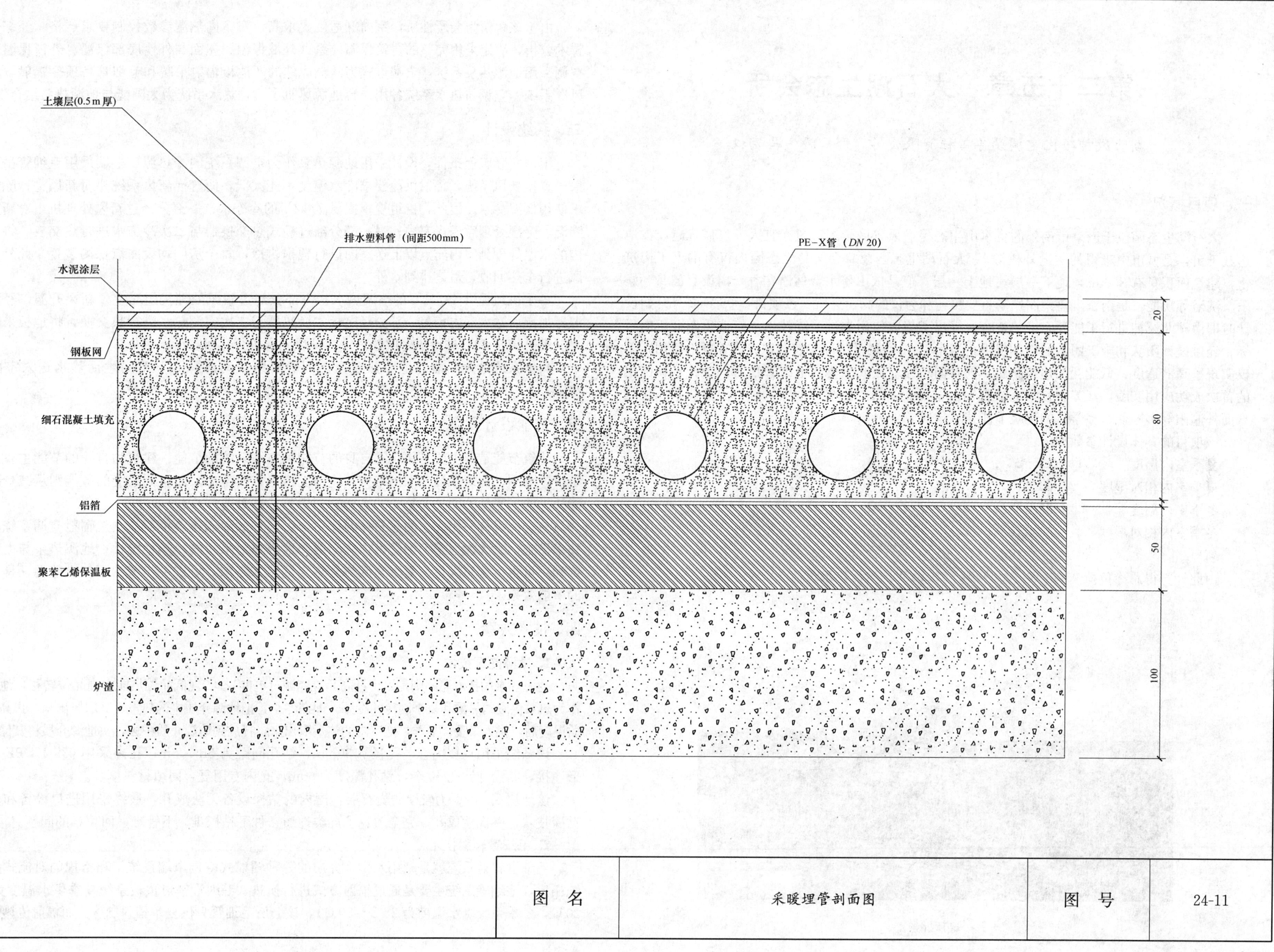
土壤层(0.5m厚)
排水塑料管（间距500mm）
PE-X管（DN 20）
水泥涂层
钢板网
细石混凝土填充
铝箔
聚苯乙烯保温板
炉渣
20
80
50
100
图名
采暖埋管剖面图
图号
24-11

第二十五章　大石湖生态会所

湖北风神净化空调设备工程有限公司　郁松涛　马宏权

一、项目概况

大石湖生态园位于南京市南郊的将军山生态保护风景区，周边风光宜人，气候优越，占地达数千亩，是城市中难得的“世外桃源”。大石湖生态园桑拿会所是生态园内仅有的人工构筑物，建筑面积只有868m^2，地下一层，地上一层，但是依山傍水，鸟语花香，内设有健身、娱乐、洗浴等功能，是南京丰盛集团用于重要接待和会议的高档会所。该项目2006年2月开始设计时即由湖北风神进行了能源系统的整合，提出了集成使用先进节能技术、打造生态会所的目标，经过设计团队和施工团队的集体努力，当年10月空调系统即安装调试完毕并投入使用，不仅实现了高舒适度、低能耗的建筑品质，同时创新性地完成了德国毛细管辐射供冷技术在国内的首次成功应用实践，江苏省首个毛细管辐射供冷、太阳能热水、地板采暖、地源热泵、建筑立面外遮阳等多专业、多学科的建筑节能技术集成。

该项目的具体设计参数如下：

夏季室内温度　　25±2℃；

夏季室内相对湿度　　60±10%；

冬季室内温度　　22±2℃；

冬季室内相对湿度　　50±10%；

新风量　　25～30m^3/(h·p)。

由此计算得总冷负荷90.6kW，总热负荷70.6kW；生活热水负荷79kW。

会所外景

由于该建筑为会所性质，室内舒适度要求高，对室内热湿参数控制要求严格。经综合经济技术分析，决定采用完整的建筑保温体系（外墙保温、屋面与外墙底部保温、外窗保温隔热），空调采用地源热泵系统，末端方式为欧洲成熟的“地板辐射采暖和毛细管吊顶冷辐射＋置换新风”系统。空调与热水系统各用一台地源热泵主机，热水系统为太阳能与地源热泵结合供热。

二、系统设计

根据实际工程条件，设计采用地源热泵作为空调系统的冷热源。末端采用毛细管吊顶冷辐射＋置换新风系统，辐射供冷要求冷水温度不能太低，而置换新风系统要对新风进行除湿，要求使用低温冷水。因此，机组夏季提供7/12℃的冷冻水，一部分经过新风处理机组对新风进行降温、降湿处理后送入室内；另一部分经过板式热交换器与二次冷冻水进行热交换，将毛细管内的水温处理到室内露点以上送室内进行辐射供冷，每个房间均设露点探测装置。此外，对排风进行全热回收，最终排到室外。

冬季机组提供45/40℃的空调热水，一部分经过新风处理机组对室外新风升温，经湿膜加湿器加湿后送入室内；另一部分经过板式换热器与二次空调热水进行热交换，将地板采暖系统水温度升高至43℃进行辐射供热。室内排风同样进行热回收。

热水系统由太阳能与地源热泵全热回收机组联动，提供50℃的生活热水送入室内各配水点。

三、节能设计要点

建筑节能措施主要是建筑物自身的节能和空调系统的节能。建筑物自身的节能主要是从建筑设计规划、建筑保温、围护结构、遮阳设施等方面考虑。而空调系统的节能则从减少冷热源能耗、输送系统的能耗及系统的运行管理规范等方面进行考虑。

该会所设计采用完整的建筑保温体系，可以有效降低建筑负荷，它是辐射空调系统的基础技术措施，大大加强了毛细管吊顶冷辐射和地板辐射采暖的冷热稳定性；地源热泵与太阳能系统利用可再生能源满足冬夏季空调与全年生活热水需求，更进一步节约了一次能源，具有明显的节能效果。

四、技术方案

1. 地源热泵技术

地源热泵的技术思路则是以少量高品位能源（电能），实现低品位热能向高品位转移，地源介质作为热泵供暖的热源和夏季制冷的冷源。即在冬季，把地源介质中的热量“吸取”出来，提高循环介质温度后，供人采暖；夏季，把室内的热量取出来，释放到地源介质中去，由地源介质将其储存。

该系统采用垂直埋管，孔径ϕ130mm，钻孔间距为5m×5m；孔内采用ϕ25 HDPE管，W形连接，共设计钻孔40个，钻孔深度为60m，孔内专用复合回填材料填实。

该地块5m以下为较硬的岩石层，国内的钻探设备无法成孔，最终采用进口设备和先进的钻探技术，一次性成孔，完全攻克了此类地质条件下钻探难、下管难、回填难的问题。

2. 毛细管辐射技术

毛细管辐射系统就是利用水作为介质的一种辐射式空调末端系统。和常规的对流式空调系统相比，毛细管系统主要是通过辐射方式进行换热（毛细管辐射顶板系统夏季供水温度为18～20℃，冬季系统供水温度为28℃～30℃），该会所毛细管只供夏季辐射制冷。而辐射传热的最大优点是：在室内没有吹风感、没有空气流动带来的噪声，创造了健康的室内环境。加上毛细管轻巧的设计，使得毛细管系统灌满水后重量只有 900g/m²，可以用在建筑物室内任何位置安装使用，可以安装在顶棚、墙壁、地板等位置，基本不受空间和其他条件的限制。其安装快速简单，无论老式建筑改造，还是新式建筑安装，都极其简单。

会所的毛细管安装在吊顶空间内，毛细管以下为石膏板装饰（此安装工艺被称为干法），具有较好的舒适性，较高的制冷能力，与地源热泵机组的配套使用更是降低了维护费用和系统的能耗。毛细管安装情况如图 25-1 所示，毛细管辐射顶板安装后根据建筑需要进行室内装修，装修后效果如图 25-2 所示。

图 25-1　吊顶辐射顶板

图 25-2　毛细管辐射面板装修后整体效果

3. 地板采暖技术

在同样采暖负荷的条件下，其传热方式是以辐射为主。在热负荷条件相等的情况下，地板采暖比传统热对流方式效率高，从人和环境的热交换舒适度讲，地板采暖更健康、舒适和有效。

地板采暖系统辐射设计温度可比常规供热方式低 2～4℃，故比常规供热方式节能。图 25-3 为地板采暖埋管照片。

图 25-3　地板采暖埋管

4. 置换新风技术

置换通风就是将所有房间的新风都从房间下部送出，新风以低于 0.2m/s 的速度和略低于室内温度的温度送入房间。低温就是不用依赖风机的动力，而依靠空气的密度差来实现新风的自动流动。低速就是不产生明显的气流，避免气流产生的对人体体表微循环的不利影响。这样，新风从房间的底部慢慢地充满整个房间。人体和室内其他热负荷加热新风，就会产生上升的气流，尤其是人体呼吸排出的污浊空气因为温度高而上升快，最后到达房间的顶部，汇聚、进入卫生间排风道排出。由于地板采暖和毛细管承担了室内的采暖和制冷工作，因此，室内只需要提供人体健康需求的新鲜空气，无需空气再循环，使居住者不必担心因通风不良而感染疾病，确保居住者在不开窗通风的时候，依然能够呼吸到新鲜而安全的空气。彻底解决了传统空调系统中新鲜空气和污浊空气混合使用的弊病，大大减小了疾病交叉传染的可能性。

新风机房（设在地下室）内设全热交换新风处理机组。室外新鲜空气首先经新风机房通过能量回收装置与室内排风进行全热交换，经加热（冷却）送入室内。

5. 生活热水系统

桑拿会所生活热水主要为桑拿、浴室用热水，设计太阳能与地源热泵全部热回收机组结合，保证了全年任何时段的热水供应。

太阳能采用 30 组集热器并联同程连接，热水水箱分两级水箱，二级水箱设置在一层屋顶，配置自动上水装置，一级热水箱设置在地下室设备机房内。

地源热泵全部热回收机组采用一台 79kW 的机组，与太阳能系统联动，在不利天气因素下太阳能系统不能提供热水时，通过温度传感器，地源热泵机组自动开启制热。

在夏季，由于空调热泵主机制冷循环加热了冷凝器中的冷却水，机组的能效比随着冷却水温度的升高而降低，热水系统的应用刚好克服了这一缺点，热水系统在地源热泵工况下制热，将会提高整个系统的能效比，实现了空调释放废热加快生活热水系统制热，热水系统释放冷量加快空调系统制冷。

五、总结

大石湖生态园桑拿会所空调系统采用了多种现代空调技术，系统运行数据表明，该系统成功营造了舒适、健康、高效节能的室内热湿环境，并且为建筑提供生活热水。该项目的成功实施为新建建筑的空调系统设计提供了有益参考。

1. 通过采用各种先进技术，完全可以创造低能耗、高舒适性的建筑室内环境；通过创造性地运用先进技术、因地制宜、详细论证，一定可以设计出符合节能法规和各种规范要求，且健康、舒适的空调系统。

2. 多种技术的综合应用会有许多困难，系统集成是设计的重点，需要根据具体情况提出创造性的解决方案。

3. 该项目采用了多种技术，初投资较高，但系统高效节能，运行、维护、管理成本低，短期内便可以回收成本，具有广泛的社会、经济效益。

设计施工说明

一、总则

1. 工程概况和设计范围：

本工程为一休闲会所，位于江苏省南京市南郊生态保护区内，建筑面积 868m²，设有健身、娱乐、洗浴功能，采用地源热泵空调系统。整个设计包括两部分：地源热泵系统设计和辐射式空调加独立新风系统、生活热水系统和桑拿系统设计。

2. 设计依据的主要规范：

本设计依据甲方提供的土建图纸及资料，并遵照以下规范和技术措施进行设计：

（1）《采用通风与空气调节设计规范》GB 50019—2003；

（2）《地面辐射供暖技术规程》J365—2004；

（3）《建筑给水排水设计规范》GB 50015—2003；

（4）《地源热泵系统工程技术规程》（送审稿）；

（5）《建筑设计防火规范》GBJ 16—87（2001 年版）；

（6）《公共建筑设计节能设计标准》GB 50189—2005；

（7）《建筑给水、排水及采暖工程施工质量验收规范》GB 50242—2002；

（8）《通风与空调工程质量施工验收规范》GB 50243—2002。

3. 在设计图纸中，除特别指示外，长度单位为毫米，标高为米。

4. 除特殊说明外，水管的标高指管中心标高。

5. 穿越建筑物的各种管道应安装套管，在安装完毕并经检验合格后须按照有关要求，将空隙部分用不燃材料填实并装修表面。

6. 除特殊说明外，图中所注相对标高均是以所在层地面为＋0.00 而定。

二、空调设计说明

1. 空调室外计算参数

（1）夏季空调计算干球温度	35.0℃；
（2）夏季空调计算湿球温度	28.3℃；
（3）冬季空调计算干球温度	－6℃；
（4）冬季空调计算相对湿度	73%。

2. 冬夏季通风室外计算参数

（1）冬季通风室外计算温度	－3℃；
（2）夏季通风室外计算温度	32℃；
（3）夏季通风室外计算相对湿度	64%。

3. 室内设计参数

夏季室内温度	25±2℃；
夏季室内相对湿度	60±10%；
冬季室内温度	22±2℃；
冬季室内相对湿度	50±10%；
新风量	25～30m³/(h·p)。

三、空调方式及冷热源：

本会所空调末端方式采用欧洲成熟的“地板采暖和天棚冷辐射系统＋独立新风”系统。空调主机采用 2 台地源热泵主机，1 台热泵机组供给辐射式空调系统和新风系统，1 台热泵用于供应生活热水系统。辐射式空调系统分为夏季天棚冷吊顶和冬季地面辐射供暖系统；新风系统夏季由机组提供 7/12℃的冷冻水，冬季提供 45/40℃的热水；天棚辐射系统夏季由板式换热器提供 18/20℃的冷冻水，地面辐射采暖系统冬季由板式换热器提供 43/38℃的热水。不同季节运行工况的转换靠阀门的切换实现。

四、空调负荷

	天棚辐射系统或地面辐射系统负荷(kW)	新风系统负荷(kW)	总负荷(kW)
夏季	30.6	60	90.6
冬季	30.6	40	70.6

五、空调施工说明

1. 水系统

（1）管材

空调侧二次水管和地埋管均采用 HDPE100 管，承压为 1.6MPa，热熔承插连接，具体规格如下：

外径	25	32	40	50	63	75	90
壁厚	2.3	2.9	5.6	6.9	8.7	6.9	8.2

地面辐射采暖用 PE-RT 管，管间距 250mm；热水系统采用 PP-R 热水管。

其余管道采用焊接钢管或无缝钢管，$DN \leqslant 32$ 时为焊接钢管；$DN \geqslant 50$ 时为无缝钢管。

（2）保温

保温层使用难燃橡塑材质，保温层厚度：当 $DN \leqslant 50$mm 时，$\delta = 30$mm；当 $DN > 50$mm 时，$\delta = 40$mm；

（3）空调供水水平干管的坡向与流向相反，回水水平干管坡向与流向相同，坡度＞0.003。空调水管上的阀门当 $DN < 50$mm 时，采用铜截止阀；当 $DN \geqslant 50$mm 时，采用蝶阀。

（4）集水器回水总管上均加平衡阀，各分集水器设置泄水阀。在各水管的最高位置设置自动排气阀；最低位置设置泄水阀，泄水阀接至附近地漏。

（5）管道活动支、吊、托架的具体形式和设置位置，由安装单位根据现场情况确定，做法参见国标图 03SR417-1。

（6）管道的支、吊、托架必须设置于保温层的外部，在穿过支、吊、托架处应镶以垫木。

（7）管道安装完工后，应进行水压试验，试验压力见 GBJ 242—82 有关规定，试压合格后应对系统进行反复冲洗，直至排出水中不夹带泥砂、铁屑等杂质，且水色不浑浊时方为合格，管路系统冲洗时，水流不得经过任何设备。

图 名	设计施工说明及图例	图 号	25-1

（8）水路金属管道、设备等，在表面除锈后，刷防锈底漆两遍。金属支、吊、托架等在表面除锈后，刷防锈底漆和色漆各两遍，水路管道均应做色环标志。

（9）机房设在地下一层，新风管、空调供回水干管敷设于一层下的夹层内，排风管在一层楼吊顶内安装，在厨师休息室内转入夹层至机房。

（10）地面采暖施工要符合 J365—2004 地面辐射供暖技术规程，地面铺设 30mm 聚苯乙烯板做防潮隔热层。

2. 地埋管系统

（1）本工程地下埋管换热器采用垂直埋管，为钻孔埋管。

（2）室外埋管采用钻孔垂直埋管，钻孔间距为 5m×5m；孔内采用 ϕ25 HDPE 管，W 形连接。共设计钻孔 40 个，钻孔深度为 60m。

（3）所有地下埋管换热器环路的水平管采用同程连接至集分水器，且加装截止阀。

（4）垂直 W 形管安装完毕后应立即用回填材料封孔，回填材料宜采用水泥加膨润土或粗砂。

（5）水平地埋管连接管回填土应细小、松散、均匀且不含石块，回填过程应压实、均匀。

（6）地埋管换热器安装前、中、后应进行水压试验，安装前后应对管道进行冲洗。

3. 室外直埋管

（1）各窗井地埋管主管、室外空调管和生活热水管线采用难燃聚氨酯直埋敷设。管内因温度变化较小可不设热力补偿装置。

（2）直埋管采用聚氨酯预制保温，接头处进行现场发泡保温，保温厚度按下表选取。

公称直径(mm)	65	80	100	125
管道外径(mm)	76	89	108	133
保温厚度	35	40	45	45

（3）直埋管回填土前应先清槽及进行水压试验，合格后应对管道焊缝进行现场发泡保温，随后要求填砂，砂的粒径为 0.5～2.0mm。回填土中不准有冻块，不应有尖角的颗粒、砖块、混凝土块、树枝等杂物，并码放标志带。

（4）沟内回填时要求两侧同时投填，以防管道中心偏移，回填要求分层夯实，人工夯实每层 250～300mm。

4. 风管

双层不燃铝箔夹不燃酚醛复合风管，热阻值≥0.74（m²·℃)/W。风管三通要求为采用有分风角的圆角三通。

六、自控要求

1. 制冷采暖季节：在热水温度达到 50℃时，热水热泵主机先停机延时 60s 后生活热水循环泵停机；在热水温度低于 47℃时，生活热水循环泵开启延时 60s 后热水热泵主机开启。

2. 非制冷采暖季节：在热水温度达到 50℃时，热水热泵主机先停机延时 60s 后生活热水地源循环泵、生活热水循环泵同时停机；在热水温度低于 47℃时，生活热水地源循环泵、生活热水循环泵同时开启延时 60s 后热水热泵主机开启。

3. 所有压力表、温度计采用高精度温度计，误差±0.5℃；所有水管阀门公称压力 6kg/cm²。冬季机房内要保证 5℃的值班温度。

七、其他

1. 热泵机组、水泵等设备的安装、试压及操作均按产品说明书进行。

2. 凡本说明未提及的详细做法，均参见《建筑设备施工安装图集》的有关内容。

3. 施工中若遇到与本专业有关的问题，应由甲方、施工单位和设计人员共同协商解决。

图　例

	截止阀		电动三通调节阀	—CG—	天棚供水管
	蝶阀		螺旋脱气除污阀	- -CH- -	天棚回水管
	软接头		安全阀	-·-DG-·-	地板辐射供水管
	温度计		隔膜式膨胀罐	—LG—	新风供水管
	压力表		风量调节阀	—LH—	新风回水管
	止回阀		电动风阀	—RG—	生活热水供水管
	平衡阀		地源窗井内集水器	-·-RH-·-	生活热水回水管
	电动阀		地源窗井内分水器	—R—	软化水管
	Y 形除污器				
	放气阀				

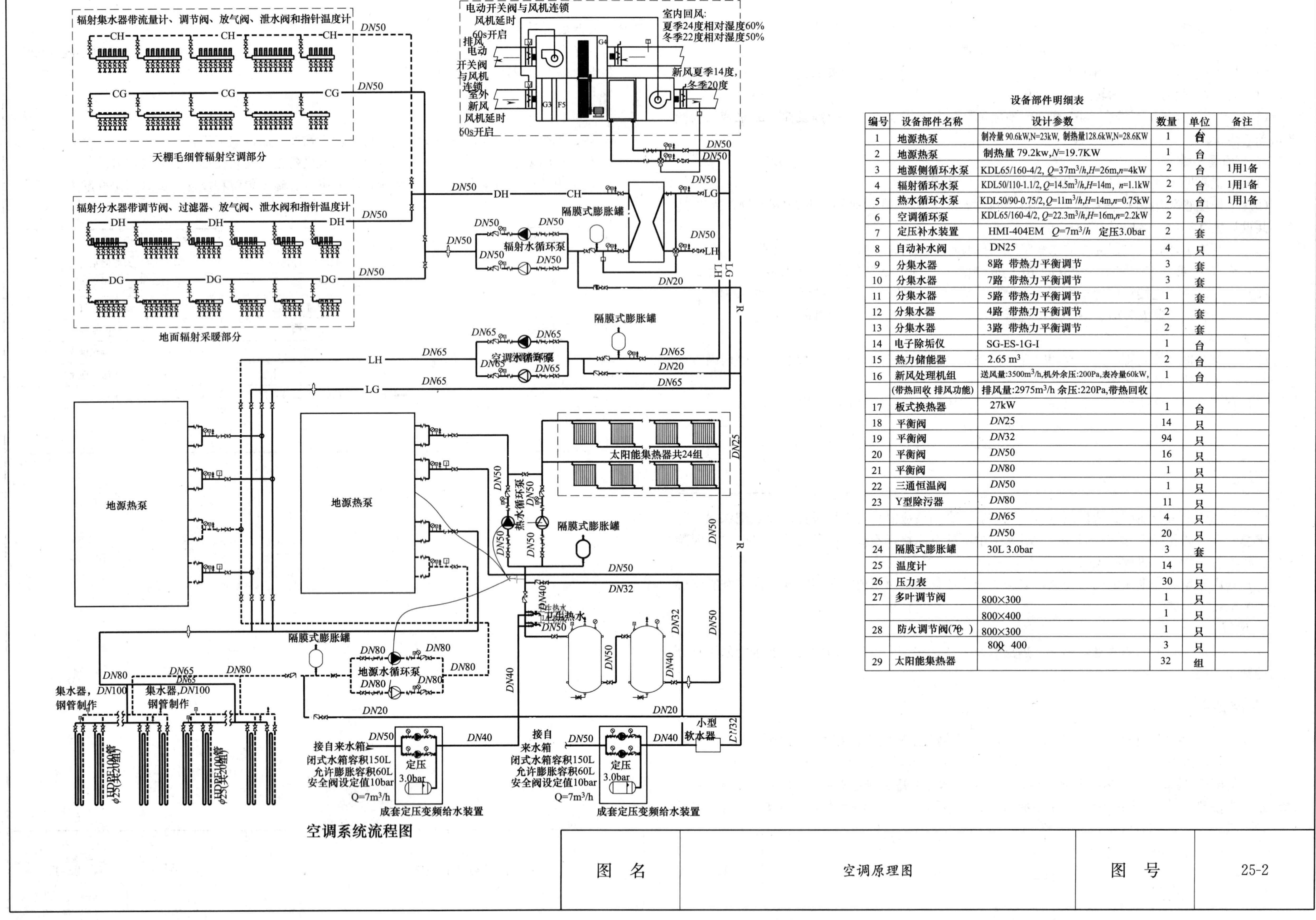

设备部件明细表

编号	设备部件名称	设计参数	数量	单位	备注
1	地源热泵	制冷量 90.6kW,N=23kW, 制热量128.6kW,N=28.6KW	1	台	
2	地源热泵	制热量 79.2kw,N=19.7KW	1	台	
3	地源侧循环水泵	KDL65/160-4/2, Q=37m³/h,H=26m,n=4kW	2	台	1用1备
4	辐射循环水泵	KDL50/110-1.1/2, Q=14.5m³/h,H=14m, n=1.1kW	2	台	1用1备
5	热水循环水泵	KDL50/90-0.75/2, Q=11m³/h,H=14m,n=0.75kW	2	台	1用1备
6	空调循环泵	KDL65/160-4/2, Q=22.3m³/h,H=16m,n=2.2kW	2	台	
7	定压补水装置	HMI-404EM Q=7m³/h 定压3.0bar	2	套	
8	自动补水阀	DN25	4	只	
9	分集水器	8路 带热力平衡调节	3	套	
10	分集水器	7路 带热力平衡调节	3	套	
11	分集水器	5路 带热力平衡调节	1	套	
12	分集水器	4路 带热力平衡调节	2	套	
13	分集水器	3路 带热力平衡调节	2	套	
14	电子除垢仪	SG-ES-1G-I	1	台	
15	热力储能器	2.65 m³	2	台	
16	新风处理机组	送风量:3500m³/h,机外余压:200Pa,表冷量60kW,	1	台	
	(带热回收 排风功能)	排风量:2975m³/h 余压:220Pa,带热回收			
17	板式换热器	27kW	1	台	
18	平衡阀	DN25	14	只	
19	平衡阀	DN32	94	只	
20	平衡阀	DN50	16	只	
21	平衡阀	DN80	1	只	
22	三通恒温阀	DN50	1	只	
23	Y型除污器	DN80	11	只	
		DN65	4	只	
		DN50	20	只	
24	隔膜式膨胀罐	30L 3.0bar	3	套	
25	温度计		14	只	
26	压力表		30	只	
27	多叶调节阀	800×300	1	只	
		800×400	1	只	
28	防火调节阀(70℃)	800×300	1	只	
		800×400	3	只	
29	太阳能集热器		32	组	

图　名	空调原理图	图　号	25-2

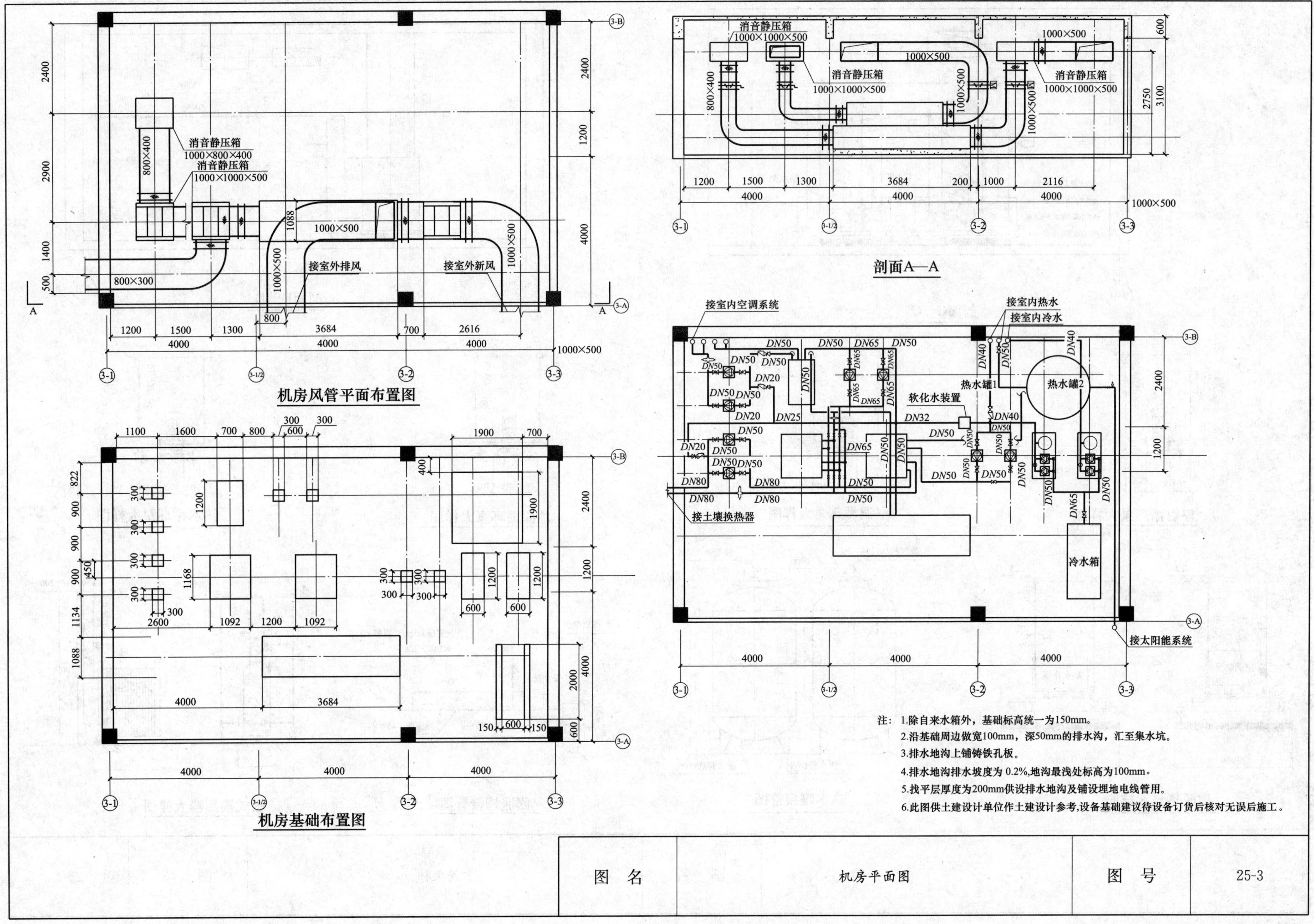

注：1.除自来水箱外，基础标高统一为150mm。
2.沿基础周边做宽100mm，深50mm的排水沟，汇至集水坑。
3.排水地沟上铺铸铁孔板。
4.排水地沟排水坡度为0.2%,地沟最浅处标高为100mm。
5.找平层厚度为200mm供设排水地沟及铺设埋地电线管用。
6.此图供土建设计单位作土建设计参考,设备基础建议待设备订货后核对无误后施工。

图名	机房平面图	图号	25-3

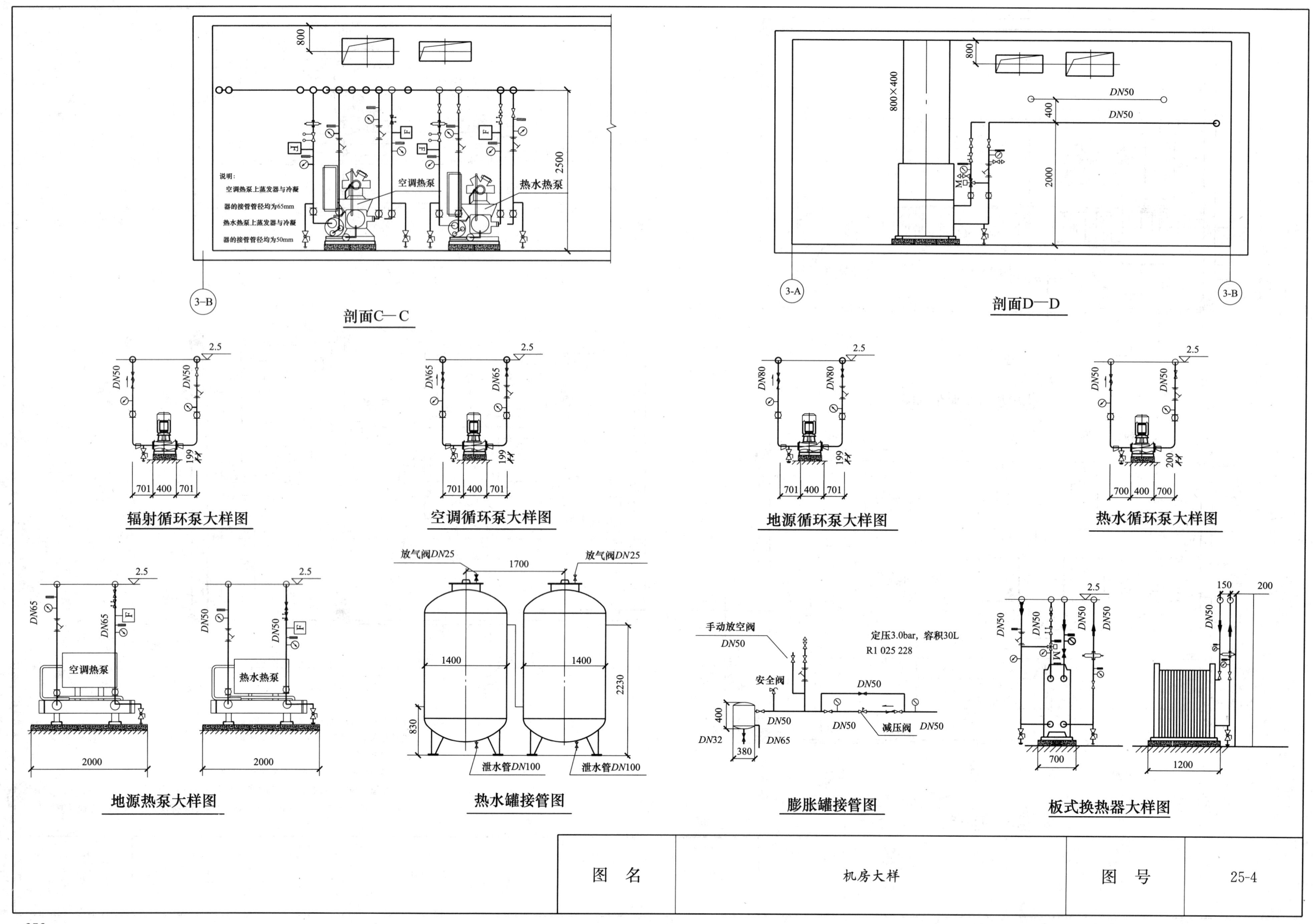

800
2500
说明：
空调热泵上蒸发器与冷凝器的接管管径均为65mm
热水热泵上蒸发器与冷凝器的接管管径均为50mm
空调热泵
热水热泵
F
3-B
剖面C—C
800×400
800
DN50
400
DN50
2000
M
3-A
3-B
剖面D—D
2.5
DN50
DN50
199
701
400
701
辐射循环泵大样图
2.5
DN65
DN65
199
701
400
701
空调循环泵大样图
2.5
DN80
DN80
199
701
400
701
地源循环泵大样图
2.5
DN50
DN50
200
700
400
700
热水循环泵大样图
2.5
DN65
DN65
F
空调热泵
2000
2.5
DN50
DN50
F
热水热泵
2000
地源热泵大样图
放气阀DN25
1700
放气阀DN25
1400
1400
2230
830
泄水管DN100
泄水管DN100
热水罐接管图
手动放空阀
DN50
定压3.0bar，容积30L
R1 025 228
安全阀
DN50
400
DN50
DN50
减压阀
DN50
DN32
DN65
380
膨胀罐接管图
2.5
DN50
DN50
DN50
DN50
M
700
150
200
DN50
1200
板式换热器大样图
图名
机房大样
图号
25-4

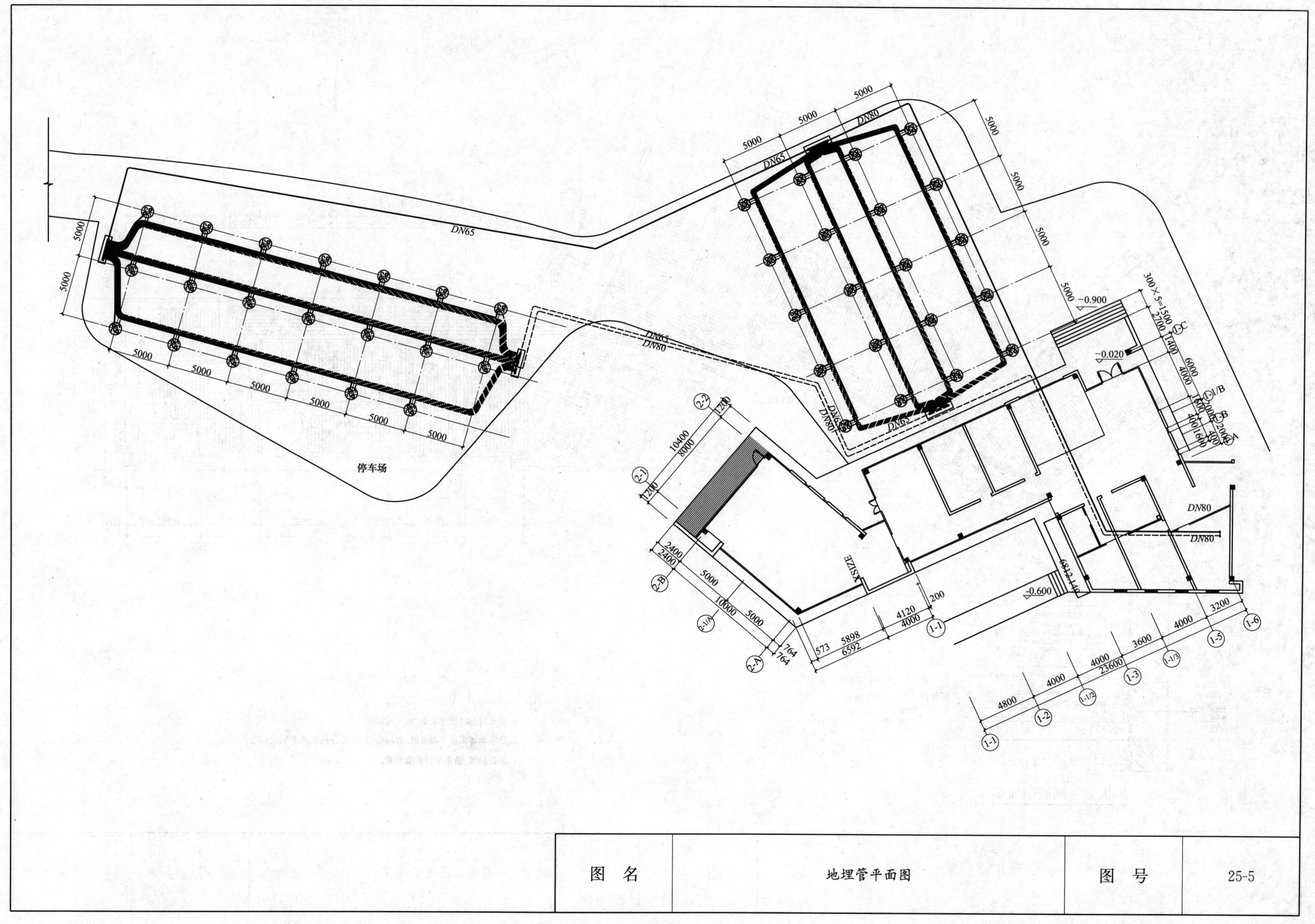

图　名	地埋管平面图	图　号	25-5

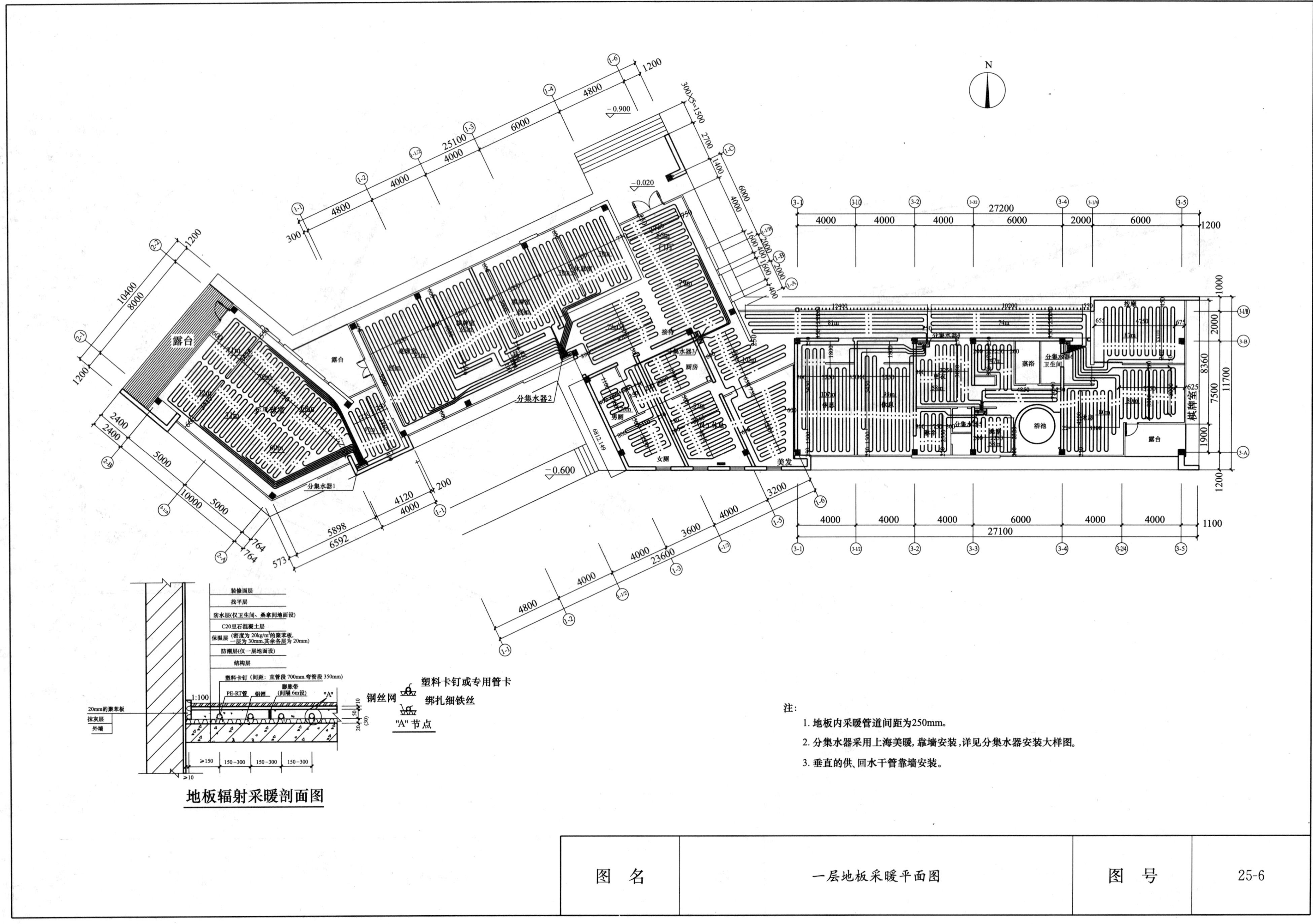

露台
分集水器1
分集水器2
分集水器3
男厕
女厕
厨房
美发
蒸浴
卫生间
浴池
棋牌室
按摩
地板辐射采暖剖面图
装修面层
找平层
防水层(仅卫生间、桑拿间地面设)
C20豆石混凝土层
防潮层(仅一层地面设)
结构层
塑料卡钉或专用管卡
绑扎细铁丝
钢丝网
"A" 节点
注:
1. 地板内采暖管道间距为250mm。
2. 分集水器采用上海美暖，靠墙安装，详见分集水器安装大样图。
3. 垂直的供、回水干管靠墙安装。
图 名
一层地板采暖平面图
图 号
25-6

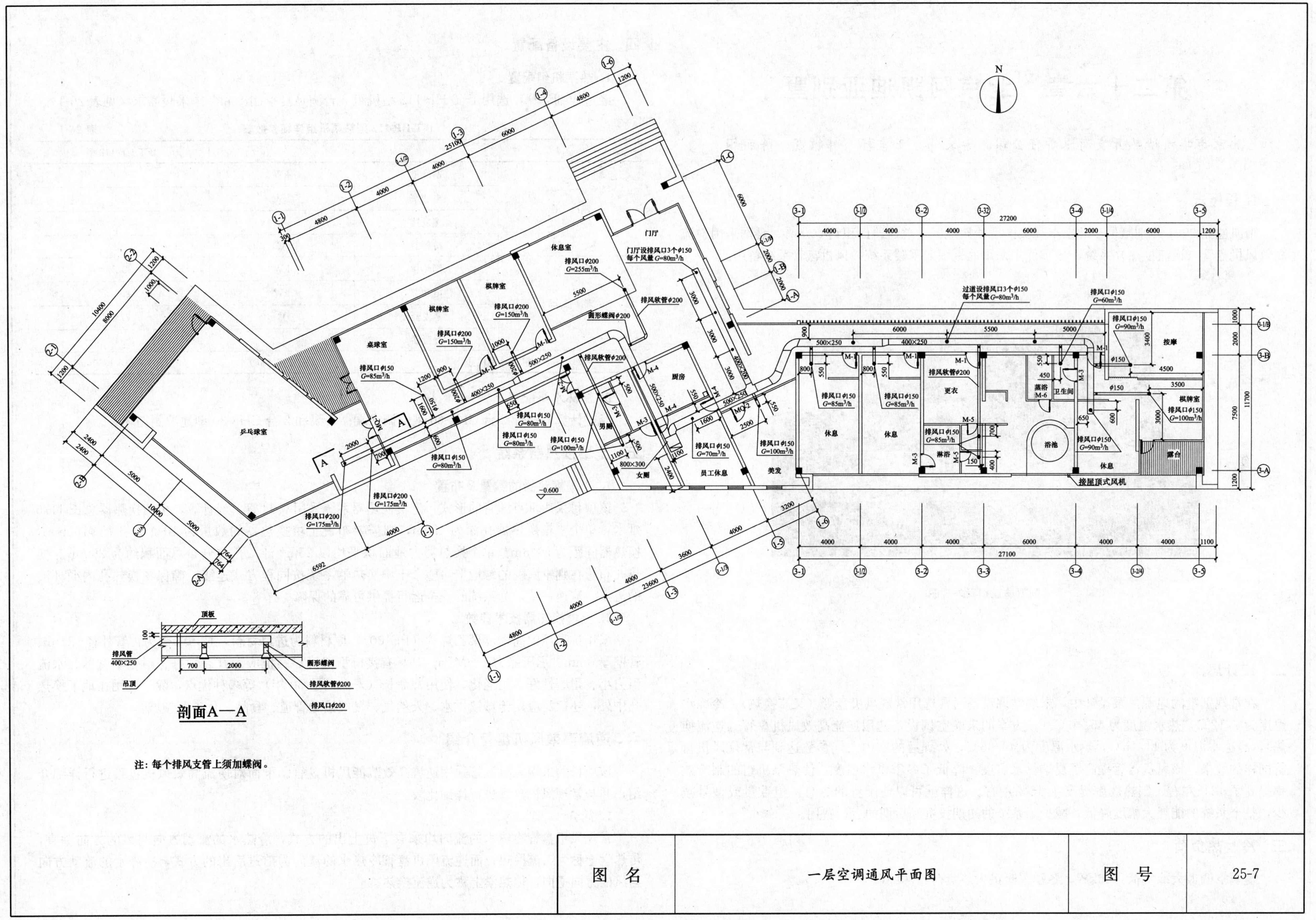

N
门厅
休息室
棋牌室
桌球室
乒乓球室
厨房
男厕
女厕
员工休息
美发
休息
更衣
淋浴
蒸浴
卫生间
浴池
按摩
露台
门厅设排风口3个φ150
每个风量G=80m³/h
过道设排风口3个φ150
每个风量G=80m³/h
排风软管φ200
圆形蝶阀φ200
接屋顶式风机
剖面A—A
顶板
排风管
400×250
吊顶
圆形蝶阀
排风软管φ200
排风口φ200
注：每个排风支管上须加蝶阀。
图 名
一层空调通风平面图
图 号
25-7

第二十六章　北京阿凯迪亚别墅

北京市华清地热开发有限责任公司　李文伟　王吉标　韩敏霞　陈丽娟

一、工程概况

阿凯迪亚3901号别墅位于北京市顺义区后沙峪地区，总建筑面积约600m²。夏季采用逆流高效风机盘管（逆流换热）系统，冬季优先采用地板辐射采暖系统，风机盘管系统备用。

阿凯迪亚别墅外观图

二、设计思路

在常规别墅的地源热泵设计中，末端空调设备通常选用常规风机盘管（叉流换热），冷冻水温度为7/12℃，热水温度为45/40℃。该方案的末端空调设备选用逆流高效风机盘管（逆流换热），冷冻水温度为11/16℃，热水温度为40/35℃，处理后的室内空气参数达到与常规风机盘管同样的效果。该风机盘管提高了夏季供水温度，降低了冬季供水温度，使热泵机组的制冷效率提高了12%左右、制热效率提高了15%左右。这样就可以使配置的热泵机组数量或型号减少，整个系统的能耗大幅度降低，减少了系统的初期投资和后期的运行费用。

三、冷、热负荷

夏季空调最大冷负荷：66kW，冬季采暖最大热负荷：60kW。

四、主要设备配置

1. 热泵机组配置

经过详细计算，选用IFT-HP-112型机组2台满足夏季制冷和冬季采暖需求（见表26-1）。

IFT-HP-112型热泵机组详细参数表　　表26-1

		单　位	IFT-HP-112型
制冷工况	制冷量	kW	30.6
	电功率	kW	6.7
	蒸发器	℃	7/12
	冷凝器	℃	25/30
制热工况	制热量	kW	32.3
	电功率	kW	8.6
	蒸发器	℃	7/4
	冷凝器	℃	40/45
机组外型尺寸		（长×宽×高）	700×600×1300mm

2. 循环水泵配置

经过计算，选择2台CH4-60型空调末端循环泵和2台CH8-30型地源侧循环泵。

五、土壤换热器系统

1. 土壤换热器的数量及布置

该项目采用垂直埋管的形式，土壤换热器系统采用双U管。经计算，土壤换热器总长1176延米，单个土壤换热器孔深为120m，则需要布置土壤换热器的数量为10个。孔径ϕ150mm，换热器间距为5×5m。单个换热器占地面积平均以25m²计，孔位分布总面积约为250m²。换热孔布置在别墅庭院的绿地上，整个土壤换热器系统按同程方式连接，确保各换热孔内循环液的流量、流速一致，为系统的安全运行提供可靠的保障。

2. 土壤换热器技术参数

采用抗高压的高密度聚乙烯管（PE100），原材料为进口材料，技术参数为：管外径32mm、管壁厚3mm、承压能力1.6MPa，其具有接口稳定可靠、抗应力开裂性好、耐化学腐蚀、水流阻力小、耐磨性好、耐老化、使用寿命长（寿命可达50年）等多种优点，除了应用在地下换热孔中外，还广泛应用于城镇供水、天然气、燃气输送管道、食品、化工等领域。

六、逆流高效风机盘管介绍

该项目的末端风机盘管采用逆流高效节能风机盘管。下面对逆流高效风机盘管进行详细介绍，并与常规风机盘管进行详细比较。

1. 简介

常规风机盘管冷热水的流向均采取下进上出的方式，冷热水的流动方向与风的方向垂直，传热学上称为叉流换热；而逆流风机盘管冷热水的流向为前进后出的方式，冷冻水的流动方向与风的方向逆向，传热学上称为逆流换热。

2. 提高了夏季供水温度、降低了冬季供水温度

逆流高效风机盘管夏季使用11/16℃的冷冻水，处理后的空气温、湿度达到常规风机盘管使用7/12℃冷冻水同样的效果；冬季使用40/35℃的热水，处理后室内空气参数达到常规风机盘管使用45/40℃热水同样的效果。

3. 提高热泵机组的效率

由于逆流高效风机盘管在夏季和冬季使用的水温与常规风机盘管不同，分别提高和降低了4℃和5℃，使热泵机组的制冷效率提高了12%左右、制热效率提高了15%左右。这样就可以使配置的热泵机组数量或型号减少，整个系统的能耗大幅度的降低，减少了系统的初期投资和后期的运行费用。

4. 两种风机盘管的详细对比（见表26-2）

常规风机盘管与逆流高效风机盘管对比　　表26-2

		常规风机盘管	逆流高效风机盘管
外形尺寸		相同规格的两种风机盘管的外形尺寸基本相当	
换热面积		逆流高效风机盘管采用家用空调换热器的技术，在外形尺寸相同的情况下，其换热面积为常规风机盘管换热面积的2倍	
结构		出水 进水	进水 出水
供/回水温度	夏季	7/12℃	11/16℃
	冬季	45/40℃	40/35℃
风机盘管运行工况	夏季工况	温度(℃) 介质水温度 空气温度 27 15 9.5 9.5	温度(℃) 介质水温度 空气温度 27 15 16 11
		风机盘管的出风温度必定要高于冷冻水的回水温度，因此，为了保证除湿的能力，冷冻水的供回水温度被设定在了7/12℃。冷冻水供回水平均温度为9.5℃，风机盘管出风干球温度在15℃左右，较冷冻水供回水平均温度高5℃，出风湿球温度在14℃左右。	风机盘管的出风温度可以低于冷冻水的回水温度，因此，在保证与常规叉流风机盘管相同的空气处理参数下，冷冻水的供回水温度设定在了11/16℃。冷冻水供回水平均温度为13.5℃，风机盘管出风干球温度在15℃左右，较冷冻水供回水平均温度高1～2℃，出风湿球温度在14℃左右。 完全可以满足制冷与除湿的需求。

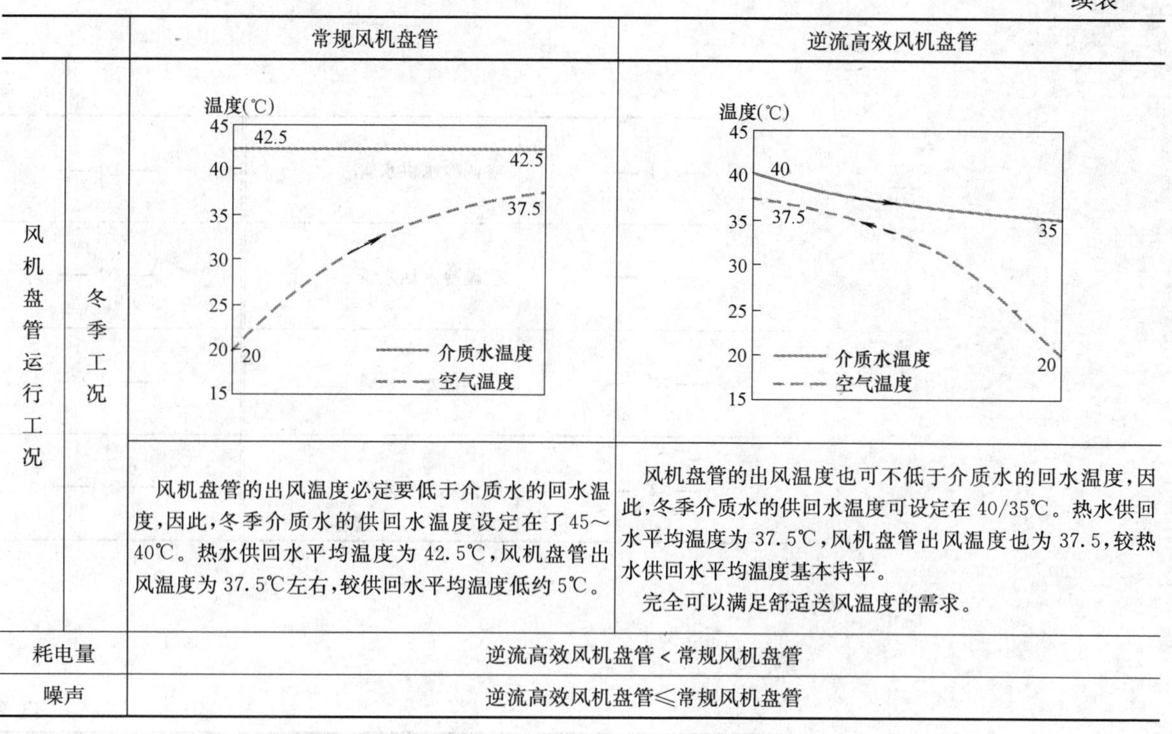

续表

		常规风机盘管	逆流高效风机盘管
风机盘管运行工况	冬季工况		
		风机盘管的出风温度必定要低于介质水的回水温度，因此，冬季介质水的供回水温度设定在了45～40℃。热水供回水平均温度为42.5℃，风机盘管出风温度为37.5℃左右，较供回水平均温度低约5℃。	风机盘管的出风温度也可不低于介质水的回水温度，因此，冬季介质水的供回水温度可设定在40/35℃。热水供回水平均温度为37.5℃，风机盘管出风温度也为37.5，较热水供回水平均温度基本持平。 完全可以满足舒适送风温度的需求。
耗电量		逆流高效风机盘管＜常规风机盘管	
噪声		逆流高效风机盘管≤常规风机盘管	

七、系统主要设备配置（见表26-3）

冷热源部分及末端设备配置　　表26-3

序号	设备名称	规格型号	技术参数	功率kw	数量	单位
1	地源热泵机组	IFT-HP-112	制冷量30.6kW	6.7	2	台
			制热量32.3kW	8.6		
2	空调系统循环泵	CH4—60	Q=5.93m³/h，H=28.3m	1.47	2	台
3	地源侧循环泵	CH8—30	Q=7.31m³/h，H=22.7m	0.93	2	台
4	空调膨胀水罐				1	台
5	地源膨胀水罐				1	台
6	打孔、下管、填料、系统联络及打压		孔深120m		10	个
7	卧式暗装风机盘管	IFT-02	Q=360m³/h	0.037	8	台
8	卧式暗装风机盘管	IFT-03	Q=550m³/h	0.046	14	台
9	卧式暗装风机盘管	IFT-04	Q=750m³/h	0.057	4	台
10	立式明装风机盘管	IFT-03	Q=550m³/h	0.046	2	台

图 例

符号	名称	符号	名称	符号	名称
— L1 —	空调冷水供水管	— D1 —	地源侧供水管	(温度计符号)	温度计
— L2 —	空调冷水回水管	— D2 —	地源侧回水管	(压力表符号)	压力表
— N1 —	空调热水供水管	— B —	补水膨胀管	(过滤器符号)	过滤器
— N2 —	空调热水回水管	(阀门符号)	阀门	(止回阀符号)	止回阀

设备明细表

代 号	名 称	型 号	数 量	备 注
1	别墅用地源热泵机组	IFT-HP-112 制冷工况：30.6kW，蒸发器进出口温度：7/12℃，冷凝器进出口温度：25/30℃，电量：6.7kW，供热工况：32.3kW，蒸发器进出口温度：4/7℃，冷凝器进出口温度：40/45℃，电量：8.6kW，大小：700mm×600mm×1300mm，重量：140kg，出水方向：右侧	2	氟换向
2	空调侧循环泵	44501006 CH 4-60，$L=5.93m^3/h$，$H=28.3mH_2O$，$N=1.47kW$	2	无备用
3	地源侧循环泵	4N508015 CH 8-30，$L=7.31m^3/h$，$H=22.7mH_2O$，$N=0.93kW$	2	
4	空调系统膨胀罐	意大利 ZILMET 11A0004000，容积 40L	1	
5	地源系统膨胀罐	意大利 ZILMET 11A0004000，容积 40L	1	

图 名	图例及设备表	图 号	26-1

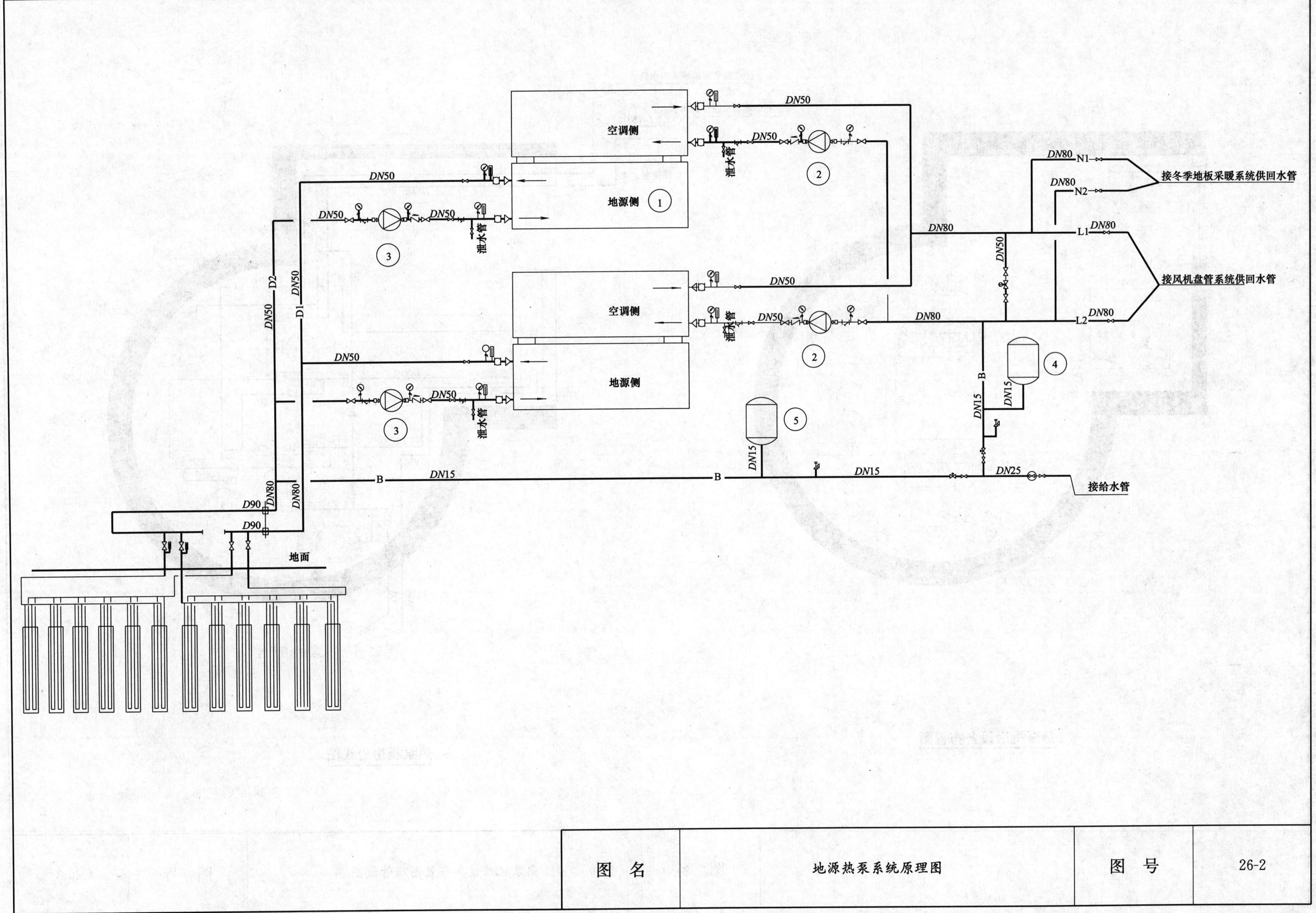

图 名	地源热泵系统原理图	图 号	26-2

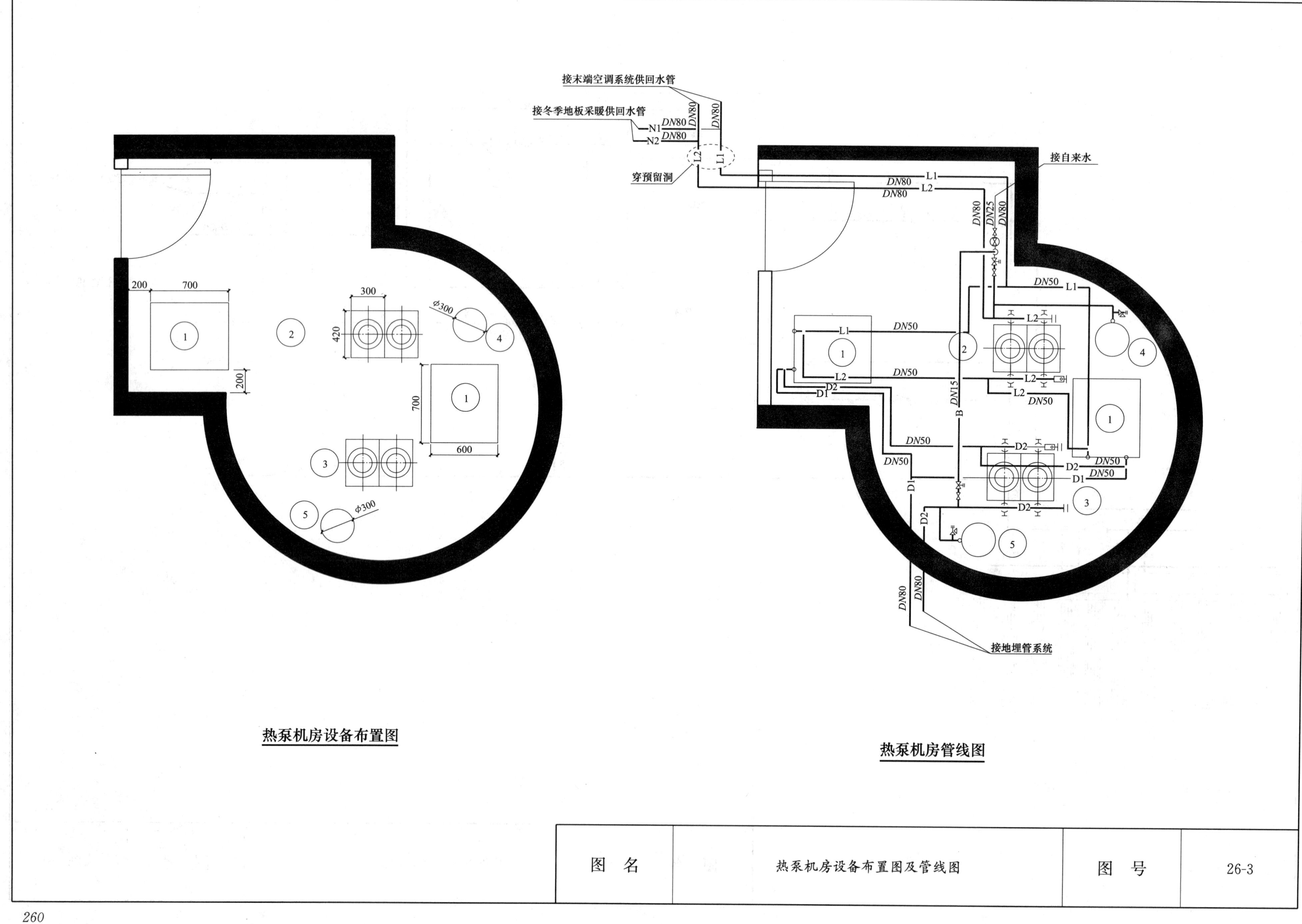

热泵机房设备布置图
200
700
300
420
φ300
200
700
600
φ300
接末端空调系统供回水管
接冬季地板采暖供回水管
N1 DN80
N2 DN80
DN80
DN80
L2
L1
穿预留洞
接自来水
DN80 L1
DN80 L2
DN80
DN25
DN80
DN50 L1
L2
L1 DN50
L2 DN50
D2
D1
DN15
B
L2
L2 DN50
DN50
DN50
D2
D2 DN50
D1 DN50
D1
D2
D2
DN80
DN80
接地埋管系统
热泵机房管线图
图名
热泵机房设备布置图及管线图
图号
26-3

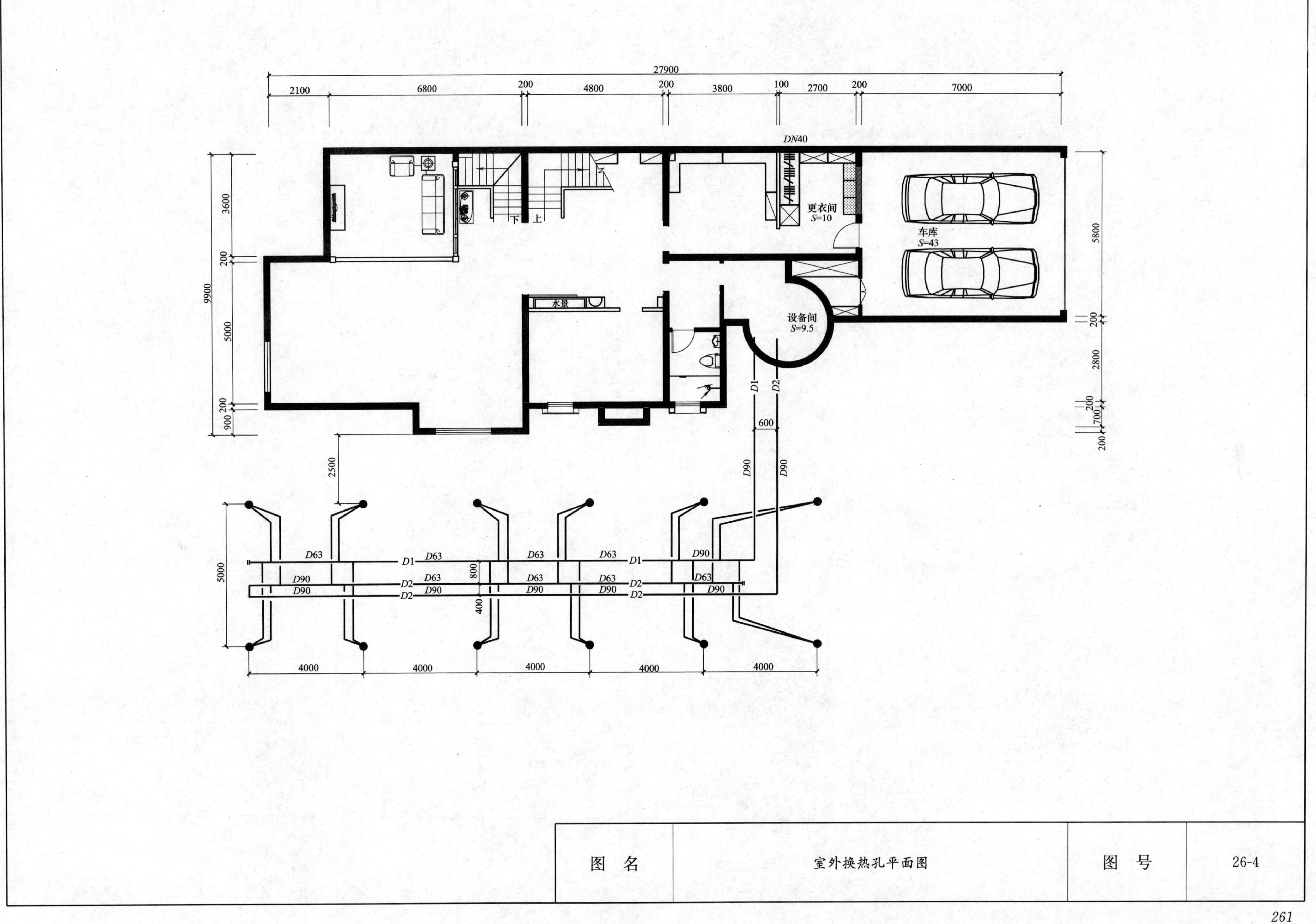
27900
2100
6800
200
4800
200
3800
100
2700
200
7000
DN40
更衣间
S=10
车库
S=43
设备间
S=9.5
水景
下
上
3600
200
9900
5000
200
900
5800
200
2800
200
700
200
2500
D1
D2
600
D90
D90
D63
D1
D63
D63
D63
D1
D90
D90
D2
D63
800
D63
D63
D2
D63
D90
D2
D90
D90
D90
D2
D90
400
5000
4000
4000
4000
4000
4000
图 名
室外换热孔平面图
图 号
26-4